"十三五"国家重点图书出版规划项目
材料科学研究与工程技术系列

无机非金属材料工艺学

Inorganic Nonmetallic Materials Technology

- 主　编　张巨松
- 副主编　赵家林　丁向群
　　　　　巴学巍　杨　合
- 主　审　李秋义

哈尔滨工业大学出版社

内 容 简 介

本书由 6 章组成,在简要介绍无机非金属材料工业发展过程的基础上,系统介绍了无机非金属材料组成与生产工艺,传统无机非金属材料四大工艺原理与方法,即水泥工艺、混凝土工艺、玻璃工艺、陶瓷工艺,以及无机非金属材料行业的节能与环境保护,同时介绍了无机非金属材料及工艺技术标准(规范)和无机非金属材料工艺的最新进展,附录列举了常用无机非金属材料产品及工艺标准。

本书既可作为高等院校无机非金属材料工程专业本科生教材,又可作为本行业工程技术人员的参考书。

图书在版编目(CIP)数据

无机非金属材料工艺学/张巨松主编. —哈尔滨:
哈尔滨工业大学出版社,2010.8(2019.7 重印)
ISBN 978－7－5603－3058－7

Ⅰ.无… Ⅱ.①张… Ⅲ.①无机材料:非金属材料—
工艺学 Ⅳ.①TB321

中国版本图书馆 CIP 数据核字(2010)第 146815 号

材料科学与工程
图书工作室

责任编辑	许雅莹
封面设计	高永利
出版发行	哈尔滨工业大学出版社
社　　址	哈尔滨市南岗区复华四道街 10 号　邮编 150006
传　　真	0451－86414749
网　　址	http://hitpress.hit.edu.cn
印　　刷	哈尔滨市久利印刷有限公司
开　　本	787mm×1092mm　1/16　印张 22　字数 549 千字
版　　次	2010 年 8 月第 1 版　2019 年 7 月第 4 次印刷
书　　号	ISBN 978－7－5603－3058－7
定　　价	33.00 元

(如因印装质量问题影响阅读,我社负责调换)

前　言

本书是根据教育部面向21世纪材料类专业课程体系改革的要求，重点培养学生掌握无机非金属材料工艺学方面的基本概念、基本原理。把强调无机非金属材料与工艺之间的关系，作为全书的第1章加以讨论，这样将彼此独立的工艺分开编写，增加了全书的系统性。

无机非金属材料行业随着近年来能源与环境危机而面临着新的挑战，为此本书在讨论具体工艺之后单独设一章讨论无机非金属行业的节能与环保，强化了节能和环保是工艺学的一个重要方面，能耗与环境影响程度是评价新工艺的重要因素。

本书还介绍了无机非金属材料及工艺技术标准（规范）的基本知识，介绍各种无机非金属材料及工艺时，强调了标准规范的作用，注意培养学生的法规观念，为方便学习在附录中列举了常用无机非金属材料产品及工艺技术标准（规范）；且全书采用了法定计量单位及当前最新的技术规范，使学生获得最新知识。

本书由沈阳建筑大学张巨松教授主编，青岛理工大学李秋义教授主审。编写工作分工如下：张巨松编写绪论、2.7.1、2.7.2、4.6、5.7，辽东学院王保权编写第1章、孙蓬编写3.1，沈阳建筑大学城建学院陈苗编写3.2，牡丹江大学鞠成编写3.3，辽宁石油大学安会勇编写3.4、3.5，辽宁科技大学职业技术学院孙恩禹编写3.6，齐齐哈尔大学赵家林编写第2章（除2.7），沈阳建筑大学丁向群编写第4章（除4.6），齐齐哈尔大学巴学巍编写第5章（除5.7），东北大学杨合编写第6章，中国建材研究院陈智丰编写2.7.3。全书由张巨松统稿。

由于时间仓促，书中难免有疏漏和不足之处，恳请读者及专家给予指正并提出宝贵意见。

作　者
2010年5月

目 录
CONTENTS

绪 论 ·· (1)
　0.1　定义与分类 ·· (1)
　0.2　无机非金属材料工业的发展 ··· (8)
　0.3　无机非金属材料在现代化建设中的作用 ·· (12)
第1章　材料组成与生产工艺 ··· (13)
　1.1　材料组成与结构 ··· (13)
　1.2　材料工艺 ··· (19)
第2章　水泥工艺 ··· (27)
　2.1　破碎 ··· (27)
　2.2　均化 ··· (35)
　2.3　干燥 ··· (48)
　2.4　粉磨 ··· (52)
　2.5　烧成 ··· (64)
　2.6　冷却 ··· (87)
　2.7　典型水泥生产工艺 ·· (91)
第3章　混凝土工艺 ·· (98)
　3.1　搅拌 ··· (98)
　3.2　密实成型 ·· (103)
　3.3　养护 ·· (118)
　3.4　钢筋混凝土配筋 ··· (129)
　3.5　预应力混凝土配筋 ·· (135)
　3.6　典型混凝土工艺 ··· (147)
第4章　玻璃工艺 ·· (162)
　4.1　原料的加工 ·· (162)
　4.2　配合料的制备 ··· (167)
　4.3　玻璃的熔制 ·· (174)

4.4　玻璃的成型 …………………………………………………………（195）
　4.5　玻璃的退火和淬火 …………………………………………………（212）
　4.6　其他玻璃工艺 ………………………………………………………（222）
第 5 章　陶瓷工艺 ……………………………………………………………（234）
　5.1　坯料和釉料的配料 …………………………………………………（234）
　5.2　坯料制备 ……………………………………………………………（236）
　5.3　成型 …………………………………………………………………（240）
　5.4　坯体的干燥 …………………………………………………………（252）
　5.5　釉料制备与施釉 ……………………………………………………（256）
　5.6　烧成 …………………………………………………………………（262）
　5.7　典型陶瓷工艺 ………………………………………………………（277）
第 6 章　节能与环境保护 ……………………………………………………（282）
　6.1　节能 …………………………………………………………………（282）
　6.2　大气污染控制 ………………………………………………………（288）
　6.3　水污染控制 …………………………………………………………（310）
　6.4　固体废弃物处置 ……………………………………………………（318）
　6.5　噪声污染及其防治 …………………………………………………（327）
附录：常用无机非金属材料产品及工艺标准（规范） ……………………（333）
参考文献 ……………………………………………………………………（342）

绪　论

0.1　定义与分类

无机非金属材料(inorganic nonmetallic materials)是以某些元素的氧化物、碳化物、氮化物、卤素化合物、硼化物以及硅酸盐、铝酸盐、磷酸盐、硼酸盐等物质组成的材料,是除有机高分子材料和金属材料以外的所有材料的统称,是与有机高分子材料和金属材料并列的三大材料之一。无机非金属材料是20世纪40年代以后,随着现代科学技术的发展从传统的硅酸盐材料演变而来的。

在晶体结构上,无机非金属的晶体结构远比金属复杂。没有自由的电子,并且具有比金属键和纯共价键更强的离子键和混合键。这种化学键所特有的高键能、高键强赋予了这一大类材料以高熔点、高硬度、耐腐蚀、耐磨损、高强度和良好的抗氧化性等基本属性,以及宽广的导电性、隔热性、透光性及良好的铁电性、铁磁性和压电性。

无机非金属材料品种和名目极其繁多、用途各异,目前还没有一个统一而完善的分类方法,通常把它们分为普通的(传统的)和先进的(新型的)两大类。传统的无机非金属材料是工业和基本建设所必需的基础材料,如水泥是一种重要的建筑材料;耐火材料与高温技术,尤其与钢铁工业的发展关系密切;各种规格的平板玻璃、仪器玻璃和普通的光学玻璃以及日用陶瓷、卫生陶瓷、建筑陶瓷、化工陶瓷和电瓷等与人们的生产、生活休戚相关。其他产品,如搪瓷、磨料(碳化硅、氧化铝)、铸石(辉绿岩、玄武岩等)、碳素材料、非金属矿(石棉、云母、大理石等)也都属于传统的无机非金属材料。它们产量大,用途广。新型无机非金属材料是20世纪中期以后发展起来的,是具有特殊性能和用途的材料。它们是现代新技术、新产业、传统工业改造、现代国防和生物医学不可缺少的物质基础,主要有先进陶瓷(advanced ceramics)、非晶态材料(non-crystal materials)、人工晶体(artificial crystal)、无机涂层(inorganic coating)、无机纤维(inorganic fibre)等。

传统无机非金属材料一般分为水泥、混凝土、玻璃、陶瓷、耐火材料等几部分。

0.1.1　水泥

水泥是加水拌和成塑性浆体,能胶结砂、石等材料,既能在空气中硬化又能在水中硬化的粉末状水硬性胶凝材料。

水泥按主要水硬性物质名称分为:硅酸盐水泥、铝酸盐水泥、硫铝酸盐水泥、氟铝酸盐水泥、铁铝酸盐水泥、火山灰或潜在水硬性材料及其他活性材料为主要组分的水泥等。按主要技术特性分为:快硬性,分为快硬和特快硬两类;水化热,分为中热和低热两类;抗硫酸盐性,分中抗硫酸盐腐蚀和高抗硫酸盐腐蚀两类;膨胀性,分为膨胀和自应力两类;耐高温性铝酸盐水泥的耐高温性以水泥中氧化铝的质量分数分级。

水泥按用途和性能分类见表0.1。

表0.1 常用水泥的定义、性能及用途

通用水泥	硅酸盐水泥	由硅酸盐水泥熟料、0%~5%石灰石或粒化高炉矿渣、适量石膏磨细制成的水硬性胶凝材料,称为硅酸盐水泥,即国外通称的波特兰水泥,代号分为P.Ⅰ和P.Ⅱ
	普通硅酸盐水泥	由硅酸盐水泥熟料、6%~15%混合材料,适量石膏磨细制成的水硬性胶凝材料,称为普通硅酸盐水泥(简称普通水泥),代号为P.O
	矿渣硅酸盐水泥	由硅酸盐水泥熟料、粒化高炉矿渣和适量石膏磨细制成的水硬性胶凝材料,称为矿渣硅酸盐水泥,代号为P.S
	火山灰质硅酸盐水泥	由硅酸盐水泥熟料、火山灰质混合材料和适量石膏磨细制成的水硬性胶凝材料,称为火山灰质硅酸盐水泥,代号为P.P
	粉煤灰硅酸盐水泥	由硅酸盐水泥熟料、粉煤灰和适量石膏磨细制成的水硬性胶凝材料,称为粉煤灰硅酸盐水泥,代号为P.F
	复合硅酸盐水泥	由硅酸盐水泥熟料、两种或两种以上规定的混合材料和适量石膏磨细制成的水硬性胶凝材料,称为复合硅酸盐水泥(简称复合水泥),代号为P.C
专用水泥	油井水泥	由适当矿物组成的硅酸盐水泥熟料、适量石膏和混合材料等磨细制成的适用于一定井温条件下,油、气井固井工程用的水泥
	砌筑水泥	凡有一种或一种以上的水泥混合材料,加入适量硅酸盐水泥熟料和石膏,经磨细制成的工作性较好的水硬性胶凝材料,称为砌筑水泥,代号为M
	道路水泥	由道路硅酸盐水泥熟料、0%~10%活性混合材料和适量石膏磨细制成的水硬性胶凝材料,称为道路硅酸盐水泥(简称道路水泥),代号为P.R
特性水泥	低热矿渣硅酸盐水泥	以适当成分的硅酸盐水泥熟料,加入粒化高炉矿渣、适量石膏,磨细制成的具有低水化热的水硬性胶凝材料,称为低热矿渣硅酸盐水泥(简称低热矿渣水泥),代号为P.SLH
	抗硫酸盐硅酸盐水泥	以特定矿物组成的硅酸盐水泥熟料,加入适量石膏,磨细制成的具有抵抗中等(较高)浓度硫酸根离子侵蚀的水硬性胶凝材料,称为中(高)抗硫酸盐硅酸盐水泥,简称中(高)抗硫酸盐水泥,代号为P.MSR(P.HSR)
	白色硅酸盐水泥	由氧化铁含量少的硅酸盐水泥熟料、适量石膏及标准规定的混合材料,磨细制成水硬性胶凝材料,称为白色硅酸盐水泥(简称"白水泥"),代号为P.W

0.1.2 混凝土

混凝土是用胶凝材料(无机的、有机的或有机无机复合的)将骨(集)料胶结成整体的复合固体材料的总称。由水泥、颗粒状集料、水以及化学外加剂和掺和材料(矿物外加剂)按适当比例配合,经均匀搅拌、密实成型和养护硬化而成的人工石材称为水泥混凝土。混凝土及水泥混凝土的分类见表 0.2 和表 0.3。

表 0.2 混凝土的分类

分类		名称	特性
按胶结分类	无机胶结 水泥类	水泥混凝土	以硅酸盐水泥及各系列水泥为胶结材料,可用于各种混凝土结构
	石灰类	硅酸盐混凝土(石灰混凝土)	以石灰、火山灰等活性硅酸盐或铝酸盐与消石灰的混合物为胶结材
	石膏类	石膏混凝土	以天然石膏或工业废料石膏为胶结材,可作天花板及内隔墙等
	硫磺	硫磺混凝土	硫磺加热融化,然后冷却硬化,可作粘结剂及低温防腐层
	水玻璃	水玻璃混凝土	以钠水玻璃或钾水玻璃为胶结材,可作耐酸结构
	碱矿渣类	碱矿渣混凝土	以磨细矿渣及碱溶液为胶结材,是一种新型混凝土,可作各种结构
	有机胶结 沥青类	沥青混凝土	用天然沥青或人造沥青为胶结材,可作路面及耐酸、耐碱地面
	合成树脂+水泥	聚合物水泥混凝土	以水泥为主要胶结材,掺入少量乳胶或水溶性树脂,能提高抗拉、抗弯强度
	树脂	树脂混凝土	以粘结力强、热固性的天然或合成树脂为胶结材,适于在侵蚀性介质中使用
	聚合物(浸渍)	聚合物浸渍混凝土	将水泥混凝土基材在低黏度单体中浸渍,用热或射线使表面固化

表 0.3 水泥混凝土的分类

分类	混凝土品种
集料种类	重混凝土(干表观密度大于 2 600 kg/m³),重集料钢球、铁矿石、重晶石等,用于防射线混凝土工程
	普通混凝土(干表观密度为 1 950～2 600 kg/m³),普通砂石为集料可做各种结构
	轻混凝土(干表观密度小于 1 950 kg/m³),分为轻集料混凝土(表观密度为 800～1 950 kg/m³,轻集料浮石、火山渣、陶粒、膨胀珍珠岩等)和多孔混凝土(干表观密度为 300～1 200 kg/m³,如泡沫混凝土、加气混凝土)
	大孔混凝土(无细集料),(表观密度为 800～1 850 kg/m³),适于作墙板或非承重墙体
	细颗粒混凝土(无粗集料),以水泥与砂配制而成,可用于钢丝网水泥结构
使用功能	结构混凝土、保温混凝土、耐酸混凝土、耐碱混凝土、耐硫酸盐混凝土、耐热混凝土、水工混凝土、海洋混凝土、防辐射混凝土等
施工工艺	普通浇筑混凝土、离心成型混凝土、喷射混凝土、泵送混凝土等
配筋	素混凝土、钢筋混凝土、纤维混凝土、预应力混凝土等
按强度	高强混凝土(强度＞C45)、超高强混凝土(强度＞C100)
稠度	超干硬性混凝土、特干硬性混凝土、半干硬性混凝土
	低塑性混凝土、塑性混凝土、流动性混凝土、大流动性混凝土

0.1.3 玻璃

广义的玻璃包括单质玻璃、有机玻璃和无机玻璃,狭义的玻璃是指无机玻璃。无机玻璃是由熔融物经过冷硬化而获得的非晶态固体。当熔融体冷却时,不存在其他条件下能单独生成玻璃的氧化物,称为形成玻璃的氧化物。工业上大量生产玻璃使用的是以二氧化硅为主要成分的硅酸盐玻璃。另外,还有以氧化硼、氧化磷、氧化铝等为主要成分的氧化物玻璃,以及硫化物玻璃和卤化物玻璃。建筑玻璃是以二氧化硅为氧化物,以石英砂、纯碱、石灰石等主要原料按比例配合经高温熔融、冷却、切割成型的。

玻璃的分类见表0.4。

表0.4 玻璃的分类

分类		玻璃品种	特 性
按成分	氧化物玻璃	磷酸盐玻璃	以 P_2O_5 为主要成分,折射率低、色散低,用于光学仪器中
		硼酸盐玻璃	以 B_2O_3 为主要成分,熔融温度低,可抵抗钠蒸气腐蚀。含稀土元素的硼酸盐玻璃折射率高、色散低,是一种新型光学玻璃
		硅酸盐玻璃 石英玻璃	SiO_2 质量分数大于 99.5%,热膨胀系数低,耐高温,化学稳定性好,透紫外光和红外光,熔制温度高,黏度大,成型较难。多用于半导体、电光源、光导通信、激光等技术和光学仪器中
		高硅氧玻璃	SiO_2 质量分数约为96%,其性质与石英玻璃相似
		钠钙玻璃	以 SiO_2 为主,还含有质量分数为15% 的 Na_2O 和质量分数为16% 的 CaO,其成本低廉,易成型,适宜大规模生产,其产量占实用玻璃的90%。可生产玻璃瓶罐、平板玻璃、器皿、灯泡等
		钾钙玻璃	将制造钠玻璃的原料中的纯碱(Na_2CO_3)改为碳酸钾,与钠玻璃相比,钾玻璃的热膨胀系数较小,较难熔化,较难受化学药品的侵蚀,可用于制作一般的化学仪器等
		铅硅酸盐玻璃	主要成分有 SiO_2 和 PbO,具有独特的高折射率和高体积电阻,与金属有良好的浸润性,可用于制造灯泡、真空管芯柱、晶质玻璃器皿、火石光学玻璃等。含有大量 PbO 的铅玻璃能阻挡 X 射线和 γ 射线
		铝硅酸盐玻璃	以 SiO_2 和 Al_2O_3 为主要成分,软化变形温度高,用于制作放电灯泡、高温玻璃温度计、化学燃烧管和玻璃纤维等
		硼硅酸盐玻璃	以 SiO_2 和 B_2O_3 为主要成分,具有良好的耐热性和化学稳定性,用以制造烹饪器具、实验室仪器、金属焊封玻璃等
	非氧化物玻璃	硫系玻璃	硫系玻璃的阴离子多为硫、硒、碲等,可截止短波长光线而通过黄、红光,以及近、远红外光,其电阻低,具有开关与记忆特性
		卤化物玻璃	卤化物玻璃的折射率低、色散低,多用作光学玻璃

续表 0.4

分　类	玻璃品种	特　性
按使用功能		平板玻璃、仪器玻璃、器皿玻璃、水晶玻璃、光学玻璃、电学玻璃等
按加工工艺（再加工和成型工艺）	钢化玻璃	是普通平板玻璃经过再加工处理而形成一种预应力玻璃
	磨砂玻璃	是在普通平板玻璃上面再磨砂加工而成。一般厚度多在 9 cm 以下，常见厚度为 5 cm，6 cm
	喷砂玻璃	性能基本上与磨砂玻璃相似，不同的是将磨砂改为喷砂
	压花玻璃	是采用压延方法制造的一种平板玻璃。其最大的特点是透光不透明，多使用于洗手间等装修区域
	夹丝玻璃	是采用压延方法，将金属丝或金属网嵌于玻璃板内制成的一种具有抗冲击平板玻璃，受撞击时只会形成辐射状裂纹而不至于堕下伤人。故多采用于高层楼宇和震动性强的厂房
	中空玻璃	多采用胶接法将两块玻璃保持一定间隔，间隔中是干燥的空气，周边再用密封材料密封而成，主要用于有隔音要求的装修工程之中
	夹层玻璃	夹层玻璃一般由两片普通平板玻璃（也可以是钢化玻璃或其他特殊玻璃）和玻璃之间的有机胶合层构成。当受到破坏时，碎片仍粘附在胶层上，避免了碎片飞溅对人体的伤害。多用于有安全要求的装修项目
	热弯玻璃	由平板玻璃加热软化在模具中成型，再经退火制成的曲面玻璃
	玻璃砖	制作工艺基本和平板玻璃一样，不同的是成型方法
	玻璃纸	也称玻璃膜，具有多种颜色和花色。根据纸膜的性能不同，具有不同的性能。绝大部分起隔热、防红外线、防紫外线、防爆等作用
按性能特点（侧重于微观结构）	钢化玻璃	强度是普通玻璃的数倍，抗拉度是 3 倍以上，抗冲击是 5 倍以上。钢化玻璃不容易破碎，即使破碎也会以无锐角的颗粒形式碎裂，对人体伤害大大降低
	多孔玻璃	即泡沫玻璃，孔径约 40 nm，用于海水淡化、病毒过滤等
	导电玻璃	一般用作电极和飞机风挡玻璃
	微晶玻璃	又称为结晶玻璃或玻璃陶瓷，是在普通玻璃中加入金、银、铜等晶核制成，代替不锈钢和宝石，作雷达罩和导弹头等
	乳浊玻璃	半透明乳白色玻璃，使光线散射，不完全透过，因而变得柔和。一般用于照明器件和装饰物品等
	金属玻璃	金属玻璃不透明或者不发脆，它们罕见的原子结构使它们有着特殊的机械特性及磁力特性

0.1.4 陶瓷

陶瓷是把粘土材料、瘠性原料及溶剂原料经过适当的配比、粉碎、成型并在高温熔烧的情况下经过一系列的物理化学反应形成的坚硬物质。

陶瓷制品的品种繁多,由于它们的化学成分、矿物组成、物理性质以及制造方法常常互相接近交错,无明显的界限,而在应用上却有很大的区别,因此很难归纳为几个系统。下面介绍两种常用的分类方法。

1. 按用途的不同分类

(1) 日用陶瓷:如餐具、茶具、缸、坛、盆、罐、盘、碟、碗等。

(2) 艺术(工艺)陶瓷:如花瓶、雕塑品、园林陶瓷、器皿、陈设品等。

(3) 工业陶瓷:指应用于各种工业的陶瓷制品。又可分为以下4方面:

① 建筑卫生陶瓷:如砖瓦、排水管、面砖、外墙砖、卫生洁具等;

② 化工(化学)陶瓷:用于各种化学工业的耐酸容器、管道、塔、泵、阀以及搪砌反应锅的耐酸砖、灰等;

③ 电瓷:用于电力工业高低压输电线路上的绝缘子,有电机用套管、支柱绝缘子、低压电器和照明用绝缘子以及电讯用绝缘子、无线电用绝缘子等;

④ 特种陶瓷:用于各种现代工业和尖端科学技术的特种陶瓷制品,有高铝氧质瓷、镁石质瓷、钛镁石质瓷、锆英石质瓷、锂质瓷以及磁性瓷、金属陶瓷等。

2. 按原料及坯体的致密度分类

分为粗陶(brickware or terra-cotta)、细陶(pottery)、炻器(stone ware)、半瓷器(semi-vitreous china)以及瓷器(china),原料是从粗到精,坯体是从粗松多孔逐步到达致密,烧结、烧成温度也是逐渐从低趋高。

建筑陶瓷是用于建筑物墙面、地面及卫生设备的陶瓷材料及制品。建筑陶瓷因其坚固耐久、色彩鲜明、防火防水、耐磨耐腐蚀、易清洗、维修费用低等优点,成为现代建筑工程的主要装饰材料之一。

传统陶瓷(conventional ceramics)是指以粘土为主要原料与其他矿物原料经粉碎、混练、成型、烧成等工艺过程制成的各种制品。

特种陶瓷(special ceramics)是指用生产陶瓷的方法制造的无机非金属固体材料和制品的统称。

国家标准《日用陶瓷分类》GB/T5001中日用陶瓷的分类见表0.5～0.7,特种陶瓷分类见表0.8。

表0.5 日用陶瓷的分类

性能及特征	陶器	瓷器
吸水性	一般大于3%	一般不大于3%
透光性	不透光	透光
胎体特征	未玻化或玻化程度差,断面粗糙	玻化程度高,结构致密、细腻,断面呈石状或贝壳状
敲击声	沉浊	清脆

表0.6 日用陶器分类

名称	粗陶器	普通陶器	细陶器
特征	吸水率一般大于15%,不施釉,制作粗糙	吸水率一般不大于12%,断面颗粒较粗,气孔较大,表面施釉,制作不够精细	吸水率一般不大于15%,断面颗粒细,气孔较小,结构均匀,施釉或不施釉,制作精细

表0.7 日用瓷器分类

名称	炻瓷类	普通瓷器	细瓷器
特征	吸水率一般不大于3%,透光性差,通常胎体较厚,断面呈石状,制作较精细	吸水率一般不大于1%,有一定透光性,断面呈石状或贝壳状,制作较精细	吸水率一般不大于0.5%,透光性好,断面细腻,呈贝壳状,制作精细

表0.8 特种陶瓷分类

	类别	实例	用途
结构陶瓷	氧化物陶瓷	Al_2O_3	真空器件,电路基板,磨料磨具,刀具
		MgO	坩埚,热电偶保护管,炉衬材料
		BeO	散热器件,高温绝缘材料,防辐射材料
		ZrO_2	高温绝缘材料,耐火材料
	非氧化物陶瓷	SiC	耐磨材料,高温机械部件
		TiC	切削刀具
		B_4C	耐磨材料
		Si_3N_4	发动机部件,切削刀具
		AlN	高温机械部件
		BN	耐火材料,耐磨材料
		TiN	耐熔耐磨材料
		Sialon	高温机械部件
		ZrB_2,TiB_2	陶瓷基体中的添加剂或第二相
		$MoSi_2$	高温发热体
	陶瓷基复合材料	C/SiC	热交换机、发动机喷嘴等高温结构部件
功能陶瓷	电介质陶瓷	$Al_2O_3,Si_3N_4,MgO \cdot SiO_2$	绝缘材料
		$TiO_2,CaTiO_3$	电容器
	铁电陶瓷	$BaTiO_3,PbTiO_3$	压电材料
		$PLZT,PbTiO_3$	热释电材料
	敏感陶瓷	ZnO,TiO_2	湿度计
		V_2O_5	温度继电器
		SnO_2	气体报警器
	导电陶瓷	$\beta-Al_2O_3$	电池隔膜材料
		$LaCrO_3$	发热体,高温电极材料
		ZrO_2	氧气传感器
	超导陶瓷	YBaCuO	超导线圈,磁悬浮材料
	磁性陶瓷	$NiFe_2O_4$	磁光存储器,表面波器件
	生物陶瓷	$Ca_{10}(PO_4)_6(OH)_2$	人工骨骼、牙齿
	光学陶瓷	Al_2O_3	高压钠灯灯管,红外光学材料
		$Y_3Al_5O_{12},Y_2O_3,Sc_2O_3$	固体激光物质

0.2 无机非金属材料工业的发展

0.2.1 水泥

人类的祖先在挖穴建室的建筑活动中,首先使用的建筑材料为"土、木、石"等天然材料,随着火的发现,埃及、希腊及罗马等已开始利用煅烧的石灰、石膏来调制砌筑的砂浆,古埃及的金字塔、我国的万里长城都采用了这些材料。随着生产的发展,罗马建筑者首先发现火山凝灰岩调制砂浆效果好,其中那不勒斯港附近的 Pozzuoli 的凝灰岩最好,一直到现在西方的科技文献中 Pozzuoli 成了火山灰的代名词。我国的三合土在历史及现在的土建中发挥了重要作用。

1756年,英国工程师 John Smeaton 在 Eddystone 礁石上新建一个灯塔,在研究某些石灰在水中硬化的特性时发现:要获得水硬性石灰,必须采用含有粘土的石灰石来烧制;用于水下建筑的砌筑砂浆,最理想的成分是由水硬性石灰和火山灰配成。这个重要的发现为近代水泥的研制和发展奠定了理论基础。

1796年,英国人J.帕克用泥灰岩烧制出了一种水泥,外观呈棕色,很像古罗马时代的石灰和火山灰混合物,命名为罗马水泥。因为它是采用天然泥灰岩做原料,不经配料直接烧制而成的,故又称天然水泥。具有良好的水硬性和快凝特性,特别适用于与水接触的工程。

1813年,法国的土木技师毕加发现了石灰和粘土按3∶1混合制成的水泥性能最好。

1824年,英国建筑工人阿斯普丁(J. Aspdin)取得了波特兰水泥的专利权。他用石灰石和粘土为原料,按一定比例配合后,在类似于烧石灰的立窑内煅烧成熟料,再经磨细制成水泥。因水泥硬化后的颜色与英格兰岛上波特兰地方用于建筑的石头相似,被命名为波特兰水泥。它具有优良的建筑性能,在水泥史上具有划时代意义。1825~1843年修建的泰晤士河隧道工程就大量使用波特兰水泥。

1825年用间歇式的土窑烧成水泥熟料。

1826年出现第一台烧水泥用的自然通风的普通立窑。

1871年,日本开始建造水泥厂。

1877年,英国的克兰普顿发明了回转窑,烧制水泥熟料获得专利权,并于1885年经兰萨姆改革成更好的回转窑。有效地提高了产量和质量,使水泥工业进入了回转窑阶段。

1889年,中国河北唐山开平煤矿附近,设立了用立窑生产的唐山"细绵土"厂。1906年在该厂的基础上建立了启新洋灰公司,年产水泥4万吨。

1893年,日本远藤秀行和内海三贞二人发明了不怕海水的硅酸盐水泥。

1907年,法国比埃利用铝矿石的铁矾土代替粘土,混合石灰岩烧制成了水泥。由于这种水泥含有大量的氧化铝,所以称为"矾土水泥"。

1910年,立窑实现了机械化连续生产。

1912年,丹麦史密斯水泥机械公司,开创了湿法回转窑生产方法。

1923年,立波尔窑的出现,使水泥工业出现较大的变革,窑的产量明显提高,热耗显著降低。

1951年,在德国工程师密勒(F. Muler)的工作基础上,供堡公司制造了世界上第一台悬浮预热器窑,使热耗大幅度降低。

1952年，中国制订了第一个全国统一标准，确定水泥生产以多品种多标号为原则，并将波特兰水泥按其所含的主要矿物组成改称为矽酸盐水泥，后又改称为硅酸盐水泥至今。

20世纪60年代初，水泥工业生产和控制中开始应用电子计算机技术。

1971年，日本人开发了预分解窑技术，从而使水泥工业生产技术有重大突破，各具特色的预分解窑相继发明，形成了新型干法水泥生产技术。立磨、辊压机、原料预均化、生料均化以及X射线荧光分析等技术的发展和应用使干法水泥生产的熟料质量明显提高，能耗进一步降低。由于应用了电子计算机和自动控制技术，许多先进的水泥厂都已采用全厂集中控制，巡回检查的方式，在矿山开采、生料和烧成车间以及包装和发运等工序都实现了自动控制。

目前国内最大的水泥企业是海螺水泥，而国际最大的水泥企业是拉法基。

0.2.2 混凝土

1850年，法国人Lambot制作了第一条钢筋混凝土小船，是混凝土制品发展史上的首次大突破。

1866年，C. S. Hutchinson首获美国空心砌块专利。T. B. Rhodes于1874年获得在混凝土塑性状态下制作空心砌块的专利。

1867年，法国花匠J. Monier获准钢筋混凝土结构设计专利，实际当时尚无设计理论指导，仅凭经验。

1875年，建成世界上第一座钢筋混凝土桥，钢筋混凝土逐渐作为重要的结构材料。

1886年，德国工程师M·Koenen基于材料力学原理，提出了以允许应力计算钢筋混凝土结构的方法。

1888年，德国C. E. Doehring获得制作预应力楼板的专利。

1890年，H. S. Palmer开始混凝土砌块的商业性生产，7年后建成一幢空心砌块房屋，于1900年他又获得了可动芯模和可调侧模的砌块成型机。1905年美国在巴拿马运河和菲律宾用砌块建造大量房屋设施，以后在其本国也广泛应用。

1890年，就有应用振动台的报道，1903年俄罗斯有人申请制造实心人造石机具的专利，1906年美国有人曾试制气压振动器。

1909年，德国的Rheinck公司及伦敦的P. Jagger采用真空脱水技术在砌块和混凝土构件生产中的应用。1933年美国费城的K. P. Billner工程师获得真空混凝土专利。

1910年，澳大利亚W. R. Hume首先用离心法制作外压管，W. W. Roberston和H. C. Clark于1920年合建制管厂，1927年按二人名首音节，命名为Rocla制管公司，并在1943年发明悬辊法制管工艺。

1915年，开始研究振实混凝土，以代替手工浇捣混凝土。

1918年，Abrams发表了著名的水灰比定则。

1925年起振动密实法逐步获得广泛应用。

1928年，法国E. Freyssinet提出了混凝土收缩徐变理论，采用了高强钢丝，发明了预应力锚具，成为预应力的鼻祖、奠基人。

1928～1929年，苏联已将振动密实工艺用于预制厂，1933年后系列生产混凝土的浇筑机械，并在第聂伯水库工地广泛应用振动器。

1929年，瑞典Ytong公司，1934年Siporex公司，同期还有西德的Hebel公司相继建立并推出加气混凝土产品及技术。二次大战后,丹麦、荷兰(Durox)、波兰(Unipol)也开始生产加气混凝土制品。

1937年,按法国Freyssinet建议的一阶段制管工艺生产了$\phi 800 \sim 1600$mm的预应力混凝土管,1939年又制成带铸铁法兰的预应力混凝土管,之后又用三阶段法制成了双向预应力混凝土管,称为Socoman管。美国则在1951年用离心—振动—辊压复合工艺制成预应力管,并以此方法Cen-Vi-RoPipe命名其制管公司。瑞典于1943年成立Sentab制管公司,1948年按一阶段法制成Sentab管,并于1952年获得专利。

1940年,意大利的L. Nervi发明钢丝网水泥,为薄壁制品及结构提供了适用的材料。

1966年,日本首先应用高强混凝土,开始生产预应力混凝土桩柱。

1971~1973年,德国首先将超塑化剂研制成功,使流态混凝土垂直泵送高度达到310 m。

我国早在20世纪30年代,就有了生产和使用加气混凝土的记录。1958年,原建工部建筑科学研究院开始研究蒸养粉煤灰加气混凝土;1962年起该院与北京有关单位研究并试制了加气混凝土制品;1952年我国在北京良乡电力修造厂正式建立电杆生产线,1956年各地相继建厂;1953年开始研制轨枕,1958年开始推广。1955~1961年研究三阶段法平口预应力混凝土管以来,于1959~1965年又开发了承插式三阶段管。此后在1965~1975年的十年间开发配齐了$\phi 100 \sim 3000$mm的各种规格,1965~1968年试制成功一阶段法预应力混凝土管。

1907年,德国人最先取得混凝土输送泵的专利权,1927年德国的Fritz Hell设计制造了第一台得到成功应用的混凝土输送泵;荷兰人J. C. Kooyman在前人的基础上进行改进,1932年他成功地设计并制造出采用卧式缸的Kooyman混凝土输送泵,1959年德国的Schwing公司生产出第一台全液压的混凝土输送泵,60年代中期又研制了混凝土输送泵车,我国混凝土输送泵大规模应用是在1979年上海宝山钢铁总厂施工工程中开始的。

0.2.3 玻璃

很早就发现了天然玻璃:黑曜岩,与火山喷发有关的酸性天然岩石,颜色呈黑绿色;雷公石,与陨石有关的天然玻璃。据说古埃及一陶瓷匠是天然玻璃的发明者。我国古代玻璃也称料器,琉璃只是透明程度有所差异。湖北江陵出土的公元前5世纪越王勾践剑上已有琉璃珠作装饰。明代我国已有闻名于世的景泰蓝珐琅器具。公元前1世纪,罗马人发明了用铁管吹制玻璃。直到700年前,开始出现玻璃镜子,这时意大利的威尼斯成为玻璃工业的中心,1291年,政府为了技术垄断,把玻璃厂集中在穆兰诸岛。1790年瑞士人狄南发明了用搅拌法制造光学玻璃。1881年德国物理学家阿贝和肖特经多次试验研制出十几种光学玻璃,德国创建了驰名世界的"蔡司"光学仪器厂。玻纤是20世纪30年代产品,美国阿波罗号飞船宇航服就是用玻璃纤维和其他材料复合而成的。60年代光纤问世,美国发明的硼纤维既能和树脂复合又能和金属复合。

机制平板玻璃自20世纪问世以来,有诸多的生产方法,如有槽法、无槽法、平拉法、对辊法和格拉威伯尔法,总称为传统工艺。采用上述方法生产的平板玻璃统称为普通平板玻璃。

1957年,英国人匹尔金顿(Pilkington)发明了浮法工艺(PB法),并获得了专利权。匹尔金顿公司于1959年建厂,生产出质量可与磨光玻璃相媲美的浮法玻璃,拉制速度数倍乃至十数倍于传统工艺,生产成本却相差无几。

1975年，美国匹兹堡公司(PPG)发明了新浮法(LB法)，并获得了专利权。

1963年，美国、日本等玻璃工业发达的国家，争先恐后地向英国购买PB法专利，纷纷建立了浮法玻璃生产线，在极短的时间内，浮法玻璃取代了昂贵的磨光玻璃，占领了市场，满足了汽车制造工业的要求，使连续磨光玻璃生产线淘汰殆尽。随着浮法玻璃生产成本的降低，可生产品种的扩大(0.5～50 mm厚度)，又逐步取代了平板玻璃的传统工艺，成为世界上生产平板玻璃最先进的工艺方法。

浮法工艺的出现，使世界平板玻璃产量有了大幅度的提高，从1960年的434万吨增长到1990年的2 300万吨，折合2 mm厚玻璃46亿平方米，平均年增长率5.7%，其中浮法玻璃约占80%，1994年世界平板玻璃的产量约为2 500～2 600万吨。

0.2.4 陶瓷

我国陶瓷技术的发展有着悠久的历史。"China"意为"中国"，而"china"即为"瓷器"，据考证，它是中国景德镇在北宋真宗景德年之前(公元1004年之前)的古名昌南镇的音译。由此可见，我国是陶瓷之国，瓷器是中国劳动人民的伟大发明之一。

陶器的出现距今约8 000年。随着陶器制作的不断发展，到新石器时代，即仰韶文化时期，出现了彩陶，故仰韶文化又称"彩陶文化"。在新石器时代晚期，长江以北从仰韶文化过渡到龙山文化，长江以南则从马家浜文化进入良渚文化。山东历城县龙山镇出现了"黑陶"，所以这个时期称为"龙山文化"时期，又称"黑陶文化"。龙山黑陶在烧制技术上有了显著进步，它广泛采用了轮制技术，因此，器形浑圆端正，器壁薄而均匀，将黑陶制品表面打磨光滑，乌黑发亮，薄如蛋壳，厚度仅1 mm，人称"蛋壳陶"。进入殷商时代，陶器从无釉到有釉，在技术上是一个很大的进步，是制陶技术上的重大成就。为从陶过渡到瓷创造了必要的条件，这一时期釉陶的出现是我国陶瓷发展过程中的"第一次飞跃"。

汉代以后，釉陶逐渐发展成瓷器，无论从釉面和胎质来看，瓷器的出现无疑是釉陶的又一次重大飞跃。在浙江出土的东汉越窑青瓷是迄今为止我国发掘的最早瓷器，距今已有1 700年。当时的釉具有半透明性，而胎还是欠致密的。这种"重釉轻胎倾向"一直贯穿到宋代的五大名窑(汝、定、官、越、钧)。第三次飞跃是瓷器由半透明釉发展到半透明胎。唐代越窑的青瓷、邢窑的白瓷、宋代景德镇湖田、湘湖窑的影青瓷都享有盛名。到元、明、清朝代，彩瓷发展很快，釉色从三彩发展到五彩、斗彩，一直发展到粉彩、珐琅彩和低温、高温颜色釉。

在一个相当长的历史时期，我国的陶瓷发展经历了三个阶段，取得三个重大突破。三个阶段即是陶器、原始瓷器(过渡阶段)、瓷器，三个重大突破即是原料的选择和精制，窑炉的改进和烧成温度的提高，釉的发现和使用。尽管如此，长期以来陶瓷发展是靠工匠技艺的传授，产品主要是日用器皿、建筑材料(如砖、玻璃)等，通常称为普通陶瓷(或称传统陶瓷)。

近30年来，随着新技术(如电子技术、空间技术、激光技术、计算机技术等)的兴起，以及基础理论和测试技术的发展，陶瓷材料研究突飞猛进。为满足新技术对陶瓷材料提出的特殊要求，无论从原材料、工艺或性能上均与普通陶瓷有很大差别的一类陶瓷应运而生，这就是特种陶瓷。

值得一提的是，世界各国的瓷器发展都比中国晚得多，虽然各国由仿制中国瓷器而逐渐创立自己的风格，但在早期瓷器的纹饰和造型等方面以及工艺制作过程，都还很容易直接或间接地找出其源自中国的痕迹。中国瓷器，为人类文化的进步所作出的重大贡献，是值得我们引以自豪的。

1955年美国通用电气公司实验室在2 000 K、0.7 MPa,以镍为催化剂将石墨转化为金刚石。

1924年德国以纯氧化铝在2 000 ℃烧成洁白坚硬的陶瓷。

1933年德国西门子公司开始生产切割金属的刀具。

20世纪60年代陶瓷开始登天,美国哥伦比亚号航天飞机用了34 000块陶瓷板。

0.3 无机非金属材料在现代化建设中的作用

无机非金属材料在现代化建设中具有很重要的地位。

(1)无机非金属材料是人民日常生活中不可缺少的日用品,几千年来一直是人类用以生活的主要餐具、茶具和容器。

(2)无机非金属材料是制造美术陈设器皿的最耐久最富于装饰性的材料,无机非金属材料的玻璃、陶瓷坚致洁白、明润如玉、便于塑造、适于多种装饰手段、变化万千、丰富多彩是其他材料所无法替代的。

(3)无机非金属材料是一种原料来源丰富,传统技艺悠久,具有坚硬、耐用及一系列优良性质的材料,除日用无机非金属材料外,建筑工业中的砖、瓦、管道以及卫生洁具等需要量很大,电力、电子工业中的无机非金属绝缘材料,化学工业中的耐腐蚀无机非金属材料设备,冶金工业中需用的大量耐火材料,以及其他工业需用的无机非金属材料等在工业中的比例随着现代化建设的发展而日益增大。另外,农业的灌溉和农产品的加工也需要大量的无机非金属材料管道、设备及用具。

(4)随着现代科学技术的飞速发展,使得具有优良性能的特种无机非金属材料得到了广泛应用。许多现代国防工业和尖端科学技术,如航空、航天、半导体、高频技术、高温材料和各种特种用途的新材料、新元件都需要无机非金属材料。

总之,无机非金属材料的产品已遍及到民用、工业和国防的各个方面,是现代化建设中重要的产业。具有悠久历史的无机非金属材料随着世界科学技术的日新月异,新兴的无机非金属材料必然会层出不穷,古老的无机非金属材料工业在新的形势将再次产生飞跃,在现代工业中放射出更加灿烂的光芒。

第1章 材料组成与生产工艺

材料的性能主要取决于其化学成分、相组成、宏观结构及微观结构。结构是生产过程和工艺条件的直接记录,每个生产环节的变化在结构上均有反应,而材料的结构特征又直接影响甚至决定着材料的技术性能、质量、应用性状和效果。改变生产工艺过程和条件将获得不同的结构,选用合适的原料及工艺配方,采用特定的生产过程及工艺条件,通过试验和研究可获得需要的材料。

1.1 材料组成与结构

一般来讲,无机非金属材料在化学组成、结构上与金属材料和有机高分子材料明显不同。无机非金属材料的化学组分主要是某些元素的氧化物、碳化物、卤素化合物、硼化物以及硅酸盐、铝酸盐、硼酸盐和非氧化物等物质,其化学键主要为离子键或离子一共价混合键。与化学键为金属键的金属材料和化学键为共价键的有机高分子材料相比,无机非金属材料具有更复杂的晶体结构。

无机非金属材料的结构形成,除混凝土直接通过常温物理化学反应实现外,一般必须在较高的温度下进行(一般都在1 000 ℃以上)。无机非金属材料的高温热处理一般是在用耐火材料砌筑的窑炉中进行,但不同产品的加热方式、方法和目的有所不同。水泥是通过煅烧使水泥中的有效组分之间发生化学反应,合成水泥熟料矿物;玻璃是通过熔融而获得无气泡的均一熔体;陶瓷的烧成是让粘土分解、长石熔化和其他组分生成新的矿物和液相,最后形成坚硬的烧成体。

1.1.1 水泥

1. 硅酸盐水泥熟料组成与结构

硅酸盐水泥熟料的化学成分主要有氧化钙(CaO)、氧化硅(SiO_2)、氧化铝(Al_2O_3)和氧化铁(Fe_2O_3),其质量分数总和在95%以上。各种氧化物并不是简单混合,而是以两种或两种以上的氧化物在高温煅烧过程中相互作用生成的结晶相组成的。所以水泥熟料是一种多矿物组成的结晶细小的人工岩石,即使有极少氧化物残留也是以游离态结晶相存在,在急速冷却情况下也会出现少量玻璃相。

硅酸盐水泥熟料主要有以下四种矿物:硅酸三钙($3CaO \cdot SiO_2$),简写C_3S;硅酸二钙($2CaO \cdot SiO_2$),简写C_2S;铝酸三钙($3CaO \cdot Al_2O_3$),简写C_3A;铁相固溶体通常以铁铝酸四钙($4CaO \cdot Al_2O_3 \cdot Fe_2O_3$)作为代表式,简写$C_4AF$,此外还有少量游离氧化钙($f-CaO$)、方镁石(结晶氧化镁)、含碱矿物及玻璃体等。

熟料中硅酸三钙和硅酸二钙的质量分数占75%左右,合称为硅酸盐矿物。铝酸三钙和铁铝酸四钙的质量分数占 22% 左右，煅烧过程中与氧化镁、碱等在 1 250～1 280 ℃ 会逐渐熔融成液相以促进硅酸三钙的顺利形成，故称为溶剂矿物。

硅酸三钙是硅酸盐水泥熟料的主要矿物，其质量分数为 50% 左右，有时甚至高达 60% 以上。在硅酸盐水泥熟料中，C_3S 并不以纯的形式存在，总含有少量氧化镁、氧化铝、氧化铁等形成固溶体，称为阿利特(Alite)或 A 矿。阿利特常以单斜的形式存在，理想的晶体形态为假六方板状、柱状或片状。硅酸二钙在熟料中的质量分数一般为 20% 左右，是硅酸盐水泥熟料的主要矿物之一，熟料中硅酸二钙也不是以纯的形式存在，而是与少量 MgO、Al_2O_3、Fe_2O_3、R_2O 等氧化物形成固溶体，通常称为贝利特(Belite)或 B 矿。贝利特为单斜晶系，在硅酸盐水泥熟料中呈圆粒状。在反射光下，正常温度烧成的优质熟料中，贝利特有交叉双晶条纹，而烧成温度低冷却慢者，则呈现平行双晶条纹。

填充在阿利特、贝利特之间的物质通称中间相，它包括铝酸盐、铁酸盐、组成不定的玻璃体和含碱化合物以及游离氧化钙和方镁石，但以包裹体形式存在于阿利特和贝利特中的游离氧化钙和方镁石除外。中间相在熟料煅烧过程中，熔融成为液相，冷却时部分液相结晶，部分液相来不及结晶而凝固成玻璃体。

铁相固溶体在熟料中的潜在质量分数为 8%～10%。在一般硅酸盐水泥熟料中，其成分接近 C_4AF，故多用 C_4AF 代表熟料中铁相的组成，又称为才利特(Celite)或 C 矿。熟料中铝酸钙主要是铝酸三钙。结晶完善的铝酸三钙常呈立方、八面体或十二面体，但在水泥熟料中其形状随冷却速率而异，在熟料中的潜在质量分数为 7%～15%。

玻璃体是硅酸盐水泥熟料煅烧过程中，熔融液相冷却速度较快，有部分液相来不及结晶而成为的过冷液体，其主要成分为 CaO、Al_2O_3 和 Fe_2O_3，还有少量 MgO 和碱等。

游离氧化钙是指经高温煅烧而仍未化合的氧化钙，游离氧化钙属等轴晶系，呈立方体；在偏光镜下为无色圆形颗粒，有明显解理。方镁石是指生料中氧化钙在煅烧过程中未参加其他晶相，经高温煅烧后呈死烧晶态的游离 MgO，属等轴晶系，呈立方体、八面体或粒状。

优质的水泥熟料中晶体发育完善，阿利特和贝利特晶体大小均齐，分布均匀，彼此间被约占总量 20%～30% 的中间相隔开，阿利特的质量分数 50%～60%，大小为 20～50 μm，多数呈六角板和柱状；贝利特的质量分数为 10%～20%，大小均匀，为 30～40 μm 近圆形的颗粒，大多有交叉双晶纹；白色中间相在反射光下亮度较大，填充在 C_3S 与 C_2S 晶粒之间；黑色中间相呈点滴状或小片状，分布在白色中间相内部；游离石灰、方镁石和孔洞少见。

2. 硅酸盐水泥熟料结构形成

硅酸盐水泥熟料是一种多矿物集合体，而这些矿物又是由四种主要氧化物化合而成。因此，在生产控制中，不仅要控制熟料中的各氧化物的含量，还应控制各氧化物之间的比例即率值。这样比单独控制各氧化物的含量更能反映对熟料矿物组成和性能的影响，故常把各氧化物之间的相对含量作为生产的控制指标。

我国目前采用的是石灰饱和系数(KH)、硅率(P)和铝率(n)三个率值。为使熟料顺利烧成，又保证质量，保持矿物组成稳定，应根据水泥厂原料、燃料和设备等具体条件来选择率值，使之相互配合。通常不能三个率值同时都高或同时都低。

配料合理、混合均匀、细度合格的生料，经历正常煅烧和冷却后即可获得优质的熟料。当生料升温至最低共温度时，由固相反应生成的熔剂性晶体开始熔成液相，C_2S 和 CaO 溶入液相互作用形成C_3S,随着温度的升高和时间的延长,液相的数量增加而黏度降低,C_3S晶体逐渐发育长大,并溶入铝、镁、铁等成分形成阿利特,再经快速冷却得到熟料。

在100~200 ℃,生料被加热,自由水逐渐蒸发而干燥升温;300~500 ℃,干生料被预热;500~800 ℃,粘土质原料发生脱水并分解成无定形的Al_2O_3和SiO_2;600 ℃以上,石灰质原料中的$CaCO_3$开始分解生成游离的CaO,并放出CO_2;900~1 000 ℃,$CaCO_3$分解迅速,分解生成的CaO与无定形SiO_2、Al_2O_3、Fe_2O_3等发生固相反应,开始生成硅酸二钙、铝酸三钙和铁铝酸四钙等结晶相;1 100~1 200 ℃,大量生成铝酸三钙和铁铝酸四钙,而硅酸二钙的生成量达到最大;1 260~1 300 ℃,物料开始熔融而出现液相,为硅酸二钙吸收CaO生成硅酸三钙创造条件;1 300~1 450 ℃,水泥熟料的烧成阶段,固相反应剩余的CaO和部分硅酸二钙溶于液相中,此时硅酸二钙吸收CaO生成硅酸三钙,这一过程是煅烧水泥熟料的关键,必须有足够的时间使硅酸三钙大量的生成,降低熟料中的游离氧化钙,保证熟料的质量;烧成后再经迅速冷却,液相凝结并发生析晶,使物料凝成块状或粒状的水泥熟料。

3. 硅酸盐水泥

将烧成并快速冷却的水泥熟料存放一段时间,使其中的游离氧化钙分解,然后与添加适量石膏共同磨细即得硅酸盐水泥。若再加入适量的混合材(如矿渣、火山灰、粉煤灰等)共同磨细即得普通硅酸盐水泥、复合硅酸盐水泥、矿渣硅酸盐水泥、火山灰质硅酸盐水泥、粉煤灰硅酸盐水泥等不同品种的硅酸盐水泥。

1.1.2 混凝土

1. 混凝土组成与结构

按黄蕴元教授的层次观,混凝土结构分为宏观级、细观级和微观级。材料科学主要研究的是细观、微观。

宏观级(粗观级):线度在若干cm以上;钢筋混凝土略去砂、石、水泥石,看成均质、连续。

细观级(亚微观):线度在10^{-7}~若干cm;混凝土是多相复合材料,组分有砂、石、水泥水化产物、未水化颗粒、空隙、裂缝等。混凝土看成非均质,但至少一个相是连续的。

微观级(原子、分子级):10^{-7} cm以下;混凝土是非均质和不连续的。

苏联学者谢依金的著作中,总结了一般的混凝土结构分类方式有宏观结构、亚微观结构和微观结构。宏观结构是指水泥混凝土结构(砂浆、粗骨料);亚微观结构指水泥砂浆结构;微观结构指水泥石结构。

一般将混凝土的宏观堆聚结构分为漂浮集结型结构、骨架集结型结构和接触集结型结构。

(1) 漂浮集结型结构

按照粒子干涉理论,为避免次级颗粒对前级颗粒密排的干涉,前级颗粒之间必须留出比次级颗粒粒径稍大的空隙供次级颗粒排布。如此组合的混凝土虽然经过多级密垛获得很大的密实度,但是各级骨料均被次级骨料隔开,不能直接靠拢形成骨架。粗骨料犹如"悬浮"于细颗粒之中,因此形成一种"密实-悬浮"结构。混凝土的性能主要取决于水泥砂浆性能,粗骨料的性能对混凝土的性能影响不大。如泵送混凝土。

(2) 骨架集结型结构

粗骨料的数量增加,逐渐靠拢,但并不直接接触,虽可形成骨架,但细骨料数量过少不足以填满空隙。粗骨料对混凝土的性能产生重要影响。如贫混凝土、干硬性混凝土。

(3) 接触集结型结构

当采用间断型级配时,粗骨料数量较多,可以形成空间骨架,同时细骨料的数量又足以填充骨料的空隙。粗骨料的作用更大,混凝土内部有许多连通大孔。如大孔混凝土、单粒级混凝土。

对于新拌混凝土(混凝土拌和物)同样有上述的结构之分。

由以上分析可知,粗细骨料的级配和堆积状态对混凝土的结构和性能有重要影响,而水泥石是将粗细骨料胶结成整体的关键。因此水泥水化形成水泥石的过程、水泥石的结构以及骨料与水泥石的界面是混凝土内部结构的决定因素。

2. 混凝土结构形成过程

和水泥水化、凝结硬化相对应,混凝土结构形成过程按时间可分为三个阶段:结构形成初始阶段、硬化阶段和结构稳定阶段。

按工艺过程混凝土结构可分为:① 混凝土拌和物结构形成过程,形成粘、塑性宾汉母体;② 密实粘塑性混凝土结构形成过程,混凝土粗、细骨料结构已经形成;③ 硬化混凝土结构形成过程,形成弹、塑、粘博格斯体。

1.1.3 玻璃

1. 玻璃组成与结构

许多氧化物或元素是玻璃的组成物质,根据各氧化物在玻璃结构中所起的作用,一般可将它们分为三类:玻璃形成体(网络形成体)、玻璃中间体(网络中间体)和玻璃调整体(网络外体)。玻璃形成体是能单独形成玻璃,在玻璃中能形成各自特有的网络体系的氧化物,如 SiO_2、B_2O_3、P_2O_5 等。凡不能单独生成玻璃,一般不进入网络而处于网络之外的氧化物称为玻璃的网络外体,往往起调整玻璃一些性质的作用,如 Li_2O、Na_2O、K_2O、MgO、CaO、SrO 和 BaO 等。一般不能单独形成玻璃,其作用介于网络形成体和网络外体之间的氧化物称为网络中间体,如 Al_2O_3、BeO、ZnO、Ga_2O_3、TiO_2 和 PbO 等。

玻璃结构可以分为三种尺度来讨论:$0.2 \sim 1$ nm 的尺度或原子排布范围;3～几百纳米的尺度或亚微结构排布范围;在微米到毫米或其以上的尺度,即在显微组织或宏观结构的范围。玻璃一般指的是原子结构。

玻璃结构是指玻璃中质点在空间的几何配置、有序程度及它们彼此间的结合状态,即通过对玻璃结构的研究,确定玻璃原子在结构中的几何位置以及维持原子位置的力的性质。

最早玻璃结构由门捷列夫提出,认为玻璃是无定形物质,没有固定的化学组成与合金类似;塔曼把玻璃看成过冷液体;索克曼等提出玻璃基本结构单元是具有一定化学组成的分子聚合体;蒂尔顿在 1975 年提出玻子理论,玻子是由 20 个 $[SiO_4]^{4-}$ 四面体组成的一个单元。这种在晶体中不可能存在的五角对称是 SiO_2 形成玻璃的原因,他根据这一理论成功地计算出石英玻璃的密度。依肯提出核前群理论;阿本提出离子配位假设;列别捷夫(苏联学者)在 1921 年提出晶子学说;扎哈利阿森(德国学者)在 1932 年提出无规则网络学说。目前,最主要、广为接受的玻璃结构学说是晶子学说和无规则网络学说。

晶子学说认为玻璃是由无数"晶子"组成,"晶子"的化学性质取决于玻璃的化学组成。所谓"晶子"不同于一般微晶,而是带有晶格变形的有序区域,在"晶子"中心质子排列较有规律,越远离中心则变形程度越大。"晶子"分散在无定形介质中,从"晶子"部分到无定形部分的过渡是逐步完成的,两者之间无明显界限。晶子学说揭示了玻璃体的结构特征——微观不均匀性及近程有序性。晶子学说的缺点是晶子尺寸、含量、化学组成等都未得到合理的确定。

无规则网络学说认为玻璃的结构与相应的晶体结构相似,也是由一个三维空间网络构成。玻璃的网络与晶体的网络不同,是由离子多面体(四面体或三角面体)构筑起来的,但多面体的重复没有规律性。如石英玻璃是由硅氧四面体$[SiO_4]^{4-}$以顶点相连而组成的三维架构网络,这些网络没有像石英晶体那样远程有序,是其他二元、三元、多元硅酸盐玻璃结构的基础。网络学说强调了玻璃中离子与多面体相互间排列的均匀性、连续性及无序性等,这可以在玻璃的各向同性、内部性质的均匀性及随成分变化时玻璃性质变化的连续性上得到反映,因而在长时间内该理论占主导地位。

事实上,玻璃结构的晶子学说与无规则网络学说,分别反映了玻璃结构这个比较复杂问题的矛盾的两个方面。可以认为短程有序和长程无序是玻璃物质结构的特点,从宏观上看玻璃主要表现为无序、均匀和连续性,而从微观上看它又呈现有序、微不均匀和不连续性。当然,玻璃结构的基本概念还仅用于解释一些现象,尚未成为公认的理论,仍处于学说阶段,对玻璃态物质结构的探索尚需进一步深入开展。

2. 玻璃结构形成

配合料入窑后,在 800～1 000 ℃ 温度内发生一系列物理的、化学的和物理化学的反应,如粉料受热、水分蒸发、盐类分解、多晶转变、组分融化以及石英砂与其他组分之间进行的固相反应。这个阶段结束时,大部分气态产物从配合料中溢出,配合料最后变成了由硅酸盐和二氧化硅组成的不透明烧成物。当温度升到 1 200 ℃ 时,烧成物中的低共熔物开始融化,出现了一些熔融体,同时硅酸盐与未反应的石英砂反应,相互熔解。伴随着温度的继续升高,硅酸盐和石英砂粒完全熔解于熔融体中,成为含大量气泡、条纹,在温度上和化学成分上不够均匀的透明的玻璃液。随着温度的继续提高,达到 1 400～1 500 ℃ 时,玻璃液的黏度约为10 Pa·s,玻璃液在形成阶段存在的可见气泡和溶解气体,由于温度升高,体积增大,玻璃液黏度降低而大量逸出,直到气泡全部排出。玻璃液长时间处于高温下,由于对流、扩散、溶解等作用,玻璃液中的条纹逐渐消除,化学组成和温度趋向均一,此阶段结束时的温度略低于澄清时的温度。玻璃的均化过程早在玻璃液形成阶段时已经开始,然而主要还是在澄清后期进行,它与澄清过程混在一起,没有明显的界限,是边澄清边均化,且澄清加速了均化的进程,均化的结束在澄清之后,并一直延续到冷却阶段。最后,将澄清和均化的玻璃液均匀降温,将玻璃液的黏度提高到成型制度所需的范围。

1.1.4 陶瓷

1. 陶瓷组成与结构

陶瓷的微观结构显示,陶瓷是由晶体、玻璃体和气孔组成的。

陶瓷晶体中的原子是靠化学键结合的,其化学键主要是共价键和离子键,相应的晶体是共价键晶体和离子键晶体。陶瓷中这两种晶体是化合物不是单质，其晶体结构可分为典型晶体结构和硅酸盐晶体结构。典型晶体结构主要有以下几种：AB 型结构、AB_2 型结构、A_2B_3 型结构与其他类型结构。硅酸盐晶体是构成地壳的主要矿物，是制造陶瓷的主要原料；硅酸盐晶体结构的特点是具有硅氧四面体 $[SiO_4]^{4-}$。根据 $[SiO_4]^{4-}$ 的连接方式不同，硅酸盐晶体可以分为五种结构：岛状、环状、链状、层状和架状。

陶瓷中的玻璃体是非晶态的无定形物质。对玻璃的结构许多假说，如晶子学说、无规则连续网络学说、高分子学说、凝胶学说、核前群理论、离子配位学说等，由于玻璃结构的复杂性，还没有一种学说能将玻璃的结构完整严密地揭示清楚。

陶瓷的显微结构（即显微组织）总的说是由晶相、玻璃相、气相所组成。陶瓷显微组织分类较多。按晶体结晶程度分为全晶质组织、半晶质组织和非晶质组织；按晶形发育程度可以分为自形晶组织、半自形晶组织和它形晶组织；按晶粒相对大小分为等粒组织、不等粒组织和斑状组织；按晶粒分布特征分为定向组织、交织、环带、包裹、间隔和间粒。在普通陶瓷（电瓷、化学瓷、建筑瓷、卫生瓷和日用瓷等）的显微组织中：玻璃相的质量分数为 40%～60%（玻基）；主晶相莫来石的质量分数为 10%～30%，为鳞片状和针状交织成网（交织）；残留石英的质量分数为 10%～20%，颗粒大小不一（斑状）。因此，普通陶瓷的显微组织为玻基交织斑状组织。

当外界条件（温度、压力、电场、磁场）发生变化时，系统的能量发生改变，而相的结构也要随之改变，即发生相变。陶瓷的相变大致可分为扩散型相变和无扩散型相变两大类。陶瓷中的无扩散型相变有重建型转变和位移型转变，马氏体相变、有序－无序转变均属于位移型转变。扩散型相变是相变时不仅有晶体结构的变化，而且有化学成分的变化，如过饱和固溶体的时效析出、调幅分解、玻璃分相等。

釉是指覆盖在陶瓷坯体上的玻璃态薄层，但它的组成较玻璃复杂，其性质和显微结构也和玻璃有较大的差异；其组成和制备工艺与坯料相接近而不同于玻璃。

2. 陶瓷结构形成

成型的陶瓷坯体必须经过高温烧成，才能形成一定矿物组成和显微结构，赋予陶瓷制品一定性能。坯体在烧成过程中随着温度升高发生一系列物理化学变化，这些变化最终决定了陶瓷制品的结构和性能。传统的陶瓷烧成温度为 1 100～1 450 ℃，属于有液相参与的烧成过程。长石－石英－高岭土三组分陶瓷系是传统陶瓷生产常见的系统，该系统烧成过程通常分为 4 个阶段，即坯体水分蒸发、氧化分解与晶型转变、玻璃化成瓷和冷却阶段。

（1）坯体水分蒸发阶段

对应温度为室温～300 ℃。本阶段的主要作用是排除干燥后坯体内的残余水分和吸附水；坯体内基本不发生化学变化，强度变化很小，对气氛性质无特殊要求。

（2）氧化分解与晶型转变阶段

对应温度为 300～950 ℃，是陶瓷烧成过程的关键阶段之一。瓷坯内部发生较复杂的物理化学变化，包括其中结构水分排除，碳酸盐、硫酸盐分解，有机物、碳素和硫化物被氧化，石英晶型转变。该阶段后期，坯体出现少量液相。坯体质量减轻，气孔率提高，机械强度提高，颜色变浅体积变化不大。

（3）玻璃化成瓷阶段

对应温度为 950 ℃～烧成温度。1 050 ℃之前残余的结构水分排除和氧化分解反应继续进行。同时，由于温度升高，坯体液相量略有增加。1 050 ℃以上，气氛制度分为氧化焰烧成和还原焰烧成。当坯料中含杂质成分氧化铁相对较低、氧化钛相对较高时,通常采用氧化焰烧成,反之采用还原焰烧成。氧化气氛(硫酸盐与高价铁的分解)往往推迟到 1 300 ℃ 以后进行,烧成产品由于铁离子以 Fe^{3+} 形式存在色调发黄;还原气氛分解反应可以提前到 1 100 ℃ 以前完成,烧成产品由于铁离子以 Fe^{2+} 形式存在色调发青。长石-石英-高岭土三组分陶瓷系统,坯料中的高岭石脱水后在 950 ℃ 左右发生放热反应,生成铝硅尖晶石和无定形二氧化硅。1 100 ℃ 左右铝硅尖晶石开始转化为莫来石,无定形二氧化硅转化为方石英。长石在 1 170 ℃ 左右开始分解,析出白榴石并生成液相。在高岭石和长石的混合物区域,1 000 ℃ 左右开始产生莫来石。1 200 ℃ 以后,大量液相产生,一方面促使晶体发生重结晶。由于细晶溶解度大于粗晶,小晶粒溶解后向大晶粒表面沉积,导致大晶粒尺寸进一步长大。另一方面液相起着致密化的作用。由于表面张力的拉紧作用,使它能填充颗粒间隙,促使固体颗粒相互靠拢,最终使莫来石、残余石英与其他组分彼此结合成整体,组成致密的、有较高机械强度的瓷坯。玻璃化成瓷阶段,坯体气孔率降低至最低,收缩率达到最大,机械强度和硬度增大;坯体转变成白色,具有半透明感,釉面具有光泽;坯体实现瓷化烧成。

(4) 冷却阶段

冷却是制品烧成工艺的最后阶段,按照冷却制度划分为三个阶段。冷却初期由烧成温度冷至 800 ℃,是冷却过程的重要阶段,主要变化是瓷坯中处于黏滞状态的液相的黏度随温度降低而不断增大。为防止不利变化,在保证全窑截面温度的均匀性,以及考虑到匣钵所能承受的急冷应力,冷却速度应尽可能地快。冷却中期由 800 ℃ 冷至 400 ℃,这是冷却过程的危险阶段。主要变化是瓷坯中黏滞的玻璃相将随温度不断降低而由塑态转为固态;其次是残余石英的晶型转变,在 573 ℃ 由高温型转变为低温型。为防止制品由于结构应力和内应力造成的炸裂,这一阶段冷却速度必须缓慢。冷却后期由 400 ℃ 冷至常温,这是冷却过程的最后阶段。瓷坯中的玻璃相已经全部固化,瓷坯内部结构也已定型,并且承受的热应力作用也大大减小,这一阶段冷却速度仍然可以加快。

1.2 材料工艺

在材料、构件、制品的生产制作过程中,从原料的选择、储运、加工、配制到制成指定技术要求的成品所经历的全部过程称为生产过程。生产过程的基本组成单元是工序,如原料的粉磨(工艺工序),原料或者成品的运输(运输工序),原料、半成品和成品的储存(储存工序),质量检查(辅助工序)。因此,生产过程也可以认为是按顺序将原料加工成成品的全部工序的总和。

1.2.1 水泥

水泥生产工艺流程根据生产方法的不同有所差异,以硅酸盐水泥生产为例,其生产工艺过程可分为三个阶段,亦简称为"两磨一烧",即石灰质原料、粘土质原料与少量校正原料经分别破碎后,按一定比例配合、磨细,制成成分合适、质量均匀的生料,称为生料制备;生料在水泥窑内烧制部分熔融所得到以硅酸钙为主要成分的硅酸盐水泥熟料,称为熟料煅烧;熟料加适量石膏,有时还加适量混合材或外加剂共同磨细至粉末(水泥),称为水泥粉磨。

水泥基本工艺过程主要包括:破碎、预均化、生料的粉磨、生料均化、熟料的煅烧和冷却、水泥制成等。

1. 破碎

破碎是对块状固体物料使用机械方法，使之克服内聚力，分裂为若干碎块的过程。根据破碎后物料粒度的大小，将破碎分为粗碎、中碎和细碎。为减小块状物料的粒度，以便后续粉磨，首先需要将石灰质原料、粘土质原料与少量校正原料破碎。煤作为燃料为提高燃烧效率也需要破碎。原、燃料破碎使用的常用设备有：颚式破碎机、锤式破碎机、反击式破碎机、反击—锤式破碎机以及对辊破碎机等。

2. 预均化

为保证入窑生料具有质量均匀、适当的化学组成，除应严格控制原、燃料的化学成分，进行精确的配料外，通常出磨生料均应在生料库内进行调配并搅拌均化。当干法生产的原料较复杂时，原料在入磨前也可以在预均化堆场内预先进行均化。

原料预均化，当干法水泥厂石灰石矿山成分波动较大，地质构造复杂时，通常考虑设置预均化堆场。粘土质原料和铁质原料通常成分比较均匀，一般不需要进行预均化。

生料成分是否均匀，不仅影响熟料质量，而且影响窑的产量、热耗、运转率及耐火材料的消耗。由于矿山开采的层位及开采地段的不同，会存在原料成分波动。此外为了充分利用矿山资源，常采用高低品位的原料搭配使用。因此必须对原料及生料采取有效的均化措施，满足生料成分均匀的要求。

以煤为燃料的工厂，由于煤的水分、灰分的波动，对窑的热工制度的稳定和产量、质量有一定影响。对于煤质波动大的水泥厂，煤的预均化也是必要的。

3. 生料的粉磨

粉磨是在外力作用下，通过冲击、挤压、研磨等克服物体变形时的应力与质点之间的内聚力，使块状物料变成细粉的过程。根据生产方法不同，生料粉磨分为湿法和干法两类。湿法生料粉磨系统有开路和闭路之分，但以开路系统为主。开路一般采用长管磨或中长磨机，闭路则用弧形筛和长管磨组成一级闭路系统。干法生料粉磨随悬浮预热窑和窑外分解窑技术出现和发展，大都发展为同时烘干兼粉磨的闭路系统。生料粉磨系统按粉磨设备的不同可以分为三类：钢球磨系统、立式（辊式）磨系统和气落磨（或称无介质）系统。目前，水泥工业应用最广泛的是钢球磨系统。近年来立式磨发展较快，而无介质磨则应用较少。

生料粉磨细度影响燃烧时熟料的形成速度。生料越细其比表面积越大。在窑内的反应，如碳酸钙分解、固相反应、固液相反应速度就越快，越有利于 CaO 吸收。但是随细度降低，磨机产量越低，粉磨电耗越高。

配料率值、生料细度和均匀度等生料质量，会使熟料结构发生明显变化，从而影响熟料质量。控制生料细度可以防止粗粒原料的混入，否则将使熟料结构失去均匀性。配料不均匀，窑灰掺入不匀，煤粉成分跳动或者生料拌和不匀等，在结构上会使阿利特、贝利特的分布不均匀，各自聚集成堆，晶体大小不一，中间相的分布亦不均匀，且游离氧化钙增多而且成堆分布。

4. 生料均化

生料均化是水泥干法生产中很重要的工艺环节，它对提高水泥熟料产量、质量，稳定窑的热工制度、提高窑的运转率，降低能耗和确保水泥质量的稳定，有着举足轻重的作用。

生料均化主要是采用空气搅拌及重力作用下产生的"漏斗效应"，使生料粉向下降落时切割尽量多层料面予以混合。同时，在不同流化空气的作用下，使沿库内平行料面发生大小不同的流化膨胀作用，有的区域卸料，有的区域流化，从而使库内料面产生径向倾斜，进行径向混合均化。

目前，水泥工业所用的生料均化库常见的有间歇式均化库、混合室均化库和多料流式均化库，较普遍采用的是多料流库，主要是其在保证满意的均化效果的同时，力求节约电能消耗。如间歇式均化库虽然均化效果高，但耗电量大，且多库间歇作业。因此，无论哪种形式的多料流均化库都是尽量发挥重力均化作用，利用多料流使库内生料产生众多漏斗流，同时产生径向倾斜料面运动，提高均化效果。

此外，在力求弱化空气搅拌以节约电力消耗的同时，许多多料流库也设置容积大小不等的卸料小仓，使生料库内已经过漏斗流及径向混合流均化的生料再卸入库内或库下的小仓内，进入小仓内的物料再进行空气搅拌，而卸出运走。

5. 熟料的煅烧

将生料在水泥窑内煅烧至部分熔融，经冷却后得到以硅酸钙为主要成分的硅酸盐水泥熟料的过程称为煅烧。熟料的煅烧可以采用回转窑和立窑。回转窑又可分为干法中空窑、立波尔窑、立筒预热器窑、悬浮预热器窑和窑外分解等，大中型厂一般采用回转窑。立窑适用于规模较小的工厂。熟料冷却过程采用熟料冷却机完成，形式有单筒式、多筒式、箅式（包括振动箅式、推动箅式与回转式）以及立式冷却机等。

生料在煅烧过程中的物理化学变化包括：干燥、脱水、碳酸盐分解、固相反应、熟料的烧结、熟料的冷却。干燥是指物料中自由水的蒸发；脱水是指粘土矿物分解放出化合水；生料中的碳酸钙、碳酸镁煅烧过程分解放出二氧化碳的过程为碳酸盐分解；固相反应是指碳酸钙分解的同时，石灰质和粘土质组分间，通过质点的相互扩散进行固相反应；熟料的烧结是指当物料温度升高到最低共熔温度后，开始出现以氧化铝、氧化铁和氧化钙为主体的液相。在高温液相的作用下，水泥熟料逐渐烧结，物料逐渐由疏松状转变为色泽灰黑、结构致密的熟料。当熟料过了最高温度后，就进入了冷却阶段。熟料的矿物结构取决于冷却的速度、固－液相中质点扩散速度、固－液相的反应速度等。冷却很慢，使固液相中的离子扩散足以保证固－液相间的反应充分进行，即平衡冷却；如果冷却速度中等，使液相能够析出结晶，由于固相中质点扩散很慢，不能保证固液相间反应充分进行，即独立析晶；如果冷却很快，使液相不能析出晶体而成为玻璃体，即淬冷。

煅烧工艺包括煅烧制度、冷却速度和窑内气氛。它们对熟料结构有显著的决定性影响。煅烧制度包括烧成温度的高低和时间的长短。正常的煅烧温度和时间以及冷却得到优质正常的熟料；而温度时间控制失当会得到过烧、欠烧或急烧的熟料。

6. 冷却

熟料的冷却并不仅是温度的降低，而是伴随着一系列物理化学的变化，同时进行有液相的凝固和相变两个过程。实验和生产实践证明急速冷却熟料对改善熟料质量有许多优点：防止或减少 $\beta-C_2S$ 转化为 $\gamma-C_2S$，减少 C_3S 的分解，防止或减少 MgO 的破坏作用，减少 C_3A 结晶体，提高熟料的易磨性等。

7. 水泥制成

硅酸盐水泥是将硅酸盐水泥熟料、石膏和混合材料进行合理配比，经机械粉磨，然后储存、均化制备而成，其中水泥粉磨是水泥制成的重要工艺过程。

1.2.2 混凝土

混凝土的基本工艺过程包括:原材料加工、配料设计、搅拌、密实成型、养护、配筋等。

1. 原材料加工

原材料加工是内部结构形成的准备阶段。混凝土的原材料有砂、石、水,这些材料从自然界取来一般不能直接满足生产混凝土的要求,如粒径、级配,必须经过加工。

混凝土对原材料都有一定的要求,原材料要按着要求进行加工,如粒径、级配、孔隙率、比表面积、含水量、化学成分及活性等。为后续的生产过程正常进行及最终获得符合要求的结构提供必要的条件。

2. 配料设计

混凝土的配料设计(配合比设计)是依据混凝土材料科学的研究成果而形成的有关规范,根据材料的技术性能、工程要求、结构形式和施工条件来确定混凝土各组分合理的配合比例。

工程上对混凝土的基本要求有:① 硬化后混凝土的性能,特别是抗压强度和耐久性;② 混凝土拌和物的和易性;③ 经济性。

混凝土配合比设计是混凝土工艺中最重要的项目之一,其目的是在满足工程对混凝土的基本要求的情况下,找出混凝土组成材料间最合理的比例,以便生产出即优质又经济的混凝土。

3. 搅拌

搅拌是结构形成的初始阶段。从混凝土的最终结构可以看出,粗、细骨料的空隙基本上均匀地分布在混凝土的胶结材水泥石的内部,砂、石、水泥不经过搅拌工序是达不到均匀化效果的。将合格的各组分按设计比例拌和成具有一定均匀性、工作性的混凝土混合料,形成了混凝土混合物的结构,这种结构的好与坏,直接影响混凝土最终的结构和性能。混凝土搅拌是混凝土拌和物制备中最重要的过程,有现场制备和预拌制备两种。现场制备生产方式粗糙,混凝土质量波动大,已经逐渐被预拌方式取代。

4. 密实成型

密实成型是结构形成的关键阶段。混凝土内部只有相当密实,才能具有各种力学性能、才具有耐久性能,所以必须有密实工序;混凝土产品都是有一定形状的,所以必须有一个塑造形状的工序即成型。混凝土的密实和成型一般是在同时进行的,这个工序称为密实成型。

利用水泥浆凝聚结构的触变性,和混合料在重力下的流动性,对浇灌后的混合料施加外力干扰使之产生两种流动来实现密实成型:

① 外部流动 → 填充模板 → 成型

② 内部流动 → 排掉空气、紧密排列 → 密实

混凝土及其制品密实成型工艺主要有振动密实成型、压制密实成型、离心脱水密实成型、真空脱水密实成型等。

5. 养护

养护是结构形成的延续,是重要阶段。混凝土的微观结构的形成过程是一个化学反应的过程,化学反应一般是要有一定条件,如温度、湿度、压力,对于混凝土而言称为养护。

搅拌、密实对最终结构的影响主要是宏观的,而养护则是对混凝土的微观即水泥石的结构起作用。混凝土中的水泥石的结构对混凝土性能是至关重要的。

混凝土工程施工现场一般采取自然养护即简单的防风、保湿等。对于预制混凝土为提高效率常采用加速养护措施,主要有太阳能养护、常压湿热养护、高压湿热养护(蒸压养护)、干湿热养护等。

混凝土养护时间一般很长,因此养护是缩短生产周期、提高效率的关键;同时养护能量消耗很大,是降低能耗的主要途径。

6. 配筋

混凝土单独使用时称为素混凝土,由于混凝土是典型的脆性材料即抗压强度高而抗拉强度低,在工程中使用较少。为提高混凝土的抗拉能力,一般将钢筋加入混凝土共同使用,称作钢筋混凝土。钢筋混凝土是由无机材料与金属材料组成的复合材料。由于配筋的加入会对混凝土产生一定影响。如钢筋对混凝土产生约束作用,阻止混凝土的变形;当构件配筋较密时,对混凝土的粗集料最大粒径提出要求,否则会由于配筋的阻挡令混凝土无法均匀密实。此外,根据工程条件的不同,还可将混凝土施加预应力,以提高混凝土的性能。

1.2.3 玻璃

玻璃生产的基本工艺过程主要包括:原料加工、配合料制备、熔制、成型、热处理等。

1. 原料加工

日熔化量较大的平板玻璃厂一般都是矿物原料块状进厂,为此,必须进行破碎与粉碎。根据矿物原料的块度、硬度和需要的粒度等来选择加工处理方法和相应的设备。原料粉碎后都必须进行筛分,生产中常用的筛分设备主要有六角筛和机械振动筛两种,小型厂常采用摇筛。对含水量较高的潮湿原料一般需干燥,将含铁原料进行除铁处理,以保证玻璃质量。

2. 配合料制备

根据所设计的玻璃成分及给定的原料成分,进行组成计算,确定配料单,按配料单进行料的称量。常用的秤有台秤、耐火材料秤、标尺式自动秤、多杆秤、自动电子秤等。未经混合的配合料,在熔制过程中会导致熔融玻璃液的不均匀,从而影响制品质量。配合料的质量与原料的混合工艺、混合机的结构密切相关。按混合机的结构不同可分为转动式、盘式、桨叶式三类,相应的混合机有鼓形混合机、强制式混合机、桨叶式混合机。

3. 熔制

熔制是玻璃生产中重要的工序之一,它是配合料经过高温加热形成均匀的、无气泡的、并符合成形要求的玻璃液的过程。熔制过程分为硅酸盐形成、玻璃形成、澄清、均化和冷却5个阶段。各阶段都有着内在联系,相互影响,每一阶段进行的不完善均影响下阶段的反应,并最终影响产品质量。

玻璃的熔制是一个非常复杂的过程,它包括一系列物理的、化学的、物理化学的现象和反应,这些现象和反应的结果使各种原料的机械混合物变成了复杂的熔融物即玻璃液。

玻璃制品的很多缺陷主要在熔制过程中产生的,玻璃熔制过程进行的好坏与产品的产量、质量、合格率、生产成本、燃料消耗和池窑寿命等都有密切关系,因此要进行合理的熔制,保证配合料在整个熔制过程中的物理化学反应进行的及时完善,使整个生产过程得以顺利进行并生产出优质玻璃制品。

4. 成型

玻璃的成型方法可以分为两类:热塑成型和冷成型,后者包括物理成型和化学成型。通常把冷成型归属到玻璃冷加工中,玻璃成型通常指热塑成型。

玻璃的成型方法有吹制法(空心玻璃等)、压制法(烟缸等)、压延法(压花玻璃等)、浇铸法(光学玻璃等)、拉制法(窗用玻璃等)、离心法(玻璃棉等)、烧结法(泡沫玻璃等)、喷吹法(玻璃珠等)、焊接法(仪器玻璃等)、浮法(平板玻璃等)以及上述几种方法的组合,如压—吹法等。平板玻璃的成形方法有:垂直引上法(有槽引上和无槽引下)、平拉法、浮法和压延法等。目前最常用的生产方法是浮法和压延法。

玻璃的成形是熔融的玻璃液转变为具有固定几何形状制品的过程。玻璃必须在一定的温度范围内才能成形,在成形时,玻璃液除作机械运动外,还同周围介质进行连续的热传递。由于冷却和硬化,玻璃首先由粘性液态转变为可塑态,然后再转变成脆性固态。在成形过程中,机械作用和玻璃液在一定温度下的流变性质有关,玻璃液在外力(压力、拉力等)的影响下,使其内部各部分流动。

5. 热处理

热处理是指通过退火、淬火等工艺,消除或产生玻璃内部的应力、分相或晶化,以及改变玻璃的结构状态。

玻璃制品成型后的退火即冷却,是为消除或减少玻璃制品中的热应力至允许值的热处理过程。除玻璃纤维和薄壁小型空心制品外,几乎所有玻璃制品都需要进行退火。

玻璃的退火是在退火窑里完成的。退火窑分为间歇式和连续式两大类。间歇式退火窑适用于小批量生产的产品及特大型产品;对于单一品种、大批量生产的玻璃制品,常采用连续式退火窑。

在生产过程中,玻璃制品经受激烈的、不均匀的温度变化,会产生热应力。这种热应力能降低玻璃制品的强度和热稳定性。热成型的制品若不经退火令其自然冷却,则在冷却、存放、使用、加工过程中会产生炸裂。

对于光学玻璃和某些特种玻璃需要精密退火,退火要求十分严格,必须在退火的温度范围内保持相当长的时间,使它各部分的结构均匀,然后以最小的温差进行降温,以达到要求的光学性能。

玻璃的淬火,就是将玻璃制品加热到转变温度 T_g 以上 50~60 ℃,然后再在冷却介质中(淬火介质)急速均匀冷却(如风冷淬火、液冷淬火等),在这过程中玻璃的内层和表面层将产生很大的温度梯度,由此引起的应力由于玻璃的粘滞流动而被松弛,所以造成了有温度梯度而无应力的状态。冷却到最后,温度梯度逐渐消除,松弛的应力即转化为永久应力,这样就造成了玻璃表面均匀分布的压应力层,使玻璃得到增强。

1.2.4 陶瓷

陶瓷生产的基本工艺过程主要包括:配料、坯料制备、成型、干燥、施釉和烧成等。

1. 配料

陶瓷制品一般由坯体和釉层两部分构成。目前最常用的坯釉料配料计算方法有配料量表示法、化学（矿物）组成表示法、实验公式表示法等。

各种陶瓷产品对坯料和釉料的性能有不同的要求，各地可供选用的原料也各异，在生产过程中原料的成分、性能也会发生变化，因此，配料方案的确定和计算是陶瓷生产的关键问题之一。通常是根据配方计算的结果进行试验，然后在试验的基础上确定产品最佳的配方。

进行配料试验和配方计算之前，必须对所用原材料的化学组成、矿物组成、物理性质以及工艺性能作全面的了解。与此同时，对产品的质量要求，如必须保证的质量指标、可以兼顾的质量指标，做到心里有数。这样，才能科学地指导配方工作顺利进行，结合生产条件获得预期的效果。

2. 坯料制备

陶瓷制品种类繁多，其性能要求和所用原料各不相同，通常将陶瓷原料经配料和一定的工艺加工，制得的符合生产工艺要求的多组分均匀的配合料，称为坯料。根据成型方法及含水量的不同，可将陶瓷坯料分成注浆料、可塑料、压制粉料三大类。为了获得适合需要的坯料，制备工艺主要包括原料的精加工、原料的预烧、原料的破碎、泥浆的制备、泥浆的脱水、练泥和陈腐造粒等环节。

陶瓷坯体是陶瓷制品的主体，其性能决定着陶瓷制品的性能和应用。坯料的制备在陶瓷生产工艺中具有突出的重要性。比如，除铁不彻底，陶瓷坯料中混有铁质将使制品的外观质量受到影响，如降低白度与半透明性，也会产生斑点。因此，原料处理与坯釉料制备的各个工序中，必须注意除铁。

3. 成型

成型是将制备好的坯料，用各种方法加工制成具有一定形状和尺寸的坯件（生坯）。按坯料的性能将成型方法分为注浆成型、可塑成型和压制粉料成型。

注浆成型使用含水量高达 30% 以上的流动性泥浆，通过浇注在多孔模型中进行成型；适用于制造大型的、形状复杂的、薄壁的产品；主要有石膏模注浆成型、热压注浆成型、流延注浆成型。可塑成型是利用泥料具有可塑性的特点，经一定工艺处理，制成一定形状制品的成型方法；适合于具有回转中心的圆形产品；主要有挤压、车坯、旋坯、滚压、轧膜等成型方法。压制粉料成型有模压成型和等静压成型两种方法，模压成型是利用压力将干粉坯料加少量结合剂在金属模具中压制成致密坯体，过程简单，生产量大，便于机械化，适于成型形状简单、小型的坯体；静压成型是利用液体或气体能均匀地向各个方向传递压力的特性来实现均匀受压成型的，根据模具不同又分为湿法和干法等静压两类。

成形的坯件仅是半成品，其后还要进行干燥、施釉、烧成等多道工序。成型工序要求坯件应符合产品要求的生坯形状和尺寸，具备相当机械强度，结构均匀有一定致密度，成型过程适合组织生产。

值得注意的是，同一产品可以使用不同方法来成型，不同的产品也可以采用同一方法成型。在生产中可以综合考虑产品形状、大小、厚薄，坯料性能，产品的产量和质量要求，生产设备和经济效果等来选择。

4. 干燥

制好的生坯常含有大量水分，在入窑燃烧之前必须进行干燥，否则会造成产品开裂或变形等问题。干燥是借助热能使坯料中的水分汽化，将坯体中所含的大部分机械结合水排出的工艺过程。陶瓷坯体在干燥过程中随自由水分排除，物料颗粒相互靠拢，产生收缩使制品变形，尤其厚壁制品，为防止收缩不匀造成的变形开裂，应限制制品中心与表面的水分差，严格控制干燥速率。经过干燥处理的坯体发生体积收缩，强度提高，致密度增大等变化。根据坯体蒸发水分而获取的热能形式，陶瓷坯体的干燥方法分为对流干燥、电热干燥、辐射干燥、综合干燥等。

5. 施釉

施釉是指通过高温的方式，在陶瓷体表面上附着一层玻璃态层物质。施釉的目的在于改善坯体的表面物理性能和化学性能，同时增加产品的美感，提高产品的使用性能。施釉方法可以分为湿法施釉和干法施釉，常见的有浸釉法、浇釉法、喷釉法、刷釉法、气化施釉等。

釉层中的玻璃相、晶相和气相直接影响陶瓷材料的表面光泽度、透光度、白度、力学性能和化学稳定性等。釉层的微观结构决定着釉层的宏观性质，而微观结构又取决于釉料组成、制备工艺、施釉方法和烧成制度等因素。

6. 烧成

烧成是将成型后的陶瓷坯体在特定的温度、压力、气氛下进行烧结，经过一系列物理、化学和物理化学变化，得到具有一定晶相组成和显微结构的烧结体的工艺过程。

烧成是陶瓷制造工艺过程中最重要的工序之一。坯体在烧成过程中发生一系列的物理化学变化，如膨胀、收缩、气体产生、液相的出现、旧晶相的消失、新晶相的析出等。这些变化在不同温度阶段中进行的状况决定了瓷器的质量与性能。烧成使陶瓷材料获得预期的显微结构，赋予陶瓷制品一定的性能。只有掌握了坯体在高温焙烧过程中的变化规律，才能正确选择窑炉，制定烧成制度，以达到烧制出高质量陶瓷的要求。

常用烧成方法有常压烧成、热压烧成、热等静压烧成、真空烧成、反应烧成、反应热压烧成、微波烧成、激光烧成等。烧成过程必须在正确合理的烧成制度下进行。烧成制度是指为了保证制品的烧成质量而制定的温度制度、气氛制度和压力制度的总和。温度制度包括烧成过程中各阶段的升温速率、烧成温度、保温时间、降温速率。气氛制度主要指 $1\,020\sim1\,050\,℃$ 以上的烧成气氛的控制参数，有氧化气氛、还原气氛、保护性气氛等。压力制度包括正压和负压以及零压等压力条件。

在烧制过程中必须严格执行合理的烧成制度，包括升温速率、最高烧成温度、保温时间、冷却制度，还要考虑煅烧气氛等环境条件。某一环节出了问题都将直接影响瓷坯的显微结构和性能，甚至出现废品。以 Al_2O_3 质量分数为 95% 的氧化铝瓷为例，如果烧成温度偏低或保温时间不足，晶体将呈现生长不完整、晶粒比较小的欠烧显微结构；如果烧成温度偏高将使晶体边缘被熔蚀成浑圆状和过多气孔的过烧显微结构，它们都影响制品的强度和气密性等。

总之，由于材料生产的连续性，各工序之间关系密切。而在生产过程中，原、燃料的成分与生产状况是不断变动的，如果前一工序控制不严，就会给后一工序的生产带来影响。为此，应根据工艺流程，经常地、系统地、及时地对各生产工序，从原料、燃料、混合材料、烧成料以及成品进行一环扣一环的控制。

第 2 章　　水泥工艺

水泥的生产方法按生料制备方法的不同,有干法、半干法和湿法三种。将原料同时烘干与粉磨或先烘干后粉磨成生料粉后,喂入干法窑内煅烧成熟料,称为干法生产;将生料粉加入适量水分制成生料球,而后喂入立窑或立波尔窑内煅烧成熟料的生产方法称为半干法;将原料加水粉磨成生料浆后喂入湿法回转窑煅烧成熟料,称为湿法生产;将湿法生产中制备的生料浆再制成生料块入窑煅烧,称为半湿法生产,也可归入湿法生产,但一般均称为湿磨干烧。将脱水生料块经烘干粉碎后,入预热器窑、窑外分解窑等干法窑中煅烧者,一般也称为湿磨干烧。

2.1　破　　碎

2.1.1　基本概念

1. 定义与意义

固体物料在外力作用下,克服了内聚力,使固体物料破碎的过程,称为粉碎。

在水泥厂中,数量很大的固体原料、燃料和半成品等都需要经过粉碎。每生产 1 t 水泥需要粉碎的物料量约 3 t 以上,而用于粉碎的电费占总电费的 70% 左右。同时,粉碎作业情况还直接关系到产品的质量。可见,粉碎是很重要的操作过程。

输入工厂的原料有粉末,也有超过 1 m 以上的料块。工厂中原料或半成品必须经过各种不同程度的粉碎,使其块度达到各工序所要求的大小,以便于操作加工。因处理物料尺寸大小的不同,可将粉碎分为破碎和粉磨两个阶段。将大块物料碎裂成小块的过程称为破碎;将小块物料碎裂为细末的过程称为粉磨。为了更明确,通常按以下方法进一步划分:

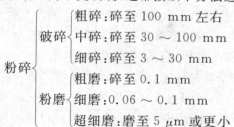

随着粉碎的进行,物料的总表面积在不断地增加,因此,固体物料碎裂成小块或细粉之后,可以提高物理及化学作用的反应速度。此外,几种不同固体物料的混合,也必须在细粉状态下才能得到均匀的效果。

2. 方法与分类

水泥工业中采用的粉碎方法,主要是靠机械力的作用,最常见的粉碎方法有以下五种。

(1) 压碎

如图 2.1(a) 所示，物料在两个破碎工作面间受到缓慢增加的压力而被破碎。它的特点是作用力逐渐增大，力的作用范围较大，多用于大块物料破碎。

(2) 劈碎

如图 2.1(b) 所示，物料由于楔状物体的作用而被粉碎，多用于脆性物料的破碎。

(3) 剪碎

如图 2.1(c) 所示，物料在两个破碎工作面间如同承受集中载荷的两支点梁，除了在外力作用点受劈力外，还发生弯曲折断。多用于硬、脆性大块物料的破碎。

(4) 磨碎

如图 2.1(d) 所示，物料在两个工作面或各种形状的研磨体之间，受到摩擦、剪切力进行磨制而成细粒。多用于小块物料或韧性物料的粉碎。

(5) 击碎

如图 2.1(e) 所示，物料在瞬间受到外来的冲击力而被破碎。冲击的方法较多，如在坚硬的表面上，物料受到外来冲击体的打击；高速运动的机件冲击料块；高速运动的料块冲击到固定的坚硬物体上，物料块间的相互冲击等。此种方法多用于脆性物料的粉碎。

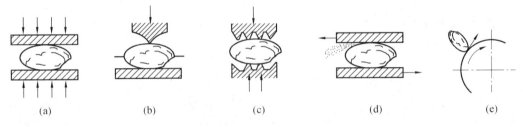

图 2.1 破碎力的作用方式

目前使用的粉碎机械，往往同时具有多种粉碎方法的联合作用，其中以某一种方法为主。不同形式的粉碎机械，其处理物料所使用的粉碎方法亦各不相同。

3. 粉碎比

尺寸为 D 的物料，经过粉碎机械粉碎后尺寸变为 d，把 $D/d = i$ 称为物料的粉碎比。

粉碎比用来说明粉碎过程的特征及鉴定粉碎质量。两台粉碎机械单位电耗即使相同，但粉碎比不同，则这两台粉碎机械的经济效果是不一样的。一般来说，粉碎比大的机械工作的较好。因此，要鉴定一台粉碎机的好坏，应同时考虑其单位电耗及粉碎比的大小。

通常所说的粉碎比系指平均粉碎比，即粉碎前后物料的平均粒径的比值，它主要用来表明粉碎前后粒度变化的程度，并能近似地反映出机械的作业情况。另外，为了简易地表示和比较各种破碎机械的这一主要特征，也可用破碎机的最大进料口宽度与最大的出料口宽度之比来作为粉碎比，称为公称粉碎比。破碎机的平均粉碎比一般都较公称粉碎比低，这在破碎机选型时应特别注意。

每种粉碎机械所能达到的粉碎比是有一定限度的。破碎机的粉碎比一般约为 3～100；粉磨机的粉碎比较大，可达 500～1 000 或更大。

由于破碎机的粉碎比较小，如要求达到的粉碎比超出上述范围，需接连使用两台或更多台破碎机来进行破碎，才能达到要求。接连使用几台破碎机的破碎过程称为多级破碎。破碎串联的台数称为破碎级数，这时原料尺寸与最后破碎产品之比称为总粉碎比。在多级破碎时，如

果各级的粉碎比分别为 $i_1, i_2, \cdots, i_n$,则总粉碎比 $i_总$ 为

$$i_总 = i_1 i_2 \cdots i_n \quad (2.1)$$

即总粉碎比等于各级粉碎比之乘积。如果已知破碎机的粉碎比,既可根据总粉碎比求得所需的破碎级数。

2.1.2 破碎系统

破碎作业可通过不同的破碎系统来完成,根据破碎的物料的性质、粒度大小、要求的粉碎比、生产规模以及使用的破碎机,可有各种不同的破碎系统。

破碎系统包括破碎级数和每级中的流程两个方面。破碎系统的级数主要决定于物料要求的粉碎比与破碎机的类型。当选用一种破碎机就能满足粉碎比及生产能力的要求时,采用一级破碎系统;如需要选用两种或三种破碎机,进行几级破碎才能满足要求时,采用二级或三级破碎系统。

破碎的级数越多,系统越复杂,不仅设备和土建费用投资增加,而且劳动生产率低,经常维护费用高,扬尘点也多,因此,应力求减少破碎级数。但随着水泥厂矿山规模的扩大,破碎系统的入料粒度也增大,要求的粉碎比也相应提高。为了适应粉碎比提高的需要与减少破碎级数的要求,促使破碎机向大粉碎比、高效能和大型化发展。新型颚式破碎机、锤式破碎机和反击式破碎机,其破碎比已提高到50以上,可使大型水泥厂石灰石的破碎采用一级破碎,从而简化破碎系统,节省占地面积和基建投资费用,降低电耗和生产费用。

由于破碎机的不断改进和发展,破碎系统的改进和发展就有了良好的条件。目前,破碎系统不仅向减少破碎级数、简化生产流程,而且在单一工序中同时进行破碎、烘干等多种作业的方向发展。至于破碎系统中每级的流程,也可以有不同的方式。破碎系统的基本流程如图2.2所示。

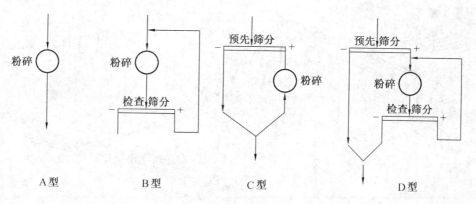

图 2.2 破碎系统的基本流程

图 2.2A 型为单独的破碎流程,其破碎流程简单,设备布置与车间的建筑也相应的简化,操作控制也较为方便,但往往由于条件限制,它可能没有充分发挥破碎机的生产能力,甚至有时还不能满足生产的工艺要求。图 2.2B 型为带有预先筛分的破碎流程;图 2.2C 型为带有检查筛分的破碎流程;图 2.2D 型为带有预先筛分与检查筛分的破碎流程。由于预先除去物料中不需要破碎的细粒,使破碎系统的总产量有所增加,同时也减少了动力消耗、破碎机的工作部件的磨损及粉尘的形成,这在物料的细粒含量越多的情况下就越有利。

凡是不带筛分或仅有预先筛分的破碎流程,从破碎机卸出的物料全部作为产品,不再经破碎机循环,称为开路流程,如图 2.2A 型和 C 型;凡是有检查筛分的破碎流程,从破碎机卸出的物料要经过检查筛分,粒度合乎要求的颗粒作为产品,其余作为循环料重新送回破碎机,再次进行破碎,称为闭路流程,如图 2.2B 型和 D 型。开路流程的优点是较简单,设备少,扬尘点也比较少;缺点是当要求破碎产品粒度较小时,开路流程的破碎效率低,在用一级或二级破碎时,产品有时会含有少数大于合格产品的料块。闭路流程可将大块筛去,保证产品粒度合格,破碎效率较开路高;但闭路流程需要设备较多,流程较复杂。目前,我国水泥厂的石灰石破碎多数采用开路流程,有时在中碎机的入料溜子处加设倾斜的固定格筛起到预先筛分、减轻堵塞与磨损和提高产量等作用。

闭路流程的检查筛分,一般可设在第二级破碎机的前后,如图 2.2B 型和 D 型。当第一级破碎机的出料中合格产品较少时,宜在第二级破碎后进行筛分,可采用图 2.2B 型的流程;当第一级出料中合格产品较多或需供给其他企业较大粒度的产品时,则宜预先筛分,然后进行第二级破碎,可采用图 2.2D 型的流程。当入筛粒度较大时,宜采用双层筛,以保护筛孔较小的下层筛网不至迅速磨损。

如图 2.3 所示为石灰石的一级破碎系统。块状石灰石用翻斗车卸入带有格筛的喂料仓,经板链式输送机喂入锤式破碎机中,破碎后的中块石灰石经皮带输送机进入预均化堆场或中块储库贮存。

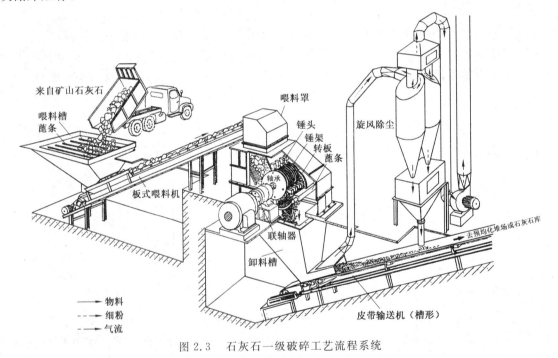

图 2.3 石灰石一级破碎工艺流程系统

2.1.3 破碎设备

1. 颚式破碎机

(1) 工作原理

颚式破碎机的主要破碎部件是动颚和定颚,动颚可绕其悬挂心轴相对于定颚做周期性摆动,使处于动颚和定颚之间的物料受到挤压、劈裂和折断作用而破碎,已碎物料在动颚离开定颚时,靠自重经卸料口排出。

颚式破碎机的动颚运动轨迹对破碎效果影响较大,按动颚的运动方式可将颚式破碎机分为简摆式、复摆式和综合摆动式,如图 2.4 所示。

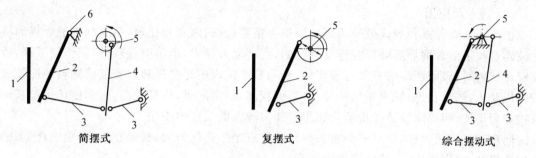

图 2.4 颚式破碎机的主要类型
1— 定颚;2— 动颚;3— 推力板;4— 连杆;5— 偏心轴;6— 悬挂轴

(2) 特点及应用

颚式破碎机的优点是构造简单,管理和维修方便,工作安全可靠,适用范围广;缺点是由于工作是间歇的,所以存在空行程,因而增加了非生产性功率消耗。由于动颚和连杆做往复运动,工作时产生很大的惯性力,使零件承受很大的载荷,因而对基础要求比较高。

在破碎粘湿物料时会使生产能力下降,甚至发生堵塞现象。在破碎片状物料时,片状物料易顺颚板宽度方向通过,而难以达到破碎目的,造成出料溜子或下级破碎机进料口堵塞,破碎比较小。选用颚式破碎机时,应使其进料口尺寸适合物料的尺寸,通常喂入物料的尺寸不能超过破碎机进料口尺寸的 85%。破碎后的产品粒度主要取决于出料口尺寸的大小,也与物料的性质和给料粒度有关。颚式破碎机破碎产品中有 15%～35% 的物料尺寸超过出料口尺寸,其中最大物料尺寸为出料口尺寸的 1.6～1.8 倍,这在颚式破碎机选型时应特别注意。

2. 圆锥破碎机

(1) 工作原理

圆锥破碎机的结构如图 2.5 所示,其主要破碎工作部件是两个截锥体、动锥和定锥、一内一外的套装而成。动锥为内锥,其轴线与定锥中心线以 β 角交于悬挂点,工作时动锥以偏心距 r 绕定锥中心线回转,同时还进行着因物料摩擦作用而产生的自转运动。这种自转有利于加强破碎作用,且使动锥表面的磨损更趋于均匀。动锥外表面和定锥内表面的间隙随运转呈周期性变化,间隙变小时,其间的物料受到挤压和折断作用而破碎,间隙变大使物料依靠自重向下卸出。

圆锥破碎机按用途可分为粗碎和细碎两种,按结构又可分为悬挂式和托轴式两种。

用作中细碎的破碎机,又称菌形破碎机,它所

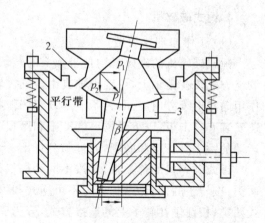

图 2.5 圆锥破碎机
1— 动锥;2— 定锥;3— 球面座

处理的一般是经初次破碎后的物料,故进料粒度不是很大,但要求卸料范围宽,以提高生产能力,并要求破碎产品的粒度较均匀,所以动锥和定锥都是正置的。

用作粗碎的破碎机又称旋回式破碎机,因为要处理大的物料,要求进料口尺寸大,故动锥是正置的,而定锥是倒置的。

(2) 特点及应用

粗碎圆锥破碎机和颚式破碎机都可以作为粗碎机械,两者相比较,粗碎圆锥破碎机的特点是破碎过程是沿着圆环形破碎腔连续进行的,生产能力较大,单位电耗较低,工作较平稳,适于破碎片状物料,破碎产品的粒度也较均匀,产品粒度组成中超过进料口宽度的物料粒度较颚式破碎机要小,数量也少;缺点是结构复杂,造价较高,检修困难,机身较高,因而使厂房及基础构筑物费用增加;粗碎圆锥破碎机适合在生产能力较大的工厂中使用。

同粗碎破碎机一样,中细碎圆锥破碎机的优点是生产能力大,破碎比大,单位电耗低;缺点是构造复杂,投资费用大,检修维护较困难。

3. 辊式破碎机

辊式破碎机视辊子数目可分为单辊、双辊、三辊、四辊四种机型。辊子的工作表面根据使用要求可采用光面、槽面或齿面。常用的是双辊破碎机,其破碎机是一对辊子,如图 2.6 所示。前辊支撑于固定轴承上,后辊支撑于弹簧定位的活动轴承上,两辊由电机带动做相向旋转,物料经给料槽落在辊子上面,受摩擦力作用被扯入两辊之间,受到挤压而破碎。

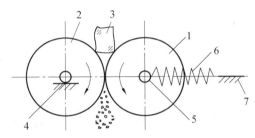

图 2.6 辊式破碎机
1— 后辊;2— 前辊;3— 给料槽;4— 固定轴承;
5— 活动轴承;6— 弹簧;7— 机架

辊面形式分为光面辊、槽形辊和齿辊。光面辊主要以挤压方式破碎物料;槽形辊则挤压、剪切兼施,适用于硬度不大的脆性或粘性物料的破碎;齿面辊除挤压外,还具有一定的劈裂作用。双辊破碎机属强制卸料的连续作业破碎机,通常用于中硬或松软物料的中、细碎。

4. 锤式破碎机

(1) 工作原理及类型

锤式破碎机的破碎机构是带锤头的转子,转子由主轴、挂锤体、销轴和锤头构成。锤头以铰链方式装在销轴上,可绕销轴自由摆动。转子静止时锤头下垂,转子转动时锤头受离心惯性作用向辐射线方向展开,转子下部设有圆弧状篦条筛,机壳内壁镶有高锰钢衬板,进料口下部还安装有打击板,以承受物料的冲击和磨损。工作时,物料自上部给料口进入机内,受到高速运动的锤头的打击和磨剥,通过筛缝排出。

锤式破碎机的种类很多,按不同结构特征分类如下:按转子的数目,分为单转子和双转子两类;按转子的回旋方向,分为不可逆式和可逆式两类;按锤子的排列方式,分为单排式和多排式两类;按锤子在转子上的连接方式,分为固定式和活动式两类。

① 单转子锤式破碎机。图 2.7 为单转子、不可逆式、多排、活动锤头的锤式破碎机。由机壳 1、转子 2、篦条 3、打击板 4 和滚动轴承 5 等部分组成。机壳的上部有一加料口,内部镶有高锰衬板,下部的两面和两侧壁均设有检修孔,便于检修、调整和更换篦条或锤头。整个机体用

地脚螺栓固定在混凝土基础上。圆弧状的卸料箅条安装在转子下部,箅条的排列方向与转子运动方向垂直,锤头与箅条之间的间隙,可通过螺栓束调节。

由于锤子是自由悬挂的,当破碎机内进入难碎物时,能沿销轴回转,起到保护作用,因而避免机械损坏。另外,在传动装置上还装有专门的保险装置,利用主轴上的安全销过载时即被剪断,使电动机与破碎机转子脱开,从而起到保护作用。

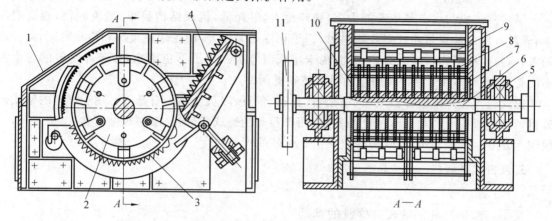

图 2.7 单转子锤式破碎机构造图

1— 机壳;2— 转子;3— 箅条;4— 打击板;5— 滚动轴承;6— 主轴;7— 锤架;8— 锤子销轴;9— 锤子;10— 压紧锤盘;11— 飞轮

② 双转子锤式破碎机。双转子锤式破碎机如图 2.8 所示。在机壳内,平行安装有两个转子。转子由臂形的挂锤体 4 及铰接在其上的锤子 3 组成挂锤体安装在方轴 7 上。锤子是多排式排列,相邻的挂锤体互相交叉成十字形。两转子由单独的电动机带动做相向旋转。

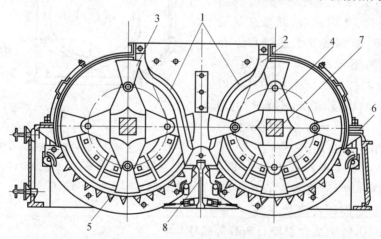

图 2.8 双转子锤式破碎机

1— 箅篮;2— 箅条;3— 锤子;4— 挂锤体;5— 箅条筛;6— 机壳;7— 方轴;8— 砧座

破碎机的进料口设在机壳上方正中,进料口下面,在两转子中间设有弓形箅篮 1,箅篮由一组互相平行的弓形箅条 2 组成。各排锤子可以自由通过箅条之间的间隙。箅篮底部有凸起成马鞍状砧座 8。

料块由进料口喂入到弓形箅篮后,落在弓形管条上的大块物料,受到从箅条间隙扫过的锤子冲击粉碎。预碎后落在砧座及两边转子下方的篦条筛 5 上,连续受到锤子的冲击成为小块物料,最后经篦缝卸出。

双转子锤式破碎机由于分几个破碎区,同时具有两个带多排锤子的转子,所以粉碎比较大,可达 40,生产能力相当两台同规格单转子锤式破碎机。

(2) 性质和应用

锤式破碎机的优点是生产能力高,粉碎比大,电耗低,机械结构简单,紧凑轻便,投资费用少,管理方便。缺点是粉碎坚硬物料时,锤子和篦条磨损大,消耗较多金属和检修时间,需要均匀喂料,粉碎粘湿物料时会减产,甚至由于堵塞而停机。为了器免堵塞,被破碎物料的含水量不应超过 10% ~ 15%(特殊用途的锤式破碎机例外)。

锤式破碎机用来破碎石灰石、白云石、长石、萤石、泥灰岩、煤、石膏等。用于细碎的锤式破碎机,可以获得 0 ~ 10 mm 的产品粒度;用于粗碎的锤式破碎机,喂料尺寸可达 2 500 mm,一般则为 500 ~ 600 mm,可以获得 25 ~ 35 mm 的产品粒度。

5. 反击式破碎机

(1) 工作原理

反击式破碎机是在锤式破碎机的基础上发展起来的。虽然它具有多种形式,然而就其工作原理、性能参数和结构设计来说,它们又具有许多共同点。反击式破碎机的工作部件为带有板锤 2 的高速旋转的转子 1,如图 2.9 所示,喂入机内的料块在转子回转范围内受到板锤冲击,并被高速抛向反击板 3,再次受到冲击,然后又从击板反弹到板锤,继续重复上述过程。在往返途中,物料间还有互相碰击作用。由于物料受到板锤的打击和反击板的冲击以及物料相互之间的碰撞,物料不断产生裂缝而导致粉碎。当物料粒度小于反击板与板锤之间的缝隙时,即被卸出。

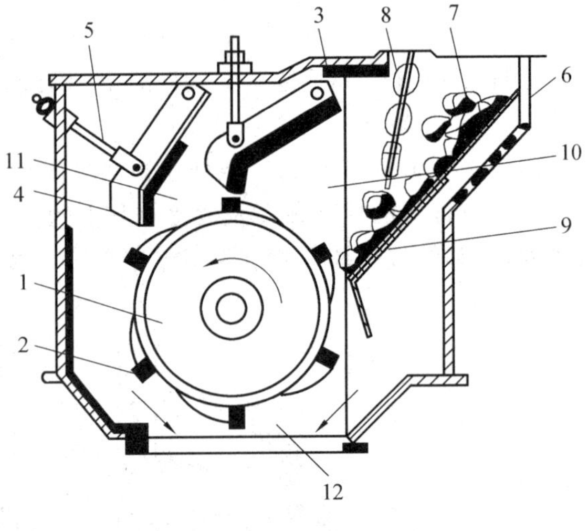

图 2.9 单转子反击式破碎机
1— 转子;2— 板锤;3、4— 反击板;5— 悬挂螺栓;6— 机壳;7— 进料口;8— 链幕;9— 篦条筛;10— 第一破碎腔;11— 第二破碎腔;12— 出料口

由于锤式和反击式破碎机主要是利用高速冲击能量的作用,使物料在自由状态下沿其脆弱面破碎,因而粉碎效率高,产品粒度多呈立方块状,特别适合粉碎石灰石等脆性物料。

反击式破碎机按其结构特征可分为单转子和双转子两大类。

单转子反击式破碎机的构造如图 2.9 所示。主要由转子 1、板锤 2、反击板 3、4、悬挂螺栓 5、机壳 6 等部分组成。机壳体的前后左右均设有检修门。物料从进料口 7 喂入,为了防止物料在破碎时飞出,装有链幕 8,篦条筛 9 可以将喂入的物料中细小的物料筛出,而大块的物料沿着筛面落到转子上,受到高速旋转的板锤的冲击获得动能,在破碎腔内得以破碎。反击板 3、链幕 8 与转子之间构成第一破碎腔 10,两块反击板 3、4 与转子之间组成的第二破碎腔 11。

反击板的一端用活铰悬挂在机壳上,另一端用悬挂螺栓自由地悬吊在机体上,可以通过拉杆螺母调节反击板与板锤之间的间隙,改变破碎物料粒度和产量;当有大块或难碎物夹在转子与反击板间隙时,反击板受到较大压力而向后移动,在自重作用下恢复至原位,起到保险作用。

增加破碎腔数目可强化选择性破碎,增大物料的破碎比。因此通过增设破碎腔,采取较低的转子速度,不仅可达到通常需要较高的转子速度才能达到的破碎效果,而且还可减少产品中的过大颗粒及降低板锤磨损,这对破碎硬质物料具有重要意义。如德国生产的 Hardopact 型反击式破碎机,该破碎机的转子速度仅为 $22 \sim 26$ m/s,比通常反击式破碎机转的速度低 $15\% \sim 20\%$。由于板锤的磨耗与其线速度的平方成正比,因而降低板锤的线速度减少磨损的效果明显。为了在低速运转时仍能保证产品粒度,采用三个反击板构成的两三个破碎腔结构,以低能耗获得较高的生产能力。

(2) 性能及应用

反击式破碎机结构简单,制造维修方便,工作时无显著不平衡振动,无需笨重的基础。它比锤式破碎机更多地利用了冲击和反击作用,进行选择性破碎,料块自击粉碎强烈,因此粉碎效率高,生产能力大,电耗低、磨损少,产品粒度均匀且多呈立方块状。反击式破碎机的破碎比大,为 40 左右,最高可达 150。粗碎用反击式破碎机的喂料尺寸可达 2 m³,产品粒度小于 25 mm,可直接入磨;细碎用反击式破碎机的产品粒度小于 3 mm。选用一台合适的反击式破碎机就能代替以往二级或三级的破碎工作,减少破碎级数,简化生产流程,还可以提高磨机产量。

由于不设下篦条的反击式破碎机不能控制产品粒度,同时难于生产单一粒度的产品,产品中有少量大块,用作粗碎或单级破碎时,须严格控制最大进料粒度,以免损坏转子;另外,防堵性能较差,不适宜破碎塑性和粘性物料,在破碎硬质物料时,板锤和反击板磨损较大,运转时噪音较大,产生的粉尘也大。

由于反击式破碎机具有许多优点,在水泥厂已获得广泛应用,用来粉碎石灰石、水泥熟料、石膏及煤等。

2.2 均 化

2.2.1 概述

1. 均化的意义

水泥工业在生产工艺过程中要力求生料质量的均齐,以保证熟料在煅烧时热工制度的稳定和熟料成品的质量优良,这是管理水泥生产工艺的技术人员和管理人员所共知的常识。为了使生料均匀,可在生料制备过程中的四个环节采取措施:第一,矿山采掘原料时,按质量情况搭配使用。第二,原料(包括石灰质和粘土质原料)在堆场或储库内的均化。第三,生料在配料和粉磨过程中的均化。第四,生料粉磨后进入生料储库的均化。

从中可以看出,水泥生产的整个过程就是一个不断均化的过程,每经过一个过程都会使原料或半成品进一步得到均化,也有人把生料入窑前的一系列制备工作看成是生料均化工作的一条完整的链环,上述四个环节就是链环的全部组成。这四个环节中最重要的就是均化效果最好的第二和第四两个环节,这两个环节占生料全部均化工作量的 80% 左右,当然,第一、第三两个环节也不容忽视。

试验结果表明,从原料的开采到原料的预均化,再从生料粉磨和均化,一直到最后的熟料烧成,每个工序都分别使原料、生料和熟料不断地得到均化。

自从第一台旋风预热器窑问世后,水泥工作者的注意力大多集中在研究各种形式的干法空气搅拌,直到 20 世纪 50 年代末,人们越来越发现,仅仅重视生料的均化,并不能完全满足生产工艺对均化的要求,只有在重视生料均化的同时也重视原料的均化,才能取得最佳的技术经济效果,因为:① 某些矿山成分波动大,入库生料 $CaCO_3$ 的质量分数有时波动达 5% 或更多,很难满足生料均齐性的要求;② 入库生料波动大,仅仅用均化生料的方法来保证均齐性,要耗用更多的资金;③ 生料库的均化,特别是间歇式的均化,只能解决短时间内的波动,不能解决周期较长的大波动;④ 原料的预均化堆场的作用是在储存原料的同时实现均化的。

采用原料预均化堆场的技术经济意义:① 有利于稳定水泥窑的正常热工操作制度,提高产、质量,维持长期安全运转;② 扩大原料资源;③ 利用低品位矿石,延长现有矿山使用年限;④ 适应大型水泥企业要求,节约投资和降低成本。

2. 均化的评价

(1) 样品合格率

样品合格率的实际含义是物料中若干个样品在规定质量标准上下限之内的百分率,即在一定范围内的合格率。这种计算方法虽然也在一定的范围内反映了样品的波动情况,但并不能反映出全部样品的波动幅度,更没有提供全部样品中各种波动幅度的情况。譬如有两组同样是 $CaCO_3$ 质量分数为 90%～94%,合格率都是 60% 的石灰石样品,每组 10 个样品的试验结果见表 2.1。

表 2.1 样品组的 $CaCO_3$ 质量分数 /%

样品编号	1	2	3	4	5	6	7	8	9	10
第一组	99.5	93.8	94.0	90.2	93.5	86.2	94.0	90.3	98.9	85.4
第二组	94.1	93.9	92.5	93.5	90.2	94.8	90.5	89.5	91.5	89.9

由表可知,这两组样品的合格率都一样,平均值也相近,第一组样品平均值为 92.58%,第二组样品平均值为 92.03%。但是仔细比较这两组样品,其波动幅度相差很大。第一组中有两个样品的波动幅度都在平均值 ±7%,即使是合格的样品,不是偏近上限,就是接近下限。另一组的样品波动要小得多。用这两组原料去制备生料,对生料的波动影响当然会大不相同。实际质量相差较大,但用合格率去衡量它们,却得到相同的结果,这就说明必须使用其他更为有效的计算方法。

(2) 标准偏差

数理统计告诉我们,各次测定值 X_i 对于真值的标准偏差为

$$\sigma = \sqrt{\frac{1}{n} \sum_{i=1}^{n} (X_i - a)^2} \tag{2.2}$$

对于有限次测定,$\overline{X}$ 是最接近真值的,各次测定值 X_i 对 $\overline{X}$ 的标准偏差为

$$S = \sqrt{\frac{1}{n-1} \sum_{i=1}^{n} (X_i - \overline{X})^2} \tag{2.3}$$

波动范围(离散度)定义为一组测量数据偏离平均值的大小,即

$$R = \frac{S}{\overline{X}} \tag{2.4}$$

由式(2.3)可知,S越小,越接近$\overline{X}$;S越高,越远离$\overline{X}$,各成分分布越分散,故可根据S说明混合质量。图2.10表示测定值X_i的密度函数曲线,从图中可知,S值越大,曲线就越平坦,这意味着某组分浓度测定值X_i的离散程度大,偏离算术平均值$\overline{X}$的距离较大,也即在混合机中各处的混合程度不均匀;S值越小,测定数据的集中程度就高,各次测定值也就越接近算术平均值$\overline{X}$,混合的均匀程度就越好。

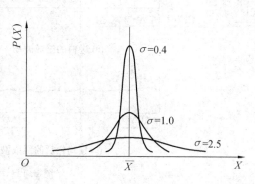

图2.10 测定值X_i密度函数曲线

表2.1中两组石灰石数据,可以用式(2.3)、(2.4)计算其标准偏差、离散度,第一组为$S_1 = 4.68, R = 5.01\%$;第二组为$S_2 = 1.96, R = 2.15\%$。由此可见,两组石灰石数据平均值相似,合格率相同,但是,第一组的标准偏差大得多,也就是波动幅度$S_1/S_2 = 2.39$大得多。

(3) 均化效果

均化效果通常都是指进料和出料标准偏差之比,即

$$H = \frac{S_1}{S_2} \tag{2.5}$$

式中　　H——均化效果,按多少倍计算;
　　　　S_1——均化前进料标准偏差;
　　　　S_2——均化后进料标准偏差。

从矿山直接开采出来的矿石,如果覆盖较厚,夹层、裂隙土较多,或者石灰石和泥灰岩共生,那么矿石进料成分的波动往往是不按正态分布规律的。由此计算所得的标准偏差往往比实际偏大,用这个作为进料的标准偏差来计算均化效果就会偏高。

根据许多统计资料表明,均化后的物料成分波动,都比较接近正态分布。因此在一定条件下,直接用均化后的出料标准偏差来表示均化效果,可能比单纯用均化效果的倍数来表示更能结合实际。预均化堆场的均化效果H一般为$5 \sim 8$,最高可达10。效果好的预均化堆场出料的碳酸钙含量标准偏差可以达到$\pm 1\%$。

2.2.2 原、燃料的预均化

矿石或原、燃料在运输到工厂后,有一个储存、再取用的过程。简单的储、取过程,只发挥了储库或堆场存储的一个功能,如果在储存、取用过程中,利用储和取的不同方法,使储入时成分比较波动的原、燃料,再取用时成为比较均匀的原、燃料,这就是原、燃料预均化的指导思想,也就是使储库或堆场兼有存储和均化的两个功能。

在原、燃料堆放时,尽可能地以最多的相互平行和上下重叠的同厚度的料层构成料堆,如图2.11所示,而在取料时,则设法垂直于料层方向,尽可能同时切取所有料层,依次切取,直至取到最后,这样取出的原、燃料比堆放时均齐得多,形象地说,即是平铺直取。

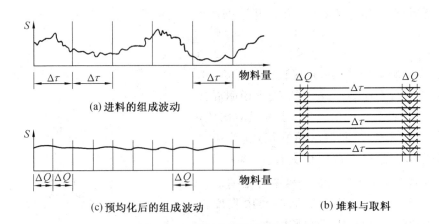

图 2.11 堆场的预均化原理

$\Delta \tau$—堆料的每层料量;ΔQ—取料的每层料量;S—组成含量标准偏差

为获得较高的均化效果,理论上要求堆料时料层平行重叠,厚薄一致,在实际作业时,由于设备的实际可行性和经济上的原则,只能采用近似一致的铺料方法。根据设备的条件和均化的要求,实际应用中有以下几种堆料方式。

1. 原料预均化堆场的布置形式

(1) 矩形预均化堆场

矩形预均化堆场一般有两个料堆,一个堆料,一个取料,相互交替。每个料堆的储量通常可供工厂使用原料 5~7 天。两个料堆是平行布置还是直线布置,要根据工厂的地形条件和总体布置的要求决定。

两个料堆呈直线布置时,长与宽之比为 5~6,堆场内的堆料机和取料机都比较容易布置,不需要设立转换台车,而且可以选用设备价格较低的顶部活动皮带堆料机,因此,只要地形条件允许,大多数水泥厂采用这种布置。图 2.12 是一个典型的直线布置的矩形预均化堆场。

进料皮带机和出料皮带机分别布置在堆场两侧。取料机一般停在料堆之间,可向两个方向任意取料。堆料机通过活动 S 型卸料机在进料皮带上截取原料,沿纵长方向向任何一个料堆堆料,也有的堆场采用堆场顶部活动皮带堆料。

料堆平行布置虽然有时在总平面布置上比较方便,但是取料机要设置中转台车以便平行移动于两料堆间,堆料机也要选用回转式或双臂式以适用于平行的两个料堆,因此采用平行料堆的矩形堆场较少。

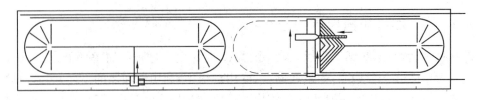

图 2.12 直线布置的矩形预均化堆场

此外还有卧库式堆场,有时建成像吊车库的形式,用桥式链斗取料机取出粘性物料;也有的预均化库底部带有缝形仓,用叶轮取料机取料。这两种预均化堆场采用的不多。

(2) 圆形预均化堆场

圆形预均化堆场如图 2.13 所示。原料由皮带机走廊中的皮带机送到堆场中心,由可以围绕中心作 360°回转的悬臂式皮带堆料机堆料,堆料为圆环,其截面则是人字形料层。取料一般都用桥式刮板取料机,桥架的一端接在堆场中心的立柱上,另一端则架设在料堆外围的圆形轨道上,可以回转 360°。取出的原料经刮板送到堆场底部中心卸料口,卸在地沟内的出料皮带机上运走。圆形堆场的进出料皮带都可以安设旁路输送机。

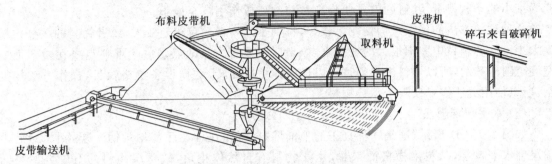

图 2.13 石灰石圆形预均化堆场

圆形堆场的作业方法在 1980 年以前一般采用 3×120°的方法,即圆环形料堆的 1/3 正在取料,1/3 料堆已完成作为储备,1/3 正在堆料。实际上可以说 2/3 都在取料。圆形堆场存储容积的 2/3 是有效储存容量。一般来说,同样有效储存容量的圆形预均化堆场比矩形堆场减少占地面积 30% 左右,如果是有厂房的堆场,圆形堆场所能节约的投资更多一些。

自从 1980 年发明了连续作业的圆形堆场 Peha-Chercon 工作系统以来,原形堆场得到了进一步的推广使用。这种系统改变了过去圆形堆场作业区划分为三段的方法,消灭了料堆中的过渡段,没有端堆,形成一个永不断开的环形料堆。如图 2.14 所示。

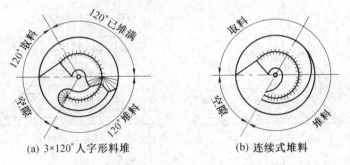

(a) 3×120°人字形料堆　　　(b) 连续式堆料

图 2.14 圆形预均化堆场的堆料方式示意图

2. 堆料方式

根据设备的条件和均化的要求,实际应用中有以下几种堆料方式,如图 2.15 所示。

(1) 人字形堆料法

如图 2.15(a)、(b) 所示,堆料点在矩形料堆纵向中心线上,堆料机只要沿着纵长度方向在两端之间定速往返卸料就可完成两层物料的堆料。这种料层的第一层是横截面为等腰三角形的条状料堆,以后各层则在这个料堆上覆盖一层层的物料,因此,除第一层,每层物料的横截面都呈人字形,所以被称为人字形料堆。

这种料堆的优点是堆料的方法和设备简单,缺点是离析现象严重,料堆两侧及底部集中了大块物料而料堆的中上部分多为细粒。

（2）波浪形堆料法

如图2.15(c)所示，物料在堆场底部整个宽度内堆成许多平行而紧靠的条状料带，每条料带的横截面是等腰三角形，然后第二层平行紧靠的条料带又铺在第一条之上。但堆料点落在原来平行的各料带之间，使新料带不仅填满原来料带之间的低谷，而且使之成为新的波峰，这样第三层又铺在第二层之上。从第二层起，每条物料带的横截面都呈菱形。这种料堆把料层变为细小的条状料带，其目的就是使物料颗粒的离析作用减至最小。

这种堆料方法的优点是均化效果较好，特别是当物料颗粒相差较大，或者物料的成分在粒度大小不同的颗粒中差别很大的情况下，效果比较显著。其缺点是由于堆料点要在整个堆场宽度范围内移动，所以堆料机必须是可以横向伸缩或回转，这样设备价格较贵，操作方法较复杂，所以使用此法一般仅限于少数物料。

（3）水平层堆料法

如图2.15(d)所示，这是一种真正的平铺堆料法，先在堆场底部均匀铺一层物料，然后再逐层铺水平料层，从料堆横截面来看，由于物料有自然休止角，故每层物料的宽度要适当缩短。

该堆料方法的优点是可消除颗粒离析作用，每层物料内部也较稳定。但是由于堆料机结构更为复杂，操作比较繁琐，故采用范围较小，一般用于多种原料混合配料的堆场。

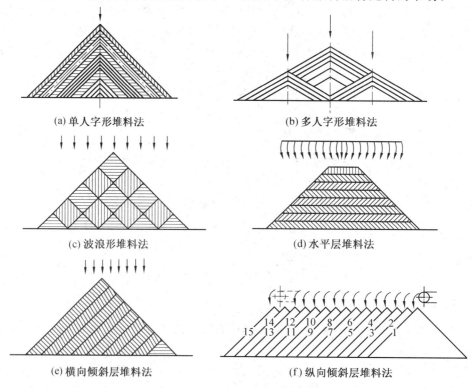

图 2.15　堆料方式

（4）横向倾斜层堆料法

如图2.15(e)所示，先在堆场靠近堆料机的一侧堆成一条料带，其横截面是等腰三角形。

然后将堆料机的落点向中心稍微移一移,使物料按自然休止角覆盖于第一层的内侧,各层依次堆放,形成许多倾斜而平行的料层,直到堆料点达到料堆的中心线为止,这种堆料法要求堆料机在料堆宽度的一半范围内能做伸缩或回转。

这种堆料法的优点是可以采用耙式堆取料合一的设备,因此在设备价格上便宜。缺点是颗粒离析现象比人字形堆料法更严重,大颗粒几乎全部落到料堆底部,均化效果不理想。所以这种堆料法只能应用于那些对均化要求不高的原材料。

(5)纵向倾斜层堆料法

如图 2.15(f) 所示,从料堆的一端开始向另一端堆料,堆料机的卸料点都在堆料纵向中心线上,但卸料并不是边移边卸料而是定点卸料。开始在一端卸料使料堆达到最终高度形成一个圆锥形料堆,然后卸料点再向前行走一定距离,停下来堆第二层。第二层物料的形式是覆盖第一层圆锥一侧的曲面,行走距离就是料层的厚度。所以这种堆料法也称为圆锥形堆料法。

这种堆料法对堆取料设备要求不高,但料层较厚,物料颗粒离析现象较严重,因此它的应用范围相似于横向倾斜层堆料法。

除上述五种基本方法外,还有若干在上述基本方法基础上演变而来的方法,例如交替倾斜层、三人字形、双圆锥形、人字形和圆锥形结合的 chevcon 法等。

3. 取料方式

堆成何种料堆,取决于堆料设备,不同的料堆,有待于最适当的取料方式和相应的设备,只有这样才能获得预期的均化效果。总的说来,预均化堆场有三种取料方式。

(1)端面取料

取料机从料堆的一端,包括圆形料堆的截面端开始,向另一端或整个环形料堆推进。取料是在料堆整个断面上进行的,最理想的取样就是同时切取料堆断面上各部位的物料,循序渐进。这种取料方法,最适于人字形、波浪形和水平层的料堆,其常用的取料机是桥式刮板取料机、桥式圆盘取料机和桥式斗轮取料机等。

(2)侧面取料

取料机在料堆的一侧从另一侧沿料堆纵向往返取料。这种取料方式不能同时切取截面上各部位的物料,只能在侧面沿纵长方向一层层刮去物料,因此最适用于横向倾斜层料堆。而且取样的一侧应该是卸料机可以在纵向中心线一侧移动的一侧。纵向倾斜层堆用侧面取料的方法也可获得一定的均化效果。但总的来说,侧面取料的均化效果不及断面取料的效果。这种取料方式一般都采用耙式取料机。

(3)底部取料

在料堆底部设有缝形仓的矩形均化库,可在底部取料。这种取料方式要求堆料方法是纵向倾斜层或圆锥形堆料,只有这种料堆,沿底部纵向取料才能切取所有料层。这种取料方式的均化效果显然不如断面取料。

4. 影响预均化效果的因素及防治措施

(1)原料成分波动呈非线性正态分布

如果原料矿山开采时充分利用夹石及其他废石,或者矿山原料本身波动剧烈,开采后进入预均化堆场的原料成分波动就会出现非线性正态分布。原料低品位部分会远离正态分布曲线,甚至呈现一定周期性的剧烈波动,使原料在沿纵向布料时产生周期性的波动,即滞后的影响。这种影响在出料时会有所反映,增加出料的标准偏差。

因此,原料矿山开采时要注意搭配。特别在利用夹石和低品位矿石时不仅要合理搭配开采时的台段、采区,而且要合理地规定各区的采掘量和运输方式。那种认为有了预均化堆场就可不用搭配开采的思想是不正确的。

使用多种产地不同、品质各异的煤炭时,也要注意使其经过搭配后进入预均化堆场,以保证取得较好的均化效果。

(2) 物料离析作用

物料颗粒总是有差别的,堆料时,物料从料堆顶部沿着自然休止角滚落(人字形、波浪形、横向倾斜层和纵向倾斜层堆料法都可能出现这种现象),较大的颗粒总是滚到料堆底部两边,而细颗粒则留在上半部。大小物料颗粒的成分往往不同,特别是石灰石,大颗粒一般碳酸钙含量高,引起料堆横截面上成分波动,这就是短滞后现象,或称为横向成分波动。要减少物料离析作用的影响,可以从三个方面去解决:

① 减小物料颗粒级差。通过破碎机的物料,由于管理上的原因,常常会出现一台设备其破碎率有很大差异的情况,例如锤式破碎机的锤头、篦条磨损过大,没有及时更换;检修时,修理质量没有严格要求等。为了减少物料离析作用影响,提高粉磨效率,应该尽力减少物料粒级差不允许超过规定的颗粒进入堆场。

② 加强堆料工作。物料离析作用影响最小的是水平层堆料,其次是波浪形堆料,这两种方式都需要比较复杂的设备。当堆料机型式已确定后,堆料方式是很难改变的。水泥厂较多采用的堆料方式还是人字形堆料。防止物料离析,在堆料时减少落差是一个重要的措施。随着料堆的升高,堆料皮带卸料端要相应提高,因此堆料皮带机端部常常安设触电式探测自身同料堆的距离,还有安设距离脉冲发生器来探测和控制距离,使卸料自动同料堆保持一定距离。一般可以使落差保持在 500 mm 左右。

③ 加强取料工作。为了尽量减少离析作用所造成的影响,取料时应努力设法在料堆端面一次切取断面所有各层物料,显然这同取料机的工作方式和能力有关,如耙式取料机就无法做到这一点,但对某些设备来说,管理工作将起到很大的作用。

(3) 料堆端部锥体部分所造成的不良影响

原料的料堆有端部,特别是矩形料堆,每个料堆都有两个呈半圆形的端部(端堆)。

在采用人字形料堆和端面取料的情况下,在开始从料堆端部取料时,端锥部位的料层方向正好同取料机切面方向平行,而不垂直,如图 2.16 所示。因此,取料机就不可能同时切取所有料层,达到预期的均化效果。此外,端锥部分的物料离析现象更为突出,从而进一步降低了均化效果。

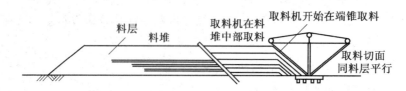

图 2.16 取料机在端锥部分和中部切取料堆的比较

端锥部分对均化效果的影响确实存在,但是影响的大小不尽相同,这主要取决于物料在端锥部分布料时的成分波动幅度和波动周期。

为了尽量减少端锥的影响,必须研究端锥部分在布料时的特点。以直线布置的矩形原料为例,两个矩形人字形料堆,由处在中间的取料机取料。当取料机由中间向任意一个料堆取料,取料接近终点时,料堆的高度已经大大下降,到不足二分之一高度时,一般取料机停止取料。因此,每个料堆都有一小堆"死料",这个"死料"虽然量不多,但是在重新布料时,堆料机布料方式就要给予考虑。堆料机在矩形料堆上往复布料时,有两个终点,到了终点就要回程。为了使布料合理,一方面堆料机的卸料端要随着料堆的升高而升高,另一方面在到达终点时,要及时回程,否则端锥部分两层增厚,会加大端锥的不良影响。在布完一层到达终点时,由于端锥的几何形状所决定,上层要比下一层缩短一小段距离。两个终点,一个有"死料",一个没有,因此,缩短距离不一样,缩短的距离为 ΔE 和 ΔL,每布料一层要升高 ΔH。如图 2.17 所示。

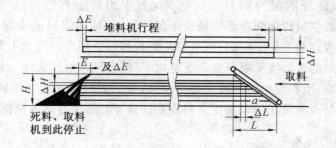

图 2.17　料堆端锥部分布料行程控制示意图

(4) 堆料机布料不均匀造成的影响

理论上要求,堆场每层物料纵向单位长度内重量应相等,实际上影响的因素很多,不易做到。从小的影响来说,当天桥皮带堆料机布料时,因为布料皮带机是沿料堆纵向输送物料的,因此,当布料方向和主皮带机上物料前进方向一致时,物料相对速度就高一些,当布料方向和皮带机上物料运动方向相反时,速度就会相对低一些,这些都有一定的影响,但从实践得知,这种影响不大。比较大的因素还是进预均化堆场时进料量的不均匀。在工艺设计方面,有些预均化堆场就是从破碎机出口直接进料的,也有少数是从中间存储小库底部出口而进料的。为求得均化效果的提高,应该采取一定措施,如规定破碎机喂料制度、增添破碎机的喂料及控制系统、定期检测预均化堆场进料量、规定原料小储库出库制度等,以保证布料的均匀。

2.2.3　生料均化

1. 均化方式

多组分物料的混合采用湿法较为充分,可以获得均质的料浆。气体力学领域的进展,可利用气力混合设备获得与湿法混合相同的均质的混合料。均化方式主要分为间歇均化与连续均化。

(1) 间歇均化库

从发展的眼光看,间歇式均化库已经到了它的晚年时期,但它在正常作业时,均化效果可达15,甚至更高。因此较适用于:①生料制备系统中前三个环节均化作用不大的水泥厂;②出磨生料均化周期长于 8 h 的工厂;③ 在老企业改造中,因种种原因,无法彻底改造全部生料制备系统,但又要求入窑生料标准偏差≤±0.2%的大中型水泥厂。④原料成分波动大,但又要求入窑生料标准偏差≤±0.2%的大中型水泥厂。

间歇均化库应用方式一般有三种：① 均化库和储存库并存，分批均化进料，有至少两个落地的均化库同一定容量的贮存库组成生料均化和贮存系统，轮流交替均化作业。② 串联间歇式均化库采取连续均化的方式。③ 双层库。

（2）混合室均化库

适用绝大部分水泥厂，甚至立窑水泥厂；有单库操作和双库并联应用方式。

（3）多料流式均化库

多料流式均化库耗气量少，操作简单，这类均化库适用于大型水泥厂。

总之，先进的设备应合理匹配，否则不仅不能发挥它应有的作用，且会形成负担。如多料流式均化库是一种先进的均化库，高效、操作管理简单方便，但它的高效是以生料制备系统均化任务合理分工和良好匹配为前提的。首先，要求出磨生料成分波动标准偏差应小于±1.5%，且要求出磨生料均化周期平均最长不超过6h。因为多料流式均化库的均化原理是以料流漏斗重力式混合为主要手段的，它对消除低频和较长周期的波动不易奏效。所以，如果生产线上不匹配有效的生料磨头喂料自动配料电子秤、磨尾X射线荧光分析仪，加上电子计算机自动控制磨头配料，生料均化周期就会拖得很长，从而多料流式均化库的作用就要减弱，甚至达不到生产工艺技术要求。所以采用多料流式均化库必须注意适应范围和匹配。

2. 均化设备

气力混合设备的主要部件是设于混合库（或称均化库）底的各种形式的充气箱。充气箱的主要部件为多孔板，如图2.18所示，多孔板是半透性的，压缩空气穿过多孔板向上流，而当停止充气时，料粉不能通过多孔板掉落。多孔板采用多孔透气陶瓷板、多微孔铸型金属陶瓷板或各种纤维材料制成的织物。气力混合装置的共同特点是，向装在库底的充气箱送入压缩空气，通过多孔板产生空气细流，使粉料流态化，然后只在库底的一部分加强充气而形成剧烈涡流。混合库底部的充气面积约占整个库底面积的55%～75%。

（1）分区充气混合设备

库底结构如图2.19所示。混合库底铺设一层充气箱，这些充气箱按一定形式排列组成若干充气区，各区都有独立的进气管道。进行混合时，首先向各区同时通入一定压强的净化压缩空气，使库内粉料充分流态化，然后轮流改变各区的进气压力（或进气量），使流态化粉料在压力差或速度差的作用下不断改变对流方向，以致全库物料都得到充分的混合。分区充气混合设备常用的分区方法有扇形、条形和环形以及由扇形演变而来的切变流混合库。

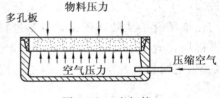

图2.18 充气箱

扇形分区充气箱混合设备如图2.19(a)所示。充气混合系统采用四分混合法。库底的充气装置由四个扇形体组成，在每个扇形体依次作混合时，其他三个扇形体则在进行充气。由空气压缩机供应充气和混合所需的空气。导入混合扇形体用于混合的空气量为空气供应总量的75%，其余25%空气量则导入三个充气的扇形体。因此在混合的扇形体上面形成一个充气非常透彻的稀薄料柱。在充气的扇形体上面比较密集的粉料不断地与这稀薄的料柱混合并向上移动，这样产生的粉料的垂直快速环流。经过一定时间后自动依次转换扇形体充气，可获得近乎完全均匀的混合料。

条形分区充气装置混合设备如图 2.19(b) 所示。混合库的库底被分成 5 个混合条带,条带 1、3 和 5 构成一组,而 2 和 4 构成另一组,每组负担 50% 的充气区域。两组交替自动充气,使库内物料不断地流动而混合均匀。

环形分区充气混合设备如图 2.19(c) 所示。库底分为 5 个充气圈,其混合作用与条形混合法相似,进行混合和充气的顺序亦相同。

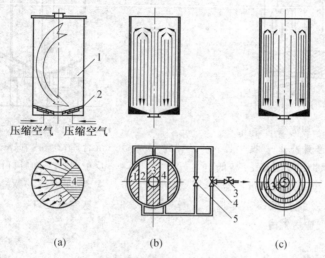

图 2.19　分区充气混合设备
1— 混合库;2— 充气箱;3— 总阀;4— 转向阀;5— 旁路阀

切流变混合库如图 2.20 所示。库底分成四个充气区,在一定时间内只有一个区以强气流(搅拌空气)充气,其余三个区则以弱气流充气(非搅拌空气)。这样产生一股上升的空气与粉料的湍流,而在其余三个区同时产生向下的切流变。混合时决定于混合库的大小及搅拌空气的压强和流量,尤其决定于粉料的性质。混合库可设在贮存库的顶部,这样可使混合好的物料依靠重力直接卸入贮存库内。

分区充气混合设备的优点是设备简单,操作可靠,均化效果好,容许入库混合料成分的质量波动大(±5%),而输出混合料的质量波动小。其缺点是建造费用较高,动力消耗较大。由于以上优点,这种混合设备发展较快,推广应用也较广。

(2) 内管重力式混合设备

内管重力式混合设备如图 2.21 所示。通过库底充气箱 3 向库中的内管 2 以及其周围同时送风,一次风使库内粉料充分流态化,二次风则以较大的风速在内管中向上喷射。位于内管顶部的反射罩 4 也具有同样的分散物料作用。向四周辐射状分散的物料借重力下落,最后集聚混合至内管底部,随即又从内管中依靠气力上升,库内物料按图中箭头方向进行对流循环运动。循环速度与二次风速成正比,通常二次风速是一次风速的 5～10 倍。对流动性不好的物料,即对其周围部分进行周期性的间歇通风,或带有压力差的周期性通风,这样对粘性较大的粉料也能得到某种程度的混合。

带内管重力使混合设备可以使对流混合、扩散混合和剪切混合三种混合型式在库内相互叠加,故混合效率较高,同时可通过内管和反射罩的调节作用,用少量的压缩空气就可获得良好的混合效果。这种混合设备结构简单,无运动部件,事故少,维修易,一次投资和常年维修费用低;由于进行整体对流循环,故粉料粒径和比重对混合效果没有影响,不会产生离析分层现象;单位充气面积处理量大,压缩空气消耗量少。

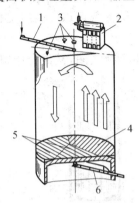

图 2.20　切流变混合库
1— 空气输送斜槽;2— 收尘器;
3— 混合库辅助装置(入孔、高低压安全阀、料位高度极限指示器、库侧入口);4— 搅拌区;5— 非搅拌区;6— 空气输送斜槽

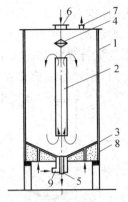

图 2.21　内管重力式混合设备
1— 混合库;2— 内管;3— 充气箱;
4— 反射罩;5— 卸料口;6— 加料;
7— 排气口;8— 一次空气进口;
9— 二次空气进口

(3) 双层混合库设备

为了简化工艺流程,缩短粉料输送周期,可采用双层混合库(见图 2.22)。双层库的上层库为混合库,下层库为贮存库。双层库工艺流程简单,操作方便,设备较少;但土建造价较高,故近年来已逐渐被连续使混合设备所取代。

(4) 混合室连续混合设备

混合室连续混合设备如图 2.23 所示,是四分混合库和贮存库的气力卸料系统的组合形式。在主库1的中心下部有一个圆锥形混合室2,粉料经库顶分配器3和辐射并联的小空气输送斜槽4分送入库内,以获得最适宜的不同料层。主库底侧壁做成65°的大斜坡,并划分为8~12个区,每个区沿径向装有条形充气箱5,混合室下部亦开有8~12个进料孔,被覆盖在库底中央的混合室对主库区起着降压作用。底层充气区的控制阀轮流启动,当轮流向各区送入低压空气时,条形空气箱上的粉料产生循环流态化混合料层,并流入混合式中。主库内粉料呈漏斗状或漩涡状塌落一个接一个地形成,穿过各料层,在粉料下移过程中发生重力混合,轮流分区地充气引起主库内大量料层的重力预混合。已经预混合的粉料进入混合室后受到强烈的交替充气而使料层流态化,这样得到进一步气力混合。通过主库区产生的漏斗性重力混合过程和接着在混合室内的气力混合过程,配合料得到充分混合。混合后粉料自库底的隧道从库侧卸料口卸出。在卸料隧道内粉料又可得到进一步气力混合。混合料出口处的输送斜槽6上装有能控制流量的控制阀,库底环形充气区、混合室和卸料隧道都有单独的罗茨鼓风机供气。混合室逸出的空气经隧道顶部和库侧排气管7进入库顶收尘器8,净化后空气排入大气。

与间歇式混合库相比,连续式混合库同时用于连续混合过程和粉料的贮存,工艺流程简单,操作管理方便,单位产品电耗和基建投资都较省。但是由于其混合效率较低,入库配合料成分无调节余地,故要求喂入粉料成分只能有小范围的短期波动。因此,矿山原料成分稳定或备有原料预均化混合堆场是设置连续均化库的先决条件,否则较难保证满足工艺要求。在水泥厂中,在设置有预均化混合堆场和带电子计算机X射线荧光分析仪自动控制系统的条件下,连续式混合库完全能满足均化的质量要求。

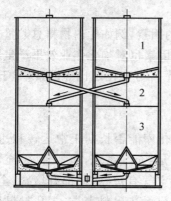

图 2.22 双层混合库
1—混合库;2—过渡库;3—贮存库

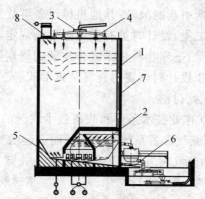

图 2.23 混合室连续混合设备
1—主库;2—混合室;3—分配器;4—空气输送斜槽;5—充气箱;6—卸料斜槽;7—排气管;8—收尘器

(5) 多料流式均化库

多料流式均化库的作业原理实际上就是尽可能在库内产生良好的料流重力混合作用,以提高均化效果。基本上不用气力均化,以节约动力和简化设备。混合式均化库在库内只有一个轮流充气区,向搅拌仓内混合进料,而多料流式均化库则有多处平行的料流,漏斗料柱以不同流量卸料,在产生纵向重力混合作用的同时,还进行了径向混合,因此,一般单独库也能使均化效果达到7。由于基本上没有气力均化,动力消耗很低。这一类均化库很适用于没有原料预均化堆场,出磨生料波动较小的水泥企业。

图2.24为伯利鸠斯多料流式均化库(Polysius MuHiflow silo),简称MF库,这种均化库进料系统如同前两种,经过分配器和斜槽,已取得生料的水平层卸料。库底是锥形,略向中心倾斜。中部有一中心室,位置低于库底。容积也不大,中心室上部与库底连接的四周开有许多小孔,中心室与库壁之间的库底分为10～16个充气区,每区设2～3条装有充气箱的卸料槽。槽面沿径向铺有若干块盖板,形成4～5个卸料孔。卸料时,库底分区向两个相对区轮流充气,于是在卸料口上方出现多个漏斗凹陷,漏斗沿直径排成一列,随充气的变换而旋转角度。这样不仅产生重力混合,而且,因漏斗卸料速度不同,也使库底生料产生径向混合。生料从库底卸入中心室后,中心室底部连续充气,使混合后的生料又获一次混合。

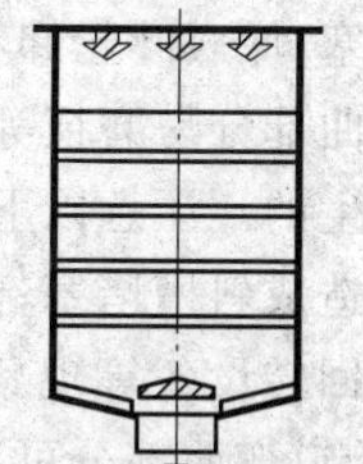

3. 影响均化效果的常见因素及防止方法

(1) 影响均化效果的常见因素

生料均化库是一种均化设备,影响其均化效果的因素很多,但分析这些因素,大致上可以分为两类:

第一类,设计时所规定的作业技术条件或装备技术状况在实际操作时未能达到或发生了

图 2.24 伯利鸠斯多料流式均化库

变化的因素,例如,因充气装置系统发生漏泄、堵塞、配气不均等问题而引起的故障;生料的物性与设计时条件不符,如含水量大、颗粒粗等情况;压缩空气或高压风机的压力不足、含水量大等情况所引起的故障;其他机械设备事故造成的影响。

第二类,设计时虽有作业条件的规定,但无法控制的因素,例如库内物料总贮量、物料出入库的流量、进库物料化学成分波动的周期等因素。这些因素也对均化作业效果产生影响。

属于设计时选定的充气装置形式、充气作业方式、库高与直径之比等因素,属于固定性因素,不在此讨论。

(2) 作业技术条件和装备技术状况的变化因素

① 充气装置系统发生问题而引起的变化因素。均化库能否长期正常运转和达到预期均化效果,充气装置系统的正常作业是关键。常见的问题是:充气系统,包括管路、充气箱漏气,充气无力,无法进行均化;多孔料发生碎裂、微孔堵塞。空气有短路,局部有堵塞,全库无效吹气;卸料口多孔材料常常发生吹掉、撕裂造成出料不畅或无法出料事故;多孔材料被压断、挤裂,从而生料倒灌,甚至进入主风管道,再反吹入其他充气箱,致使全部充气系统失效。

② 生料物性变化的影响。生料含水量对均化效果有相当大的影响,根据实践,生料水分低于 0.5%,最适合于正常均化作业,最大不应超过 1%。对于间歇式均化库,有人担心在气力均化过程中会不会产生物料颗粒的离析,使粗颗粒沉落在库底。根据有限的实验经验,凡是用选粉机的生料磨所生产的生料还没有出现过严重的离析现象。

③ 压缩空气或高压风质量变化的影响。充气装置正常操作,不仅需要充气装置系统严密可靠,也需要有稳定的压缩空气或高压风源。压缩空气含有水分较多,不仅会堵塞充气材料,而且会提高积存于充气装置上"死料"的含水量,并逐步增加"死料"堆积面积,进一步使充气分布均匀。特别在夏季,压缩空气含有较多水分,包括部分油粒,所以,应该很好使用含有焦炭粒和泥煤的过滤器,在进入充气装置之前就将水分和油粒除去。

④ 其他机械设备事故的影响。均化库机械设备事故不多,常见主要故障有:库顶加料系统堵塞;库底叶轮卸料器卡死;罗茨鼓风机温升过高;库底空气分配阀磨损较快;压缩空气主管道弯曲部分易磨损等。这些故障有些是不正常操作条件造成的,也有些是设备本身性能不好而产生的。注意以下问题,有助于减少上述故障的发生:生料水分最大不得超过 1%,水分大也会造成斜槽堵塞;整个系统防止铁块、钢球、碎片混入系统内和库内,否则会造成各种堵塞和卡住回转设备等现象;罗茨鼓风机不宜经常开停,最好连续运转,注意其温升,加强必要的冷却;管道弯曲部分可以用铸铁弯管,也可以用硬质合金堆焊提高其耐磨程度。

(3) 无法严格控制的因素影响均化效果

水泥界普遍采用均化效果 H 值作为表达均化库均化效果的通用术语。然而,影响均化效果的不仅是在设计所赋予均化库所固有的均化能力,而且与库内物料容量,物料出库流量,进库物料化学成分波动的周期等因素有关。

2.3 干 燥

在水泥生产过程中,原料或半成品中常含有高于工艺要求的水分,因此,需要脱去其中的部分水分,以满足生产工艺的要求。

脱水的方法一般有三种:一是根据水和物料的密度不同实现重力脱水;二是用机械的方法

实现脱水;三是用加热的方法使物料中的水分蒸发,达到脱水的目的。用加热的方法达到除去物料中部分物理水分的过程称为干燥,也称为烘干。

2.3.1 干燥的物理过程

1. 物料中水分的性质

按照水和物料结合的强弱,物料中的水分可以分为以下三类:① 化学结合水(结晶水);② 物理化学结合水(大气吸附水);③ 机械结合水(自由水)。

物料中含水形成的种类与物料的性质及结构有关。有的物料,如粘土,上述三种形式的水都有;有些物料,如石灰石、砂子等仅含有一种或两种形式的水分。

按干燥过程中水分排出的限度来分,可以分为平衡水分和可排除水分。在干燥过程中湿物料表面水蒸气压与干燥介质中水蒸气压达到动态平衡时,物料中的水分就会不断减少,此时物料中的水分就称为平衡水分。高于平衡水分值的水分称为可排出水分。显然,平衡水分不是一个定值,它与干燥介质的温度及湿度有关,温度越高,湿度越低,物料中的平衡水分越低。

2. 物料干燥过程

物料干燥过程包括加热、外扩散和内扩散三个过程。

首先将物料加热的过程称为加热过程;物料受热后,当其表面的水蒸气压大于干燥介质中的水蒸气分压时,物料表面的水分向干燥介质中扩散(蒸发),这个过程称为外扩散;随着干燥的进行,物料内部和表面之间的水分浓度平衡就会被破坏,物料内部的水分浓度大于物料表面的水分浓度,在这个浓度差的作用下,物料内部的水分向物料表面迁移,这个过程称为内扩散过程(湿扩散)。

假定干燥介质的条件在干燥过程中保持不变,则物料的干燥过程中各个参数的变化如图 2.25 所示,整个干燥过程可以分为如下三个阶段。

(1) 加热阶段

在干燥的初期阶段,干燥介质传给物料的热量大于物料中水分蒸发所需热量,多余的热量使物料温度不断升高,随着物料温度的不断升高,水分蒸发量又不断升高,这样,很快便达到一种动态平衡,这就到达了等速干燥阶段。

(2) 等速干燥阶段

在等速干燥阶段,干燥介质传给物料的热量等于物料中水分蒸发所需热量,所以,物料温度保持不变。物料表面水分不断蒸发,同时在物料内部和表面水分浓度差的作用下,内部水分不断向物料表面迁移,保持物料表面为湿润状态,即内扩散速率要大于外扩散速率,这一阶段,又称为外扩散控制阶段。在等速干燥阶段主要是机械水的排除,因此,这一阶段干燥速率过大,会发生因物料体积收缩而引起的制品变形或开裂事故,应加以注意。

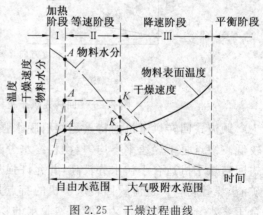

图 2.25 干燥过程曲线

(3) 降速干燥阶段

在降速干燥阶段,外扩散速率大于内外扩散速率,所以这时物料表面不可能再保持湿润,这一阶段又称为内扩散控制阶段。由于干燥速率的降低,干燥介质传给物料的热量大于物料中水分蒸发所需热量,多余的热量使得物料的温度不断升高。降速干燥阶段主要是物理化学结合水的排除,当物料的水分达到平衡水分时,干燥速率降到零,这时干燥过程终止。

值得一提的是,上述结论是在干燥介质的条件保持不变的前提下得到的,实际生产中,干燥介质的条件会随时变化,所以,真正的等速干燥阶段是不存在的。上述分析只是为了便于论述和理解。

2.3.2 干燥设备与工艺

1. 回转烘干机

回转式烘干机在水泥行业中应用较为广泛,它是一种传统的烘干设备,用于连续干燥砂、矿渣、粘土等粉状、颗粒状或小块状物料。回转烘干机是一种倾斜放置的旋转圆筒体,由于筒体的倾斜和回转,使物料在旋转筒的举升和本身重力作用下,从筒体较高的一端向较低的一端运动,在运动过程中,不断与干燥介质(热烟气)相接触,获得热量,物料本身被烘干。

筒体的旋转由电动机通过变速箱,使小齿轮带动筒体上的大齿轮旋转来实现。筒体的支撑则是通过二对拖轮来承担,转筒的中心线与每对托轮的中心连线成60°角。为了指示和阻止筒体沿倾斜方向上的窜动,在轮带的两侧还装有一对挡轮。回转烘干机有顺流式和逆流式之分,如图2.26所示。顺流式是指在烘干机内气流(指作为干燥介质的热烟气)与物料同向运动,逆流式则是指在烘干机内气流与物料作逆向运动。

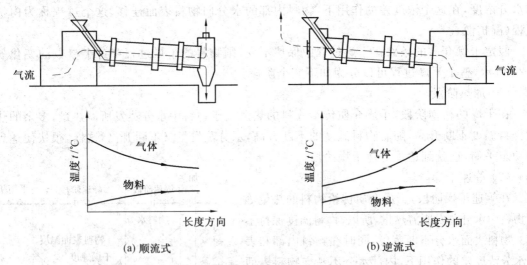

图2.26　回转式烘干机内物料与气流的流向和温度变化

顺流式回转烘干机的特点是物料脱水强烈,干燥速率较大,物料与介质的终了温度都相对较低。缺点是干燥速率不均匀,物料终水分受介质终湿度的限制,且介质中含尘量较高。顺流式回转烘干机适合于初水分较高,并允许强烈脱水及对高温敏感或易燃物料的干燥,如粘土、矿渣、煤等物料。逆流式回转烘干机的特点是干燥速率较均匀,物料的终水分低,热效率高,适合于终水分要求很低而又不能强烈脱水的物料,或对高温不敏感的物料的干燥,如砂子、石灰石等物料。

在水泥行业中,回转烘干机所用的干燥介质通常是由专门设置的燃烧室中产生的高温烟气,由于高温烟气的温度通常在1 000 ℃以上,若直接进入烘干机会烧坏金属部件,并破坏物料的结构而改变物性,因此,在回转烘干机和高温燃烧室之间通常还设有混合室,利用高温烟气与冷空气混合的方法,或者利用废气循环的方法,将进入烘干机的气流温度调整到工艺所要求的温度。离开烘干机废气的温度,原则上应保证废气经过收尘设备、排烟设备进入大气时,其温度不低于露点温度,必要时应对上述设备和管理进行保温处理。如图2.27所示是顺流式回转烘干机的流程简图,为改善物料在烘干机内的运动状况,加强物料与气流之间的热交换,在烘干机转筒内通常设有金属扬料板、格板、链条等附加装置。

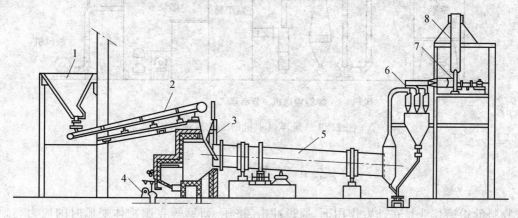

图 2.27 顺流式回转烘干机流程图
1—料仓;2—皮带机;3—燃烧室;4—鼓风机;5—烘干机;6—旋风收尘器;7—排风机;8—烟囱

2. 流态化烘干机

流态化干燥设备,在水泥行业中应用的较广泛,通常称为流态化烘干机或流化床烘干机,用于连续干燥小块或颗粒状物料,如砂、粘土、矿渣等。其原理是使热烟气或热空气通过铺在具有格孔的箅板上的物料层,当气流速度大于临界速度时,物料呈现流化床状态,气固之间进行剧烈的热交换,物料被烘干至含水分 1% ~ 2%。按照箅板的层数不同,流态化烘干机分为单层式和双层式两种。如图2.28所示为双层流态化烘干机的构造示意图。物料流经两层斜度不同的箅板,与来自箅板下方的热烟气接触,在两层箅板上形成流态化,被干

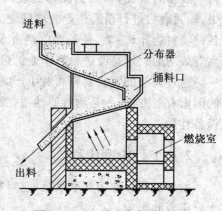

图 2.28 双层流态化烘干机

燥至含水分为 1% ~ 2% 的干物料,经料封管和振动输送斜槽送至干料库。燃烧室产生的高温烟气在混合室与冷空气混合,形成600 ℃左右的热烟气后进入烘干机。除烘干机的废气温度约为 80 ℃,经过旋风除尘器除尘后由排风机排向大气。单层流态化烘干机的结构和原理与双层流态化烘干机类似。

3. 悬浮烘干机

悬浮烘干机是一种用于烘干粉状及小颗粒物料的新型高效烘干设备。具有单位容积产量高,热效率高,占地面积小,操作环境好等优点,缺点是不能烘干块状物料。

来自燃烧室的高温烟气在调整到合适的温度后,以切线方向进入一个被称为烘干筒的圆

筒体内,湿物料从烘干筒的上端加入,进入烘干筒后在切向气流和自身重力的作用下呈向下的螺旋状运动,物料得到烘干。烘干后的物料再与废气一起沿切线方向离开烘干筒,随后由分离器和收尘器将二者分离开来,整个烘干系统的工艺流程如图2.29所示。

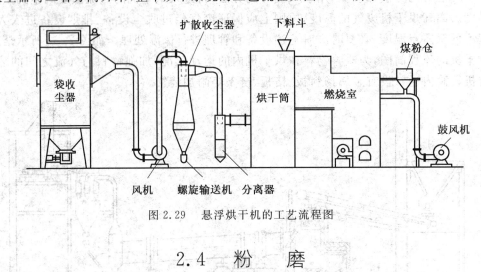

图2.29 悬浮烘干机的工艺流程图

2.4 粉　磨

物料的粉磨作业是在外力作用下,通过冲击、挤压、研磨等克服物体变形时的应力与质点间的内聚力,使块状物料变成细粉的过程,粉磨物料所需的功除用于克服应力、内聚力,并使物料生成新的表面,转变为固体的表面能外,大部分则转变为热量等散失于空间。在实际生产中,输入磨机进行粉磨作业的功转变为有效粉碎功非常少。水泥生产中,每1 t水泥需要粉磨各种物料达3 t左右,使粉磨电耗占水泥生产总电耗的60%～70%。因此,提高粉磨效率,提高有效功的利用是改进粉磨作业的最为重要的课题。

通过大量的实验研究和对生产磨机经验的分析总结,影响粉磨作业动力消耗和生产能力的因素有三方面:一是物料的性质;二是被粉磨物料的粒度与产品细度;三是粉磨作业系统与设备性能。

2.4.1 粉磨流程

粉磨流程又称为粉磨系统,它对粉磨作业的产量、质量、电耗、投资、维护管理费用等都有十分重要的影响。

水泥厂的粉磨作业有生料、水泥和煤粉。

1. 基本概念

(1) 开路粉磨系统

在粉磨过程中,物料一次通过磨机后即为产品,称为开路粉磨系统,如图2.30所示。

(2) 闭路粉磨系统

在粉磨过程中,物料出磨后经过分级设备选出产品,粗料返回磨内重磨称为闭路粉磨系统,如图2.31所示。

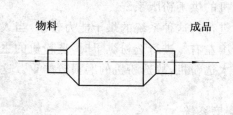
图 2.30 开路粉磨系统

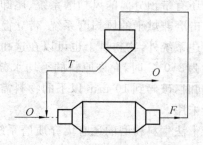
图 2.31 闭路粉磨系统

(3) 系统级数

粉磨物料通过一个磨制得产品的称为一级系统。粉磨物料先后通过两个磨制得产品的称为二级系统。

(4) 循环负荷率

循环负荷率 K 是指选粉机的回料量 T 与成品量 Q 之比,以百分数表示:

$$K = \frac{T}{Q} \times 100\% \tag{2.6}$$

2. 生料和水泥的粉磨系统

(1) 生料粉磨系统

采用干法粉磨工艺时,对含有水分的物料需要经过烘干。20 世纪 50 年代以前建的厂,物料都是经过单独烘干设备烘干后入磨的。干法生料粉磨系统也有开路和闭路两种。随着干法生产水泥技术的发展,特别是悬浮预热窑和窑外分解窑的出现,考虑利用由窑及冷却机出来的含尘热废气及简化工艺设备流程,而出现了多种类型闭路烘干磨。

采用烘干磨粉磨物料,既省了烘干设备及物料的中间储存和运输,又省了投资和管理人员。同时,物料在粉磨过程中进行烘干,由于物料被破碎,表面积不断增大,烘干效果更好。尤其是磨内通入大量热风,及时将细物料带出磨外,减少缓冲垫层作用,有利于提高粉磨效率。其缺点是操作复杂、影响产、质量的因素增多。

烘干磨用热风,一般来自窑系统的热废气以及燃烧炉的辅助供热,也可由单独的燃烧炉提供。

普通风扫磨系统如图 2.32 所示。在磨尾排风机的抽力作用下,热风进入磨内。已被粉磨的物料由通过磨内的热风带入分离器,分离出来的粗粉再次回磨,合格细粉由旋风收尘器收集下来。为了节约热耗,部分废气返回入磨循环使用,其余废气经收尘后排入大气。此系统的优点是:热废气利用率高,流程简单,输送设备少,维修工作量小,设备利用率高,允许进磨物料水分高。缺点是粉磨单位产品的总电耗较高,不宜用以粉磨硬质难磨的物料。因物料越难磨,增加了循环量,则电耗增大。

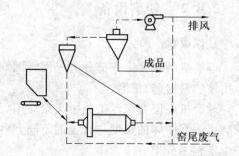
图 2.32 普通风扫磨系统

其他还有带预分离的风扫磨系统、尾卸提升循环烘干磨系统、中卸提升循环烘干磨系统、带锤式反击磨兼烘干的风扫磨系统、带立筒烘干机的烘干粉磨系统。

除上述系统外,物料烘干也可以在选粉机内进行。这种系统的烘干能力较小,当入选粉机气体温度为350 ℃时,允许原料的平均水分为2%左右。进行选粉烘干时,选粉机的主轴应有水冷却;同时,破碎到10 mm以下的物料需先喂入选粉机,故选粉机的磨损较严重。这种系统目前较少采用。

用于干法生料粉磨的还有无介质磨系统与碾磨系统。

(2) 水泥粉磨系统

水泥粉磨系统有开路中长磨和长磨,一级闭路中长磨或长磨,二级闭路短磨等。

开路粉磨系统,适于生产比表面积3 200～3 300 cm²/g的水泥。若减少产量,也可生产更细的水泥。但因过粉磨现象严重,比圈流粉磨系统的电耗高10%左右,因而不经济。开流粉磨系统的优点是系统简单,设备少,操作简便,投资低。

一级闭路粉磨(尾卸提升循环磨)系统(见图2.31),由于合格细粉能够比较及时卸出磨外,减少过粉磨现象;同时由于有选粉机,产品的细度可以调节。因此适于生产比表面积为2 600～6 000 cm²/g的不同品种水泥,且比开路粉磨系统的产量一般可提高15%。因而是现代水泥生产中应用比较广泛的水泥粉磨系统。其缺点是系统较复杂,设备较多,维修工作量较大,操作技术要求较高,投资较高。

二级闭路短磨系统(见图2.33),虽然可减少过粉磨现象,减小二级磨的喂料粒度,粉磨效率较高,但是系统复杂,设备多,因而应用较少。

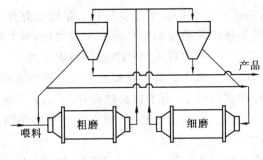

图2.33 二级闭路短磨系统

2.4.2 粉磨设备

1. 球磨机

球磨机的主要工作部分为一回转圆筒,靠筒内装入的钢球、钢段等研磨介质的冲击和研磨作用使物料粉碎、细磨。

球磨机不但在水泥工业中大量应用,而且在冶金、选矿、电力等工业中的应用也很普遍。球磨机根据筒体的长度与直径的不同,磨内装入的研磨介质形状的差异,卸料方式的不同等,产生了很多分类方法。

(1) 按筒体的长度与直径之比分类

短磨机:长径比在2以下时为短磨机,俗称球磨机;中长磨机:长径比在3左右时为中长磨机;长磨机:长径比在4以上时为长磨机或称管磨机。中长磨机和长磨机,其内部一般分成

2~4个仓,在水泥厂中用得较多。

(2) 按磨内装入的研磨介质形状分类

球磨机:磨内装入的研磨介质主要为钢球或钢锻,这种磨机使用的最普遍;棒球磨:这种磨机通常具有 2~4 个仓,第一仓内装入圆柱钢棒作为研磨介质,以后各仓则装入钢球或钢段。棒球磨的长径比以 $L/D=5$ 为宜,棒仓长度与磨机有效直径之比为 1.2~1.5,棒长较棒仓长度应短 100 mm 左右为宜,以利于钢棒平行排列,防止交叉和乱棒,棒球磨主要用于湿法磨制生料,在干法粉磨中的应用也在进行研究;砾石磨:磨内装入的研磨体为砾石、卵石、瓷球等,用花岗岩、瓷料等作衬板,用于生产白色或彩色水泥以及陶瓷工业。

(3) 按卸料方式分类

尾卸式磨机:是欲磨物料由磨机的一端喂入,由另一端卸出;中卸式磨机:是欲磨物料由磨机的两端喂入,由磨体中部卸出,相当于两台球磨机串联使用,这样设备紧凑,简化流程。

(4) 其他分类

按工艺操作又可分为干法磨机、湿法磨机、间歇磨机和连续磨机。间歇磨机常用作化验室试验磨。水泥工业生产用的都是连续磨机。

当磨机以不同转速回转时,筒体内的研磨体可能出现三种基本状况,如图 2.34 所示。图 2.34(a) 转速太快,研磨体与物料贴附筒体一道运转,称为"周转状态",研磨体对物料起不到冲击和研磨作用。图 2.34(b) 转速太慢,研磨体和物料因摩擦力被筒体带到等于动摩擦角的高度时,研磨体和物料就下滑,称为"倾泻状态"。对物料有研磨作用,但物料没有冲击作用,因而使粉磨效率不佳。图 2.34(c) 比较适中,研磨体提升到一定高度后抛落下来,称为"抛落状态"。研磨体对物料有较大的冲击与研磨作用,粉磨效果较好。

实际上,研磨体的运动状态是很复杂的,有贴附在磨机筒壁上的运动,有沿筒壁和研磨体层向下的滑动,有类似抛射体的抛落运动,有绕自身轴线的自转运动以及滚动等。所谓研磨体对物料的基本作用,正是上述各种运动对物料综合作用的结果,其中主要的可以归结为冲击和研磨作用。

分析磨体粉碎物料的基本作用,目的是为了确定研磨体的合理运动状态。这是正确选择与计算面积的适宜工作转速、需用功率、生产能力以及磨机机械计算的依据。

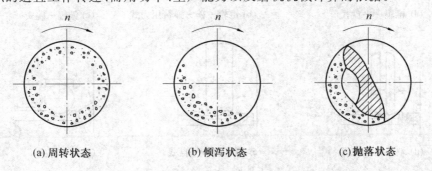

图 2.34　筒体转速与研磨体运动的关系

2. 立式磨

立式磨是指通常称为的碾磨机、环辊磨、中速磨以及以制造厂命名的磨机。

(1) 立式磨的工作原理

立式磨是根据料床粉磨原理来粉磨物料的机械,磨内装有分级机构而构成闭路循环,其主要工作部件为磨盘及在其上作相对滚动的磨辊。磨辊依靠惯性离心力或机械压力的作用压在磨盘上,以挤压和磨剥方式将物料粉碎。磨机旋转部件的转速为50～300 r/min。

物料在磨辊和磨盘之间的粉碎过程如图2.35所示。在喂入物料形成的环形料床上,物料被咬入磨辊和磨盘之间,大块料首先受到磨辊的滚压作用,就像在辊式破碎机中被破碎一样。研磨压力先集中在大块物料上,物料受到挤压很快地、大幅度地被粉碎。然后,磨辊施加的压力很快地传到次一级的大块料上,如此延续下去。伴随物料粒度减小的挤压过程,在滚压作用下,各物料颗粒在密集空间重新组合。随之所产生的挤压和剪切力,进一步将较小料粒粉磨。磨辊和磨盘间一定的相对运动,还有助于防止粘湿物料引起的堵塞。

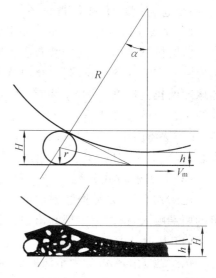

图2.35 物料在磨盘和磨辊间的粉碎过程

(2) 立式磨的类型、构造

按研磨体的组合形式,立式磨分为锥辊－平盘式(见图2.36(a)),如莱歇磨机;锥辊－碗－弹簧压力式(见图2.36(b)),如雷蒙磨;鼓辊－碗式(见图2.36(c)),如MPS磨机;双鼓辊－碗式(见图2.36(d)),如伯利鸠斯磨机;圆柱辊－平盘式(见图2.36(e)),如ATOX磨机;球－环式(见图2.36(f)),如E型磨机;圆柱辊－环式,雷蒙磨机的另一种类型。除此以外,还有很多其他分类方法。

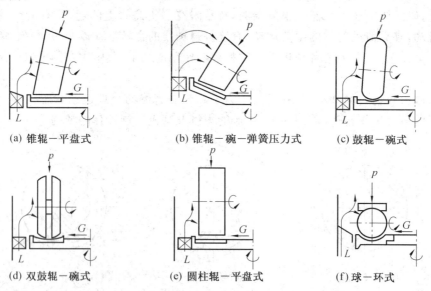

(a) 锥辊－平盘式　　(b) 锥辊－碗－弹簧压力式　　(c) 鼓辊－碗式

(d) 双鼓辊－碗式　　(e) 圆柱辊－平盘式　　(f) 球－环式

图2.36 磨机和磨盘的几种组合形式

MPS磨如图2.37所示。其工作原理是3个液压磨辊在带环形沟槽的磨盘上,电动机通过传动系统带动磨盘以一定的转速旋转。由于物料与磨辊间摩擦力的作用,在工作时使磨辊绕本身轴线转动。由连接在磨机机座上的液压油缸驱动磨机内部的三角形压力架拐角处的3个拉杆,使磨辊向下施加压力,磨辊支撑在滚动轴承装置上,该装置铰接于压力架上。由喂料溜管进入的物料（粒度为 80～100 μm）被研磨至 80% 通过 200 目的细度，被磨盘周边环形进风口通入的废热气吹起，经上部分级器分级，粗粒回落至磨盘上再粉磨，细粉经出口排入收尘器捕集为成品。磨内风速高达 60～80 m/s，因此，烘干效率很高。

它与莱歇磨的主要区别在于磨辊为鼓形，磨盘为环槽形，其他装置基本相同。在相同粉磨能力时，磨盘直径比莱歇磨大，盘周有更多的通气孔，在一定风速下有较大的空气量，因此，磨内空气压力比莱歇磨低 20% 左右。这种磨机广泛用于粉磨煤、粘土、泥灰岩、重晶石、水泥生料和熟料等。

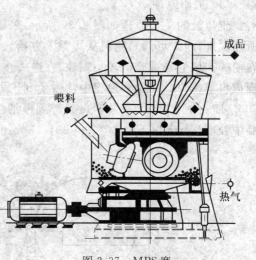

图 2.37　MPS 磨

（3）立式磨的应用、流程及优缺点

最早出现的立式磨是弹簧压力式的，其规格较小。在水泥厂用来磨制煤粉，后来在水泥厂也有少量用以磨制生料，近年来制造的液压式大型立式磨，在水泥厂主要用来磨制生料，而且在生料生产中所占的比例越来越大。

立式磨在工作时一般都是用热气流进行烘干兼输送的，近年来主要利用悬浮预热窑和窑外分解窑窑尾的废热气。由于立式磨本身都带有选粉机或分离器，所以，含有细粉的出磨气流都要经过收尘器收集粉磨成品。立式磨制水泥生料的一般流程如图 2.38 所示。

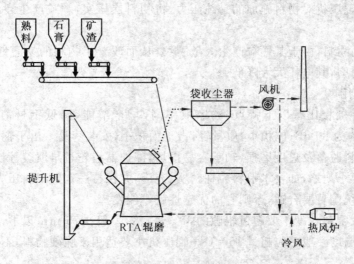

图 2.38　立式磨流程图

3. 辊压机

辊压机又称高压辊式磨机或挤压机。它是 20 世纪 80 年代中期开发的一种新型节能粉碎设备，具有效率高，能耗低，磨损轻，噪声小，操作方便等优点。辊压机的规格以辊子的直径和长度表示。

(1) 工作原理

辊压机的工作原理如图 2.39 所示，采用两辊相向旋转，辊间保持一定的工作间隙（按物料所需粒度，间隙可调），物料从间隙上方给入两辊之间，随着辊子的旋转向下运动。大颗粒物料在粉碎区域上部被碎至较小颗粒，在进一步向下运动时，由于大部分物料颗粒都小于辊间隙而形成料层粉碎。在这一过程中物料受到压力逐渐增大，在通过两辊轴线时达到最大。在 50～300 MPa 的巨大压力下物料被粉碎到极细粒度，并形成强度很低的料饼，经打散机打碎后，产品中粒度 2 mm 以下占 80%～90%，80 μm 以下的占 30% 左右。

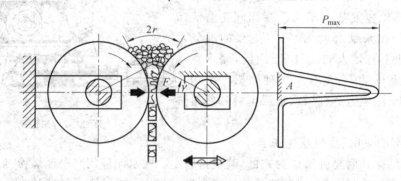

图 2.39 辊压机工作原理示意图

辊压机与辊式破碎机相比，双辊式破碎机是通过双辊作用在单体颗粒上对物料进行粉碎，利用的是压力、冲击、剪切等综合作用力，对颗粒作用产生裂纹，并粉碎成 25 mm 以下的颗粒产品。辊压机采用双辊对物料层施加外力，是物料层间的颗粒与颗粒之间互相施力，形成粒间破碎或料层破碎，辊压机对物料施加的是纯压力，将物料层压实，颗粒产生裂纹并有一定粉碎作用。

辊压机破碎的物料，由于其颗粒产生大量裂纹，从而改善了物料的易磨性，经打散机打散或球磨机进一步粉磨，其电耗大大降低。

(2) 特点及应用

辊压机与球磨机相比有以下特点：粉磨效率高，增产节能，降低钢材消耗，单位磨耗为 0.5 g/t；噪音低，约为 80 dB；体积小，质量轻，占地面积小，安装容易。由于辊压机辊子作用力大，存在有辊面材料脱落及过度磨损，轴承容易损坏，减速器齿轮过早溃裂等设备问题。此外，对工艺操作过程要求严格，如要求喂料粒柱密实、充满，并保持一定的喂料压力，回料量控制要恰当，粉磨工艺系统配置要合适，否则它的优越性就不能发挥。

辊压机的最大喂料粒度不要超过辊隙的 35～40 倍，一般在 75 mm 以下，物料水分应控制在 5% 以下，最高温度一般不应超过 150 ℃。辊压机主要适用于脆硬物料，不适用于软质的石灰石和粘土等。

辊压机作为一种新型节能增产设备，自 20 世纪 80 年代进入市场以来，已被广泛用于建材、冶金、化工等工业部门。最初辊压机是安装在球磨机之前作预粉碎设备，主要用于原有流程改造，可使全流程增产 30%～60%，节能 15%～30%。经过不断的发展，辊压机系统已经形成了预粉碎系统、终粉磨系统和混合粉磨系统三种基本的工艺流程。

近年来，其他新型磨机的研制也正在进一步进行中。例如行星式磨机具有制造、安装费用低、磨机质量轻的优点，根据转速可方便地控制产品细度，而且研磨体比普通球磨机小四倍。

缺点是研磨体、衬板磨损大，粉磨水泥时磨机温度往往过高，连续喂料与卸料系统也都待进一步完善。

喷射磨是在喷射气流中通过破碎和摩擦作用将物料粉碎的一种设备，它的生产能力与空压级能力的2.2～2.3次方成正比。这种磨适宜粉磨水泥熟料。据资料报道，已有产量为25 t/h的喷射磨，还拟制造160 t/h的喷射磨。

用爆炸电火花进行粉磨已开始进行研究与实验。初步实验和理论计算表明，它将是一种节能的新的粉磨方法，有待进一步研究发展。

2.4.3 提高粉磨效率的途径

在粉磨过程中，怎样实现优质、高产、低消耗是粉磨系统最重要的问题。

1. 粉磨设备的大型化

粉磨设备的大型化，不仅可以提高劳动生产率，降低单位产品投资，易于管理，有利于自动化等，而且可以提高粉磨效率，节约能源，提高经济效益。

2. 喂料的均匀性、入磨物料的性质

（1）喂料的均匀性

喂料量配合比的波动与喂料量的波动，通常并不为人们所重视，实际上它们不但影响产品的质量，而且对粉磨系统的产量和电耗带来重大的影响。保持喂料的均匀性，才能使磨机生产保持较高的水平。

（2）粉磨物料的性质

克服物体变形时的应力与质点之间的内聚力以及生成新的被粉磨物料的表面能，主要决定于被粉磨物料的性质。它可以用易磨性或易磨性系数来表示物料被粉磨的难易程度，主要表现为粒度、易磨性、温度和水分四个方面：

① 入磨物料粒度大，则研磨体的尺寸也要相应增大，而研磨体个数减少削弱了粉磨效果，从而降低了产量，增加了电耗。

② 易磨性是表征物料粉磨难易程度的物理参数，易磨性好产量高，反之则产量低。

③ 入磨物料温度。生料磨入磨物料基本上是常温，对生产影响不小，但水泥磨入磨物料温度高，特别是大型水泥磨，将对磨机粉磨产生较大影响。

入磨物料温度高，物料带入磨内大量热量，加之磨机在研磨时，大部分机械能转变为热能，致使磨内温度较高。而物料易磨性随温度的升高而降低。磨内温度高，易使水泥因静电吸引而聚结，严重的会粘附到研磨体和衬板上，从而降低粉磨效率，明显地阻碍粉磨过程的顺利进行。温度越高，这种现象越严重。

试验表明，温度越高，粉磨细度越细，研磨能量消耗越大。另外，如入磨物料温度超过50 ℃，磨机产量将受影响；如超过80 ℃，水泥磨产量降低约达10%～15%。

磨内温度高还会引起石膏脱水成半水石膏或甚至产生部分无水石膏，引起水泥假凝，影响水泥质量，而且易使入库水泥结块。磨内温度高，对磨机机械本身也不利，如轴承温度升高，润滑作用降低；还会使筒体产生一定的热应力，引起衬板螺丝折断。因此，入磨物料温度宜控制在室温，最好不超过50 ℃；而出磨水泥温度不宜超过110～120 ℃。水泥温度高，会使包装纸袋发脆，增大破损率。

应该指出,在粉磨过程中会产生热量,对于大型磨机或者在粉磨细度要求较细的水泥时,即使熟料入磨温度不高,也会使磨内温度升高而不利于粉磨。为此,可以采用闭路系统;也可以采用向磨机筒体淋水,这样可降低磨机出料温度30～40 ℃,但易腐蚀筒体。大型水泥磨目前多采用向磨内喷水冷却的方法:把一定量的水喷入磨机内温度较高部分,使水在那里迅速蒸发。通常用压缩空气通过喷咀喷入磨内,水通过喷咀很快雾化(双仓磨通常把喷嘴伸入二仓内),水蒸气和空气从磨尾排出,经收尘器排入大气。气体管道和收尘器应采取隔热或加热措施,防止水蒸气冷凝。

如果出磨水泥温度过高,可以使用水泥冷却器,当冷水温度为15 ℃时,可使水泥温度从110 ℃降至65 ℃。

必须注意,使用磨内喷水时,水必须雾化好,而且应视磨内实际温度决定喷水量和是否需要喷水。否则,过多的喷水量或雾化不好,反而会增加磨内物料的含水量而导致粉磨状态恶化。

④ 入磨物料水分。普通干法钢球磨机,入磨物料水分对磨机生产影响较大(烘干兼粉磨机不受影响),如入磨物料水分平均达4%,会使磨机产量降低20%以上。严重时甚至会粘堵隔仓板的箅缝,从而使粉磨过程难以顺利进行。但物料过于干燥也无必要,不但会增加烘干煤耗;而且保持入磨物料中少量水分,还可以降低磨温,并有利于减少静电效应,提高粉磨效率。因此,入磨物料水分应适中。水分过大易使细颗粒粘在研磨体和衬板上,形成"物料垫",或出现堵塞和"饱磨"现象,水分过少则影响磨内散热,易产生"窜磨"跑粗现象。适宜的物料水分为1%～1.5%。

3. 助磨剂

在粉磨过程中,加入少量外加剂,可消除细粉的粘附和聚集现象,加速物料粉磨过程,提高粉磨效率,降低单位粉磨电耗,提高产量。这类外加剂统称为助磨剂。

常用的助磨剂有煤、焦炭等碳素物质,以及表面活性物质,如亚硫酸盐纸浆废液、三乙醇胺下脚料、醋酸钠、乙二醇、丙二醇及其尿素的复合助磨剂等。

粉磨水泥时,使用碳素物质的加入量不得超过1%,立窑厂磨制黑生料时,无严格限制。当用亚硫酸盐纸浆废液的浓缩物时,其加入量为0.15%～0.25%,过多会影响水泥的早期强度。用三乙醇胺下脚料时,一般加入量为0.05%～0.1%,在水泥细度不变的情况下,可消除细粉的粘附现象,提高产量10%～20%,还有利于水泥早期强度的发挥。但加入量过多,会明显降低水泥强度。

应该注意,助磨剂的加入,虽然可以提高磨机产量,降低电耗,但是,应选择效果好、成本低的助磨剂,否则不经济,另外应注意助磨剂的加入不得损害水泥的质量。

使用助磨剂时,由于消除了磨内粘附现象,会加快磨内物料的流速,减少物料在磨内的停留时间,因而应采取必要的措施,以防止物料在磨内流速过快,显不出助磨剂应有的效果。

助磨剂加速粉磨过程的机理,目前尚不完全清楚。通常认为,碳素物质可消除磨内静电现象所引起的粘附与聚结;表面活性物质由于它们具有强烈的吸附能力,可吸附在物料细粉颗粒表面,而使物料之间不再互相粘结;还由于吸附在物料颗粒的裂缝间,减弱了分子力所引起的"愈合作用",促进外界做功时颗粒裂缝的扩展,从而提高粉磨效率。

近年来,复合助磨剂的研究试验正在进一步发展,从生产试验的结果表明,对提高粉磨效率,降低单位产品电耗,取得了良好的效果。

4. 粉磨工艺参数

粉磨系统有关工艺技术参数对粉磨过程影响较大的有：闭路粉磨系统的选粉效率和循环负荷；磨机通风及其风速；研磨体装载量（填充系数）、材质及其级配；磨内球料比与磨内物料流速等。

(1) 选粉效率与循环负荷

假定成品细度为 80 μm 筛余为 5%，又假定不同的选粉机喂料细度与粗粉回料细度，作出选粉机循环负荷 K 与选粉效率 η 之间的关系曲线，如图 2.40 所示。

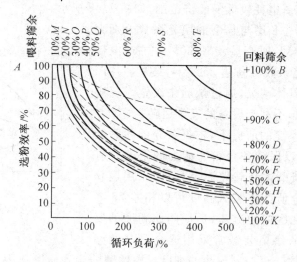

图 2.40　选粉机操作参数变化图
（η 与 K 的关系）

图 2.40 表明，当选粉机成品细度不变时，循环负荷随选粉机喂料变粗而增加，随回料变粗而降低；选粉机效率随喂料变粗而降低，随回料变粗而增加。实际上喂料变粗，回料也变粗。选粉效率随循环负荷提高而降低，随成品细度降低而下降。

通常为了提高粉磨效率，应该提高选粉效率，使回磨粗粉中仅少量夹带微细颗粒，以防止过粉碎现象与缓冲现象，提高粉磨系统产量并降低电耗。这在一定范围内是正确的，但必须注意两点：一是应该注意当选粉效率提高时，循环负荷会下降，只有当在合适的循环负荷

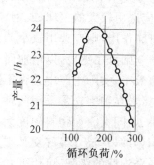

图 2.41　循环负荷率与磨机产量的关系

的情况下，设法提高选粉效率，才能提高粉磨系统产量并降低电耗。图 2.41 所示为当粉磨普通水泥时，用中长管磨与离心式选粉机组成一级闭路系统，产量与循环负荷的关系。这是由于循环负荷与磨机的粉磨能力必须适当，才能充分发挥粉磨系统的能力，过多提高循环负荷，使磨内物料过多，反而会降低粉磨效率，并使选粉效率迅速下降而不经济。二是应注意选粉机的性能，不同的选粉机结构及性能差别较大，生产实践中所得选粉效率与循环负荷的曲线是不同的，其选粉效率与循环负荷对产量与电耗的影响也有较大差别。因此，在比较选粉机性能时，应同时考虑选粉效率与循环负荷两个指标，才能获得比较满意的效果。

需要指出:助磨剂可以提高空气选粉机效率。由于它能分散粉磨物料的颗粒,使细颗粒不至于被大颗粒一起带走,从而提高选粉效率,有利于提高粉磨效率。

(2)研磨体装载量、材质及其级配

① 研磨体装载量。研磨体装载量合适与否,是影响粉磨效率的重要因素。目前尚无成熟的理论,主要靠积累的经验与实验来解决。

研磨体装载量以质量表示,它决定于填充系数的大小。在一定范围内,增加填充系数,可以提高磨机产量,降低单位产品电耗,但超过一定范围,虽仍可提高产量,单位产品电耗却反而增加,因而填充系数有一电耗较低的经济范围,如图2.42所示。

试验与生产表明:中长磨与长磨的填充系数分别为25%~35%、30%~35%时产量较高;30%左右时电耗较低。在短磨中,填充系数可高达35%~45%。各厂应根据磨机和物料等具体情况,通过试验来决定。还应注意:过高的填充系数,不利于设备的安全运转。

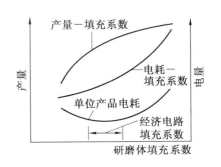

图 2.42 填充系数与磨机产量、电耗的关系

在总的填充系数不变的前提下,根据各仓的粉磨能力,可作必要的调整,以保持各仓粉磨能力的平衡。有选粉机的闭路磨机,研磨体装载填充系数,常采用逐仓降低的办法,前后两仓研磨体装载高度可以相差25~50 mm,以加快物料在磨内的流速,适应闭路粉磨的要求。开路系统磨机,研磨体装载常采用逐仓升高的办法,使物料流速不要过快,以控制成品的细度。棒球磨的棒仓研磨体因冲击能力较大,可适当调整填充系数。

② 研磨体的级配和补充。在粉磨过程中,刚入磨的大颗粒物料,需要较大的冲击力破碎物料,应选用较大的钢球(或钢棒);物料被磨到一定细度后要进一步磨细时,要求研磨体有较强的研磨作用,则应选用较小的研磨体,以增加研磨体的个数和接触研磨面积,提高研磨能力,在细磨仓则可用钢段,以增加研磨表面。为了适应各种不同粒度对冲击和研磨作用的要求,提高粉磨效率,实际生产中常将不同尺寸的钢段配合在一起。球仓常采用3~5种不同球径的球(或棒),在细磨仓常采用两种不同尺寸的研磨体配合在一起。每仓钢球的配合比例,一般是两头小、中间大。如物料硬度大、粒度大,可增加大球数量;反之,可增加小球数量。前后两仓如均用钢球,其尺寸最好交叉一级,即前一仓最小尺寸的球是下一仓最大尺寸的钢球。

各仓钢球的级配,可用平均球径表示,它是分析球仓工作能力优劣的依据之一,常用各级钢球的算术平均值计算。平均球径与物料性质、入磨粒度、粉磨流程、粉磨细度要求等有关,各厂应通过试验决定。近年来,不少工厂采用优选法寻求最佳配球方案,取得了良好的效果。如某厂 $\phi1.83 \times 6.1$ m 开路生料磨,调整前的平均球径为69 mm,产量为8.65 t/h,入磨粒度为20 mm,一仓钢球显得破碎能力不强,于是逐步提高钢球平均球径,增加一仓装载量,取得良好效果。

为分析磨内作业情况,通常可用筛余曲线作粗略的分析。在磨机正常喂料并正常运转情况下,同时止料并停磨,打开磨门,进入磨内,从磨头开始,每隔一定距离取样,隔仓板前后处也应取样:在每一横断面上靠磨机筒体两边取两个样,中间取2~3个样,混合均匀,然后用0.08 mm和0.20 mm方孔筛(也可用更粗一些筛)筛析,从而得到沿磨长的筛余曲线,如图

2.43 所示。操作正常的磨机,在一仓入料端,曲线应有较大的下降;在细磨仓接近出磨处应渐趋水平。如果在一仓中下降不明显,说明一仓粉碎能力不强;如果在某仓中出现较长的水平线段,说明该仓或前仓钢球级配有问题,研磨体作业情况不良,应进行调整。

磨机在运转过程中,研磨体逐渐消耗,装入磨体内研磨体的数量与级配、平均球径不断发生变化。因此,磨机运转一定时间后,必须添补研磨体,以免研磨体作用力减弱,降低产量,增加电耗。添补的球径与数量,应根据钢球的材质和物料性质,根据生产统计的经验数据确定。通常应补入各仓的大球;其补球周期应使停机时间与产量损失最少。

③ 耐磨材质。用特殊耐磨合金作研磨介质和磨内衬板,同样适用于生料磨和水泥磨,然而,通常用于水泥磨比较经济。

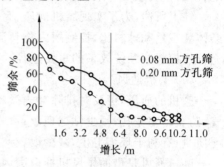

图 2.43 $\phi 2.2 \times 11$ m 三仓水泥磨筛余曲线

根据各种高铬铸铁和镍硬合金进行试验和生产表明,虽然这些材料比锰钢和一般材料贵得多,但除了操作上优点外,经济上也是合理的。试验结果指出:用硬合金研磨介质,磨损率在第一仓中大约降低 15~16 倍,第二仓也可降低大约 8 倍。某厂的 900 kW 磨机,前 4 年用软研磨介质,后 4 年用硬研磨介质,对比结果见表 2.2。生产试验表明,研磨介质的使用寿命大大延长了,不但减少了金属的消耗,而且大大增加了设备的运转率。

表 2.2 不同材质研磨介质磨损率的比较

磨损率	软研磨介质 /(g·kW^{-1}·h^{-1})	硬研磨介质 /(g·kW^{-1}·h^{-1})	比率
第一仓	23.75	1.22	19.5
第二仓	12.18	0.74	16.5

多年来,水泥磨使用锰钢内衬,但随着研磨介质的改进,这类内衬显得耐磨性较差。使用镍硬合金衬板,在软研磨介质或细磨仓内用小的硬研磨介质,效果很好。有的工厂在运转 18 年后,仍然运转良好。然而在第一仓内,使用大的高铬铸铁球后,衬板发生破裂问题,因而,内衬也应使用高铬内衬。

(3) 料球比和磨内物料流速

球料比是磨机各仓内研磨体和物料量之比,说明在一定研磨体装载量下粉磨过程中磨内存料量的大小。通常开路管磨的球料比大些,闭路系统的球料比小些。若球料比过小,说明磨内存料过多,易产生缓冲作用与过粉碎现象,降低粉磨效率。若料球比过大,会增加研磨体之间以及研磨体对衬板的冲击的无功损失,不但降低粉磨效率,还会增加金属消耗。料球比可以在正常生产磨机突然停磨后分别称量各仓料球、料量进行测定。通常,开路管磨(中、小型)的球料比以 6.0 左右为宜。也可以通过突然停磨观察磨内料面来进行判断,如中小型二仓开路磨,第一仓钢球应露出料面半个球左右,二仓物料应刚盖过钢锻面为宜。

磨内物料流速是保证产品细度,影响产量、消耗的重要因素。若磨内物料流速太快,容易跑粗料,难以保证产品细度;若流速太慢,易产生粉碎现象,增加粉磨阻力,降低粉磨效率。因此,应根据磨机特点、物料性质和细度要求,控制适宜的物料流速。特别是第一仓的物料流速,使粗粒子尽可能消灭在前仓。否则,粗粒子进入细磨仓,就很难磨细,造成细度不合格或增加磨尾渣子量,降低粉磨效率,增加单位产品电耗。

球料比决定于磨内物料流速,可以通过隔仓板的通料形式、通料面积、篦缝大小、研磨体级配、研磨体装载量等来调节控制,以充分发挥磨机的粉磨效果。

综上所述,为了实现磨机优质、高产、低消耗的技术经济效果,应通过实践,确定合适的研磨体装载量和球料比,控制磨内物料流速,保持各仓平衡,减少粉磨阻力,提高粉磨效率,这是充分发挥粉磨系统效率的重要途径。

(4) 磨机通风

磨机的通风,可及时排除磨内微粉,减少过粉碎现象和缓冲作用,能及时排除磨机内水蒸气,防止堵塞篦孔,减少粘球现象;可降低磨机温度和物料温度,有利于磨机正常运转和保证水泥质量;有利于环境卫生,减少设备磨损。

磨机通风是借助排风机抽取磨内含尘气体,经收尘器分离、净化的气体排入大气。

磨机通风强度一般以磨机最后一仓出口净空风速表示。适当提高磨内风速,有利于提高磨机产质量和降低电耗;但风速过大,会增加排风电机电耗。实验证明,开路磨内风速以 $0.7 \sim 1.2$ m/s 为宜;闭路磨可适当降低,以 $0.3 \sim 0.7$ m/s 为宜。

我国一些水泥厂在磨机加强通风后,产量不同程度提高。如某厂水泥磨风速由 0.23 m/s 提高到 0.69 m/s 后,产量提高了 16%,电耗也有所下降。

应该注意,加强磨机通风,必须防止磨尾卸料端的漏风,特别是卸料口的漏风不仅会减少磨内有效通风量,还会大大增加磨尾气体的含尘量。因此,采用密封卸料装置十分重要。同时,视气体的含尘浓度,应采用一级或二级收尘装置,以保证排放气体符合环保标准要求。

其他如衬板形状、隔仓板的结构、磨机转速、研磨介质形状等也均会影响磨机粉磨效率,都应该统一考虑,不再赘述。

物料经过破碎机械破碎后的粒度大多在 20 mm 左右,为要达到生料和水泥的细度要求还必须经过粉磨机械磨细。粉磨与破碎同属粉碎作业,可视作粉碎的两个不同作业阶段,破碎在前,粉磨在后。粉磨作业的原料粒度一般为 $10 \sim 25$ mm,其产品的粒度,则视具体的工艺要求而定,通常为数十微米,最细可至 $2 \sim 3$ μm。

2.5 烧 成

2.5.1 基本概念

煅烧是指将尚未成形的物料经过高温合成某些矿物(水泥)或使矿物分解获得某些中间产物(如石灰和粘土熟料)的过程,如石灰石分解成石灰,粘土煅烧成粘土熟料。烧成是将初步密集定型的粉块经高温烧结成产品的过程,如陶瓷坯体、砖瓦、耐火材料的烧成等。

烧成的特点是必有烧结阶段,从这个意义上说,烧结是烧成中的一个环节;坯体或粉料在高温过程中随时间的延长而发生收缩;在低于熔点的温度下,坯体或粉料变成致密的多晶体,强度和硬度均增大,这样的过程称为烧结。

烧结过程具体可用图 2.44 表述。图 2.44(a)表示烧结前坯体中颗粒的堆积,这时,颗粒间有的彼此以点接触,有的则分开,保留着较多的孔隙。由图 2.44(a)至图 2.44(b)表明随着烧结温度的提高和时间的延长,开始产生颗粒间的键合和重排过程,这时粒子因重排而相互靠拢,图 2.44(a)中的大孔隙逐渐消失,气孔的总体积迅速减少,但颗粒间仍以点接触为主,总表面积并没有减少。如图 2.44(b)至图 2.44(c)开始有明显的传质过程,颗粒间由点接触逐渐扩大为面接触,粒界面积增加,固-气表面积相应减少,但孔隙仍然是连通的,如图 2.44(c)所示。由图 2.44(c)至图 2.44(d)表明,随着传质的继续,粒界进一步发育扩大,气孔则逐渐缩小和变形,最终转变成孤立的闭气孔。与此同时颗粒界面开始移动,粒子长大,气孔逐渐迁移到粒界上消失,烧结体致密度增加,如图 2.44(d)所示。许多陶瓷、耐火材料和磨具等无机非金属材料的烧结均经过此过程。当然,其中有些材料烧结过程有液相参加,这就更易于颗粒间粘附和质点迁移,使烧结过程加快进行。

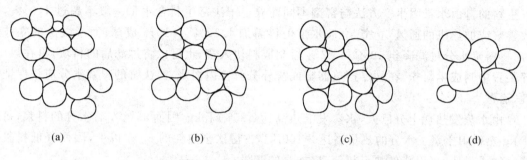

图 2.44　粉状成形体的烧结过程

值得注意的是,就经高温过程烧得熟料产物而言,煅烧也属于烧成范畴。事实上,煅烧又分为两种:一种具有烧结阶段,如水泥熟料的煅烧;另一种不具有烧结阶段,如石灰石和石膏的煅烧。

煅烧和烧成是一个复杂的过程,包括燃料的燃烧、物料的加热、物料中发生一系列的物理化学反应,直至制品冷却。整个过程中存在着复杂的热量传递、质量传递和动量传递过程,而这三个过程又互相影响。

1. 热量传递

对于连续式烧成过程,由燃料燃烧而产生的热气体(火焰)通过传导、对流、辐射等传热过程将热量传给窑体和物料,窑体又通过辐射将热量传给物料;物料的内部也存在着从表及里的热传递;冷却时物料又将热量传给窑体和气体,物料内部则从里向外传递热量,同时,各部位的窑体将热量散失给周围的气体和物体。以上的几个过程,形成一个复杂的热平衡体系。

2. 质量传递

粉料在加热过程中,能量不断提高,产生自扩散和相互扩散过程,也可能产生分解、氧化和还原等向窑内放出气体和吸收某些气体的过程。物料内部有可能生成新相,或形成低共熔物,或生成液相而填入各种孔隙。以上种种质量传递的过程,要在一定条件下(主要决定于温度和物质的浓度)才能进行。如果传热过程没有组织好,物料的温度达不到,反应就无法进行。表面温度达到了,内部达不到,内部反应就不完全。以辐射传热为主的窑炉,烧成往往不均匀,这说明传质过程和传热过程紧密相连。物料表面的热气体如何流动,关系到物料表面反应物和反应产物浓度的变化,也就是说传质的速度与动量的传递是密不可分的。

3. 动量传递

窑内的气体大多处于流动状态。燃料和助燃空气不断进入窑内进行燃烧,燃烧产物(火焰、烟气）不断地被排除，燃料才能完全燃烧，热气流怎样通过物料表面，直接影响到物料热量的传递；而在冷却时又希望隔离热源，避免热气体的流入，以加快物料的冷却，这都说明动量的传递可以直接影响热量的传递和质量的传递。

只有很好地组织好这三种传递过程，才能圆满地完成煅烧和烧成过程。

2.5.2 煅烧过程

1. 干燥与脱水

干燥即物料中自有水的蒸发，而脱水则是粘土矿物分解放出化合水。

生料的自由水量因生产方法与窑型不同而异。干法窑生料含水量一般不超过 1.0%。为了改善窑或加热机的通风，立窑、立波尔窑生料需加水 12%～15% 成球；而半湿法的立波尔窑，需将料浆水分过滤降至 18%～22% 后制成料块入窑，也可以将过滤后的料块，再在烘干、粉碎装置中制成生料粉，在悬浮预热器窑或窑外分解窑内煅烧；湿法窑的料浆水分应该保证可泵性，通常为 30%～40%。

自由水蒸发热耗十分巨大，水蒸发潜热高达 2 257 kJ/kg，因而 35% 左右水分的料浆，每生产 1 kg 熟料用于蒸发水分的热量高达 2 100 kJ，占湿法窑热耗的 35% 以上，因而降低料浆水分或过滤成料块，可以降低熟料热耗，增加窑的产量。

粘土脱水首先在粒子表面发生，接着向粒子中心扩散。对于高分散度的微粒，由于比表面积大，一旦脱水在粒子表面开始，就立即扩散到整个微粒并迅速完成；对于接近 1 mm 的较粗粒度的粘土，因粒径大，比表面积小，脱水从粒子表面向纵深的扩散速度较慢，因此，内部脱水速度控制整个脱水过程。

多数粘土矿物在脱水过程中，均伴随着体积收缩，只有伊利石、水云母在脱水过程中伴随着体积膨胀。当立波尔窑和立窑水泥厂采用以伊利石或水云母为主导矿物的粘土时，应将生料磨得很细；料球水分与空隙率不宜过小；或者加入一些外加剂以提高成球质量。进入立波尔窑加热机干燥室的烟气温度不宜过高，立窑则不宜采用明火或浅暗火煅烧。

2. 碳酸盐分解

生料中的碳酸钙与碳酸镁在煅烧过程中都分解放出二氧化碳，其反应如下

$$MgCO_3 \rightleftharpoons MgO + CO_2 - 1\ 047 \sim 1\ 214\ \text{J/g} \quad (590\ ℃)$$

$$CaCO_3 \rightleftharpoons CaO + CO_2 - 1\ 645\ \text{J/g} \quad (890\ ℃)$$

这是可逆反应，受系统温度和周围介质中 CO_2 的分压影响较大。为了使分解反应顺利进行，必须保持较高的反应温度，达 1 100～1 200 ℃ 时，分解速度极为迅速。

在回转窑内，虽然生料粉的特征粒径通常只有 30 μm 左右，比较小，但物料在窑内呈堆积状态，使气流和耐火材料对物料的传热面积非常小，传热系数也不高。而碳酸钙分解需要吸收大量的热量，因此，回转窑内碳酸钙的分解速度主要决定于传热过程；立窑和立波尔窑加热机虽然其传热系数和传质面积较回转窑内大得多，但由于料球颗粒较大，决定碳酸钙分解速度的仍然是传热和传质速度。在悬浮预热器和预分解炉内，由于生料悬浮于气流中，基本可以看做单颗粒，其传热系数较大，特别是传热面积非常大，测定计算表明，传热系数比回转窑高 2.5～10 倍，而传热面积比回转窑大 1 300～4 000 倍，比立窑和立波尔窑加热机大 100～450 倍。因此，回转窑内碳酸钙的分解，在 800～1 100 ℃ 下，通常需要 15 min 以上，而在分解炉内

只需几秒钟即可使碳酸钙表观分解率达 85% ~ 95%。

3. 固相反应

通常在实验室内或回转窑内,在碳酸钙分解的同时,石灰质与粘土质组分间,通过质点的相互扩散,进行固相反应。

~800 ℃:$CaO \cdot Ai_2O_3(CA)$、$CaO \cdot Fe_2O_3(CF)$ 与 $2CaO \cdot SiO_2(C_2S)$ 开始形成。

800 ~ 900 ℃:$12CaO \cdot 7Ai_2O_3(C_{12}A_7)$ 形成。

900 ~ 1 100 ℃:$2CaO \cdot Ai_2O_3 \cdot SiO_2(C_2AS)$ 形成后又分解,开始形成 $3CaO \cdot Ai_2O_3(C_3A)$ 和 $4CaO \cdot Ai_2O_3 \cdot Fe_2O_3(C_4AF)$。所有碳酸钙均分解,游离氧化钙达最大值。

1 100 ~ 1 200 ℃:C_3A、C_4AF、C_2S 含量达最大值。

水泥熟料矿物固相反应是放热反应。当用普通原料时,固相反应放热量为 420 ~ 500 J/g。理论上放热量达 420 J/g 时,就足以使物料温度升高 300 ℃ 以上。

由于固体质点(原子、离子或分子)间具有很大的作用力,因而固相反应的反应活性很低,速度较慢。在多数情况下,固相反应总是发生在两种组分的界面上,为非均向反应。对于颗粒状物料,反应首先是通过颗粒间的接触点或接触面进行,随后是反应物通过产物层进行扩散迁移。因此,固相反应一般包括相界面上的反应和物质迁移两个过程。

温度较低时,固态物质化学活性较低,扩散、迁移很慢,故固相反应通常需要在较高温度下进行。由于反应发生在非均相系统,而伴随反应的进行,反应物和产物的物理化学性质将会变化,并导致固体内温度和反应物浓度及其物性的变化,从而对传热和传质以及化学反应过程产生重要影响。

由于水泥熟料矿物 C_2S、C_3A、C_4AF 等都是通过固相反应完成的,因此,生料的粉磨细度具有极其重要的意义。生料粉磨得越细,物料颗粒尺寸越小,比表面积越大,组分间的接触面积越大,同时表面的质点的自由能亦越大,使扩散和反应能力增强,因而反应速度越快,如图 2.45 所示。

例如,当生料中粒度大于 0.2 mm 的颗粒占 4.6%,烧成温度为 1 400 ℃ 时,熟料中未化合的游离氧化钙含量达 4.7%;生料中 0.2 mm 的颗粒减少到 0.6% 时,在同样温度下,熟料中游离氧化钙减少到 1.5% 以下。

在实际生产中,往往不可能控制均等的物料粒径。由于物料反应速度与物料颗粒尺寸的平方成反比,因而,即使有少量较大尺寸的颗粒,都可显著延缓反应过程的完成。故生产上宜使物料的颗粒分布控制在较窄的范围内,特别要控制 0.2 mm 以上的粗粒。

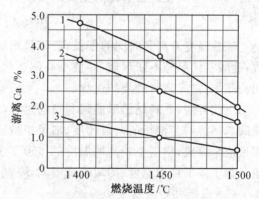

图 2.45 生料细度对熟料中游离氧化钙含量的影响

1— 0.2 mm 以上占 4.6%;
　 0.09 mm 以上占 9.9%;
2— 0.2 mm 以上占 1.5%;
　 0.09 mm 以上占 4.1%;
3— 0.2 mm 以上占 0.6%;
　 0.09 mm 以上占 2.3%;

应该指出,从固相反应机理说明,生料磨得越细,反应速度越快,但粉磨越细,磨机产量越低,电耗越高。因而粉磨细度应视原料种类不同以及粉磨、煅烧设备性能的差别而有所不同,以达到优质、高产、低消耗的综合经济效益为宜。通常粉磨硅酸盐水泥的生料,应控制 0.2 mm(900 孔/cm²)以上,粗粒在 1.0%~1.5% 以下;此时,0.08 mm 以上粗粒可以放宽到 10%~15%;最好 0.2 mm 以上粗粒控制在 0.5% 以下,或者使生料中 0.2 mm 以上粗粒为 0,则 0.08 mm 筛余可以放宽到 15% 以上,甚至可以达到 20% 以上。

生料的均匀混合,可以增加各组分间接触,也有利于加速固相反应。

增大两固相的压力,有利于颗粒的接触,增大接触面积,可以加速物质的传递过程,使反应速度增加。但在水泥熟料形成过程中,由于有液、气相参与反应,扩散过程有时并不完全是通过固体粒子直接接触实现的。因此,提高压力有时并不表现出积极的作用,甚至适得其反。如粘土矿物脱水反应和伴有气相产物的热分解反应(碳酸钙分解)等的固相反应,增加压力反而会影响粘土的脱水反应和石灰石的分解,从而影响固相反应速度。

加入矿化剂可以及加速固相反应。它可以通过与反应物形成固溶体使晶格活化,反应能力加强;或是与反应物形成某种活性中间体而处于活化状态;或是通过矿化剂促使反应物断键,从而提高反应物的反应速度等。

4. 熟料烧结

通常水泥生料在出现液相以前,硅酸三钙不会大量生成。到达最低共熔温度后,开始出现液相。液相主要由氧化铁、氧化铝、氧化钙所组成,还会有氧化镁、碱等其他组分。在高温液相作用下,水泥熟料逐渐烧结,物料逐渐由疏松转变为色泽灰黑、结构致密的熟料,并伴着体积收缩。同时,硅酸二钙与游离氧化钙都逐步溶解于液相中,以 Ca^{2+} 离子扩散与硅酸根离子、硅酸二钙反应,形成硅酸盐水泥的主要矿物硅酸三钙。

$$C_2S + CaO \xrightarrow{液相} C_3S$$

随着温度升高和时间的延长,液相量增加,液相黏度减少,氧化钙、硅酸二钙不断溶解、扩散,硅酸三钙晶核不断形成,并使小晶体逐渐发育长大,最终形成几十微米大小、发育良好的阿利特晶体,完成熟料的烧结过程。

由此可知,熟料烧结形成阿利特的过程,与液相形成温度、液相量、液相性质以及氧化钙、硅酸二钙溶解于液相的溶解速度、离子扩散速度等各种因素有关。当然,阿利特可以通过纯固相反应来完成,但需要较高的温度(1 650 ℃),因而,这种方法目前在工业上没有实际应用价值。为了降低烧成温度、缩短烧成时间,降低能耗,阿利特还应通过固相反应来完成。

(1) 最低共熔温度

物料在加热过程中,两种或两种以上组分开始出现液相的温度称为最低共熔温度。最低共熔温度决定于系统组分的性质与数目。表 2.3 列出一些系统的最低共熔温度。

表 2.3 一些系统的最低共熔温度

系统	最低共熔温度/℃	系统	最低共熔温度/℃
$C_3S-C_2S-C_3A$	1 455	$C_3S-C_2S-C_3A-C_4AF$	1 338
$C_3S-C_2S-C_3A-Na_2O$	1 430	$C_3S-C_2S-C_3A-Na_2O-Fe_2O_3$	1 315
$C_3S-C_2S-C_3A-MgO$	1 375	$C_3S-C_2S-C_3A-Fe_2O_3-MgO$	1 300
$C_3S-C_2S-C_3A-Na_2O-MgO$	1 365	$C_3S-C_2S-C_3A-Na_2O-MgO-Fe_2O_3$	1 280

由表 2.3 可知,组分的性质与数目都影响系统的最低共熔温度。硅酸盐水泥熟料由于含有氧化镁、氧化钠、氧化钾、硫矸、氧化钛、氧化磷等次要氧化物,因此,最低共熔温度约为 1 250 ℃。

矿化剂与其他微量元素如氧化钒、氧化锌等将影响最低共熔温度。

(2) 液相量

液相量不仅与组分的性质,而且与组分的含量、熟料烧结温度等有关。因此,不同的生料组分与烧成温度等对液相量有很大影响。一般水泥熟料在烧成阶段的液相量为 20%~30%,而白水泥等液相量可能只有 15%。

液相量随熟料中铝率而变化的情况见表 2.4。

表 2.4　熟料中液相量随铝率而变化的情况

温度	$IM = Al_2O_3/Fe_2O_3$		
	2.0	1.25	0.64
1 338 ℃	18.3	21.1	0
$C_3S—C_3A$ 或 $C_3S—C_4AF$ 的界面处	23.5(1 365 ℃)	22.2(1 339 ℃)	20.2(1 348 ℃)
1 400 ℃	24.3	23.6	22.4
1 450 ℃	24.8	24.0	22.9

烧结温度范围是指水泥生料加热至出现烧结所必需的、最少的液相量时的温度(开始烧结的温度)与开始出现结大块(超过正常液相量)时温度的差值。生料中的液相量随温度升高而缓慢增加,其烧结范围就较宽,如生料中液相量随温度升高增加很快,则其烧结范围就较窄。它对熟料烧成影响较大,如烧结范围宽的生料,窑内温度波动时,不易发生生烧或烧结成大块的现象。含铁量较高的硅酸盐水泥,其烧结范围较窄,降低铁的含量,增加铝的含量,烧结范围就变宽。通常硅酸盐水泥熟料的烧结范围(如在回转窑、立窑内)约为 150 ℃,铝酸盐水泥熟料的烧结范围为 30~70 ℃。

烧结范围不仅随液相量变化,而且和液相黏度、表面张力以及这些性质随温度而变化的情况有关。

(3) 液相黏度

液相黏度对硅酸三钙的形成影响较大。黏度小,液相中质点的扩散速度增加,有利于硅酸三钙的形成。

熟料在烧成过程中,液相黏度随温度与组成(包括少量氧化物)而变化。通常,固定其他因素研究液相黏度和温度的关系,或它与组成的关系。

图 2.46、2.47 为液相黏度与温度、铝率的关系。

图 2.46 表示 $IM=1.38$ 的纯氧化物熟料,其最低共熔温度和 1 450 ℃ 为 C_2S 与 CaO 所饱和的液相($w(CaO)=57\%$,$w(SiO_2)=7.5\%$,$w(Al_2O_3)=22.6\%$,$w(Fe_2O_3)=12.9\%$) 的黏度和温度的关系。提高温度,离子动能增加,减弱了相互间的作用力,因而降低了液相黏度。改变液相组成,液相黏度也随之改变。图 2.47 表示液相黏度随铝率增加而增加。

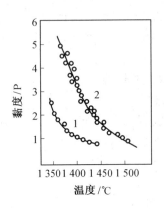

图 2.46　液相黏度和温度的关系
1—最低共熔物；2—1 450 ℃ 为 C_3S 与 CaO 所饱和的液相

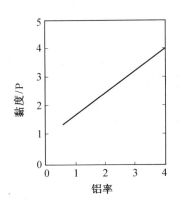

图 2.47　液相黏度和铝率的关系
（1 440 ℃ 纯氧化熟料）

图 2.48 表示 $IM=1.38$ 的纯氧化物熟料，1 450 ℃ 饱和液相的黏度和其他组成含量的关系。加入质量分数 3%～4% MgO 或 SO_3，分别使液相黏度从 1.6 P 降至 1.3 P 和 1.4 P。碱的作用与其形态、性质有关，加入质量分数为 3%～4% 的 NaO 或 K_2O 使黏度升高至 2.8～3.0 P；而加入 Na_2SO_4 和 K_2SO_4 则分别使黏度升高至 0.8～1.2 P。

液相黏度与液相组成的关系，随液相中离子状态和相互作用的变化而异。在熟料液相中：CaO 总是离解为 C^{2+} 离子；SiO_2 主要离解为 SiO_4^{4-} 等阴离子团；而 Al_2O_3、Fe_2O_3 由于属两性化合物，可同时离解为 MeO_4^{5-} 和 Me^{3+} 离子。如

$$Me_2O_3 + 5O^{2-} \rightleftharpoons 2MeO_4^{5-}$$
$$Me_2O_3 \rightleftharpoons 2Me^{3+} + 3O^{2-}$$

两者比例视各自的金属离子半径和液相酸碱度而异。Me_2O_3 以 MeO_4^{3-} 离子状态存在时，具有 4 个 O^{2-} 离子配位，构成较紧密地四面体，由于其中 Me—O 价键较强，在粘滞流动时，不易断裂，因而液相黏度较高；Me_2O_3 以 Me^{3+} 离子状态存在，具有 6 个 O^{2-} 离子配位，构成松散的八面体，由于其中 Me—O 价键较弱，在粘滞流动中易于断裂，因而液相黏度较低。

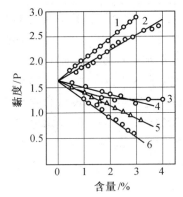

图 2.48　液相的黏度和其他组成含量的关系
1—K_2O；2—Na_2O；3—MgO；4—K_2SO_4；5—Na_2SO_4；6—SO_3

Al^{3+} 离子半径为 0.57 Å，比 Fe^{3+} 离子半径 0.67 Å 小，趋向于构成较多的 MeO_4^{3-} 离子。提高铝率时，由于形成较多的 MeO_4^{3-} 离子，因而液相黏度提高。

当液相碱性较弱，例如有 MgO、SO_3 时，则 Me_2O_3 呈碱性，更多地离解为 Me^{3+} 离子，因而液相黏度降低；当液相碱性较强，例如有 Na_2O、K_2O 时，则 Me_2O_3 呈酸性，更多地结合成 MeO_4^{3-} 离子，因而液相黏度提高。

（4）液相表面张力

图 2.49 表示 $IM=1.38$ 纯氧化物熟料的最低共熔温度与 1 450 ℃ 饱和液相的表面张力、密度和温度的关系。随着温度升高，两者的表面张力、密度、液相黏滞性均下降。液相表面张

力越小,越易润湿熟料颗粒或固相物质,有利于固相反应与固液相反应,促使熟料矿物特别是硅酸三钙的形成。熟料中有镁、碱、硫等物质时,均会降低液相的表面张力,从而促进熟料的烧结。

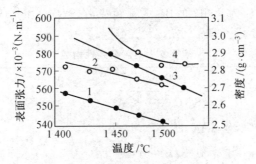

图 2.49 液相的表面张力、密度和温度的关系
最低共熔物:1— 表面张力;2— 密度
1 450 ℃ 饱和液相:3— 表面张力;4— 密度

(5)氧化钙溶解于熟料液相的速率

氧化钙在熟料液相中的溶解量,或者说氧化钙溶解于熟料液相的速率,对氧化钙与硅酸二钙反应生成硅酸三钙有十分重要的影响。这个速率受氧化钙颗粒大小的控制,而后者决定于原料中石灰石颗粒的大小。表 2.5 为实验室条件下,不同粒径的氧化钙在不同温度下完全溶于熟料液相所需的时间。表 2.5 表明,随着氧化钙粒径减小和温度增加,溶解于液相的时间越短。

表 2.5 氧化钙在不同温度下完全溶于熟料液相所需的时间

温度 / ℃	粒径 /mm			
	0.1	0.05	0.025	0.01
1 340	115	59	25	12
1 375	28	14	6	4
1 400	15	5.5	3	1.5
1 450	5	2.3	1	0.5
1 500	1.8	1.7	—	

2.5.3 生料的易烧性和影响因素

1. 易烧性

水泥原料和生料的特性及其评价,对于实现生料的正确设计,以及回转窑、立窑的顺利操作都十分重要。生料的化学、物理和矿物性质对易烧性和反应活性影响很大。易烧性和反应活性可基本反映固、液、气相环境下,在规定的温度范围内,通过复杂的物理化学变化,形成熟料的难易程度。

水泥生料的易烧性可用如下两种方式表达:

在某一已知温度下测量经规定时间后的 f-CaO,f-CaO 的降低数值与易烧性的改善相对应;测量规定温度下达到 f-CaO $\leq$ 2.0% 的时间(t),t 的减少数值与易烧性的改善相对应。所谓"实用易烧性"即是在 1 350 ℃ 恒温下,在回转窑内煅烧生料达到 f－CaO≤2.0% 所需的时间。

还可以用各种易烧性指数或易烧性值来表示。例如表 2.6 所示为生料易烧性指数的经验计算公式,其中 BF_1、BF_2 较为实用;而 B_{th} 更精确些,它考虑了化学性质、颗粒大小、液相量等较多因素。

表 2.6 生料易烧性指数

易烧性指数	经验公式	备注
BI_1	$C_3S/(C_4AF+C_3A)$	
BI_2	$C_3S/(C_4AF+C_3A+M+K+Na)$	
BF_1	$LSF+10M_s-3(M_3+K+Na)$	
BF_2	$LSF+6(M_s-2)-(M_3+K+Na)$	
B_{th}	$55.5+11.9R_{+90\,\mu m}+1.58(LSF-90)^2-0.43L_c^2$	

注:C_3S、C_4AF、C_3A——计算生料的潜在矿物组成;
　　M、K、Na——生料中 MgO、K_2O、Na_2O 含量;
　　LSF、M_s——生料的石灰饱和系数和硅率;
　　$R_{+90\,\mu m}$——生料留在 90 μm 筛上的筛余量,%;
　　L_c——在 1 350 ℃ 时的液相量。

在水泥熟料的煅烧过程中,温度必须很好地满足阿利特相的形成。生料易烧性越好,生料煅烧的温度越低;易烧性越差,煅烧温度越高。通常生料的煅烧温度为 1 420～1 480 ℃。有关试验表明,生料的最高煅烧温度与生料成分也就是熟料与矿物组成的关系,如下列回归方程式所示:

$$T(℃)=1\,300+4.51w(C_3S)-3.74w(C_3A)-12.61w(C_4AF)$$

2. 影响因素

(1) 生料的潜存矿物组成。图 2.50 为率值对烧成温度和易烧性的影响。KH、SM 高,生料难烧;反之易烧,还可能易结圈;SM、IM 高,难烧,要求较高的烧成温度。

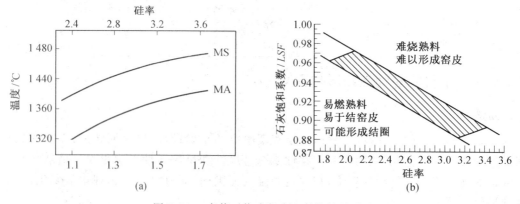

图 2.50 率值对烧成温度和易烧性的影响

(2) 原料的性质和颗粒组成。原料中石英和方解石含量多,难烧,易烧性差;结晶质粗粒多,易烧性差。

(3) 生料中次要氧化物和微量元素。生料中含有少量次要氧化物,如 MgO、KO、Na_2O 等有利于熟料形成,易烧性好,但含量过多,不利于煅烧。

(4) 生料的均匀性和生料粉磨细度。生料均匀性好,粉磨细度细,易烧性好。

(5) 矿化剂。掺加各种矿化剂,均可改善生料的易烧性。

(6) 生料的热处理。生料的易烧性差,就要求烧成温度高,煅烧时间长。生料煅烧过程中升温速度快,有利于提高新生态产物的活性,易烧性好。

(7) 液相。生料煅烧时,液相出现温度低,数量多,液相黏度小,表面张力小,离子迁移速度大,易烧性好,有利于熟料的烧成。

(8) 燃煤的性质。燃煤热值高、煤灰分少、细度细,燃烧速度快,燃烧温度高,有利于熟料的烧成。

(9) 窑内气氛。窑内氧化气氛煅烧,有利于熟料的形成。

2.5.4 微量元素和矿化剂的作用

水泥熟料中除上述四种主要组分外,还有原料、燃料带入的其他组分,有时还加入矿化剂。这些组分数量虽不多,但对熟料的煅烧和质量都有十分重要的影响。

1. 微量元素

(1) 碱

碱主要来源于原料,少量来自煤灰。物料在煅烧过程中,苛性碱、氯化碱首先挥发,碱的碳酸盐和硫酸盐次之,而存在于长石、云母、伊利石中的碱要在较高的温度下才能挥发。挥发的碱只有一部分排入大气,其余部分随窑内烟气向窑低温区域运动时,会凝结在温度较低的生料上。随原料种类、窑型、烧成温度不同,残留在熟料中碱的含量有所不同。曾测得不同窑型所生产的熟料中碱的残留量为:立波尔窑 64%;悬浮预热器窑 80%;湿法窑 88%。

由于碱会冷凝于较低温度的生料上,对预热器窑,通常在最低二级旋风预热器内就会冷凝。虽然 Na_2O 的冷凝率较低,但在预热器中 K_2O 的冷凝率高达 89%~97%,与硫化物类似,也会产生碱的循环。

由于碱的熔点较低,各种碱化合物的熔点见表 2.7。当原、燃料中含有较高的碱时,则碱循环富集到一定程度,就会引起氯化碱(RCl)和硫酸碱(R_2SO)等化合物粘附在最低二级旋风预热器卸料锥体或筒壁内,形成结皮,严重时会堵塞卸料管,影响窑的正常生产。

表 2.7 各种碱化合物的熔点

化合物	KOH	KCl	K_2CO_3	K_2SO_4	NaOH	NaCl	Na_2CO_3	Na_2SO_4
熔点/℃	361	768	894	1 074	319	801	850	884

熟料中含有微量的碱,能降低最低共熔温度,降低熟料烧成温度,增加液相量,其助熔作用,对熟料性能并不造成多少危害;含碱量高时,除了首先与硫结合成硫酸钾(钠)以及有时形成钠钾芒硝($3K_2SO_4 \cdot Na_2SO_4$)或钙明矾($2CaSO_4 \cdot K_2SO_4$)等外,多余的碱则和熟料矿物反应生成含碱矿物和固溶体,其反应式如下:

$$12C_2S + K_2O \longrightarrow K_2O \cdot 23CaO \cdot 12SiO_2 + CaO$$

$$3C_3A + K_2O \longrightarrow Na_2O \cdot 8CaO \cdot 3Al_2O_3 + CaO$$

从反应式中可以看出,K_2O 与 Na_2O 取代 CaO 形成含碱化合物,析出 CaO,使 C_3S 难以再吸收 CaO 形成 C_3S，并增加熟料中游离氧化钙含量，从而降低熟料质量。表 2.8、2.9 为熟料中 K_2O 含量对游离氧化钙量和对 C_3S 单矿物强度的影响。

应该指出，熟料中硫的存在，由于生成碱的硫化物，可以缓和碱的不利影响。水泥中含碱量高，由于碱易生成钾石膏（$K_2SO_4 \cdot CaSO_4 \cdot H_2O$），使水泥库结块、水泥快凝。碱还能使混凝土表面起霜（白斑）。更重要的是，水泥中的碱又能和活性集料，如蛋白石、玉髓等发生"碱－集料反应"，产生局部膨胀，引起建筑物变形，甚至开裂。

因此，通常熟料中碱含量以 Na_2O 计，应小于 1.3%，生产中热水泥用于有低碱要求的场合时，应小于 0.6%。当生料中含碱量高时，对旋风预热器窑和窑外分解窑，为防止结皮、堵塞，应考虑旁路放风、冷凝放风等措施，以保证窑的正常生产。

表 2.8、2.9 为熟料中 K_2O 含量对游离氧化钙量和对 C_3S 单矿物强度的影响。

表 2.8　熟料中 K_2O 含量对游离氧化钙量的影响

项目	熟料中 K_2O 的质量分数 /%			
	0	1.62	1.78	2.58
f—CaO	0.41	0.70	1.50	7.50

表 2.9　熟料中 K_2O 含量对单矿物 C_3S 强度的影响

项目	$w(K_2O)$/%		$w(f-CaO)$ /%	抗压强度[①]/MPa					
	加入	残留		3 天	7 天	28 天	3 月	6 月	一年
C_3S(无 K_2O)	—	—	—	20.9	22.2	29.6	38.0	43.5	49.0
C_3S(有 K_2O)	12.28	2.25	11.6	—	16.6	23.3	28.8	34.1	—

注：石膏加入量 3%，加水量为 12.5% ～ 13.0%，1 : 3 胶砂。

（2）氧化镁

熟料煅烧时，氧化镁有一部分与熟料矿物结合成固溶体并溶于玻璃相中，故熟料中含有少量氧化镁，能降低熟料的烧成温度，增加液相数量，降低液相黏度，有利于熟料的烧成，可起助熔作用。氧化镁还能改善水泥色泽，例如少量氧化镁与 C_4AF 形成固溶体，能使 C_4AF 从棕色变为橄榄绿色，从而使水泥变为墨绿色。在硅酸盐水泥熟料中，其固溶量与溶解于玻璃相中的总 MgO 量约为 2%，多余的氧化镁呈游离状态，以方镁石存在，因此，氧化镁含量过高时，影响水泥的安定性。

（3）氧化钛和氧化磷

通常，熟料中还含有钛和磷，虽然含量不多，也有一定影响。

① 氧化钛（TiO_2）。熟料中氧化钛主要来自粘土，一般氧化钛含量不超过 0.3%。熟料中含有少量氧化钛（0.5% ～ 1.0%），由于它能与各水泥熟料矿物形成固溶体，特别是对 β—C_2S 起稳定作用，可提高水泥强度。但含量过多，则因与氧化钙反应生成没有水硬性的钙态矿（$CaO \cdot TiO_2$），消耗了氧化钙，减少熟料中阿利特含量，如图 2.51 所示，从而影响水泥强度。因此，氧化钛在熟料中的含量一般小于 1%。

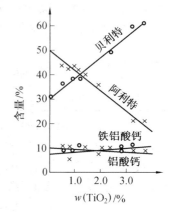

图 2.51　TiO_2 含量对熟料矿物组成的影响

② 氧化磷(P_2O_5)。氧化磷含量一般在熟料中极少。曾有试验指出,当熟料中氧化磷的质量分数为0.1%～0.3%时,可以提高熟料强度,这可能与P_2O_5稳定β—C_2S有关;但随着其含量增加,由于P_2O_5会使C_3S的分解,形成一系列$C_3S-3CaO \cdot P_2O_5$的固溶体,因而,每增加1%的P_2O_5,将减少9.9%C_3S,增加10.9%的C_2S。当P_2O_5含量达7%左右时,熟料中C_3S含量将会减少至0。因此,当用含磷原料时,应注意适当减少原料中氧化钙含量,以免游离氧化钙过高。但由于这种熟料中的C_3S/C_2S比值较低,因而强度发展较慢。

(4) 其他微量元素

原料中含有微量元素,如钡、锶、钒、硼等化合物,对熟料的煅烧是有利的,也有利于提高熟料的质量。

钡的作用如上述。锶的氧化物和硫酸盐,在熟料中是一种矿化剂,也是一种提高硅酸二钙活性,防止向γ—C_2S转化的稳定剂。硼的化合物是一种助熔剂。矾的氧化物及能降低液相生成温度,还能防止硅酸二钙向γ—C_2S转化,有利于熟料的形成和提高水泥熟料强度。

实验表明,我国部分石煤与煤矸石中含有微量的钒、硼等元素,有利于熟料的形成。有些立窑厂利用石煤做原料,取得了良好的效果。

2. 矿化剂

(1) 氟化钙

当生产高石灰饱和系数的熟料和白水泥时,为改善生料的易烧性,或者为了提高熟料的质量,降低能耗,往往需要加入矿化剂。碱金属或碱土金属以及氟硅酸盐等都有较好的矿化效果。使用最广泛的是萤石(CaF_2)。

加入CaF_2有多方面的作用,促进碳酸盐的分解过程;加速碱性长石、云母的分解过程;加强碱的氧化物的挥发,促进结晶氧化硅的Si—O键的断裂,有利于固相反应。

在高温煅烧时,加入CaF_2可使液相出现温度降低。加入1%～3%CaF_2,可降低烧成温度50～100℃,同时降低液相黏度,有利于液相中质点的扩散,加速硅酸三钙的形成。

CaF_2和生料组分通过固相反应会生成氟硅酸钙、氟铝酸盐等化合物。氟硅酸钙为中间过渡相,它的存在可促进硅酸二钙和硅酸三钙的形成。

由此可知,CaF_2加入硅酸盐水泥熟料中,能使硅酸三钙在低于1 200℃的温度下开始形成,熟料可在1 350℃左右的温度下烧成,其熟料组成中含有C_3S、C_2S、$C_{11}A_7$、CaF_2、C_4AF等矿物,有时也可生成C_3A矿物,熟料质量良好,安定性合格。也可使熟料在1 400℃以上温度煅烧,以获得通常熟料组成的硅酸盐水泥。

应该指出,上述氟硅酸盐中间过渡相为不一致熔化合物,它们在1 200℃以下分解为$C_3S \cdot CaF_2$和液相,而在熟料冷却时,液相又会回吸$C_3S \cdot CaF_2$而生成该过渡相,从而降低强度。同时,CaF_2于1250℃时,会促使C_3S的分解,因此,加CaF_2作矿化剂时,熟料应该急冷。

(2) 硫化物

硫化物的来源是由原料粘土或页岩中含有少量硫,燃料中带入的硫通常较原料中多。在回转窑内氧化气氛中,含硫化合物最终都被氧化成SO_3,并分布在熟料、废气及飞灰中。当原料沿窑通过并受热时,从气体中吸收硫化物,首先和碱反应,特别是与钾而后与钙生成硫酸钙($CaSO_4$),在趋近高温区时,碱的硫酸盐就挥发,硫酸钙也会部分分解,从而引起窑内硫的循环(碱、氯也在窑内循环)。显然,进入和离开窑的硫总含量是平衡的,大部分硫进入熟料中。碱、氯、硫在生料中的富集,会导致旋风预热器和分解炉的结皮,甚至引起堵塞,必须引起重视。

进入熟料中的硫，包括原、燃料带入的硫以及作为矿化剂外加石膏带入的硫，对熟料的形成有强氧化作用。SO_3 一方面能降低熟料形成时液相的黏度，增加液相数量，有利于 C_3S 形成；另一方面可以形成 $2C_2S \cdot CaSO_4$ 与熟料矿物无水硫铝酸钙 $4CaSO_4 \cdot 3Al_2O_3 \cdot SO_3$。$2C_2S \cdot CaSO_4$ 为中间过渡化合物，它于 1 050 ℃ 左右开始形成，于 1 300 ℃ 左右分解为 $\alpha'-C_2S$ 和 $CaSO_4$，其反应过程如下：

$$4CaO + 2SiO_2 + CaSO_4 \xrightarrow{1\,050\,℃} 2(\alpha'-C_2S) + CaSO_4$$

$$2(\alpha'-C_2S) + CaSO_4 \xrightarrow{1\,200\,℃} 2C_2S \cdot CaSO_4$$

$$2C_2S \cdot CaSO_4 \xrightarrow{1\,300\,℃} 2(\alpha'-C_2S) + CaSO_4$$

$C_4A_3\bar{S}$ 大约在 950 ℃ 左右开始形成，在 1 350 ℃ 仍然保持稳定，在接近 1 400 ℃ 时，$C_4A_3\bar{S}$ 开始分解为铝酸钙、氯化钙和三氧化硫，于 1 400 ℃ 以上时大量分解。$C_4A_3\bar{S}$ 是一种早强矿物，因而在水泥熟料中含有适当数量的无水硫铝酸钙是有利的。掺入石膏做矿化剂，于 1 400 ℃ 以上煅烧硅酸盐水泥熟料时，由于 $C_4A_3\bar{S}$ 的分解，熟料中很少存在，而可能积累与回转窑熟料圈中；在 1 340 ℃ 左右烧成时，则可保留大部分无水硫铝酸钙矿物。

在对 $C_3S-C_4A_3\bar{S}$ 系统的研究发现：即使有一定的液相，C_3S 也很难生成；同时掺入氧化镁，情况有所改善；同时掺入氧化铁或氧化钛和氧化镁时，游离氧化钙降低较多，较易形成 C_3S。因而对硅酸盐水泥熟料，在氧化镁含量正常时，含有百分之几的三氧化硫，可能在中间过渡相和氧化镁、氧化铁、石膏等液相作用下，会加速 C_3S 的形成。但是，掺石膏时，应注意 SO_3 在水泥中的含量。

（3）萤石、石膏复合矿化剂

两种或两种以上的矿化剂一起使用时，称为复合矿化剂，最常用的是萤石和石膏。

萤石和石膏复合矿化剂，通常简称为氟、硫复合矿化剂。试验和生产实践表明，掺有氟、硫复合矿化剂后，硅酸盐水泥熟料可以在 1 300～1 350 ℃ 的较低温度下烧成。这除了一些中间过渡相在较低温度下可以促进硅酸三钙的形成外，试验还发现，在水泥熟料煅烧时液相出现温度降至 1 180 ℃ 左右，形成的水泥熟料中，阿利特含量高而且发育良好，还会形成 $C_4A_3\bar{S}$ 和 $C_{11}A_7 \cdot CaF_2$ 或者其中之一的早强矿物，因而熟料强度较高，如立窑可以生产 525 号，甚至达 625 号的熟料。有的实验结果还表明，如果煅烧温度超过 1 400 ℃，虽然早强矿物无水硫铝酸钙和氟铝酸钙分解，但形成阿利特数量更多，且晶体发育良好，也同样可以获得高质量的水泥熟料，其强度还可高于低温（1 300～1 350 ℃）煅烧的熟料。

应该指出，在立窑中采用氟、硫复合矿化剂，对改善生料易烧性，促进熟料煅烧，降低熟料中游离氧化钙，提高熟料质量是一项十分有效的措施；而且由于降低了熟料温度，还可以节省燃料消耗，提高窑的产量。但在使用中必须加强生料配料和质量控制，严格控制氯化钙和石膏的掺加量及其比例，以免由于烧结范围变窄，烧成温度的波动，影响窑的操作和熟料质量。

值得注意的是，掺加氟、硫复合矿化剂的熟料，会出现有时快凝、有时慢凝的现象。试验表明，当熟料成分 IM 高，氟硫比（CaF_2/SO_3）高，以及有时还原气氛严重时会形成较多的氟铝酸钙（$C_{11}A_7 \cdot CaF_2$），如所加石膏不足以阻止氟铝酸钙的迅速水化就要产生急凝；但氟硫比高，铝率低，铁多时，可能形成 C_6AF_2，析出铝酸盐矿物少，使凝结时间缓慢。也有的试验指出：C_6AF_2 与氟会固溶在 C_3S，减缓 C_3S 的水化，从而慢凝。另外，要注意复合矿化剂对窑衬的腐蚀和对大气的污染。

还必须指出,氟、硫复合矿化剂的作用机理以及对熟料质量的影响等,目前还没有完全研究清楚,还需要做更多地系统工作,如率值 KH 和 IM、氟硫比(CaF_2/SO_3)或煅烧温度不同时,所得水泥熟料的矿物组成会有较大差别。因此,还无法提出一个统一的计算掺氟、硫复合矿化剂时的石灰饱和系数公式。特别是各个工厂条件不同,不能照搬其他工厂的计算公式,应根据本厂的特定条件,分析测定掺用氟、硫复合矿化剂后的熟料物相组成,然后推导出适合本厂实际的石灰饱和系数计算公式,才能用以控制生产。

另外,还有重晶石、氟化钙复合矿化剂、氧化锌及其复合矿化剂等,其他如铜矿渣、磷矿渣等均可做矿化剂使用,但是,当掺加磷矿渣时,应注意磷对水泥熟料质量的影响。

2.5.5 煅烧设备

从水泥生产发展的过程来看,最初使用的是立窑,后来发明了回转窑,迄今这两类窑型仍是当前煅烧熟料的主要设备。由于立窑只能煅烧料球,故只能采用半干法制备生料的流程。而回转窑可以适应各种状态的生料,故回转窑又有干法窑、半干法窑和湿法窑之分。

1. 立窑

立窑由德国人发明于 1884 年,不久便传入中国,从此开始了它在中国长达一个多世纪的发展过程。纵观其历史,中国立窑在技术上有土立窑与普通立窑、机立窑、改进型机立窑等发展阶段。按事物发展规律,中国水泥立窑像湿法窑和其他落后技术一样,正在按自己的轨迹逐步走向淘汰,被先进的新型干法窑所取代。

对人工装、卸料的规格不定型的砖砌的或钢筋混凝土筒体的立窑,人们统称为土立窑;对人工卸料的规格定型的钢筒体立窑则称为普通立窑。机械化装料和卸料的钢筒体立窑,称为机械化立窑,简称机立窑。机械化水泥立窑工作原理如图 2.52 所示。

2. 干法回转窑

干法回转窑的基本流程如图 2.53 所示,其熟料烧成系统主要由回转窑、冷却机、喷煤系统及驱动气体流动的风机和烟筒组成。自冷端(窑尾)加入的生料粉,由于回转窑筒体的倾斜放置和回转,使生料粉在回转窑内经过一系列的物理化学反应,烧成水泥熟料,自热端(窑头)卸出,进入冷却机进行冷却。

回转窑的主体部分是圆筒体。窑体倾斜放置,冷端高,热端低,斜度为 3% ~ 5%。生料由圆筒的高端(称为窑尾)加入,由于圆筒具有一定的斜度而且不断回转,物料由高端向低端(称为窑头)逐渐运动,因此,回转窑首先是一个运输设备。

回转窑又是一个煅烧设备,固体、液体和气体燃料均可使用。我国水泥厂以使用固体(煤粉)燃料为主,将煤事先经过烘干和粉磨制成粉状,用鼓风机经喷煤管由窑头喷入窑内。燃烧用的空气由两部分组成,一部分和煤粉混合并将煤粉送入窑内,这部分空气称为"一次空气",一般占燃烧所需空气量的 15% ~ 30%,大部分空气是经过预热到一定温度后进入窑内,称为"二次空气"。

煤粉在窑内燃烧后,形成高温火焰放出大量热量,温度可达 1 650 ~ 1 700 ℃,高温气体在窑尾排风机的抽引下向窑尾流动,它和煅烧熟料产生的废气一起经过收尘器净化后排入大气。

高温气体和物料在窑内作逆向运动,在运动过程中进行热量交换,物料接受高温气体和高

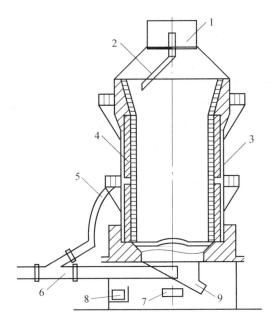

图 2.52 机械化水泥立窑
1—烟囱;2—撒料溜子;3—窑体;4—耐火砖;5—腰风管;6—底风管;
7—传送装置;8—电动机;9—密封卸料

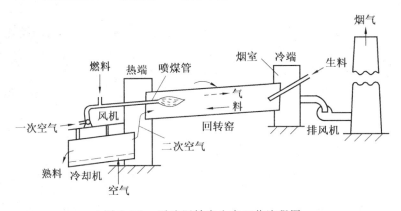

图 2.53 干法回转窑生产工艺流程图

温火焰传给的热量,经过一系列的物理化学变化之后,被煅烧成熟料,其后进入冷却机,遇到冷空气又进行热交换,熟料被冷却并将空气预热,余热后的空气作为二次空气又送入窑内。因此,回转窑又是一个热交换设备。

预先经过粉磨并配合好的水泥生料,从窑尾喂入,由于筒体的斜度和回转,窑内物料一面沿着周向翻滚,一面沿轴向移动。从窑头喷入燃料,燃烧成火焰,热气体和物料相反方向流动,热交换后经窑尾排出。生料经过干燥、预热、分解、煅烧、冷却等一系列物理作用与化学反应后烧成水泥熟料,由窑的低端卸出。

(1) 回转窑内的物料反应带

物料进入回转窑后,在高温作用下,进行一系列的物理化学反应,并煅烧和烧结成熟料,按照不同反应在回转窑内所占有的空间,被称为"带"。现以湿法长窑为例,来说明各带的划分及其特点。回转窑各带物料温度、气体温度分布以及各带大致划分情况如图 2.54、2.55 所示。

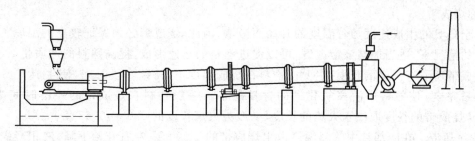

图 2.54　湿法长窑生产工艺流程

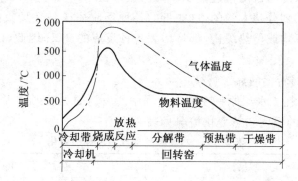

图 2.55　回转窑内物料、气体温度分布图

① 干燥带。物料温度 20～150 ℃，气体温度 200～400 ℃。干法回转窑由于入窑生料水分很少，因此，几乎没有干燥带。

② 预热带。物料温度在 150～175 ℃，气体温度为 400～1 000 ℃。离开干燥带的物料上升很快，粘土中的有机物进行干馏和分解，同时，高岭土开始脱水反应，碳酸镁分解也开始进行。

对于新型干法的悬浮预热器窑和窑外分解窑，预热过程在预热器内进行，窑内无预热带。对于立波尔窑、预热在炉篦子加热机上，回转窑内也无预热带。

③ 碳酸盐分解带。物料温度为 750～1 000 ℃，气体温度为 1 000～1 400 ℃。物料进入分解带后，烧失量开始明显减小，化合二氧化硅开始明显增加，这表明同时进行碳酸盐分解和固相反应。由于碳酸盐分解反应吸收大量热量，所以物料温度升温较慢。同时由于分解后放出大量 CO_2 气体，使粉料物料处于流态化，物料运动速度较快。由于此带所需热量最多，物料运动速度又快，要完成分解任务，就需要一段长的距离，所以分解带占回转窑长度比例较大。

④ 放热反应带。物料温度为 1 000～1 300 ℃，气体温度为 1 400～1 600 ℃。

由于碳酸盐分解产生大量的氧化钙，它与其他氧化物进一步发生固相反应，形成熟料矿物，并放出一定热量，故取名为"放热反应带"。因反应放热，再加上火焰的传热，使得物料温度迅速上升，所以该带长度占全窑长度的比例很小。

在 1 250 ℃～1 300 ℃，氧化钙反射出强烈光辉，而碳酸钙分解带物料显得发暗，从窑头看去能观察到明暗的界线，这就是一般所说的"黑影"。通常，可根据黑影的位置来判断窑内物料的运动情况及放热反应带的位置，进而判断窑内温度状况。

⑤ 烧成带。物料温度为 1 300～1 450～1 300 ℃。物料直接受火焰加热，自进入该带起

开始出现液相,一直到 1 450 ℃,液相量继续增加,同时,游离氧化钙被迅速吸收,水泥熟料烧成,故称烧成带。

由于 C_3S 的生成速度随着温度的升高而激增,因此,烧成带必须保证较高的温度。在不损害窑皮的情况下,适当提高该带温度,可以促进熟料的迅速形成,提高熟料的产质量。

烧成带还要有一定的长度,主要使物料在烧成温度下,持续一段时间,使生成 C_3S 的化学反应尽量完全,使熟料中游离氧化钙的含量最小。一般物料在烧成带的停留时间为 15 ~ 20 min,烧成带的长度取决于火焰的长度,一般为火焰长度的 0.6 ~ 0.65 倍。

⑥ 冷却带。在冷却带中熟料温度由出烧成带的 1 300 ℃ 左右开始下降,液相凝固成为坚固的灰黑色颗粒,进入冷却机内再进一步冷却。

应该说明,各带的划分是人为的,这些带的各种反应往往是交叉或同时进行的,不能截然分开,如果生料受热不均或传热缓慢,都将增大各种反应的交叉,因此,回转窑各带的划分只是粗略的。

(2)熟料化学及回转窑的热工特性

① 熟料的理论热耗。水泥原料在加热过程中所发生的一系列物理化学变化,有吸热反应和放热反应。各反应的温度和热变化情况见表 2.10。

表 2.10 水泥熟料形成温度和热变化

温度/℃	反应	相应温度下 1 kg 物料的热变化
100	游离水蒸发	吸热 2 249 kJ/kg$_水$
450	粘土放出结晶水	吸热 932 kJ/kg$_{高岭石}$
600	碳酸镁分解	吸热 1 421 kJ/kgMgCO$_3$
900	粘土中无定形物转变为晶体	放热 259 ~ 284 kJ/kg$_{脱水高岭石}$
900	碳酸钙分解	吸热 1 655 kJ/kgCaCO$_3$
900 ~ 1 200	固相反应生成矿物	放热 418 ~ 502 kJ/kg$_{熟料}$
1 250 ~ 1 280	生成部分液相	吸热 105 kJ/kg$_{熟料}$
1 300	$C_2S + CaO == C_3S$	微吸热 8.6 kJ/kgC$_3$S

注:高岭石脱水所需热量在 450 ℃ 时为 932 kJ/kg,而在 20 ℃ 时为 606 kJ/kg;碳酸钙分解吸热在 900 ℃ 时为 1 655 kJ/kg,而在 20 ℃ 时为 1 777 kJ/kg;碳酸镁分解吸热在 600 ℃ 时需 1 421 kJ/kg 热量,而在 25 ℃ 时需 1 354 kJ/kg。

由表 2.10 可以看出,熟料在煅烧过程中,在 1 000 ℃ 以下的变化主要是吸热反应。而在 1 000 ℃ 以上则主要是放热反应。因此,在整个熟料煅烧过程中,大量热量消耗在生料的预热和分解上,特别是碳酸钙的分解上。可见,在形成熟料矿物时,只需保持一定的温度 (1 450 ℃)和时间,就可以使其化学反应完全。所以,保证生料的预热,特别是碳酸钙的完全分解对熟料形成具有重大意义。

根据生成 1 kg 熟料的理论生料消耗量及生料在加热过程中的化学反应热和物理热,就可以算出 1 kg 熟料的理论热耗。不同成分的熟料,煅烧时的理论热耗有所不同,但一般波动在 1 670 ~ 1 800 kJ/kg$_{熟料}$ 之间。

② 回转窑的热工特性。

i. 回转窑存在传热和热不均匀性问题。

在回转窑内,物料接受火焰(高温气流)的辐射和对流传热及窑体耐火砖的辐射和传导传热等,其综合传热系数较低,为 58～105 W/(m²·K)。物料的传热面积为 0.012～0.013 m²/kg$_{物料}$,气流和物料的平均温差一般也只有 200 ℃ 左右,因此,回转窑内的传热速度比较小,物料在窑内升温缓慢。

回转窑转速一般只有 1～3 r/min,物料随窑的回转缓慢向前移动,表面物料受气流和耐火材料的辐射,很快被加热,其温度显著高于内部物料温度,因此,造成物料温度的不均匀性。经测定,烧成带物料表面温度比物料的总体温度至少要高出 200 ℃,各种反应就首先在温度较高的物料表面开始。物料温度的不均匀性会延长物理化学反应所需的时间,并增加不必要的能量损失。

ii. 回转窑具有以下热工特点:

a. 在烧成带,C_2S 吸收 CaO 形成 C_3S 的过程中,其化学反应热效应基本上等于零(微吸热反应),只有在生成液相时需要少量的熔融净热,但是,为使 $f-CaO$ 吸收得比较完全,并使熟料矿物晶体发育良好,获得高质量的熟料,必须使物料保持一定的高温和足够的保留时间。

b. 在分解带碳酸盐分解需要吸收大量的热量,但窑内传热速度很低,而物料在分解带内的运动速度又很快(分解放出的大量 CO_2 所致),停留时间又很短,这是影响回转窑内物料煅烧的主要矛盾之一。在分解带内加设挡料圈就是为缓和这一矛盾所采取的措施之一。

c. 降低理论热耗,减少废气带走的热损失和筒体表面的散热损失,降低浆料水分或改湿法为干法等是降低熟料热耗,提高窑的热效率的主要途径。

d. 提高窑的传热能力,受回转窑的传热面积和传热系数的限制,如提高气流温度以增加传热速度,虽然可以增加窑的产量,但相应提高了废气温度,使物料单位热耗反而增加;对一定规格的回转窑,在一定条件下,存在一个热工上经济的产量范围。

e. 回转窑的预烧(生料预热和分解)能力和烧结(熟料烧成)能力之间存在矛盾,或者说回转窑的发热(燃料产生热量)能力和传热(热量传给物料)能力之间存在着矛盾,而且,这一矛盾随着窑规格的增大,而越加突出。理论分析和实际生产的统计资料表明,窑的发热能力与窑直径的三次方成正比($\propto D^3$),而传热能力基本上与窑直径的 2～2.5 次方成正比($\propto D^{2\sim2.5}$),因此,窑的规格越大,提高了发热能力,但传热能力跟不上,所以,窑的单位容积产量越低。为增加窑的传热能力,必须增加窑系统的传热面积,或者改善物料与气流之间的传热方式,于是,出现了分解炉,分解炉就是解决这一矛盾的有效措施。

3. 立波尔窑

如图 2.56 所示为气体一次通过的立波尔窑。1 000～1 200 ℃ 温度的出窑气体穿过覆盖料层的篦子机,高温气体直接与料球接触,使气体与物料的传热系数较高,传热面积较大,因而传热速率较高。为了防止进入干燥室的含水分 12%～16% 的生料球(或含水分 18%～22% 的生料块)遇到高温气体,料球内水分急剧蒸发而炸裂,故必须掺入一部分冷空气,控制干燥时温度。由于料球的过滤作用,废气的含尘量很低,且废气温度较低并含有水蒸气,为电收尘创造了较为理想的工作条件。"一次通过"的废气量较大,废气温度较高,热损失亦大,后改为"二次通过"的立波尔窑。

窑尾高温气体,第一次穿过预热室的生料球层,进行热交换。然后通过一组旋风筒进行中间收尘后,以 400 ℃ 左右的温度进入干燥室,第二次通过干燥室的料层。这样,废气温度可降低至 100 ℃ 左右,废气量也减少,从而使单位熟料热耗可降低至每千克熟料 3 350 kJ 左右。

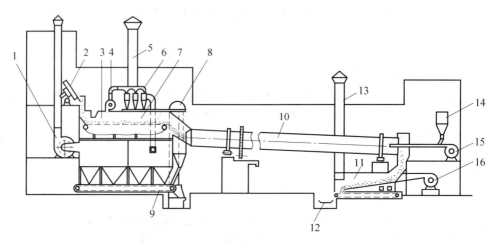

图 2.56　立波尔窑生产流程

1—排风机；2—成球机；3—炉箅子；4—排风机；5—烟囱；6—旋风收尘器；7—隔板；8—提升机；9—输送机；10—窑；11—冷却机；12—熟料输送机；13—冷却机烟囱；14—煤仓；15—一次鼓风机；16—冷却风机

生料通过立波尔窑加热机后，入窑的平均温度随一、二次通过方式不同而异，分别为 700 ℃ 和 750 ℃ 左右，入窑生料分解率分别为 30% 和 45% 左右。

应该指出：立波尔加热机上料球与料块的透气性，对加强气流和物料的传热具有重要意义。如果料球质量差，易碎裂，造成热气流通过料层的阻力增加，分布不均，影响回转窑内燃料燃烧以及火焰长度，破坏了立波尔窑生产的优越性。所以，必须采用塑性良好的粘土质原料以提高成球质量。

由于高温气体是通过料层进行传热，因而预热室端料球表面的温度与炉箅子上面的温度差可达 300～400 ℃；同时，如以煤为燃料，煤灰首先落在料层表面，造成料球的化学成分的不均匀。因此，立波尔窑熟料的质量略低，但对含碱高的原料仍可应用。

4. 悬浮预热窑

悬浮预热窑的诞生，是水泥工业生产的重大革新，受到了世界各国的普遍重视。自 20 世纪 50 年代初期联邦德国洪堡公司建造的第一台悬浮预热器窑投产以来，已相继出现了许多类型的悬浮预热器窑，特别是 60 年代发展更快，并且日趋大型化，窑径已由 3 m 左右发展到 6 m 左右，单机日产量达 4 000 t 以上。

(1) 悬浮状态下生料预热的特点

悬浮预热窑的特点是，在窑后装设了悬浮预热器，使原来在窑内以堆积状态进行的物料预热及部分碳酸盐分解过程，移到悬浮预热器内以悬浮状态进行。

细小的单颗粒生料，热容量小，悬浮在气流中气固相间的换热面积大，因而，加热所需时间很短。如图 2.57 所示，表示在理想条件下，大小不同的石灰石颗粒加热的情况。

试验表明，将平均粒径 40 μm 左右的生料喂入 740～760 ℃，流速为 9～12 m/s 的气流中，在料气比为 0.5～0.8 kg/Nm^3，生料基本上完全悬浮在气流中的条件下，只需 0.07～0.09 s，原为 20 ℃ 的生料便可以加热至 440～450 ℃，此时，气流和生料的温差不超过 30～90 ℃。热流比可高达 0.908～0.968（热流比是管道内有效传热量与最佳传热量的比值，当热流比为 1.0 时，气固相温度达完全平衡）。根据实验，在分散较好的管道内，气固相间的传热系数为 1.4 kW/(m·℃)，较传统的回转窑提高 13～23 倍，传热面积达 29.4 m²/kg$_{生料}$，相当于传统回转窑的传热面积的 2 400 倍。因此，生料在悬浮状态下的传热非常迅速。

因此呈悬浮状态的生料粉能与热气流充分接触，气、固相接触面大，传热速度快、效率高，有利于提高窑的生产能力，降低熟料烧成热耗，同时，它尚具有运动部件少，附属设备不多，维修比较简单，占地面积较小，投资费用较低等优点。其不足之处是，预热器系统流体阻力较大，电耗较高，需要高大的建筑物，对原料的碱、氯、硫等含量限制较严，在这些有害成分含量较高时，容易使预热器产生粘结和堵塞等。

生料粉在预热器内要反复经历分散悬浮 — 吸热 — 气固分离的过程，分散和分离进行得越充分，传热速率就越高。实际生产中，生料粉聚集成团，分散不好，往往是影响与热效果的主要原因之一。

(2) 工作原理

各种悬浮预热窑的不同特性，主要取决于同它配套的悬浮预热器的特性，而各种悬浮预热器的特性，又取决于它的结构及热交换方式。构成各种悬浮预热器的热交换单元设备有旋风筒(包括管道)及立筒(涡室)两种。所有悬浮预热窑都是由这两种热交换单元设备中的一种单独组成或两种混合组成。

① 旋风预热器。旋风预热器工作原理如图 2.58 所示，由旋风筒及其连接管道组成的热交换单元设备，粉料与气流之间在其中的传热问题是一个非稳态的对流和导热问题；并且由于粉料颗粒浓度相稀，直径很小，颗粒内部的传导热阻比起外部的热膜阻小得多，往往可以忽略不计，故主要研究其对流传热问题。在每一个热交换单元中，生料粉状颗粒总是从本级旋风筒及下一级旋风筒的连接管道中接近于下一级旋风筒气流出口处的上升管道区段中加入，在加速阶段，随着生料粉颗粒被加速，气流与生料颗粒间相对速度不断减小，对流换热系数也不断减小，在等速段由于气固相对速度稳定，对流换热系数也基本保持稳定。但无论在加速段或等速段，随着热交换的进行，气体与料粉间的温差则不断减小。

图 2.58 表明，旋风预热器由上下排列的四级旋风筒组成。为了提高收尘效率，最上一级旋风筒通常为双筒，旋风筒之间由气体管道连接。每个旋风筒和相连接的管道形成预热器的一个级。通常，预热器由上而下顺序编号为第一至第四级，或第五、第六级，也有以最低一级编号为第一级，由下向上排列的。旋风筒的卸料口用生料管道与一级的气体管道连接。

生料首先喂入 Ⅰ 级旋风筒入口的上升管道内，在管道内进行充分热交换，然后由 Ⅰ 级旋风筒把气体和生料颗粒分离，收下的生料经卸料管进入 Ⅱ 级旋风筒的上升管道内进行第二次热交换，再经二级旋风筒分离。如此，依次经四级旋风预热器进入回转窑内进行煅烧，而预热器排出的废气经增湿塔、电收尘器由排风机排入大气。窑尾排出的 1 100 ℃ 烟气，经预热器热交换后，温度降至 330 ℃ 左右；50 ℃ 左右的生料经各级预热器预热至 750～820 ℃ 进入回转窑。

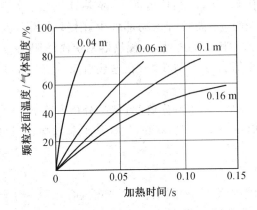

图 2.57 不同石灰石颗粒悬浮在气流中的加热时间

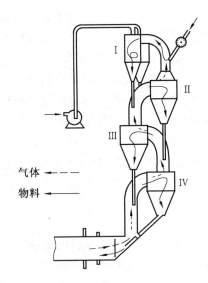

图 2.58 洪堡型旋风预热器

四级旋风预热器回转窑系统的流程及各级旋风预热器的气体、物料温度变化情况如图 2.59 所示。

② 立筒预热器。由立筒组成的热交换单元设备，亦属化学工业流态化床的一种，物料在多级喷射气流中形成一种稀相流态化的复杂运动。回转窑废气自窑尾进入立筒，通过各钵室缩口脉冲变速，由顶部进入旋风收尘器。而粒径为 40 μm 左右的生料粉由立筒顶部上升风道加入，随气流进入旋风筒，经受初步同流热交换后被捕集送入立筒肩部，以悬浮与聚集状态自上而下在立筒各个钵室内分散、集聚、循环往复呈复杂运动，进行气固热交换后，由立筒底部入窑。

在立筒预热器中，物料与气流主要进行逆流热交换。为了加强热交换，要求料粉高度分散，以增加传热面积。但从料粉与气流逆流运动的要求来看，料粉又必须聚集成较大的团块颗粒，否则，大部分小于 90 μm 的生料颗粒在 2～3 m/s 的操作风速下是无法沉降的（90 μm 的生料颗粒的沉降速度在 0.5 m/s 左右）。因此，在立筒中的每一个钵室内，料粉应该是既有分散又有聚合的过程，如此反复循环才能兼而满足热交换及逆流运动的双重要求。

如图 2.60 所示为立筒式悬浮预热器流程示意图，它与通常的旋风预热器在结构上差别很大。这里热气体和生料按逆流进入同样规格、形状特殊的四个热交换室（即由三个缩口把立筒分为四各钵室）。通常，这种形式称为克虏伯预热器。由于两室之间的缩口能引起较高的气流上升速度，逆流沉降的生料被高速气流卷起，冲散成料雾，形成涡流，增加气固间的传热面积和传热系数，延长物料在立筒内停留时间，从而增强了传热。立筒上部为 1～2 级旋风筒，废气经旋风筒、收尘系统排入大气。

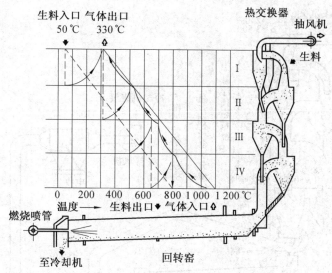

图 2.59 旋风预热器窑系统流程和各级预热器的气体、物料温度

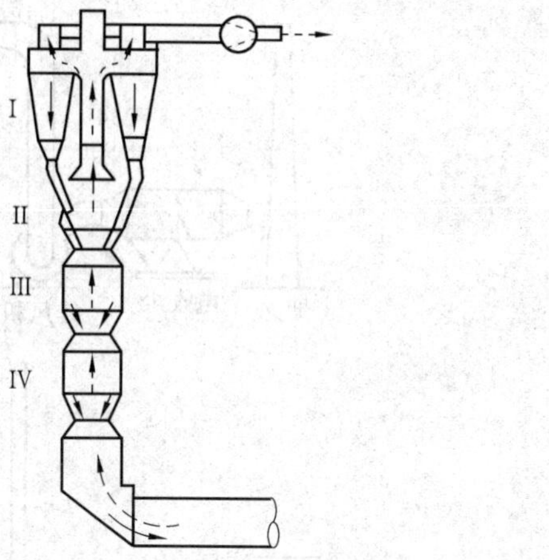

图 2.60 立筒式悬浮预热器流程示意图

需要指出的是,70 年代中后期,随着窑外分解技术的日趋成熟,除立筒预热器窑稍有特殊外,各种类型的旋风预热器同各种不同的窑外分解方法密切结合,融成一体,发展成为预分解窑。虽然各种悬浮预热窑的发展优势逐渐被各种预分解窑所代替,但是,必须认识到预分解窑是以悬浮预热窑为基础发展起来的。悬浮预热窑是预分解窑的母体,预分解窑是悬浮预热窑发展的更高阶段。目前,各种类型的悬浮预热器,在预分解窑迅速发展的同时,仍在继续改进和发展,发挥着重要的作用。

5. 窑外分解窑

预分解窑是在悬浮预热窑基础上发展起来的,它是悬浮预热窑发展得更高阶段,是水泥工业生产继悬浮预热窑出现后的又一次重大技术突破,把水泥工业生产推向一个新的阶段。预分解窑的特点是在悬浮预热器与回转窑之间增设一个分解炉,或利用窑尾上升烟道、原有预热器装设燃料喷入装置,使燃料燃烧的放热过程与生料的碳酸盐分解的吸热过程,在其中以悬浮态或流态化下极其迅速地进行,从而使入窑生料的分解率从悬浮预热窑的 30% 左右提高到 85% ~ 90%。这样,不仅可以减轻窑内煅烧带的热负荷,有利于缩小窑的规格及生产大型化,并且可以节约单位建设投资,延长衬料寿命,有利于减少大气污染。

(1) 预分解窑工作原理

预分解窑或称窑外分解窑,如图 2.61 所示,其是在悬浮预热器和回转窑之间增设一个分解炉,把大量吸热的碳酸钙分解反应从窑内传热速率较低的区域转移到单独燃烧的分界炉中进行。在分解炉中,生料颗粒分散呈悬浮或沸腾状态,以最小的温度差,在燃料无焰燃烧的同时,进行高速传热过程,使生料迅速完成分解反应。入窑生料的表观分解率可达到 85% ~ 95%,从而大大地减轻了回转窑的热负荷,使窑的产量成倍增加,同时延长了耐火材料使用寿命,提高了窑的运转周期。目前,最大预分解窑的日产量已达 10 000 t 熟料。

预分解窑的热耗比一般悬浮预热器窑低,是由于窑产量大幅度提高,减少了单位熟料的窑体表面散热损失;在投资费用上也低于一般悬浮预热器窑;由于分解炉内的燃烧温度低,不但降低了回转窑内高温燃烧时产生的 NO_x 有害气体,而且还使用较低品位的燃料,因此,预分解

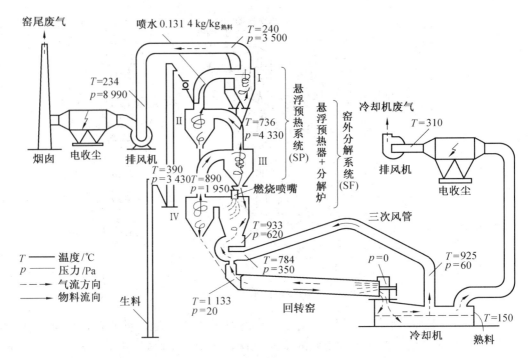

图 2.61 预分解窑系统生产流程

技术是水泥工业发展史上的一次重大技术突破。

(2) 分解炉工作原理

分解炉是一个燃料燃烧、热量交换和分解反应同时进行的新型热工设备,其种类和形式繁多。基本原理是:在分解炉内同时喂入经预热后的生料、一定量的燃料以及适量的热气体,生料在炉内呈悬浮或沸腾状态;在 900 ℃ 以下,燃料进行无焰燃烧,同时高速完成传热和碳酸钙分解过程;燃料的燃烧时间和碳酸钙分解所需要的时间约需 2~4 s,这时生料中碳酸钙的分解率可达到 85%~95%,生料预热后的温度为 800~850 ℃。分解炉内可以使用固体、液体或气体燃料,我国主要以煤粉作为燃料,加入分解炉的燃料约占全部燃料的 55%~65%。

分解炉按工作原理可分为旋流式、喷腾式、紊流式、涡流燃烧式和沸腾式等多种,但基本原理是相似的,现以新型悬浮预热和快速分解炉 NSF 为例,如图 2.62 所示。

NSF 分解炉是原 SF 分解炉的改进型。它主要改进燃料和来自冷却机新鲜空气混合,使燃料充分燃烧,同时将预热后的生料分成上下两路分别进入分解炉反应室和窑尾上升烟道,后者是为了降低窑尾废气温度,减少结皮的可能性,并使生料进一步预热。当燃料充分混合,可以提高传热效率和生料分解率,回转窑窑尾上升烟道与 NSF 分解炉底部相连,使回转窑的高温热烟气从分解炉底部进入下涡壳,并与来自冷却机的热空气相遇,上升时与生料、煤粉等一起沿着反应室的内壁做螺旋式运动,上升到上涡壳经气体管道进入最下一级旋风筒。由于涡流旋风作用,使生料和燃料颗粒同气体发生混合和扩散作用,燃料颗粒燃烧时,在分解炉内看不见像回转窑内燃料燃烧时那样明亮的火焰,使燃料燃烧产生的热以强制对流的形式,立即直接传给生料颗粒,使碳酸钙分解,从而使整个炉内都形成燃烧区,炉内处于 800~900 ℃ 的低温无焰燃烧状态,温度比较均匀,传热效率提高,分解率可达 80%~95%。

预分解窑也和悬浮预热窑一样,对原料的适应性差,为避免结皮和堵塞,要求生料中的碱含量(K_2O+Na_2O)小于1%。当碱含量大于1%时，则要求生料中的硫碱摩尔比[$SO_3/(K_2O+Na_2O)$]为0.5~1.0。生料中的氯离子含量应小于0.015%，燃料中的含量应小于3.0%。

(3) 预分解窑系统中回转窑的工艺特点

① 由于入窑生料的碳酸钙分解率已达到85%~95%，因此，一般只把窑划分为三个带：从窑尾起物料温度为1 300 ℃左右的部分称为"过渡带"，主要是剩余的碳酸钙完全分解并进行固相反应，为物料进入烧成带做好准备；从物料出现液相到液相凝固为止，即物料温度为1 300~1 450~1 300 ℃的部分称为烧成带；其余称为冷

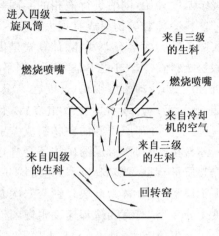

图2.62 NSF分解炉

却带。在大型预分解转窑中，几乎没有冷却带，温度高达1 300 ℃的物料立即进入冷却机骤冷，这样可改善熟料的质量，提高熟料的易磨性。

② 回转窑的长径比缩短，烧成带长度增加。一般预分解回转窑的长径比为15左右，有的湿法回转窑的长径比高达41。由于大部分碳酸钙分解过程外移到分解炉内进行，因此回转窑的热负荷明显减轻，造成窑内火焰温度提高，长度延长。预分解回转窑烧成带的长度一般在4.5~5.5D，其平均值为5.2D，而湿法要一般小于3D。

③ 由于预分解窑的单位容积产量高，使回转窑内物料层厚度增加，所以其转速也相应提高，以加快物料层内外受热均匀。窑转速为2~3 r/min，比普通窑转速加快，使物料在烧成带内的停留时间有所减少，一般为10~15 min。因为物料预热情况良好，窑内和来料不均匀现象大为减少，所以，窑的快速运转率很高，操作比较稳定。

近年来，预分解窑的发展有以下特点：

① 改进分解窑结构，向高效化方向发展；
② 采用五级及低压损的高效旋风筒，进一步降低热耗；
③ 尽量利用预热器及箅冷机的废气余热；
④ 改变燃料种类，以煤代油，并重视利用劣质燃料；
⑤ 在设备大型化的同时，寻求合理规模；
⑥ 重视环境保护要求；
⑦ 实现稳定生产和操作控制自动化；
⑧ 为了扩大对原料的适应性，力求完善旁路放风设施。

2.6 冷 却

2.6.1 冷却机理

水泥熟料冷却的目的在于：回收熟料带走的热量，预热二次空气，提高窑的热效率；迅速冷却熟料以改善熟料质量与易磨性；降低熟料温度，便于熟料的运输、贮存与粉磨。熟料的冷却

从烧结温度开始,同时进行液相的凝固与相变两个过程。

熟料冷却对矿物组成有很大影响。以熟料的化学分析数据计算熟料中各矿物含量,往往与实际各矿物含量有差别,除计算式是以纯矿物而不是以固溶体计算外,重要的是各种计算式均假定熟料在冷却过程中是完全达到平衡,为平衡冷却(冷却速度非常缓慢,使固液相反应充分进行)。如冷却速度很快,此时在高温下形成的20%～30%液相,来不及结晶而冷却成玻璃相,称为淬冷。或者即使液相结晶,不是通过固、液相反应而是液相单独结晶,称为独立结晶,这与平衡冷却所得到的矿物组成差别较大。

熟料在冷却时,形成的矿物还会进行相变,其中贝利特转化为 γ 型和阿利特晶体的分解,对熟料质量有重要影响。冷却速度快并固溶一些离子等可以组织相变。硅酸三钙在 1 250 ℃ 以下不稳定,会分解为硅酸二钙与二次游离钙,降低水硬性,但不影响安定性。阿利特的分解速度十分缓慢,只有当冷却速度很慢,且伴随还原气氛时,分解才加快。

引入少量 Sr^{2+}、Ba^{2+}、Na^+、K^+ 等离子以代替 Ca^{2+},引入 B^{3+}、S^{6+}、P^{5+} 等以相应的 BO_4^{5-}、SO_4^{2-}、PO_4^{3-} 代替 SO_4^{4-} 离子可以稳定贝利特。

熟料慢冷将促使熟料矿物晶体长大。阿利特晶体大小不仅影响熟料的易磨性,而且影响水泥的水化速度和活性,煅烧良好和急冷的熟料保持细小并发育完整的阿利特晶体,从而使水泥强度较高。

熟料急冷也能增加水泥的抗硫酸盐性(抗硫酸钠和硫酸镁),这与 C_3A 在硅酸盐水泥熟料中存在的形态有关。熟料急冷时 C_3A 主要呈玻璃体,因而抗硫酸盐溶液侵蚀的能力较强。

水泥的安定性受方镁石晶体大小的影响很大,晶体越大,影响越严重。不影响安定性的方镁石晶体的最大尺寸为 5～8 μm。而熟料慢冷时,方镁石晶体的尺寸可长大达 60 μm。试验表明:含 4%5 μm 的方镁石与含 1%30～60 μm 方镁石晶体的水泥,在压蒸安定性试验中呈现出的膨胀率相近。

熟料慢冷将促使熟料矿物晶体长大。阿利特晶体大小不仅影响熟料的易磨性,而且影响水泥的水化速度和活性。煅烧良好的急冷的熟料保持细小并发育完整的阿利特晶体,从而使水泥强度提高。

熟料急冷也能增加水泥的抗硫酸盐性(抗硫酸钠和硫酸镁),这与 C_3A 在硅酸盐水泥熟料中存在的形态有关。熟料急冷时 C_3A 主要呈玻璃体,因而抗硫酸盐溶液侵蚀的能力较强。

水泥熟料出窑温度为 1 100～1 300 ℃,每 kg 熟料含有 1 170～1 380 kJ 的热量,充分回收熟料带走的热量以预热二次空气,对提高燃烧速度和燃烧温度以及窑和冷却机的热效率都有重要意义。而迅速冷却熟料,对于改善熟料质量和易烧性也有良好的效果;冷却良好的熟料可以保证运输设备的安全运转。

2.6.2 冷却设备

国内外所使用的水泥熟料冷却机型式有单筒式、多筒式、篦式以及立式冷却机等。

熟料冷却机是一种将高温熟料向低温气体传热的热交换装置,从工艺和热工量各方面对冷却机有如下要求:

① 尽可能多地回收熟料的热量,以提高入窑的二次空气的温度,降低熟料的热耗;
② 缩短熟料的冷却时间,以提高熟料质量,改善易磨性;
③ 冷却单位质量熟料的空气消耗量要少,以便提高二次空气温度,减少粉尘飞扬,降低电耗;

④ 结构简单、操作方便、维修容易、运转率高。

1. 单筒冷却机

单筒冷却机是最早出现的冷却设备,其外形和回转窑基本相似,安装在回转窑窑头筒体的下方,由单独传动系统带动,如图 2.63 所示。

在单筒冷却机内进行的是以对流方式为主的逆流热交换过程,预热后的空气全部入窑,因此,热效率较高,操作良好的单筒冷却机,熟料可冷却到 200 ℃ 左右,入窑的二次风温可预热到 600～700 ℃,热效率可达 70% 左右。

单筒冷却机的缺点是,熟料冷却速度较慢,金属消耗量大,占地面积大,且空间高度较大,使土建投资增多,现已逐步为箅式冷却机所取代。但是由于它没有废气处理问题,冷却机热效率较高,故在日产小于 2 000～2 500 t 熟料的新厂仍有使用。

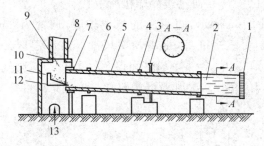

图 2.63 单筒冷却机
1— 卸料箅子;2— 扬料板;3— 大齿轮;4— 轮带;5— 耐火砖;6— 筒体;7— 密封装置;8— 窑头;9— 热烟室;10— 进料口;11— 溜子;12— 风道;13— 清理积料门

2. 多筒冷却机

多筒冷却机是由环绕在回转窑筒体上的若干个圆筒所构成,和回转窑连成一体,其结构比较简单,不用单独传动,且易于管理,没有废弃处理问题。多筒冷却机内的换热过程与单筒冷却机相同,但由于筒体较短,散热条件较差,所以其出口熟料温度较高,为 250～400 ℃,入窑二次风温较低,一般为 350～600 ℃,热效率仅 55%～65%。同时由于结构上的原因,使冷却机的筒体不能做大,否则将增加回转窑头筒体的机械负荷,因而限制了多筒冷却机能力的进一步提高及在大型回转窑上的应用。

为了提高热效率和冷却能力,丹麦史密斯公司开发出了新型多筒冷却机,如图 2.64 所示,它在回转窑热端增加一对托轮,延长了窑体和冷却机的长度,并改进了内部结构,增加传热面积和传热效率,延长熟料冷却时间,使出口熟料温度降低到 130～150 ℃,入窑二次风温提高到 650～800 ℃,热效率达 65%～70%,可用于日产 2 000～4 000 t 熟料的回转窑。

3. 箅式冷却机

箅式冷却机的特点是冷却熟料用的冷风由专门的风机供给。熟料以一定厚度铺在箅子上,随箅子的运动而不断前进,冷空气则由箅下向上垂直于熟料运动方向穿过料层而流动,因此,热效率较高。振动箅式冷却机的冷却速度快,5～10 min 即可使熟料冷却到 60～120 ℃,有利于改善熟料质量。但是箅式冷却机的冷却风量较多,达 1 kg 熟料冷却风量为

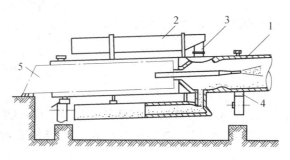

图 2.64 多筒冷却机

1—回转窑筒体;2—冷却机筒体;3—冷却机接料管;4—拖轮与轮带;5—看火隧道

$4.0 \sim 4.5 \text{ Nm}^3$,约有 70% 风量需放掉,因而二次风温低达 $350 \sim 500 \text{ ℃}$,热效率只有 $50\% \sim 60\%$,且占地面积大,目前已多为推动箅式冷却机所取代。

推动箅式冷却机如图 2.65 所示,箅板上的料层较厚,通常为 $250 \sim 400 \text{ mm}$,有的可达 800 mm,其运动速度较慢,可缩短机身,提高二次风温。在高温区经高压风机处理几分钟即可使熟料温度降至 1 000 ℃ 以下,全部冷却时间仅 $20 \sim 30 \text{ min}$,废气处理量较振动式低,1 kg 熟料冷却风量为 $3.0 \sim 3.5 \text{ Nm}^3$,二次风温可达 $600 \sim 900 \text{ ℃}$。可冷却熟料到 $80 \sim 150 \text{ ℃}$,因而热效率较高,可达 $65\% \sim 75\%$。

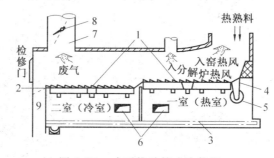

图 2.65 水平推动箅式冷却机

1—箅床;2—铁栅;3—拉链机;4—倾斜固定箅板;5—高压风管;6—中压风进口;7—废弃烟囱;8—闸板;9—出料流管

4. 立筒式冷却机

立筒式冷却机如图 2.66 所示。由回转窑卸出的熟料进入垂直的圆柱形立筒后,物料慢慢向下运动,经破碎辊轧碎后卸出。由鼓风机的冷却空气从两处或三处不同高度的部位进入熟料层,对熟料进行逆流冷却。立筒的上端口径缩小,用以增加气流速度,形成 50 cm 左右厚的沸腾层,在那里充分地进行热交换。

这是一种新型冷却机,它的优点是结构简单;热效率很高,可达到 85%;无废气。其缺点是出冷却机的熟料温度较高,达 300 ℃ 左右,高度大,土建时须挖很深的地坑。

5. 重力式冷却机

这种冷却机只能用来再冷却。出窑熟料的预冷常用一个短的箅式冷却机,其风量恰好相当于窑所需要的二次空气,出冷却机的熟料温度约 400 ℃,经破碎后从上面喂入重力式冷却机,如图 2.67 所示,熟料在其中运动时经过许多横向排列的冷却管,管内通有冷却空气。为了达到充分的热交换,熟料的停留时间需相当长,为 $2 \sim 3 \text{ h}$。冷却机下部的摆动滑板使熟料均匀地卸出。冷风往横向排列的冷却管中通过时,从总的来说,其热交换是按逆流进行的。重力式冷却机的出料温度为 60～100 ℃。这种冷却机的优点是冷却风不含粉尘,可做其他用途或直接排入大气。

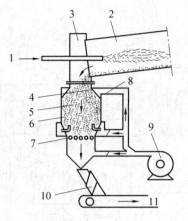

图 2.66　立筒式冷却机
1— 燃料;2— 回转窑;3— 窑头;4— 沸腾层;5— 运动颗粒;6— 筒体;7— 辊篦;8— 节流阀;9— 鼓风机;10— 锁风装置;11— 熟料

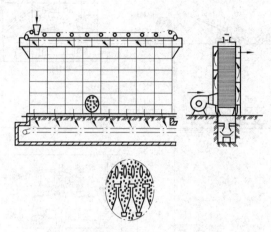

图 2.67　重力式冷却机

2.7　典型水泥生产工艺

2.7.1　硅酸盐水泥

硅酸盐水泥生产工艺方法很多,历史上曾采用立窑、机械化立窑、立波尔窑、湿法回转窑、预热器窑、窑外分解窑等烧制水泥,同时结合不同的原料破碎、原料预均化、生料的粉磨、熟料的冷却和水泥制成等形成了多种水泥的生产工艺,目前随着全世界出现的能源、环境危机,落后的生产工艺逐渐淘汰,全世界主流先进的硅酸盐水泥的生产工艺就是干法中空窑外分解生产工艺。

用窑外分解窑干法生产的工艺流程如图 2.68 所示。来自矿山的石灰石和粘土,经过一级破碎机破碎成为碎石,进入预均化堆场。经过均化和粗配的碎石和粘土,再经过计量秤与铁质校正原料按规定比例配合,进入烘干兼粉磨的生料磨加工成生料粉。经生料均化库均化后再用气力提升泵送至窑尾悬浮预热器和窑外分解炉,经预热和分解的物料进入回转窑煅烧成熟料。熟料经篦式冷却机冷却,用斗式提升机输送至熟料库。回转窑和分解炉用的燃料(煤粉),是原煤经烘干兼粉磨的风扫式煤磨制备成煤粉,经粗细分离器选出的细度合格的煤粉,贮存在煤粉仓。生料和煤的烘干所需热气体来自窑尾,冷却熟料的部分热风送至分解炉帮助煤的燃烧,窑尾的多余气体经增湿塔、电收尘器排气除尘系统排出。熟料经计量秤配入一定数量石膏与混合材,在圈流球磨机中粉磨,经水泥选粉机制成一定细度的水泥,水泥经仓式空气输送泵送至水泥库储存。一部分水泥经包装机包装为袋装水泥,经火车或汽车运输出厂,另一部分用专用的散装车散装出厂。

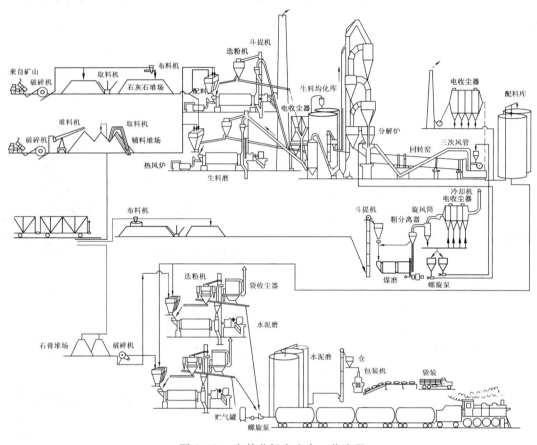

图 2.68 窑外分解窑生产工艺流程

2.7.2 铝酸盐水泥

铝酸盐水泥是继硅酸盐水泥系列产品之后的第二系列产品。根据国家标准《铝酸盐水泥》GB201 的规定：凡以适当成分的生料，烧至完全或部分熔融，所得以铝酸钙为主要成分的铝酸水泥熟料，磨细制成的水硬性胶凝材料，统称为铝酸盐水泥。

它主要包括耐高温铝酸盐水泥、快硬高强铝酸盐水泥，如高铝水泥、高铝水泥－65、膨胀铝酸盐水泥和自应力铝酸盐水泥等。

它适用于军事工程、紧急抢修工程、冬季施工以及要求早强的特殊工程。由于该水泥的耐高温性能好，所以其主要用途之一是配制耐火混凝土，作窑炉内衬。

1. 高铝水泥的组成

(1) 高铝水泥的矿物组成

高铝水泥熟料的矿物组成主要是铝酸一钙、二铝酸一钙、七铝酸十二钙、硅铝酸二钙和六铝酸一钙，还会有少量的硅酸二钙、含铁相、含镁相以及钙钛石等。

(2) 高铝水泥的化学组成

高铝水泥熟料的主要化学成分为 CaO、Al_2O_3、SiO_2，还有 Fe_2O_3 及少量的 MgO、TiO_2

等。由于原料及生产方法的不同,其化学成分变化很大,其波动范围如下:$w(CaO) = 32\% \sim 42\%$;$w(Al_2O_3) = 36\% \sim 55\%$;$w(SiO_2) < 9\%$;$w(Fe_2O_3) < 3\%$;$w(MgO) < 2.0\%$;$w(R_2O) < 0.7\%$。

2. 原料

生产高铝水泥的原料为矾土和石灰石。

(1) 矾土

矾土的主要成分为 Al_2O_3。矾土是由含 Al_2O_3 高的岩石经热、压、水等作用分解而成,其中还含有 Fe_2O_3、SiO_2、TiO_2 及碳酸盐等杂质。矾土矿床多为层状,层间与上下层的成分往往有波动。矾土的主要矿物为波美石(又称水铝石、一水硬铝石,化学式为 $Al_2O_3 \cdot H_2O$)和水铝土(又称水铝矿、三水铝石,化学式为 $Al_2O_3 \cdot 3H_2O$)。

我国采用回转窑烧结法生产水泥时,对矾土的要求:$w(SiO_2) < 10\%$,$w(Al_2O_3) > 70\%$,$w(Fe_2O_3) < 1.5\%$,$w(TiO_2) < 5\%$,$w(Al_2O_3)/w(SiO_2) > 7$。熔融法生产水泥时,可采用低品位铁矾土。

表 2.11 是各国用于生产高铝水泥的矾土的化学成分。

表 2.11 矾土的化学成分

产地	质量分数/%				
	SiO_2	Al_2O_3	CaO	Fe_2O_3	TiO_2
中国	12.69	69.39	0.53	1.00	2.78
中国	4.63	75.53	0.15	1.34	0.98
中国	0.83	79.19	0.30	0.34	4.49
中国	4.5	53	2	24	3
希腊	3	53	2	27	3
南斯拉夫	2	53	2	23	3

(2) 石灰石

要求采用较纯的石灰石,其中:$w(CaO) \geq 52\%$,$w(SiO_2) < 1\%$,$w(MgO) < 2\%$。

3. 高铝水泥的生产方法

高铝水泥可采用熔融法和烧结法来生产。

(1) 熔融法

熔融法是将生料置于电炉、高炉、反射炉或转炉中熔融制取熟料。高铝水泥各主要矿物的熔点虽都在 1 500 ℃ 以上,但其最低共熔点却要低得多,实际生产的熔融温度为 1 300 $\sim$ 1 400 ℃。

电炉法生产水泥时,矾土和石灰石须预先经过干燥或煅烧,使矾土脱水,石灰石分解成石灰,以避免电炉中短时间内产生大量气体而引起爆炸。高炉法生产水泥时,可同时获得生铁和高铝水泥,其中 Fe_2O_3 还原成金属铁,部分 SiO_2 还原成元素硅。

采用熔融法的优点是原料不需要磨细,可用低品位矾土,即使含 Fe_2O_3、SiO_2 杂质较多时,也能生产优质高铝水泥;缺点是热耗高,熟料硬度大,粉磨电耗大。

(2) 烧结法

中国石灰石和矾土资源丰富,矾土中二氧化硅和氧化铁含量均低,因此,一般采用回转窑进行烧结生产。在耐火材料厂,有时采用倒焰窑生产。

回转窑烧结与硅酸盐水泥熟料的煅烧基本相同,生料在回转窑中煅烧至部分熔融,因一般是在氧化气氛中进行,原料中的杂质不能被还原除去,故对原料的纯度要求较严,SiO_2及Fe_2O_3等杂质要少。此外,高铝水泥的烧结范围窄,烧成温度一般为1 300～1 330 ℃,CA约在900 ℃开始形成;$C_{12}A_7$在950～1 000 ℃开始形成;而CA_2在1 000～1 100 ℃才开始形成;熟料的烧结范围仅70～80 ℃(而硅酸盐水泥熟料的烧结范围在150 ℃左右)。因此,只要有局部高温,较易结大块、结圈或烧流,故要注意下列几点:

① 采用低灰分燃料。煤灰落入生料会降低熔融温度,尤其落在物体表面,会增加物料的不均匀性,易产生操作不正常,影响熟料成分和质量。

② 控制好烧成带火焰温度。温度过高,易形成大块。

熟料煅烧质量,可以由其颜色和结粒大小来反映。正常的熟料为浅黄色,结粒在5～10 mm。

采用倒焰窑生产,是将石灰石与矾土预先烘干,分别粉磨至0.080 mm筛筛余不大于10%,然后按配比要求混合均匀,加适量水在压砖机上压成砖坯,放入窑内烧结。倒焰窑烧结法的A_m值以0.8～0.9为宜,可制得快硬高强、性能良好的高铝水泥。但其存在成本高、产量低、间歇生产等缺点。

高铝水泥中不应有f—CaO。用烧结法生产的水泥,可能含有过量未反应氧化钙,若水泥中游离氧化钙多,对水泥性能将有较大影响。

2.7.3 硫铝酸盐水泥

硫铝酸盐水泥又称为第三系列水泥,是中国人发明的唯一的特种水泥品种系列,其根本特征是该系列水泥的熟料以无水硫铝酸钙和硅酸二钙为主要矿物。

特种水泥有几十个品种,之所以称硫铝酸盐水泥为第三系列水泥,是因为硫铝酸盐水泥熟料的矿物组成与传统的硅酸盐水泥和铝酸盐水泥有本质的不同。硅酸盐水泥熟料以硅酸三钙和硅酸二钙为主要矿物,发明于1824年,时间早且用途最广泛,称为第一系列。铝酸盐水泥以铝酸钙为主要矿物,发明于1908年,发明时间次之,称为第二系列。硫铝酸盐水泥发明于1975年,所以称第三系列。其他众多品种的特种水泥,都是这三个系列水泥的衍生品种。

硫铝酸盐系列水泥主要包括快硬硫铝酸盐水泥、低碱度硫铝酸盐水泥、自应力硫铝酸盐水泥三个品种。

快硬硫铝酸盐水泥由硫铝酸盐水泥熟料、5%～15%的硬石膏或二水石膏及不超过15%的石灰石经粉磨制成。该品种水泥具有早强、快硬、耐化学腐蚀等特点,主要用于水泥制品和工业与民用建筑的混凝土工程。特别是在抢修抢建、需要抗海水侵蚀和冬期施工工程中,更能体现该品种水泥的优越性。

低碱度硫铝酸盐水泥由硫铝酸盐水泥熟料、15%～20%的硬石膏及15%～35%的石灰石经粉磨制成。该品种水泥的特点是早强、快硬和低碱度(水化液相PH值低于10.5),主要用于玻璃纤维增强水泥制品的生产。

自应力硫铝酸盐水泥由硫铝酸盐水泥熟料、30%～40%的二水石膏及不超过15%的石灰石经粉磨制成。该水泥的特点是水化硬化时会产生高膨胀,主要用于生产水泥压力管。

1. 生产硫铝酸盐水泥熟料所用的原、燃料

生产硫铝酸盐水泥所用的基本原材料是石灰石、铝矾土和石膏,所用的燃料是烟煤。

(1) 石灰石

石灰石作为钙质原料主要提供硫铝酸盐水泥熟料形成过程中所需要的氧化钙成分。生产硫铝酸盐水泥熟料所用的石灰石的成分要求一般为:$w(CaO) \geqslant 50\%$、$w(SiO_2) \leqslant 5\%$、$w(MgO) \leqslant 3\%$。适当成分的碱渣和电石渣等工业废渣也可作为硫铝酸盐水泥的钙质原料使用。

(2) 铝矾土

铝矾土作为铝质原料主要提供硫铝酸盐水泥熟料形成过程中所需要的氧化铝成分。生产硫铝酸盐水泥熟料所用的生铝矾土的成分要求一般为:$w(Al_2O_3) \geqslant 55\%$、$w(SiO_2) \leqslant 15\%$,当铝矾土中的铁含量较高时,可适当降低对 Al_2O_3 含量的要求。碱对硫铝酸盐水泥的性能有不利影响,一般要求铝矾土中的碱(R_2O)含量不超过 0.5%。适当成分的含氯含铝工业废渣也可用作硫铝酸盐水泥熟料生产的铝质原料。

(3) 石膏

石膏作为硫质原料主要提供硫铝酸盐水泥熟料形成过程中所需要的三氧化硫成分。生产硫铝酸盐水泥熟料所用石膏的成分要求一般为:① 硬石膏,$w(SO_3) \geqslant 45\%$、$w(SiO_2) \leqslant 3\%$;② 二水石膏,$w(SO_3) \geqslant 35\%$、$w(SiO_2) \leqslant 3\%$。适当成分的磷石膏、氟石膏及脱硫石膏等工业废渣也可作为硫铝酸盐水泥熟料的硫质原料使用。

(4) 燃料煤

硫铝酸盐水泥熟料煅烧一般使用烟煤,其一般要求为:热值 $\geqslant 2\,400$ kJ/kg、灰分 $\leqslant 20\%$、挥发分 $\geqslant 25\%$。

2. 硫铝酸盐水泥生料的配料计算

硫铝酸盐水泥熟料所含有的矿物为:无水硫铝酸钙($C_4A_3\bar{S}$)、硅酸二钙(C_2S)、铁铝酸四钙(C_4AF)、钙钛矿(CT)及方镁石(MgO)。配料计算主要考虑钙和硫的配入量要满足形成上述矿物的要求,为此,引入碱度系数(C_m)和铝硫比(P)两个参数。

按各成分的重量百分数计算,碱度系数和铝硫比计算公式如下:

$$C_m = \frac{w(CaO) - 0.7w(TiO_2)}{1.87w(SiO_2) + 0.73(w(Al_2O_3) - 0.64w(Fe_2O_3)) + 1.40w(Fe_2O_3)} \tag{2.7}$$

$$P = \frac{w(Al_2O_3)}{w(SO_3)} \tag{2.8}$$

根据上述公式,当碱度系数等于 1 时,氧化钙刚好满足要求,由于熟料中存在富余的氧化钙会对水泥性能产生急凝等不利影响,所以配料时一般将碱度系数控制在 0.95～0.98。根据无水硫铝酸钙中各氧化物的组成计算,当铝硫比等于 3.82 时,SO_3 刚好满足形成无水硫铝酸钙的要求,考虑到在熟料烧成时 SO_3 会有一定量的损失,因此配料计算时一般将铝硫比控制在 3.82 以下。

3. 硫铝酸盐水泥生料的制备

（1）原材料的破碎与均化

由于生产硫铝酸盐水泥所使用的铝质原料没有储量很大且品位均匀的矿藏，所以，堆场的预均化和破碎后的预均化工艺尤其重要。

硫铝酸盐水泥生产工艺中原材料破碎一般选用两级，一级破碎一般选用颚式破碎机，二级破碎一般选用反击式破碎机。由于铝矾土硬度大、易碎性差，破碎机运转过程中与物料接触的部位磨损很快，一般的破碎设备都很难适应。

（2）生料的粉磨

硫铝酸盐水泥生料中，铝质原料的比例大概在35%左右，由于铝质原料难磨，造成生料整体易磨性差，同样的粉磨设备，磨至同样的细度，生产能力会降低25%甚至更多。因此，硫铝酸盐水泥生料的粉磨一般选用闭路球磨系统，而不选用其他粉磨工艺。

硫铝酸盐水泥生料细度要求与硅酸盐水泥基本相同，一般控制在 0.08 mm 方孔筛筛余 8%～12%，用窑外分解等新型干法工艺烧成时，生料可控制粗一些，烧成工艺落后时，生料要控制细一些。

4. 硫铝酸盐水泥熟料的煅烧

（1）硫铝酸盐水泥熟料煅烧工艺

20世纪80年代是硫铝酸盐水泥熟料煅烧工艺技术的起步阶段，采用的是 $\phi 1.6/1.9 \times 39$ m 的小型中空干法回转窑工艺，90年代发展为带有旋风预热器和立筒预热器的较先进的 $\phi 2.5 \times 40$ m 新型干法回转窑工艺，2000年以后进一步发展为更先进的窑外分解煅烧工艺。随着技术的发展，硫铝酸盐水泥的质量和产能也在逐步提高，目前生产硫铝酸盐水泥熟料最大的窑外分解窑可日产熟料 1 000 t。

硫铝酸盐水泥煅烧要避免还原气氛，所以立窑不能用于硫铝酸盐水泥的生产。

（2）煅烧硫铝酸盐水泥熟料的物理、化学变化过程

室温～300 ℃　原料脱水，包括物理水和结晶水；

300～450 ℃　石膏转变为无水石膏；

450～600 ℃　矾土的水铝石分解，形成 $\alpha - Al_2O_3$，物料中出现 $\alpha - Si_2O_2$ 和 Fe_2O_3；

600～850 ℃　$\alpha - Al_2O_3$、$\alpha - Si_2O_2$ 和 Fe_2O_3 持续增加；

850～900 ℃　$CaCO_3$ 分解，产生 CaO 和 CO_2，CO_2 从废弃中逸出；

900～950 ℃　游离 CaO 迅速增加，$2CaO \cdot Al_2O_3 \cdot Si_2O_2$ 开始形成；

950～1 000 ℃　$3CaO \cdot 3Al_2O_3 \cdot CaSO_4$ 矿物开始形成；

1 000～1 050 ℃　$3CaO \cdot 3Al_2O_3 \cdot CaSO_4$ 和 $2CaO \cdot Al_2O_3 \cdot Si_2O_2$ 的量增加，游离 CaO 吸收率达 1/2，$\alpha - Al_2O_3$、$\alpha - Si_2O_2$ 和 $CaSO_4$ 含量迅速减少；

1 050～1 150 ℃　$3CaO \cdot 3Al_2O_3 \cdot CaSO_4$ 和 $2CaO \cdot Al_2O_3 \cdot Si_2O_2$ 的量持续增加，出现 $\beta - 2CaO \cdot SiO_2$，游离 CaO 吸收率达 2/3；

1 150～1 250 ℃　$3CaO \cdot 3Al_2O_3 \cdot CaSO_4$ 继续增加，游离 CaO 和 $2CaO \cdot Al_2O_3 \cdot Si_2O_2$ 消失，在 1 250 ℃ 出现 $4CaO \cdot 2Si_2O_2 \cdot CaSO_4$ 矿物，此时试样的矿物组成主要为 $3CaO \cdot 3Al_2O_3 \cdot CaSO_4$、$\beta - 2CaO \cdot SiO_2$、$4CaO \cdot 2Si_2O_2 \cdot CaSO_4$、游离 $CaSO_4$ 和少量铁相；

1 250～1 300 ℃　$4CaO \cdot 2Si_2O_2 \cdot CaSO_4$ 消失，分解成为 $\alpha' - 2CaO \cdot SiO_2$ 和游离

$CaSO_4$,此时熟料的主要矿物为 $3CaO \cdot 3Al_2O_3 \cdot CaSO_4$ 和 $2CaO \cdot SiO_2$,还有少量铁相和 $CaSO_4$,以及微量的 MgO,普通硫铝酸盐水泥熟料已完全形成;

1 300～1 400 ℃　矿物熟料无明显变化;

1 400 ℃以上　$3CaO \cdot 3Al_2O_3 \cdot CaSO_4$ 及 $CaSO_4$ 开始分解,产生 $12CaO \cdot 7Al_2O_3$ 等急凝矿物,出现熔块。

5. 硫铝酸盐水泥的制成工艺

(1) 水泥组分的确定

国家标准《硫铝酸盐水泥》GB20472 规定,硫铝酸盐水泥由熟料、石膏和石灰石组成。三种成分的比例根据小磨试验结果并结合国家标准要求确定。水泥粉磨阶段要求石膏中的 $CaSO_4 + CaSO_4 \cdot 2H_2O$ 含量不小于 85%,石灰石中的泥土含量以 Al_2O_3 计不大于 2%。各品种水泥成分的大致范围在该书中已有叙述。

(2) 粉磨工艺及质量控制

硫铝酸盐水泥熟料自身活性高,水化硬化速度快,为保证水泥具有良好的工作性,应尽量减少过粉磨。因此,目前硫铝酸盐水泥生产基本都采用闭路球磨系统。

硫铝酸盐水泥生产中,细度控制主要以比表面积为指标,成分控制主要以 SO_3 滴定值和烧失量为指标。为保证配料的准确,一般采用电子秤计量并由计算机自动控制下料数量。

第3章 混凝土工艺

混凝土工艺历时近一个世纪,经历了最原始的手工操作、半机械半手工发展到今天机械化和自动化的大工业(预拌混凝土搅拌站、混凝土搅拌运输车和混凝土输送泵),混凝土制品生产大多实现了机械化和自动化,虽然施工现场还残留一些传统的半手工工艺,但是随着混凝土工程的不断发展,机械化和自动化的程度会越来越高。

3.1 搅 拌

固体与固体的混和称为拌和;固体与少量液体或粘稠液体的调和称为捏合;液体与液体的拌和称扩散;液体与易溶固体的拌和称溶解;互不相溶的液体与液体、液体与气体的分散称乳化;总称混合。

两种和多种物料互相分散,达到均匀混合的过程称为搅拌。混凝土搅拌的目的从技术上是实现匀化即物料的均匀性;塑化即改善混凝土混合料的工作性;强化即加速及提高胶结材自身和集料的反应。此外从经济上应采取高效、低耗的工艺措施。

在混凝土制备过程中,搅拌工艺是一个十分复杂的问题,其复杂性不仅在于混凝土混合料中有固相、液相、气相,而且在于相互间的化学与物理化学作用,因此,很难只用均匀性来评定混凝土的搅拌质量,同时还应考虑到混凝土的结构形成。

3.1.1 搅拌原理

混凝土混合料的均匀性是很难评价的,混合机理是十分复杂的。PMC Lacey 在1954年提出了三个基本机理:① 扩散机理:η、τ 中等,塑性、流动性混凝土等;② 剪切机理:η、τ 大,半干硬、干硬性混凝土等;③ 对流机理:η、τ 小,加气混凝土,大流动、流态混凝土等;70年代日、美合作又提出了新的机理——简谐运动机理。

1. 均匀性

从理论上来讲,均匀性问题应按数理统计来评价,即

标准差
$$S = \sqrt{\frac{\sum_{i=1}^{n}(x_i - \bar{x})^2}{n-1}} \tag{3.1}$$

变异系数
$$C_v = S/\bar{X} \tag{3.2}$$

对于混凝土这样多相、多粒径是很难应用的,试样的大小、不同的考核指标常常会出现互相矛盾的结果,在化工、粉体工程中的最新提法是分隔尺度(未混合部分集体块的大小)和分隔强度(各主要成分间的浓度差),可见分隔尺度、分隔强度越小,均匀性越好。

不同种类混凝土的评价指标为:固一固,以分布均匀程度表示,例如干硬性混凝土;固一液,以浓度均匀程度表示,例如加气混凝土;冷热不均的物料,以温度均匀性表示,例如热拌混凝土。

国标《混凝土质量控制标准》GB50164规定：混凝土拌和物颜色一致，不得有离析、泌水；检验方法按《混凝土搅拌机性能试验方法》GB4477；取样在卸料过程料流的1/4～3/4之间取；两次测定的砂浆相对密度差的相对误差＜0.8%，两次测定的单位体积粗集料的含量相对误差＜5%。

国标规定取两个试样，先测定含气量，再倒在5 mm的筛上用水冲洗测得饱和面干粗集料、砂浆的质量和体积后，按下式计算：

$$\rho = \frac{W - W_m}{V - (V_a + \frac{W_m}{\gamma_g})} \tag{3.3}$$

式中　ρ——不含空气的砂浆体积密度，kg/m^3；

　　　W——混凝土试样质量，kg；

　　　W_m——5 mm筛上粗集料饱和面干质量，kg；

　　　V——含气量测定仪的容积，m^3；

　　　V_a——所含气体体积，m^3；

　　　γ_g——粗集料的饱和面干表观密度，kg/m^3。

分别求出前后两部分试样的砂浆体积密度 ρ_1、ρ_2，砂浆体积密度的相对偏差 $\Delta\rho$：

$$\Delta\rho = \frac{|\rho_1 - \rho_2|}{\rho_1 + \rho_2} \times 100\% \tag{3.4}$$

单位体积混合料中粗集料的质量的相对偏差 ΔM 为

$$M = \frac{W_m}{V} \tag{3.5}$$

求出 M_1、M_2 后按下式计算：

$$\Delta M = \frac{|M_1 - M_2|}{M_1 + M_2} \times 100\% \tag{3.6}$$

我国的这一标准基本上是仿造日本工业标准规程 JISA1119—1976，英国标准 BS3963:1974 也是规定了搅拌机的特性试验方法。美国预拌混凝土标准规范 C94—72 对混凝土的均匀性要求十分严格。均匀性评价的意义是评定搅拌机质量，决定搅拌时间，评定搅拌工艺是否合理，决定更换搅拌机叶片的依据。

2. 混凝土的搅拌机理

(1) 重力搅拌机理

在一个圆筒形容器中有两种不同的颗粒，下部为 A，上部为 B（见图 3.1）。当圆筒以倾斜轴旋转时，A、B 两种颗粒在重力的作用下，力求达到最稳定的状态。在此运动过程中，各自跃过原始接触面，进入另一种颗粒所占有的空间，最后其相互接触面达到了最大。这一过程主要利用了物料的重力作用，故称为重力搅拌机理。

鼓筒、锥式、自落式搅拌机就是这一作用机理。当物料刚投入时，其相互接触面最小，随着搅拌筒的旋转，将物料升到一定的高度，然后自由落下而相互混合。物料的运动轨迹为：有上部物料颗粒克服与搅筒的粘结力作抛物线自由下落的轨迹，有下部物料表面颗粒克服与物料的粘结力作直线滑动和螺旋线滚动的轨迹。由于下落的时间、落点的远近及滚动的距离不同，使物料相互穿插、翻拌以达到均匀混合的目的。特点是容量不能大，转速不能快，黏度不能高，因此改进为双锥式而提高了效率，可制成大容量，适用于塑性混凝土。

图 3.1　重力搅拌机理示意图

（2）剪切搅拌机理

在外力的作用下,使物料作无滚动的相对位移而达到均匀的机理称为剪切搅拌机理。物料被搅拌叶片括、翻后强制地作环向、径向、竖向运动,增加剪切位移,直至搅拌均匀,如图 3.2 所示。

剪切搅拌机理适用于硬性、半干硬性混凝土,特点是时间短、效率高、质量好,不足是动力消耗大、磨损大,因此卧轴强制式是当前商品混凝土工艺主要采用的。

（3）对流搅拌机理

以对流作用为主的搅拌机理称为对流搅拌机理,如图 3.3 所示。物料在垂直圆筒形搅拌器中是依靠对流作用达到均匀混合的目的,在筒壁内侧无直立挡板的圆筒形搅拌器内,由于颗粒运动的速度和轨迹的不同,使物料发生混合作用,此时近搅拌叶片的物料混合最充分,而筒底则易形成死角。为了避免筒底死角的形成,科在筒壁内侧设置直立挡板,这样不但形成竖向对流,而且在两个相邻直立挡板间的扇形区内,沿筒底平面还形成局部环流,其环向、径向、竖向料流速度各不相同,无直立挡板时的竖向液流速度变化不大,有直立挡板时,竖轴处与筒壁处的竖向液流速度差(ΔV_h)高达 80 cm/s,搅拌叶片端部的径向液流速度增加 1.2 倍,这样对于消除筒壁底部的死角有非常显著的作用,并加强了竖向对流的效果。增设直立挡板后的环向液流则大大减弱。环向液流对于细颗粒分散为悬浮系的搅拌效果不佳,而竖向液流则可以加强搅拌效果,适用于加气混凝土。

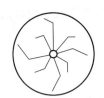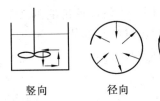

竖向　　径向　　环向

图 3.2　剪切搅拌机理示意图　　图 3.3　对流搅拌机理示意图

（4）简谐运动机理

物体在与位移成正比并且指向平衡位置的力的作用下的运动称为简谐运动。

日本千代田和美国 Garbro 公司在 70 年代研制成功的 OMNI 搅拌机,特点是完全打破了以前的搅拌机理,被搅拌的物料的运动速度和方向瞬时都在变化,混合料在短时间内任意飞散,因此在短时间内取得良好的效果,结构如图 3.4 所示。适应范围广,除可搅拌普通混凝土外,还可搅拌钢纤维混凝土、玻璃纤维混凝土、轻集料混凝土、树脂混凝土等。

OMNI 搅拌机应用效果如图 3.5 所示。实际上混凝土的搅拌机理都不是独立的,每个搅拌过程都包含上述的各种作用,只不过有所侧重。实际上混凝土混合料在搅拌筒内的搅拌机理是综合性的。例如鼓筒式搅拌机中起主要作用的是重力机理,但也有局部的剪切作用。圆筒搅拌器中主要是对流机理,但也有颗粒本身的重力作用和叶片旋动时的局部剪切作用等。

图 3.4　OMNI 搅拌机示意图

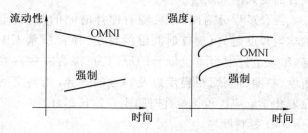

图 3.5　OMNI 搅拌机搅拌效果

3.1.2　影响搅拌质量的因素

影响搅拌质量的因素有材料因素、设备因素和工艺因素。

1. 材料因素

在搅拌液相材料时,材料的黏度、密度以及表面张力都能影响搅拌的质量。通常,黏度、密度大的材料,搅拌时间要长或搅拌机的动力要增大。表面张力大的材料,也难以搅拌均匀,但有利于乳化。在搅拌固体材料时,固体材料的密度、粒度、形状、含水量、混合比等对搅拌质量均有影响。通常,密度差小,粒径小而粒度分布均匀,片状少,含水量少,混合比接近的固体材料容易搅拌均匀。但是少量液体与固体的捏合,用湿润性大的材料则容易捏合。

2. 设备因素

当原材料及配合比不变时,搅拌机的类型及转速对混凝土混合料有一定的影响。

常用的混凝土搅拌机有鼓筒搅拌机、双锥搅拌机、梨形搅拌机及强制式搅拌机。鼓筒搅拌机适合搅拌塑性混凝土混合料,不宜搅拌干硬性混凝土混合料。强制式搅拌机适合搅拌干硬性、半干硬性混凝土混合料,不宜搅拌大流动性混凝土混合料。双锥搅拌和梨形搅拌适合搅拌塑性、低流动性混凝土混合料。故对不同流动性的混凝土混合料应采用不同的搅拌设备。

在机型不变时,搅拌机的转速对混凝土混合料的质量影响较大。转速过高物料在离心力的作用下,混凝土混合料也不容易搅拌均匀,转速过低会降低生产效率,因此应有一个适宜的转速。

鼓筒式搅拌机是利用物料自重进行搅拌,若鼓筒的转速超过临界转速,物料在离心力的作用下会依附于筒壁内侧与筒共同旋转,不起搅拌作用。通常取转速为

$$n \approx 15/\sqrt{R} \tag{3.7}$$

式中　R——搅拌筒半径,m。当筒内径为 1.5 m 时,其转速为 18 r/min。

实验室用可控硅变速涡桨式搅拌机试验结果表明:强制式搅拌机的搅拌速度快(2.3 m/s)时相对强度峰值较低(100%～112%),强度的变异系数也较大,效果不佳,这也是因为离心力较大,物料难于搅拌均匀。慢速搅拌(0.6 m/s)时,虽相对强度峰值高,变异系数也最低,但达到 100% 相对强度的时间最长,故中速为宜。常用搅拌速度为 1.3～1.8 m/s。

3. 工艺因素

在原材料、配合比、搅拌设备都不变时,工艺因素能提高搅拌质量或缩短搅拌时间。

(1) 搅拌时间

搅拌时间是从原料全部投入搅拌机内起,至混凝土开始卸出时止,所经历的时间。典型的混合曲线如图3.6所示。

混合过程分为两阶段:随着搅拌时间的延长,混合的均匀程度越好;搅拌时间继续延长,搅拌质量不断下降,出现了过混合。过混合的原因为:混合料中存在着密度、粒度、形状、粗糙度以及弹性的差异,物料之间存在着化学反应。可见搅拌时间不是越长越好。

(2) 投料顺序

投料顺序应从提高混凝土混合料质量以及混凝土的强度,减少集料对叶片和衬板的磨损及混凝土混合料

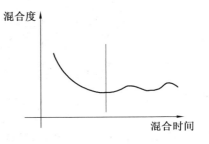

图3.6 混合过程示意图

与搅拌筒的粘结,减少扬尘改善工作环境,降低电耗及提高生产率等因素综合考虑决定,其中以质量为首要地位。

① 一次投料。常用的是一次投料法,在瞬间的投料过程中,各物料的投料顺序仍略有先后。采用自落式搅拌机时,为防止扬尘,可先加入少量水,然后在加水的同时加入集料和水泥。对于强制式搅拌机,因出料口在下部,故不能先加水,而应在投入干物料同时,均匀喷入全部水量。

② 两次投料。近年来,混凝土的投料问题研究过有效的有几种方法:预拌水泥浆法、预拌水泥砂浆法、水泥裹砂(石)法(造壳法)。

预拌水泥浆法由于水泥浆长时间搅拌,水泥石微缺陷减少;微孔减少且变得匀细,孔径分布状态得到改善;泌水缺陷、温度裂缝减少;水化时间长,产生大量的近程凝聚。因此取得了强度可提高15%、动弹模量9个月还明显领先的效果。

预拌水泥砂浆法如图3.7(a)所示,水、水泥和砂的投料延续时间分别为第2～12 s、0～7(或9)s、0～10 s,共同拌成砂浆后,到第15 s时再投入粗集料。采用这种投料方法时,砂浆中无粗集料,便于搅拌均匀;粗集料投入后,易被砂浆均匀包裹,混凝土强度可提高3%～8%;减少粗集料对叶片及衬板的磨损可达30%～50%;尤其是这种投料法可节省电能,不致超出额定电流。对于流动性混合料,从投料开始搅拌至37 s后即可出料,干硬性混合料搅拌至45 s后才可出料。此法不足之处是搅拌干硬性混合料时,砂浆易粘筒壁,不易搅拌均匀,故需适当延长搅拌时间。如果加水时间过长,石子投入过早,从图3.7(b)电流曲线可见,电流峰值容易超过额定电流值,从投料开始起的搅拌时间也相应延长,对于流动性混凝土混合料需50～60 s;干硬性混凝土混合料需60～70 s。

水泥裹砂法(SEC法)是日本大成建设株式会社和利布昆尼阿林库株式会社研制出的一种制备混凝土混合料的新方法。做法是:首先将砂子的表面含水量控制在某一范围内(用砂子含水量调节器进行控制),然后按照壳所需的表面含水量加入W_1的水量并搅拌均匀,同时加入粗集料,随后加入水泥进行搅拌造壳。外壳的水灰比为15%～35%。最后加入剩余的水量W_2和减水剂继续搅拌到一定塑性为止,即制成裹砂混凝土。

裹砂混凝土关键在于控制砂子表面含水量,当砂粒表面没有一点水分时,砂和水泥经搅拌后呈松散状态,彼此没有更多的联系。如果砂粒表面含有少量水分,由于水和水泥颗粒间的亲合力,水泥粒子会粘附在砂粒的表面上,形成一层水灰比很小的水泥浆壳层,而多余的水泥仍

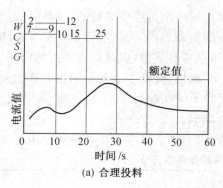 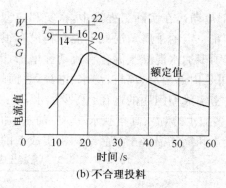

图 3.7　两次投料图

W— 水；C— 水泥；S— 砂；G— 石子

呈分散状态。假如砂粒表面含水量较高,那么裹在砂粒外表的水泥浆壳体将会相互粘结在一起。如果砂粒表面含水量很高,那将成为砂子和水泥浆的混合料,而不可能形成水泥浆壳,实际上就是普通的搅拌方法。为此需把砂子的表面含水量控制在 15% ～ 35%,使水泥浆壳牢牢地裹住砂子而不脱落。

采用裹砂法生产的水泥砂浆或混凝土,由于水灰比较大的稀水泥浆被封闭在壳体与壳体之间的空隙中,所以能防止泌水,同时由于壳体与壳体之间相互牢固地粘结在一起,因此能减少骨料的分层离析和沉降,尤其喷射混凝土回弹率明显下降。另外由于骨料与水泥浆的粘结力高,所以混凝土的抗压强度也有所提高。在水灰比相同的情况下,与常规搅拌方法制备的混凝土相比,可提高强度 5% ～ 20%。

适用于裹砂混凝土的搅拌机有卧式或立式强制式搅拌机,以及连续式搅拌机,不宜采用自落式搅拌机。

（3）加水方法

表 3.1 为强制式搅拌机加水方法及搅拌时间对混凝土强度变异系数的影响。由表可见,向搅拌筒整个空间均匀供水时 30 s 即可搅拌均匀,而集中一处供水时搅拌时间长而且强度变异系数大,因此强制式搅拌机中均用环形水管均匀喷水。此试验也说明,当强制式搅拌机供水系统损坏,用人工加水时必须延长搅拌时间。

表 3.1　供水方法、搅拌时间对混凝土强度变异系数 C_v(%) 的影响

供水方法	搅拌时间/s			
	30	60	90	120
集中向搅拌筒中心一处供水	16.2	13.3	8.4	8.3
集中向搅拌筒边缘一处供水	19.3	15.5	11.1	11.5
集中向搅拌筒空间均匀喷水	5.7	6.4	5.7	6.1

3.2　密实成型

从理论上讲成型和密实是两个不同的概念。成型是混凝土混合料在模板内流动并充满模板获得所需要的外形(外部流动),而密实是混凝土混合料向其内部流动填充空隙达到密实的

结构(内部流动),在实际工程当中,密实和成型是在同一个过程中进行的。因此混凝土的密实和成型存在一定的矛盾。混凝土混合料没有很好的流动性是不能实现密实成型的,根据恒定用水量定则多加水混凝土混合料流动性增加,能够很容易成型,但是却得不到致密结构的混凝土,其结果是内部分层、离析、泌水、空洞,表面蜂窝、麻面,降低了混凝土的强度和耐久性。

解决密实成型问题的途径:① 少加水,η、τ 大的干硬性混凝土,采用压制、振动或二者复合使用;② 多加水,离心、真空脱水;③ 少加水,加外加剂。

混凝土和钢筋混凝土制品结构密实成型的方法较多,其基本方法及适用范围见表 3.2。

表 3.2 混凝土密实成型基本方法

密实成型方法	采用设备	优缺点	适用范围
振动密实成型	振动台,插入式振动器,附着式振动器,振动抽芯机等	设别简单,密实效果好,但噪音大	广泛用于施工现场、预制构件厂结构预制品密实成型
压制密实成型	模压、挤压和压轧设备等	噪音小,密实效果好,但设备复杂	适用于制品厂定型的板类制品生产
离心脱水密实成型	车床式、托轮摩擦式离心机等	噪音小,密实效果好,但对钢模要求较高	适用于生产管类制品及电杆等
真空脱水密实成型	真空泵、软管和吸垫等组成	噪音小,混凝土抗渗及耐磨性能好,但成型时一般要辅以振动	适用于楼板、路面及飞机场地坪等混凝土密实成型
复合密实成型	以上几种设备复合使用,如振动加压、振动模压、振动真空、离心振动	密实效果好,但设备复杂	适用于制品厂生产定型产品

3.2.1 振动密实成型

经过近一个世纪的应用,振动密实成型方法仍然是当今混凝土工程的最基本方法,本节重点讨论振动密实成型作用机理、混凝土结构形成过程、振动的传播、衰减与振动器的有效作用范围、振动参数和振动制度、常用振动设备选型。

1. 振动液化密实成型机理

流变学的研究表明,混凝土混合料可以看成宾汉姆体:

$$\tau = \tau_0 + \eta \frac{\mathrm{d}v}{\mathrm{d}y} \tag{3.8}$$

式中 τ —— 剪应力;

τ_0 —— 极限剪应力;

η —— 体系的塑性(剩余的)黏度,它可视为应力与剪切速度之间的比例系数(黏度系数);

$\dfrac{\mathrm{d}v}{\mathrm{d}x}$ —— 剪切速度梯度。

试验结果证明:当混凝土混合料的振动达到某一速度时,如图3.8所示混合料的极限剪应力急剧下降趋于零,即接近于牛顿液体。

振动作用下混凝土混合料密实成型的原因主要如下:

（1）水泥胶体的触变作用

触变性是剪应变速率一定时,表观黏度随剪应力的持续时间而减小,即剪应力逐渐下降的性能。水泥颗粒与水接触后,表层开始了部分水化,形成了胶体,在外力作用下,凝胶转变为溶胶,流动性能发生明显的改变。

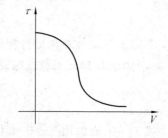

图3.8　振动速度与极限剪应力

（2）内聚力、粘附力减小

内聚力是指使得混凝土混合料内聚的一些力,包括表面张力、毛细管力等,混凝土混合料内聚力分几个层次:水泥浆、砂浆、混凝土等。粘附力是指混凝土混合料颗粒之间的物理吸附、机械咬合、化学键（氢键）等。振动使颗粒产生颤动,部分达到共振,克服了混合料的内聚力和粘附力。

（3）流动实现了密实成型

振动作用下,混凝土混合料黏度下降,在重力作用下,填充模板实现成型;混合料剪应力下降,气体排除,填充内部实现了密实。

2. 振动作用下混凝土结构的形成

混凝土拌和物在振动设备的脉冲振动力作用下,颗粒间的摩擦力及粘结力急剧减少。试验表明,拌和物在振动时的内摩擦力仅为不振时的5%。混凝土拌和物受振后呈现出较高的流动性,粗、细骨料在本身重力作用下互相滑动下沉,其空隙被水泥浆或浆砂浆填满,形成了混凝土外分层结构;伴随着粗颗粒的下沉,拌和物中的空气在振动过程中大部分形成气泡从上表面溢出,小部分空气和水在上移的过程中被粗大的颗粒阻断而停留在粗颗粒的下方,形成了内分层结构。

干硬性混凝土拌和料在振动密实过程中,可以分为两个基本阶段。第一阶段,混凝土拌和料的初始结构发生破坏,颗粒相互变动方位、移动,其间的接触点受到破坏,在重力作用下形成新的较稳定的结构。系统的体积缩小,因为空气从拌和料中排出,而空隙内则被液化的水泥浆体和砂浆所填充,它们就如润滑剂一样作用,降低了内摩擦力。第二阶段,混凝土拌和料做整体振动,颗粒紧密接触,由于降低过程和内部空气的外逸而产生较小的相互变位,嵌于内部的空气使拌和物具有弹性体性质。

3. 振动的传播、衰减

图3.8表明,只有当振动速度达到一定量后,才能够使混凝土混合料液化,实现密实成型。为了正确的估计各种振动设备的有效作用范围,必须掌握振动波在混凝土混合料中的传播规律。振动波传播规律和地震波在土壤中的传播相似,都可看成半连续介质中弹性波的传播。

研究结果表明:各种振动器在混凝土混合料内产生波的性质是不同的,插入式振捣器的波动为表面波,振动台、表面振捣器为平面波,附着式振捣器属平面波。

苏联学者杰索夫根据戈里青地震波在土壤中传播的基本假设,求得了振动波在混凝土中衰减的一般规律。

以表面波为例:波振面为环状面,设 W 为距波源为 r 的环状面上通过每单位环周长在单位时间内传播的振动能量,若传播中没有损耗,传播 $\mathrm{d}r$ 后的能量 $W^{\cdot}$ 为

$$W^{\cdot} = \frac{r}{r+\mathrm{d}r} W \tag{3.9}$$

实际上振动波在传播过程要消耗能量的,消耗与传播层厚度 $\mathrm{d}r$ 及该处的能量成正比,即 $\beta W \mathrm{d}r$,β 为能量损耗系数或振动衰减系数,则

$$\mathrm{d}w = -\beta W \mathrm{d}r - \left(w - \frac{r}{r+\mathrm{d}r}W\right) \tag{3.10}$$

将 $\dfrac{r}{r+\mathrm{d}r}$ 近似用 $\dfrac{r-\mathrm{d}r}{r}$ 来代替,则

$$\mathrm{d}w = -\beta W \mathrm{d}r - \frac{\mathrm{d}r}{r}w$$

积分得

$$w = \frac{c}{r}\mathrm{e}^{-\beta r}$$

设 w_2 为单位时间内传播到半径为 r 的环状面的总能量,则

$$W_2 = 2\pi r W = 2\pi c \mathrm{e}^{-\beta r} \tag{3.11}$$

当 $r=0$ 时 $W_2 = W_0$(波源的总能量),$c = W_0/2\pi$,则

$$W_2 = W_0 \mathrm{e}^{-\beta r} \tag{3.12}$$

在单自由度的粘阻强迫振动体系

$$W = \frac{F}{2}A^2\omega^2 \tag{3.13}$$

式中　F—— 粘阻系数;
　　　A—— 振幅;
　　　ω—— 圆频率。

代入上式得振幅衰减的一般规律为

$$A = \frac{1}{\omega}\sqrt{\frac{2C}{Fr}}\mathrm{e}^{-\beta r/2} \tag{3.14}$$

4. 振动器的有效作用范围

有效作用范围是指振动传播到某处使该处的混凝土很好液化,超过此处混合料达不到极限速度。

(1) 插入式振动器的有效作用半径

振捣棒衰减示意如图 3.9 所示。取距振捣棒轴线距离为 r_2 和振捣棒半径带入式(3.14)相除得

$$\frac{A_2}{A_1} = \sqrt{\frac{r_1}{r_2}}\mathrm{e}^{\beta(r_1-r_2)} \tag{3.15}$$

若已知 β 值,式(3.15)可计算出有效作用半径 r_2,通过测定 A_1、A_2 可通过式(3.15)求得 β。

(2) 振动台的有效作用高度

振动台衰减示意如图 3.10 所示。取距振动台表面距离为 x 的微元 $\mathrm{d}x$,据衰减的一般规律:$\mathrm{d}\omega = -\beta\omega\mathrm{d}x$,解方程:

$$\omega = c\mathrm{e}^{-\beta x} \tag{3.16}$$

设振动面 h_1、h_2 的能量 W_1、W_2,振幅分别为 A_1、A_2,分别带入式(3.16)后相除得

$$W_2/W_1 = ce^{-\beta(h_2-h_1)}$$

据式(3.13)得

$$\frac{W_2}{W_1} = \left(\frac{A_2}{A_1}\right)^2 = e^{-\beta(h_2-h_1)} \tag{3.17}$$

设振动台的有效作用高度 h,A_1 为设备表面的振幅,则

$$A_2 = A_1 e^{-\beta/2 * h} \tag{3.18}$$

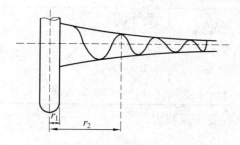

图 3.9　振捣棒衰减示意

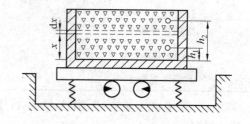

图 3.10　振动台衰减示意

(3) 表面振动器的有效作用深度

与振动台、振捣棒不同:在混合料之上,附着力小;振动器参数随着振动时间而变化;回弹力不固定使问题复杂,如图 3.11 所示。

可按经验公式估算

$$h = \frac{m}{\rho A} \tag{3.19}$$

式中　A——振动板面积;

　　　ρ——混合料体积密度;

　　　m——被振实混合料层的质量。

$$m = \frac{m_0 l}{A_1} - Q \tag{3.20}$$

式中　m_0——偏心块质量;

　　　l——偏心距;

　　　Q——振动器质量;

　　　A_1——震动器与物料的最终振幅。

(4) 附着式振动器的有效作用范围

附着式振动器特点是直接振动模板,间接振动混合料,作用范围取决于振动功率及模板刚度,有效范围如图 3.12 所示,只能实测。

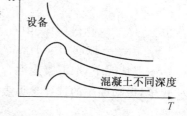

图 3.11　表面振捣器深度、振幅、时间的关系

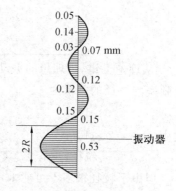

图 3.12　附着式振动器振幅分布示意

5. 振动参数和振动制度

为了获得良好的振实效果,使混凝土具有较高的强度和密实度以及合适的振动时间,从工艺上必须根据混凝土混合物特性,合理确定振动频率、振幅、振动速度和振动时间,作为选择振动设备的依据。

(1) 振幅

振幅与混凝土混合物性能和振动频率有关,对于一定的化合物,振幅和频率数值应该选的互相协调。在振动速度一定时,增加振幅,可降低频率,反之亦然。根据试验和生产总结,对于不同性质的混凝土化合物,在获得较好的振实效果时,其适合的振动频率和振幅可参见表3.3。

表 3.3 不同性质的拌和物振动频率与振幅关系

拌和物性质	振动频率/Hz 与振幅/mm			
	25	50	100	175
流动性混凝土	0.56~0.8	0.20~0.28	0.07~0.10	—
低流动性混凝土	—	0.28~0.4	0.10~0.14	0.06
干硬性混凝土	—	0.4~0.70	0.14~0.25	0.06~0.11

此外,一般来讲粒径大,振幅越大,碎石比砾石混凝土振幅大。

(2) 频率

振动频率取决于混凝土混合物中骨料的粒径大小,对于混凝土不同颗粒粒径与振动频率的关系,应满足下列条件:

$$D < (23 \times 10^6)/f^2 \tag{3.21}$$

式中 D—— 颗粒粒径 mm;
f—— 振动频率 Hz。

一般情况下,取混凝土混合物中骨料的某一平均粒径或以含有最多的一种粒径来选择振动频率,振动频率的选择参见表3.4

表 3.4 骨料粒径与振动频率关系

骨料平均粒径/mm	振动频率/Hz
5~10	100~125
15~20	50~75
25~40	33
>40	<33

从理论上讲,最理想的振动状态应为振动频率等于固有频率。法国学者雷尔密特研究得出频率与粒径的关系为

$$f = \sqrt{k/d} \tag{3.22}$$

式中 $k = 2 \times 10^6$;
d—— 粒径,mm。

但由于粒径很多不可能采用如此多的频率,只能在一定范围内采用一个频率。因此雷氏提出:

$$d < \frac{4 \times 10^4}{f^2} \tag{3.23}$$

可算出:$d < 60$ mm $\quad f = 25$ Hz
$d < 4$ mm $\quad f = 100$ Hz

$d < 0.1$ mm　　　　　　　$f = 617$ Hz

据此有人提出：复频振动、变频振动，理论上非常合理，实际上很难操作。

(3) 振动速度

使混凝土混合物达到足以克服物料颗粒间的摩擦力和内聚力时的振动速度，称为振动的极限速度。选用振动设备时，要求振动设备的最高速度，等于被振动混凝土混合物所具有的极限速度。在已知振幅和频率的条件下，可用下列公式计算出极限速度：

$$V_{\max} = 1.75 \times 10^{-3} Af \tag{3.24}$$

式中　$V_{\max}$——振动极限速度，cm/s；

　　　A——振幅，cm；

　　　f——频率，Hz。

可见 V 与 f、A 密切相关，混合料液化不仅仅取决于 f、A，而是二者的函数。

(4) 振动加速度

振动加速度也是混凝土拌和物振动密实的重要参数之一。试验表明，振动加速度对于结构黏度有决定性的影响。当加速度开始由小增大时，黏度急剧下降；但加速度继续增加，黏度下降渐趋缓慢；待加速度增高到一定数值后，黏度趋于常数。同样，振动加速度与混凝土强度也有类似关系，振动加速度增加，混凝土强度随之增加，但到一定值后，强度增加趋于缓慢。

振动加速度 $a(\text{cm/s}^2)$ 是频率和振幅的函数，其最大值为

$$a_{\max} = A\omega^2 = 2.78 \times 10^{-6} Af^2 \tag{3.25}$$

振动加速度与混凝土拌和物的性质有密切关系。一般干硬性混凝土拌和物，振动加速度增加，振动时不易分层；而大流动性混凝土拌和物，当振动加速度增大时，会导致分层，降低混凝土强度。混凝土拌和物的最佳振动加速度可参见表 3.5。

表 3.5　拌和物的最佳振动加速度

拌和物种类	工作度 /s	最佳振动加速度 $a/(\text{cm} \cdot \text{s}^{-2})$
低流动性	20 以下	$4 \sim 5g$
干硬性	$300 \sim 500$	$6 \sim 7g$
特干硬性	500 以上	$7 \sim 9g$

注：g 为重力加速度，$g = 981 \text{ cm/s}^2$。

(5) 振动烈度

振动密实效果取决于振幅、频率，更取决于二者的函数，但实践表明：相同的混合料，对于不同的振幅、频率、极限速度或极限加速度，密实效果相差很大。

从能量角度来看，振实同样的混合料，振动的能量应该是相同的。对于谐振动的能量与 A^2、f^3 的乘积成正比。$A^2 \times f^3 = L$ 称为振动烈度，而振动烈度和振动速度和振动加速度的乘积成正比。相同的混合料、相同的时间，只要振动烈度相同，振实效果就相同。

L 与 η、γ 的关系如图 3.13 所示。震动烈度越大，混凝土混合料的结构黏度越小，即达到相同振实程度所需的时间越短。

(6) 振动时间

振动延续时间也是振动密实成型的一个重要参数。当频率和振幅一定时，振动所需的最佳延续时间取决于混凝土拌和物的性质、制品（或结构）的厚度、振动设备及工艺措施等，其值

可在几秒钟至几分钟之间。振动密实的时间短不密实,时间长密实不明显,且易造成分层、离析、泌水,降低混凝土的质量。最佳振动时间,应根据具体条件通过试验确定。一般振动时,如气泡停止排出,拌和物不再沉陷并在表面泛出灰浆时,表示混凝土已经振实。

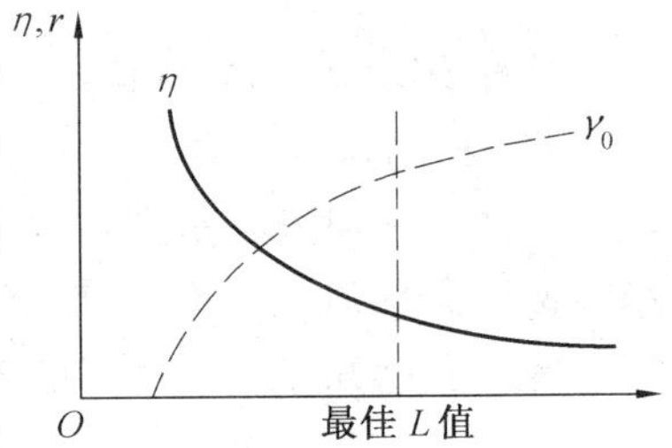

（7）振动制度

混凝土混合料振动密实的基本参数是频率、振幅及震动延续时间（若需要加压时,还应包括压强）,总称为振动制度。

图 3.13　结构黏度、体积密度和震动烈度关系

6. 常用振动设备

混凝土振动密实成型主要是采用电动振动设备,其他类型的气动、电磁振动等方法产生激振的振动设备,目前应用较少。

（1）插入式振动器

插入式振动器适用于制造柱、梁、厚的板材等构件。由人工操作,将振动器插入混凝土混合物内,使激振力直接作用于混凝土。此外,还可将插入式振动器按一定要求排列安装在一个机械上,配置其他升、降、行走等辅助机构,成为流水生产线上制作板类构件的专用成型机械。振动器频率可分为低频、中频和高频。低频在 50 Hz 以下,中频在 50～100 Hz,高频在 100～250 Hz。低频一般有电动机直接驱动,或用齿轮（或皮带轮）增速器增频,而高频是采用行星机构增频。

（2）附着式振动器

附着式振动器亦称表面振动器,适用于制造厚度不大的板状构件,是通过振动器的底部平板将激振力传给混凝土。这种振动器适用性强,安装在其他机械设备或钢模上,作为发生振动的机械,可做成许多不同产品的专用成型机械,如大型板材的振动梁式成型机、多孔板振动芯管拉模等。

（3）振动台

振动台是混凝土制品厂中主要的成型设备,它具有较高的生产能力,稳定的工作制度,适合成型多种类型的构件。振动台依其载重量可分为轻型振动台（载重量 1～3 t）和重型振动台（载重量 5～10 t）。振动台的频率一般为 50 Hz 以下。

3.2.2　压制密实成型

振动的不足在于整体振动能量使用不合理,能耗大,对于干硬性混凝土更不好密实。相反压制工艺不是将能量分布到混凝土的整个体积,而是集中在局部区域内。它不仅可以减少振动噪音,而且又可提高生产效率和产品质量。但由于某些压力成型设备复杂,适应骨架和接触型结构混凝土,如贫混凝土、干硬性混凝土、单粒级、无砂大孔性等,且适用于单一产品生产。

1. 压制密实成型机理

压制密实成型是混凝土拌和物在强大的压力作用下,克服颗粒之间的摩擦力和粘结力而相互滑动,把空气和一些多余水分挤压出来,使混凝土得以密实。

在外力作用下,混凝土固体颗粒间形成一个压力网络（固相压力）,这种压力网络逐层传递,从而产生剪切位移,大的气孔在此力的作用下已排出。随着固相颗粒间力的形成,同时传

递到液相,又形成一个液相压力网络(液相压力)。在这两种压力的作用下,混凝土混合料产生了内部和外部流动,即发生了排气过程和体积压缩过程,实现了密实与成型。固相压力可理解为粗骨料、细骨料、水泥颗粒三个层次,液相压力可理解为砂浆、水泥浆、水三个层次。

2. 压制密实成型混凝土结构的形成过程

外力作用下在混凝土内部形成固相压力网络层,产生剪切变形,在三向应力作用下,挤出部分气体,体积被压缩;这种压力传递到液相,挤出所有可挤气体;这种作用逐层传递,直至最底层;力的传递要克服筒壁和内磨擦,即力逐层降低,密度也逐层降低,如图3.14所示,因此压制也有有效作用高度的问题。

如图3.15的实验结果表明:压制过程中,压力无论怎样增加,密度增加有限。

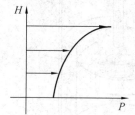
图 3.14 压制的有效高(深)度

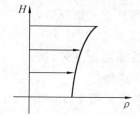

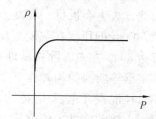
图 3.15 混凝土密度和压力曲线

产生上述现象的原因主要有三方面:① 骨料的作用:最初传递压力对密实有利,密实度达到一定时,搭成骨架产生弹性变形,产生阻滞作用。② 水的作用:一方面由于水的存在,使得混合料形成毛细管力,减小了各种物料的内摩擦,混凝土混合料才具有了塑形,才可能压制成要求的形状和密实度;另一方面水的存在防碍颗粒靠近,颗粒间隙内存在着实际上不可能压缩的水,它是混凝土拌和料颗粒互相靠近的极大障碍,增加弹性变形;水进入空气中,压力取消后要恢复使试件膨胀。③ 空气的作用:外力作用下被压缩,取消压力后膨胀。

对混凝土拌和料施加压力时,颗粒间的摩擦力、拌和料与模板的摩擦力以及被引入的空气压力均将阻止颗粒的移动。随着压力的增加,系统抵抗变形的阻力也随之增大。因此干硬性混凝土拌和料进行分层压制比较好,这时分层越薄,密实效果越好。

为了克服压制过程中上述现象的发生,常采取压制和震动的复合。

3. 压制与振动的复合

压制密实成型法是混凝土拌和物在强大的压力作用下,克服颗粒之间的摩擦力和粘结力,而相互滑动,把空气和一些多余水分挤压出来,使混凝土得以密实。采用压制和振动复合的工艺,效果更为显著。因为静力压制有它的优点,但同样有它的致命缺点,所以静力压制应用范围很窄,只用于小型混凝土砌块,工程上绝大多数应用动力压制。动力压制利用了二者的优点,应用较广泛。

振动压制密实法即随混凝土拌和物进行振动同时又加压的密实成型方法,可以使用较干硬的拌和料,还可用振动加压板作为冲模成型上表面为异型表面的制品。振动密实时的压力,在一定限度内,应随混凝土拌和物干硬度的提高而增大,因为振动时,对拌和料所产生的压缩力不应阻止颗粒的自由移动。振动压制法具体有加压振动、振动冲压、振动辊压和挤压法等。

4. 压制工艺制度

工艺制度包括:最大压力、加压时间、加压方式、动力压制的震动制度。压制工艺制度与参数取决于混凝土的材料性能、设备条件等,一般通过大量实验而确定。

5. 压制工艺方法简介

压制工艺方法种类繁多,根据是否和震动复合分为:静力压制,如小型砌块可采用上压、下压、侧压的方法,小口径混凝土管可采用轴向挤压、径向挤压,大口径混凝土管采用悬辊法(ROCLA)、压轧等;动力压制,如轨枕、大板采用振动压制,空心板采用振动挤压,大口径混凝土管采用振动挤压管(SENTAB),机场、大坝、路基采用碾压等。

(1) 辊压成型法

辊压成型法,是使浇灌入模的混凝土拌和物在较重的压辊碾压下密实成型的一种方法。德国、荷兰有的工厂采用此方法生产板材。混凝土用浇灌机浇入钢模后,以直径 90 cm 的压辊在混凝土面上来回滚压,混凝土压缩量可达 30% 左右。除板材外,圆形截面混凝土管、槽型或工字形等断面的构件亦可采用辊压成型。

小口径混凝土管采用径向辊压原理如图 3.16 所示。混凝土拌和物进入管模后,被旋转着的辊压头上的叶片离心均布在模壁上,辊压头边旋转边提起,混凝土拌和物经辊压头上的小辊和辊头的辊压而逐渐密实。

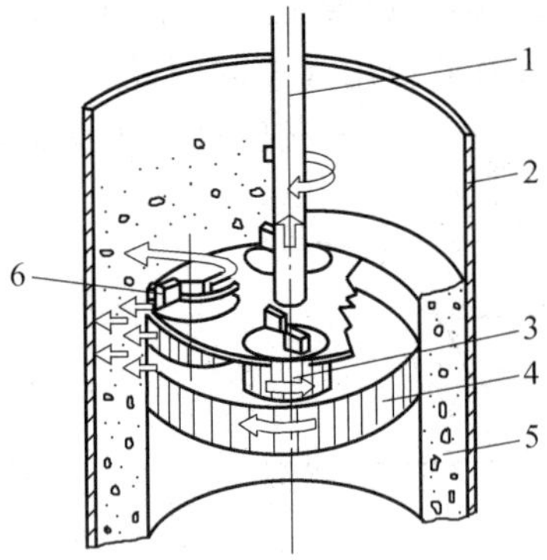

图 3.16 径向辊压成型制管的工作原理
1— 挤压头轴;2— 管模;3— 小辊;4— 挤压头;5— 混凝土管;6— 叶片

(2) 压轧成型法

压轧成型法,是利用轧辊连续压轧混凝土拌和物,使其密实并达到预定的形状与尺寸。压轧法成型时,摊铺的混凝土与钢筋网片在传送带带动下连续通过设有几对上下压辊的成型区段,对混凝土压轧成型。压轧法生产效率高,但设备复杂,适应性差,而且只能用细骨料混凝土,水泥用量较大。

(3) 模压法

混凝土浇注入模后,压模以一定的压力和速度压入混凝土拌和物,使其达到所需厚度与形状。为了将混凝土中多余的水分和空气压除,模压成型前,在底模上或压模下设有过滤层。模压法成型,生产效率高,制品质量好。

为了克服单纯静力压制成型需要大功率重型压力设备的缺点,不少国家采用振动模压成型。振动模压成型,压模应有足够的刚度和自重。压模的重量直接关系到成型时的加压值,一般静压值可取 30~60 kPa。压模振动功率的大小取决于成型制品的规格尺寸,可根据振动器功率大小,设置两个或多个附着式振动器。

(4) 挤压法

一阶段混凝土输水管工艺(SENTAB)是采用震动挤压原理,如图 3.17、3.18 所示,制管时先将环向钢筋骨架和纵向钢筋放入外模,并张拉好纵向预应力钢筋。再将外模对中套入内模上,并在内外模间浇灌混凝土并振动密实。然后向内模与胶套之间注入压力水,并逐渐提高压力。压力水迫使橡胶套做等压均匀径向扩张,并挤压已振动密实的混凝土。混凝土中的部分游离水从粘贴滤布的外模合缝处排出,固体颗粒互相紧密排列,混凝土的密实度进一步提高,使钢丝无法在其中滑动。当水压力传给弹簧螺栓的力超过外模合缝的压紧力时,合缝开始微微张开。随着水压的继续升高,胶套进一步扩张,推动已挤压密实的混凝土并迫使环向钢丝伸长从而产生预拉应力。当水压达到规定的恒压值时,应保持稳定,并开始热养护。待混凝土强度达到设计强度的 70% 时,排水降压,并抽真空使橡胶套与混凝土管内壁脱开以便脱模。此时,由于环向钢丝的弹性回缩而使混凝土管壁建立预压应力。

长线台法生产预应力混凝土空心板振动挤压成型机是挤压法的另一种形式。挤压机成型是利用螺旋绞刀在推送混凝土拌和物过程中挤压混凝土拌和物,并经振动器的振动作用,使其密实。挤压机在混凝土反作用力推动下,沿台座轨道缓慢行走,产生出连续的多孔板。挤压机构造基本一样,但振动形式有所不同,分芯内振动和芯外振动两种形式。采用低频外振,结构简单,制造容易,便于维修。

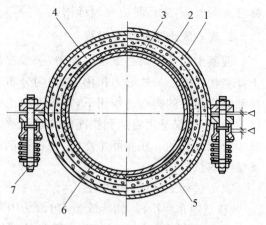

图 3.17 一阶段制管工艺原理示意图
1— 外模;2— 内钢模;3— 内钢模与橡胶套之间的空腔;4— 混凝土管芯;5— 环向预应力钢丝;6— 橡胶套;7— 弹簧螺栓

挤压机成型要求采用水灰比为 0.28～0.38 的干硬性混凝土,骨料粒径不宜大于 10 mm。挤压成型最大优点是减轻劳动强度,提高工效,制品表面平整,混凝土密实性好,初期结构强度可达 0.05～0.08 MPa,如叠层生产还可提高台座利用率;缺点是螺旋绞刀磨损快,制品不易分割。

为了克服振动挤压工艺对螺旋绞刀的磨损,振动推挤工艺是将螺旋绞刀换成一个滑块在轴上的往复滑动推挤物料实现密实的,其他和震动挤压相同。

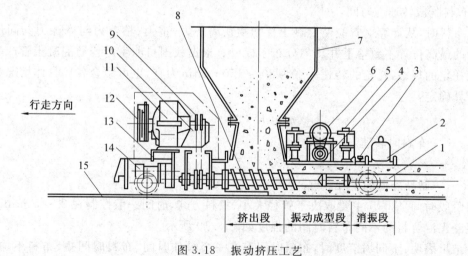

图 3.18 振动挤压工艺
1— 消振头;2— 抹光板;3— 内振动器(振动芯子);4— 上部振动器(振动梁);5— 齿形同步器;6— 电动机;7— 料斗;8— 绞刀;9— 链轮;10— 电动机;11— 减速箱;12— 三角皮带;13— 增速箱;14— 电动机;15— 台座

3.2.3 离心脱水密实成型

离心密实成型法,适用于制造管状制品,如上下水管、电杆、管住及管桩等。离心法成型的混凝土质量好坏,与混凝土原材料组成、拌和物性质、离心速度、离心时间、离心成型设备及投料方式等有关,生产时应合理选用。

1. 离心脱水密实成型过程

混凝土制品在离心成型过程中,一般按慢、中、快三档速度变化。布料阶段为慢速,使混凝土拌和物在较小的离心力作用下,均匀分布于模壁并初步成型;密实阶段采用快速,使混凝土拌和物在较大的离心力作用下,排除混凝土中多余的水分及空气而密实;中速阶段是个必要的过渡阶段,不仅是由慢速到快速的调速过程,而且还可在继续布料与缓和增速的过程中,达到减少分层的目的。在实际生产中,应根据制品管径和混凝土坍落度的大小,以及采用的离心设备情况等试验确定。

离心过程三阶段,即作用:

① 低速布料阶段,初步成型,初始结构形成;
② 过渡阶段,进一步成型,完善初始结构;
③ 高速脱水密实阶段,成型、密实结束。

成型主要是利用大水灰比混合料的大流动性,在早期完成;密实主要是利用较大的离心力在后期完成。

2. 离心制度的确定

离心作业主要参数是离心速度和时间。从离心成型密实原理看,混凝土的密实程度与离心力、离心加速度大小有关。从生产控制角度看,控制离心机转速比较方便,不必计算不同情况下的离心力和离心加速度。根据我国多年生产经验,离心作业主要参数可按下列步骤确定。

(1) 布料阶段转速与时间

低速布料时,从计算上看应使混凝土拌和物在离心力、重力、粘着力与摩擦力共同作用下沿着模壁的最高位置不致落下并均匀分布于模壁。根据我国目前生产普通混凝土管产品系列和离心机托轮的规格,托轮的转速一般为 80~150 r/min 为宜,也可结合各厂具体情况参照下列公式计算确定:

$$n_0 = K \cdot 300/\sqrt{R} \tag{3.26}$$

式中　n_0——布料时转速,r/min;
　　　K——经验系数,$K = 1.5 \sim 2.0$;
　　　R——制品外壁的半径,cm。

布料阶段时间(T慢)主要取决于管径大小、投料方式,时间一般控制在 2~5 min。不同坍落度混凝土混合料的不同布料时间的强度如图 3.19 所示。

实验结果表明:不同坍落度时,布料时间存在一个最佳时间,布料时间短、布料不均,强度低;布料时间长,严重分层,强度也低。此外,坍落度大由于严重分层强度也低。

(2) 密实成型阶段转速与时间

$$dp = r\omega dm$$

按图 3.20 采用微元法分析,取 p 为钢模内表面单位面积的离心压强,m 为微元的质量,则

$$dm = \rho dr(r + \frac{dr}{2})d\varphi h$$

$$dp = \omega^2 \rho h r^2 dr d\varphi$$

作用在单位长度上的总压力为

$$p = \alpha\omega^2 \int_0^{2\pi} d\varphi \int_{r_2}^{r_1} r^2 dr$$

作用在钢模上的总压力,积分得

$$P_0 = \frac{\alpha\omega^2}{3}(r_2^2 - \frac{r_1^3}{r_2})$$

得
$$N_\text{快} = 0.33\sqrt{\frac{p_0}{A}} \tag{3.27}$$

式中 p_0——模板承受的压力,一般取 $0.05 \sim 0.1$ MPa;
  $A = r_2^2 - r_1^3/r_2$。

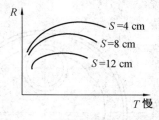

图 3.19 塌落度、慢速时间和强度的关系

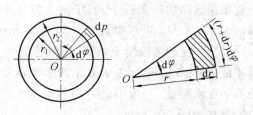

图 3.20 密实成型阶段转速计算示意

快速离心阶段是混凝土密实和脱水的重要阶段,速度越高离心效果越好,但不宜过高,否则振动冲击力大,造成内分层现象严重。但也不宜过低,否则水分不能充分排除,造成混凝土不密实或成型较慢,一般控制在 $350 \sim 500$ r/min。对于管径较小的电杆制品,快速阶段的离心速度可高达 750 r/min。

不同管径快速密实阶段所需时间也不同,一般时间控制在 $7 \sim 30$ min,管径越大时间越长。密实成型阶段时间、转速与强度的关系如图 3.21 所示。

试验表明:快速时间存在一个最佳时间,时间短水分没排净,没有达到较好的密实效果;相反时间过长,由于振动对已密实的混凝土起反作用,也会导致混凝土强度降低,还导致了效率降低。另外对于同一种物料,快速的速度越高,达到最佳密实效果的时间越短,最终强度越低。

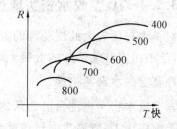

图 3.21 转速、强度与快速时间的关系

(3)过渡阶段转速与时间

由慢速过渡到快速的中间阶段,根据工艺要求,应缓慢进行,如果变速太快,将使初步形成的混凝土结构受到冲击作用而发生变化。经验证明,过渡阶段的速度一般为 $150 \sim 280$ r/min,过渡时间可控制在 $2 \sim 5$ min。

图 3.22 可见,对于不同的中速,同样存在一个最佳中速时间,且随着中速增大而最佳时间减小。

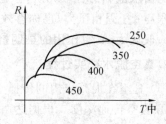

图 3.22 不同转速的中速时间与强度

(4) 分层投料

为了改善混凝土管类制品的抗渗性能，管壁厚超过 60 mm，常采用二次投料。分层投料时，第二层物料在离心时对第一层物料产生挤压作用，增加混凝土密实度。此外，在制品壁厚的中部形成一层水泥浆层，可提高制品的抗渗性能。采用二次投料时，总的离心时间要延长，生产效率有所降低。

3. 离心混凝土的特性及离心混凝土配合比设计特点

由于离心脱水作用，挤出 20% 的水，流失 5%～8% 的水泥，离心后水灰比降低至 0.3～0.4，混合料体积压缩 10%～12%，单位体积质量增加 8%，混凝土的密实度及其强度显著提高，离心混凝土的 28 d 强度比一般振实混凝土强度提高 20%～30%，但和离心后配合比相同混凝土比，强度略有下降。离心法成型的混凝土管，管内壁的水泥浆层较厚，抗渗性能好，特别是采用多次投料法成型，抗渗性能好，抗冻性能也有所改善。

宜采用洁净的砂和石子，石子最大粒径不应超过制品壁厚的 1/3～1/4，并不得大于 15～20 mm；砂率应为 40%～50%，比普通混凝土略高，和泵送混凝土接近；水泥用量不低于 350 kg/m³。由于火山灰水泥混凝土拌和物具有较高的保水性能，一般不宜采用。混凝土拌和物的坍落度应控制在 30～70 mm。

4. 悬辊法工艺原理简介

在了解了离心、压制工艺原理后，悬辊法工艺原理可简单概括为离心布料、压制密实，如图 3.23 所示，具体内容参见本章典型工艺部分。

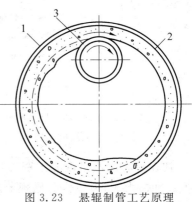

图 3.23 悬辊制管工艺原理
1—管模；2—混凝土管芯；3—辊轴

3.2.4 真空脱水密实成型

对于水灰比较大的流动性的混凝土的密实成型，圆形截面可采用离心方法实现密实成型外，对于平面等其他形状的混凝土，可以采用真空脱水实现密实成型。

1. 真空脱水密实机理

真空脱水密实机理目前公认的有两种观点，一是过滤脱水机理，认为拌和物是个滤水器，在压差的作用下，游离水通过过滤介质而脱水，并假定真空向拌和物内部传播，被束缚在拌和物中的小气泡产生附加膨胀压力，使其容积增大，产生挤水作用。二是挤压脱水机理，认为拌和物为由水饱和的分散介质，存在两种压力：① 液相压力，也称中和压力即作用在液体上产生的静水压；② 固相压力，也称有效压力作用在固体上的挤压力。

一般认为，真空作用的早期挤压脱水机理为主，真空作用的后期过滤脱水机理为主。

2. 真空脱水密实过程

(1) 真空在混凝土内的传播

① 真空传递深度。根据达西公式：

$$Q = KF\frac{P}{H} \tag{3.28}$$

式中　　Q——渗流流量；

P—— 断面压差；

H—— 材料厚度；

F—— 断面面积；

K—— 渗透系数。

设单位体积混凝土中排除液体体积 q，在 $\mathrm{d}t$ 时间内真空传播深度 $\mathrm{d}h$，则在 $\mathrm{d}t$ 时间内排液量为

$$qF\mathrm{d}h = Q\mathrm{d}t$$

带入上式整理得

$$\frac{\mathrm{d}h}{\mathrm{d}t} = \frac{Q}{qF} = \frac{KP}{qh} \tag{3.29}$$

混凝土排出液体量和未脱水前混凝土含水量成正比

$$q = aq_0$$

代入上式积分得

$$t = \frac{aq_0}{2kp}h^2$$

$$h = z\sqrt{t}$$

$$z = \sqrt{\frac{2KP}{aq_0}} \tag{3.30}$$

② 真空传递速度。

$$\frac{\mathrm{d}h}{\mathrm{d}t} = \frac{z}{2\sqrt{t}} \tag{3.31}$$

③ 真空脱水速度。问题较复杂，很难用简单公式表达。

(2) 真空脱水密实过程

真空脱水率及体积收缩率曲线如图 3.24 所示，将真空脱水密实过程划分为三个阶段。

① 初始阶段。假定拌和物为由水饱和的分散介质，液相以薄膜水与自由水的形式存在，气相以溶解于水与空隙中的气泡形式存在。在真空处理的初始阶段，脱水与密实同时进行，脱水量与时间大体呈直线关系，脱水速度近似为常数；拌和物的体积被压缩，并在脱水过程中形成部分均匀分布的毛细孔。拌和物由于水泥浆的浓缩形成的微细骨架与固体颗粒的紧密排列一起成为复合骨架。当其强度达到足以平衡压差时，拌和物的体积压缩量即趋于稳定。

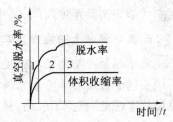

图 3.24 真空脱水率与时间的关系

② 延续阶段。由于拌和物中的部分水已被脱出，复合骨架已形成，因而固体颗粒不再紧固，对液相也不再产生挤压力，但脱水却仍然继续。其原因在于：作用在液相上的压差以及由内部压力平衡产生的局部挤压（如气泡扩大）而延长了脱水过程。脱出水的位置由拌和物外部进入的空气和液相中分解出来的气泡所占据，从而使液相不再是连续状态。此时，毛细管数量增加，直径减少，使固相对液相流动的阻力不断提高，脱水速度减慢，脱水曲线呈弧形，直至极限值。

③ 停止阶段。拌和物已经成物理堆聚结构，传递到残留液相上的压差，已不能使水分克

服阻力而脱出。此后的真空处理,将导入过多的空气而对强度等质量指标产生明显的有害影响。

3. 真空脱水有效系数及提高措施

图 3.24 可见,真空脱水一定时间后,混凝土脱水率曲线和体积收缩率曲线明显分开,也就是说,脱出水的体积大于混凝土的体积收缩量,这种现象称为脱水阻滞。造成这种现象的原因主要有:骨料的互相搭接与挤压,形成了刚性的骨架;随着真空的不断作用,吸入一定量的空气;在真空作用下,部分水分气化形成气泡。

真空脱水密实的效果用真空处理有效系数 K 来表示,即混凝土体积收缩量 ΔV_C 与脱水量 ΔV_W 的比值,K 越接近 1,表明真空脱水密实的效果越好。

$$K = \frac{\Delta V_\mathrm{C}}{\Delta V_\mathrm{W}} \tag{3.32}$$

工程上常采用真空和震动复合的办法来提高有效系数 K,振动作用后,可克服脱水阻滞、提高真空处理有效系数;消除分层结构,使水灰比、水泥浆均匀性提高。

4. 振动真空脱水密实工艺制度

振动真空脱水密实工艺制度包括真空度、真空处理时间、真空处理的振动制度。

(1) 真空度的选择

真空度越大对混凝土处理效果越好,但设备复杂,一般真空度选择 500～600 mmhg。真空脱水延续时间与真空度、混凝土制品厚度、水泥品种及用量、混凝土拌和物的坍落度及作业时的温度有关,应通过实验确定。一般真空度和时间乘积是个常数,即真空度越大,时间越短。

(2) 振动制度

振动时停止真空,真空作用时使颗粒拉紧,使振动效果差,振动使真空短路浪费能源。停止真空时马上振动,内部处于真空状态时,阻力小,震动效果好。每次间断震动时间间隔大于真空传播到制品厚度时间,过短真空未起作用,过长形成真空脱水阻滞或真空短路。

5. 真空混凝土的物理力学性能

真空混凝土初始结构强度高,由于微管压力、摩擦力,可立即脱模,提高了模型的周转率。不同龄期的强度和离心脱水具有相同的规律。由于真空脱水的混凝土的密实度增加,降低了表面吸水性能,减少了收缩,提高了混凝土抗渗性、耐磨性、抗冻性。此外,真空脱水工艺能减少振动噪音。

真空脱水成型法主要用于现浇混凝土楼板、地面、道路及机场地坪等工程的施工,亦可用于预制混凝土楼板、墙板等的生产。

混凝土密实成型工艺除了以上四种基本工艺之外,还有抄取、喷射、注浆、浸渍等其他工艺方法,相对来讲应用面很窄,有必要参照相关资料。

3.3 养 护

养护是为使已密实成型的混凝土进行水化或水热合成反应,达到所需的物理力学性能及耐久性等指标的工艺措施。

从技术方面来看,是继搅拌和密实之后的又一重要结构形成阶段;从经济方面来看,时间最长,影响钢模、台座、工艺设备利用率,劳动生产率,最终影响成本。常见养护工艺分类见表3.6。

表3.6 常见养护工艺分类

养护工艺		温度、湿度、压力	备注
标准养护		$T = 20 \pm 2\ ℃$,$\phi \geq 90\%$ 或在温度为 $20 \pm 2\ ℃$ 的不流动的 $Ca(OH)_2$ 饱和溶液中养护	为了评价混凝土原材料或配合比而人为规定养护条件
自然养护	正温养护	$T_5 \geq 5\ ℃$,保湿,常压	覆盖、养护剂、蓄水养护等
	负温养护	$T_5 < 5\ ℃$,保温保湿,常压	外加剂、蓄热法、综合蓄热法
快速养护	湿热法	常压湿热养护:$T_{max} \leq 80 \sim 95\ ℃$,$\phi \leq 90\%$; 无压湿热养护法:$T_{max} = 100\ ℃$,$\phi = 100\%$; 微压湿热养护法:$T_{max} > 100\ ℃$,$P_j \geq 0.13\ MPa$; 高压湿热养护法:$T = 100 \sim 200\ ℃$,$P_j > 0.8\ MPa$	为加速混凝土构件或制品的生产,缩短生产周期,提高产品的产量和质量以及加速模板周转而采用各种能源做热介质来加速混凝土构件硬化的方法
	干热法	用低湿介质升温,直接加热,混凝土以蒸发过程为主,常压	红外线养护;电热养护,直接电热法、间接电热法、电磁感应法、微波养护法;太阳能养护,覆盖式、棚罩式、箱式等

3.3.1 自然养护

混凝土的自然养护,即利用平均气温高于 5 ℃ 的自然条件,用适当的材料对混凝土表面加以覆盖并浇水,使混凝土在一定的时间内保持水泥水化作用所需要的适当温度和湿度条件,正常增长强度。

自然养护基本要求:在浇筑完成后,12 h 以内应进行养护;混凝土养护期间,严禁任何人在上面行走、安装模板支架,更不得在上面进行冲击性或任何劈打的操作。

养护时间与构件、水泥品种和有无掺外加剂有关,常用水泥正温条件下应不少于 7 天;掺有外加剂或有抗渗、抗冻要求的项目,应不少于 14 天。

1. 自然养护对混凝土性能的影响

(1)温度对混凝土强度发展的影响

由图 3.25 可见养护温度高,混凝土初期强度也高。但养护温度在 4~21 ℃ 的后期强度却比养护温度在 32~46 ℃ 的后期强度高,由此表现出初期养护温度越高,混凝土后期强度的衰退越大。这是由于急促的初期水化反应会导致水化产物的不均匀分布,水化产物分布少的地方成为水泥石中的薄弱环节,从而降低整体的强度。水化产物分布高的区域

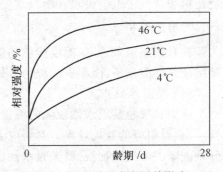

图 3.25 温度对强度发展的影响

包裹在水泥粒子的周围,妨碍水化反应的继续进行,从而减少水化产物。在养护温度较低的情况下,由于水化缓慢,具有充分的扩散时间,从而使水化产物得以在水泥石中均匀分布。养护温度在 4 ℃ 以下混凝土后期强度虽然较高,但是由于水化反应缓慢,其早期强度特别是 28 d

前的强度增长太缓慢,明显不适应施工的要求。所以在实际的施工中要求养护温度不应低于 5 ℃。P. Klieer 曾指出:混凝土早期养护存在一个最佳养护温度,在此情况下混凝土在某一龄期时的强度最高,在实验室条件下硅酸盐水泥的最佳养护温度约为 13 ℃,快硬硅酸盐水泥约为 4 ℃。

(2) 湿度对混凝土强度发展的影响

湿度对强度发展的影响如图 3.26 所示。水是水泥水化的必要条件。如果湿度不够,水泥水化反应不能正常进行,甚至停止水化,会严重降低混凝土强度。因此在混凝土浇筑完毕后,应在 12 h 内进行覆盖。在夏季施工的混凝土,要特别注意浇水保湿。

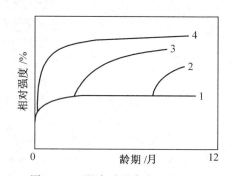

图 3.26 湿度对强度发展的影响
1— 空气;2—9 个月后水养;3—3 个月后水养;4— 标养

水泥水化反应只能在有水条件下发生,因此,必须创造条件防止水分由"毛细管"中蒸发失去。在水泥水化过程中产生的水泥凝胶具有很大的比表面积,大量自由水变为表面吸附水。这时,如果不让水分进入水泥石内,水泥水化则不能继续进行,因此在养护期内必须保证混凝土的养护湿度。根据 T. C. Power 的研究,混凝土的强度主要取决于水泥石中的胶空比,由于随着水泥水化反应的进行,混凝土中的水泥凝胶体积不断增加,而"毛细管"孔腔的体积则减小,混凝土的密实度增加,强度也随之增长。图 3.26 可见:混凝土在空气中养护与在水中养护相比,会发生强度降低和后期强度衰减的现象,养护湿度对混凝土的强度有较大的影响。但混凝土达到所要求的强度并不需要所有水泥全部水化,在施工中也很少能达到这样的程度。在水中养护 7 d 后,其 28 d 强度才不会低于在水中养护的混凝土强度,这主要是随着强度的增长干缩变形减小,混凝土内部微裂缝减少的原因。所以对于硅酸盐水泥或普通水泥混凝土潮湿养护龄期不应小于 7 d。混凝土在浇筑后水分的蒸发,取决于周围空气的温度相对湿度和风速,混凝土与空气的温差也会影响失水。例如,白天饱水的混凝土在温度低的夜晚会失水。在寒冷气候中浇灌的混凝土,即使在饱和空气中也会失水。所以在控制混凝土的养护湿度时,要与外界环境相联系。

2. 自然养护

在自然正温条件下,温度能够确保水泥混凝土的水化硬化,在施工过程中主要确保混凝土凝结硬化的湿度条件,根据工程的具体条件常采用如下的方法。

(1) 覆盖养护

麻袋和棉毡是吸水性较强的覆盖材料,将其覆盖于新浇注混凝土的表面,间歇洒水保持湿润,可获得很好的养护效果。麻袋应无胶料,并无损害或污染混凝土的物质。新麻袋用前应充分冲洗除去可溶性物质,增大吸水性。

(2) 蓄水养护

蓄水法是用不透水的粘土或其他适宜的材料把养护的对象四周围起注水进行养护的一种方法,此法适用于桥面、路面、平顶及平板等工程的养护。注水深度一般为 50 mm 左右。养护水的温度不能低于混凝土 11 ℃,否则由于温度应力会导致混凝土裂缝,这是一种最充分的养护方法,但限于条件一般不常用。

(3) 薄膜覆盖养护

采用厚度大于 13 μm 的白色、黑色或透明的聚乙烯薄膜作为覆盖材料。白色的能反射阳光宜在夏季使用,黑色的具有较高的吸热作用,应避免在夏季使用,而宜在气温较低的春秋季节使用。混凝土浇灌后只要不与混凝土粘结,应尽早用薄膜将混凝土暴露部分覆盖严实。通常混凝土表面的游离水消失后即加覆盖。对路面及平板之类构件,薄膜至少应伸出板厚的两倍,四周边缝用砂、土或木条压紧,以保证混凝土的封闭并防止薄膜被风刮走。

(4) 养护剂养护

薄膜养护剂是将基料溶于溶剂或乳化剂中而制成的一种液状材料。将养护剂喷涂于混凝土表面当溶剂挥发或乳液裂化后,有 10%～50% 的固体物质残留与混凝土表面而形成一层不透水的薄膜,从而使混凝土与空气隔离,水分被封闭在混凝土内。混凝土靠自身的水分进行水化作用,即达到养护的目的。

薄膜养护剂用人工涂刷或机械喷洒均可,但机械喷洒的涂膜均匀,操作速度快,尤其适宜大面积使用。喷涂时间视环境条件和混凝土泌水情况而定,通常当混凝土表面无水渍,用手轻按无痕迹时即可喷涂。喷涂过早会影响涂膜和混凝土表面的结合;喷涂过迟,养护剂易为混凝土表面的空隙吸收而影响混凝土强度。对模内的混凝土,拆模后应立即喷涂养护剂。如果混凝土表面已经明显干燥或失水情况严重,则应喷水使其湿润均匀,等表面游离水消失后方可喷涂养护剂。对薄膜养护剂的技术要求是应无毒性,能粘附在混凝土表面,还应具有一定的弹性,能形成一层至少 7 d 内不破裂的薄膜。由于薄膜相当薄,隔热效能差,在炎夏使用时为避免烈日暴晒应加盖覆盖层或遮蔽阳光。

薄膜养护剂方法养护效果好,但是给下一道工序抹灰带来了新的问题,一般要增加一道工序来清理薄膜。因此近些年来国内外又有人研究另两类养护剂,一类是通过表面物理化学作用来防止水分的流失与蒸发,在水泥混凝土凝结硬化早期效果较好;另一类通过和水泥快速化学作用,早期快速形成硬化水泥膜层,起到养护的作用。这两种方式目前正在快速的发展中。

3. 自然负温养护

(1) 自然负温养护对混凝土硬化的影响

养护温度高,水泥水化速度快,混凝土强度的发展也快;反之,在低温下混凝土强度发展迟缓。国际建筑业联合会冬施委员会认为:当温度降到 $-10\ ℃$ 以下时,水泥将停止水化,强度停止发展,即使温度高于 $-10\ ℃$ 的负温条件下,水泥水化也极其缓慢,而更重要的另一方面是水泥混凝土早期内部含有一定量的水,水在负温下的一系列变化对混凝土的早期结构乃至终身结构带来一系列不可恢复的变化。

混凝土进入负温后,环境的相对湿度比混凝土内部要低,这样在湿度梯度的作用下,混凝土内部的水就会向周围环境中扩散,一方面水的减少会影响水泥的水化,另一方面混凝土内不会产生干缩而破坏混凝土的早期结构。

当温度降低到低于 $0\ ℃$ 时,存在于混凝土中的水有一部分开始结冰,逐渐由液相(水)变为固相(冰)。这时参与水泥水化作用的水减少,因此水化作用减慢,强度增长相应较慢。温度继续下降,当存在于混凝土中的水大多变成冰,也就是由液相变为固相时,水泥水化作用基本停止,此时强度就不再增长。

水转变成冰后,体积约增大 9%,同时产生约 $2\ 500\ kg/cm^2$ 的冰胀应力。这个应力值常常大于水泥石内部形成的初期强度值,使混凝土受到不同程度的破坏(即早期受冻破坏)而降低强度。此外,当水变成冰后,还会在骨料和钢筋表面上产生颗粒较大的冰凌,减弱水泥浆与骨料和钢筋的粘结力,从而影响混凝土的抗压强度。当冰凌融化后,又会在混凝土内部形成各种各样的空隙,而降低混凝土的密实性及耐久性。

假如混凝土早期经受的仅仅是短期的一次冻结,上述的各种破坏作用不一定很大,相反,混凝土早期夜间经受冻,白天又开始融化,这样使得尚未成熟的混凝土受到严重的结构破坏,这是在工程中所不允许的。

(2) 混凝土负温下的养护方法

① 蓄热法。当室外最低温度不低于 $-15\ ℃$ 时,地面以下的工程,或结构比较厚大,表面系数不大于 $5\ m^{-1}$ 的结构,宜采用蓄热法养护。即对原材料(水、砂、石)进行加热,使混凝土在搅拌、运输和浇灌以后,还储备有相当的热量,以使水泥水化放热较快,并加强对混凝土的保温,以保证在混凝土的温度降到 $0\ ℃$ 以前使新浇混凝土具有足够的抗冻能力。此法工艺简单,施工费用不高,但对结构易受冻的部位如角部与外露表面要注意保温,且要延长养护龄期。

② 综合蓄热法。当室外平均气温不低于 $-12\ ℃$ 时,对于表面系数为 $5\sim15\ m^{-1}$ 的结构,宜采用综合蓄热法养护。综合蓄热法是在蓄热保温法的基础上,在配制混凝土时采用快硬早强水泥或掺用早强外加剂,在养护混凝土时采用早期短时加热,或采用棚罩加强养护保温,以延长正温度养护期,加快混凝土强度的增长。综合蓄热法分为低蓄热养护法和高蓄热养护法,低蓄热养护主要以使用早强水泥或掺低温早强剂、防冻剂为主。高蓄热养护法除掺用外加剂外还以采用短时加热为主,使混凝土在养护期内达到要求的临界强度。当日平均气温不低于 $-15\ ℃$,表面系数为 $6\sim12\ m^{-1}$ 时宜采用低蓄热养护法。当平均气温低于 $-15\ ℃$,表面系数大于 $13\ m^{-1}$ 时,宜采用短时加热的高蓄热养护法,此法也常用于抢险工程。

当采用综合蓄热法时,要对原材料进行加热,提高混凝土入模温度一般控制温度为 $20\ ℃$ 左右),外加剂也要慎重选择,根据经验确定其掺入量,合适地选择干燥高效的保温材料。

3.3.2 湿热养护

1. 湿热养护过程中混凝土的变化

湿热养护提高了水化的反应温度,使得混凝土早强、快硬,但湿热养护同时带来了结构的破坏。大量实验表明:硅酸盐水泥同时热养护后强度降低 10%~15%,弹性模量降低 5%~10%,耐久性有所下降。

(1) 化学变化

蒸气养护时硅酸盐水泥生成的水化产物与标准养护时基本相同。

(2) 物理化学变化

硅酸盐水泥蒸养过程中的物理化学变化,主要表现在水泥颗粒表面屏蔽膜的增厚和增密、晶体颗粒的粗化、新生物细度的减小等方面。

(3) 物理变化

① 升温期的物理变化。

i. 混凝土气相中的剩余压力。由于气相受热膨胀是水的 10 倍,是固相的 100 倍,混凝土在养护开始时约含水 $170\sim200\ L/m^3$,空气 $30\sim40\ L/m^3$,因此混凝土受热后各组分的不均匀膨胀,导致了混凝土的体积膨胀及结构的内应力。

ii. 混凝土的减缩与收缩。减缩是指混凝土中水泥的化学反应导致的混凝土的变形；收缩是指混凝土孔隙中的水分的变化导致的混凝土的变形。

iii. 混凝土的应力状态。在一定意义上讲，混凝土本身就是预应力的，水泥石的减缩与收缩将对粗、细集料产生压应力，在集料与水泥石之间建立了预应力。

② 混凝土的热质传输。混凝土热养护时的加热方法，主要有接触加热和经模板传热两种。前者，制品表面与蒸气直接接触，发生对流及冷凝换热；后者，蒸气与制品无直接换热发生，需经模板传热。热质传输的特征及速度，在很大程度上取决于制品表面与介质接触的方式。就热质传输而言，常压与高压湿热养护之不同，主要在于有无超压升温及降压冷却阶段，而混凝土在常压升温、恒温及常压降温中的热物理过程的特征，都较为接近。

i. 接触升温时的物理变化。

a. 常压升温。由于饱和水蒸气的冷凝，在混凝土的内部迅速形成了温度梯度 ΔT 和湿度梯度 ΔU，从而导致形成了一个由内向外的压力梯度 ΔP，在上述三个梯度作用下，混凝土内部的水、气热介质将产生运动，即热质传输，升温速度越快，压力梯度越大，介质传输越严重，使混凝土结构产生串通孔缝，气、水流动对结构产生破坏。

b. 超压升温。高压湿热养护是压蒸养护的第二阶段，在常压湿热养护后，介质压力不断提升，如图 3.27 所示，升压过程中，压力梯度方向转变，由外指向内，当介质压力稳定后，最终和常压湿热养护相同，即内部压力大于环境压力。热质传输对混凝土的破坏和常压养护相同，不同的是在升压过程对混凝土的结构是有利的。

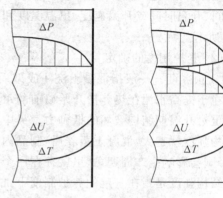

图 3.27 升温阶段的热质传输

ii. 经模板传热升温阶段。经模板传热由于没有湿介质的存在，其传热速度相对较慢，因此其热质传输要弱得多，对混凝土的破坏也小得多。

③ 恒温期的物理变化。恒温期是混凝土结构增长的主要阶段，湿热养护的混凝土强度主要是在此阶段产生的，进入恒温期后，升温期产生的所有梯度都趋于消失。

④ 降温期的物理变化。降温降压期内，混凝土的结构业已定型。这时，其内部的变化有：温差的产生、水分的气化、体积的收缩及拉应力的出现。

冷却阶段混凝土的热质传输主要决定于降压时"蒸气相对体积"的增量。蒸气相对体积是指一定压力下干饱和蒸气的比容与水的原始体积的比值，如图 3.28 所示。

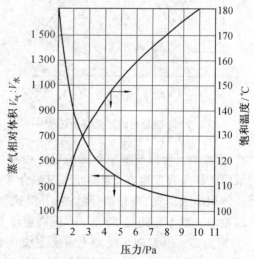

图 3.28 蒸气相对体积与压力的关系

单位时间内由制品单位裸露面蒸发的蒸气量,即蒸发面的蒸发负荷越大,混凝土遭受破坏的危险性越大。

(4) 混凝土在热养护过程中的体积变形

热养护混凝土的变形是由各组分的热膨胀、化学减缩、微管收缩、热质传输等引起的内部结构损伤及表观体积变化的综合表现,因此在常压湿热养护时,可用残余变形来评价其结构损伤的程度。在压蒸养护过程中,由于其出窑后产生大量的干缩,因此压蒸养护应用最大体积变形来反映结构损伤程度。

2. 常压湿热养护

(1) 养护制度

常压湿热养护过程一般分为预养期、升温期、恒温期和降温期,主要工艺参数为预养温度和时间、升温时间或升温速度、恒温温度和时间、降温时间或速度,称湿热养护工艺制度,如图3.29所示。

(2) 养护制度的确定

① 预养期。一般指混凝土浇注成型后到加热升温前这一段静停放置时间。预养阶段的作用在于提高水泥在热养护开始以前的水化程度,使混凝土具有必要的初始结构强度,以增强混凝土对升温期结构破坏的抵御力。吴中伟教授证明:混凝土制品预养时间越长,混凝土的初始结构强度就越大,混凝土蒸养后,制品内部损伤就越小,如图3.30所示。但是预养期不能过长,否则会影响生产周期,这里就存在一个"最佳预养期"及"临界初始结构强度"的问题,临界初始结构强度是指在一定的养护制度下,能使残余变形最小,获得最大密实度和最高强度的最低初始结构强度,对于普通混凝土强度为0.39~0.49 MPa,最佳预养期为混凝土强度达到临界初始结构强度时所需的时间。

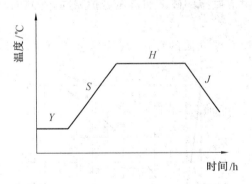
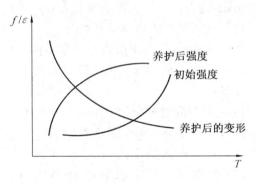

图3.29 混凝土的湿热养护过程　　图3.30 预养期对混凝土强度及变形的影响

② 升温期。养护设备中介质的温度由初始温度升到恒温温度的时间称为升温期。混凝土的结构破坏主要发生在升温阶段,应综合考虑升温速度与结构破坏的关系,该阶段主要表现为粗孔体积增大。气、液相数量越多,升温速度越快,对混凝土的破坏作用就越大。混凝土养护升温速率一般不宜超过25 ℃/h,最高温度超过80 ℃。

③ 恒温期。恒温期是混凝土强度主要增长期。混凝土在恒温时硬化速度取决于水泥品种、水灰比和恒温温度等。影响恒温时间的因素有水泥品种、水泥强度等级、预养时间、升温速度及恒温温度等。水灰比越小,混凝土硬化得越快,所需恒温时间越短。恒温时间过长不一定

好,可能出现强度波动现象。

④ 降温期。介质温度由恒温温度降到允许制品起吊温度这一段时间称为降温期。降温期混凝土内部水分蒸发,同时产生收缩和拉应力。若降温速度过快,混凝土会产生过大的收缩应力,这将导致混凝土表面出现龟裂及酥松等结构损伤现象,甚至造成质量事故。降温期的结构损伤与降温速度、混凝土强度、制品的表面模数(表面积与体积比值)以及配筋情况有关。强度低、表面模数小、配筋少的制品宜慢速降温。

3. 蒸气养护制度的改进

曾采用了多种方法克服湿热养护升温阶段对混凝土结构产生的破坏作用,常见的方法如下。

(1) 渐增式升温及阶段式升温

传统升温一般都采用直线升温或连续升温,对混凝土结构损伤大,且升温总时间长,采用渐增式升温及阶段式升温较为合理,随着混凝土强度增长,升温速率也加快,这样,既可以缩短总的预养时间且降低了结构损伤。变速升温及分段升温制度如图 3.31 所示。

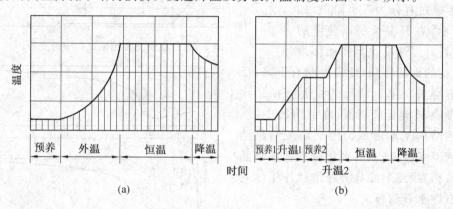

图 3.31 变速升温及分段升温制度

(2) 微压养护

抑制热养护过程中混凝土内部剩余压力的方法很多,如机械挤压养护法、水压养护法。

微压养护则是在升温的同时,快速升高介质的压力,使之超前于混凝土内部剩余压力的出现,以限制其破坏作用。

从养护原理出发,微压养护是很合理的养护工艺,但养护的设备比常压湿热养护要复杂,在工程中不多见。

(3) 热介质定向循环

热介质定向循环湿热养护是供热方法的改进,一定压力的饱和蒸气通过专用喷咀,使养护窑内的湿介质做定向流动,克服了传统养护窑(坑)上下温差大的缺点(原来可达 25~30 ℃),同时提高了湿空气的换热系数,提高了热养护的效率。但正是由于提高了换热系数,升温速度较快,可能导致更大的早期结构破坏,因此必须经过充分的预养。

4. 压蒸养护

在 100~200 ℃,饱和蒸气的温度和绝对压力的近似关系为:$P = 0.096\,5(t/100)^4$ MPa,控制饱和蒸气的压力就可以保证所需的温度,因此称为高压湿热养护,简称压蒸养护。压蒸养护是利用外部热源加热混凝土,加速水泥水化反应和内部结构形成的一种加速混凝土硬化的方法,目的是缩短模板周转期,提高产量。

(1) 物理力学性能变化

① 变形。多孔混凝土在压蒸过程中的变形特征分为三个阶段,升压时,膨胀变形与温度成正比;恒温时则稳定在最大变形值上;温度降至 20 ℃ 时,试件尺寸恢复到接近原始尺寸。普通混凝土在压蒸过程中的变形规律和多孔混凝土相近,但升温至 100 ℃ 时急剧膨胀至最高值,如图 3.32 所示,反常尖峰表明,结构破坏的主要过程发生在常压升温阶段。

② 强度。压蒸过程中加气混凝土的结构形成过程分为三个阶段,如图 3.33 所示,在升温至最高温度的第一阶段,若升温速度快而初始强度低,由于结构的破坏作用,使强度略有下降;反之强度略有增长。第二阶段的主要特征是水化反应速度逐渐增至最高值,在此阶段中,压蒸硅酸盐的结构基本形成。第三阶段结晶结构的形成速度减缓,高碱的水化硅酸钙在结晶为低碱硅酸钙,最终形成具有纤维状连生体的托勃莫来石即水石榴石。

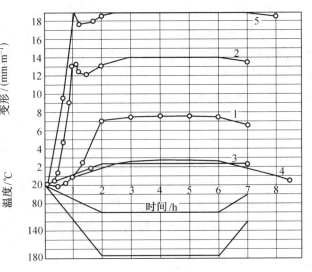

图 3.32 混凝土在压蒸过程中的变形

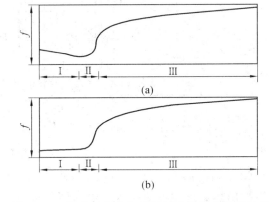

图 3.33 压蒸过程中加气混凝土的强度形成过程

(2) 压蒸养护方法及制度

① 排气法。制品在 100 ℃ 以下的介质中加热时,釜内的空气使介质的含热量及放热系数大大降低,因此必须在压蒸升温之初就用饱和蒸气排净滞留于釜内的空气,这样既为制品的迅速加热创造了必要条件,又可确保恒温期介质压力和温度的对应性。

Ⅰ 期:打开排气阀,送入饱和蒸气,排除空气;

Ⅱ 期:关闭与外界连通的阀门,继续送入高压饱和蒸气,生压至给定的最高压力;

Ⅲ 期:恒压期,介质的温度及压力保持在最高值,制品逐渐达到完全加热;

Ⅳ 期:降压期,釜内压力降至常压。

该种方法简单适用,浪费一些能源,设备简单,在工程中应用较多。

② 真空法。与排气法不同的是:关釜后立即用真空泵将釜内抽成负压,其目的在于抽出釜内的空气,以利于用饱和蒸气传热升温。多用于多孔混凝土的生产中。

③ 早期快速升压法。排气法在升温至 100 ℃ 之前时最危险的阶段。采用真空法时,仍有可能因内部气相膨胀过大、水分迁移过快而使混凝土遭受破坏。而压蒸开始就是制品在介质的工作压力下进行升温,可以有效地防止上述现象的发生,这就是早期快速升压法的特点。

压蒸养护制度主要是指升温(压)速率、恒温温度、压力及时间、降温(压)速率,确定压蒸养护制度的关键在于解决快速升(降)温时结构形成与结构破坏过程的矛盾,国内一般压蒸养护设备的工作温度是 175~200 ℃,压力是 0.8~1.2 MPa,升温(压)速率根据不同产品的不同条件确定。

3.3.3 干热养护和干湿热养护

1. 低湿介质升温原理

(1) 混凝土加热速度减慢

不同温度饱和蒸气及饱和蒸气空气的混合物的含热量见表 3.7。

表 3.7 不同温度饱和蒸气及饱和蒸气空气的混合物的含热量

温度 /℃	100	80	60	40	20	0
饱和蒸气含热量 /($kJ \cdot kg_{蒸气}^{-1}$)	2 671.9	2 639.3	2 605.4	2 570.3	2 533.9	2 497.6
饱和蒸气空气混合物含热量 /($kJ \cdot kg_{混合物}^{-1}$)	2 671.9	988.2	397.1	157.2	56.6	9.4

由表 3.7 可以看出,随着温度下降,饱和蒸气空气的混合物含热量减小的幅度要比饱和蒸气大得多,因此,其可能放出的热量也要比纯饱和蒸气低得多,其加热混凝土的速度也慢,对结构的破坏作用也小。

(2) 最高温度降低

低湿介质养护过程中,由于水分蒸发开始早、持续久,介质与混凝土间的热交换效率降低,水泥水化过程略显延缓,所以混凝土的中心温度达不到介质的最高温度。

(3) 内部气体剩余压力降低

混凝土的内部剩余压力的产生主要是由于快速升温、较大的温差,因此干湿热养护的内部剩余压力较小。

(4) 混凝土变形减小

由于热质传输导致混凝土早期产生膨胀,在低湿介质条件下,由产生干燥收缩,其综合作用结果是混凝土变形减小。

总之,低湿介质养护时,由于各种因素的综合作用,混凝土的结构破坏过程削弱,湿热膨胀变形减小,对于混凝土的结构及物理力学性能都有利。

2. 低湿介质养护混凝土的水化反应

水泥水化的理论水灰比为 0.227,而实际混凝土水灰比远大于理论值,其多余水分的作用在于满足工作性的要求,低湿介质养护恰好将用于工作性的水分脱掉,但应注意控制有足够的水分满足水化的要求。

3. 干热及干湿热养护混凝土结构与强度

低湿介质养护的混凝土的孔径比高湿介质养护的混凝土的孔径小,但比一般自然养护混凝土的孔径大,干湿热养护的混凝土的结构比干热养护的混凝土更致密,干湿热养护的混凝土的强度比湿热养护提高 15%~24%,28 d 强度与标准养护接近。

4. 红外线养护

红外线是波长为 0.72~1 000 μm,介于可见光和微波之间的一种电池磁波。与湿热养护相比,红外线养护有许多优点:养护周期短,不经预养,以红外线加热 4 h,再养护 1 h,强度可达 28 d 的 70% 以上。物理力学性能优于蒸养混凝土,吸水率降低 17%,抗压强度提高 24%,弹性模量提高 10%,是一种有前途的快速养护方法。

5. 电热养护

(1) 直接电热法

直接电热法是利用电流通过导体混凝土发出的热量来加热养护混凝土的方法。加热电阻一般有用混凝土做加热电阻、用钢筋做加热电阻和埋设加热电阻三种。

用混凝土做加热电阻是用两块电极面对新鲜混凝土放置,通入电流后电极之间的混凝土由于电热的传导而产生热量,从而达到加热混凝土的目的。钢筋做加热电阻是在新鲜混凝土构件中钢筋两端通电后产生的热量来加热养护混凝土。埋设加热电阻是当不能用上述两个方法作为加热电阻时,可把绝缘电阻埋入构件内部作为加热电阻,此法一般适用于养护厚度较大、形状较复杂的构件。这种电热养护最适宜表面系数(即表面积与体积之比值)为 5~16 的混凝土,所消耗的电力取决于升高的温度、构件的尺寸和形状、隔热程度、混凝土比热以及水泥水化热等。据资料介绍,每立方米混凝土的耗电量,当表面系数为 5 时为 5.9 kW;当表面系数为 14 时为 9.8 kW。

(2) 间接电热法

间接电热法是从混凝土表面进行加热,以达到促使混凝土硬化的目的,具体方法有电热模法、电热台面法、电热毯法等。

电热模法是把加热电阻安装在模板上,通过模板把热量传给混凝土。电热台面法是用电热法将成型混凝土构件的台座面加热,通过台座面将热量传给混凝土,也可以用电热板作为工作台进行电热养护。电热毯法是用电热毯覆盖在新拌混凝土表面进行加热养护混凝土的方法。养护时,电热毯应加载两层聚乙烯薄膜或玻璃纤维布之间以防电热毯受潮,这是一种非常实用的方法,为保持热量,电热毯上面加盖保温材料。

(3) 电磁感应法

利用电磁感应现象,使钢模及钢筋感应生电,从内外两方面加热混凝土。

(4) 微波养护法

微波养护法是利用微波辐射,激发混凝土内部分子波动而产生的热量以达到加速混凝土养护的一种方法。这种方法可使混凝土经 1 h 预养和 2~3 h 微波辐射后,其抗压强度达到 28 d 的 40% 左右。由于混凝土的水及某些极性分子在电磁场作用下产生高频震动,即使之迅速加热,又引起微细搅拌作用。

6. 太阳能养护

(1) 太阳能养护原理

太阳能养护是在结构或构件周围表面护盖塑料薄膜或透光材料搭设的棚罩,用以吸收太阳光的热能而加热棚内的空气,使棚内混凝土能有足够的温、湿度进行养护,获得早期强度。

(2) 太阳能养护设施

① 覆盖式养护。在混凝土结构、构件密实成型表面抹平后,在构件上覆盖一层厚 0.12~0.14 mm 黑色或透明塑料薄膜,在冬期再盖一层气被薄膜或气垫薄膜(气泡朝下)。塑料薄膜应采用耐老化的材料,接缝采用热粘合,若采用搭接时,其搭接长度应大于 300 mm。四周紧

贴构件,用沙袋或其他重物压紧盖严,防止被风吹开而降温。当气温在 20 ℃ 以上,一层塑料薄膜养护温度可达 65 ℃,湿度可达 65% 以上,混凝土构件在 1.5～3 d 内达到设计强度的 70%,缩短养护周期 40% 以上。

② 棚罩式。在构件上加养护罩,或在构件上覆盖一层黑色塑料薄膜。棚罩材料有玻璃、透明玻璃钢、聚酯薄膜、聚乙烯薄膜,以透明玻璃钢和塑料薄膜为常见。罩的形式有单坡、双坡、拱形。一般夏季罩内温度可达 60～70 ℃,春秋季可达 35%～45%,冬季为 15～20 ℃,罩内湿度一般在 50% 左右。

利用太阳照射的适当倾角造成双层窑,顶部用太阳能养护,窑底层是带其他热源的养护。有日照时,利用太阳能辐射热,无日照时,在窑面护盖棉垫储热养护。

③ 箱式。有箱体和箱盖两部分组成,箱体是一平板型太阳光集热器,箱盖主要为反射聚光以增加箱内的太阳辐射能量,定时变换角度,基本可达到全天反射聚光目的。当白天气温 15～18 ℃、夜间气温 1～16 ℃ 时,箱内养护温度白天可达 80 ℃ 以上,夜间保持 32 ℃ 以上;在阴雨天效果也很好,阴雨天白天气温 21 ℃,箱内最高温度可达 52 ℃,夜间最低 14 ℃,箱内仍可保持 27 ℃ 以上。

3.4 钢筋混凝土配筋

3.4.1 钢筋加工

1. 钢筋加工工艺流程

钢筋加工流程大致分为:原料贮存、原料加工(冷拉、冷拔)、配料加工(调直、切断、弯曲)、成型(点焊、对焊)及半成品堆存。

2. 钢筋的配料计算

(1) 钢筋的配料步骤

钢筋的配料步骤包括熟悉图纸、计算下料长度、编制配料单和填写配料牌。

(2) 下料长度计算

外包尺寸与中心线长度之差称为量度差值。钢筋的下料长度应按外包尺寸、增加端头弯钩长度、扣除量度差值。钢筋下料长度计算如图 3.34 所示。

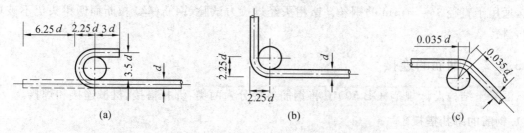

图 3.34 钢筋弯钩及下料长度计算示意图

① 半圆弯钩的增加长度

$$弯钩全长 = 3d + \frac{3.5d\pi}{2} = 8.5d$$

弯钩增加长度为 $8.5d - 2.25d = 6.25d$

② 弯 90°

$$外包尺寸 = 2.25d + 2.25d = 4.5d$$

$$中心线弧长为 \frac{3.5d\pi}{4} = 1.75d$$

$$量度差值 = 24.5d - 2.75d = 1.75d$$

③ 弯 45°

$$外包尺寸 = 2\left(\frac{2.5d}{2} + d\right)\tan 22.5° = 1.87d$$

$$中心线弧长为 \frac{3.5d\pi}{8} = 1.37d$$

$$量度差值 = 1.87d - 1.37d = 0.5d$$

同理,弯 30°,量度差值为 $0.35d$;弯 60°,量度差值为 $0.85d$;弯 130° 时为 $2.5d$。

(3) 钢筋的代换原则

① 构件按强度控制时,可按等强度原则代换。
② 构件按最小配筋率配筋时,可按等截面原则代换。
③ 受裂缝宽度或抗裂度要求控制时,代换后应进行裂缝或抗裂性验算。

3. 钢筋的配料加工

钢筋的配料加工有除锈、调直、切断、弯曲、接长、镦粗等工序。

① 除锈:锈会影响钢筋与混凝土的粘结力。除锈方法有机械除锈和酸洗两种。
② 调直与切断:钢筋由于运输而造成的局部曲折,将影响下料长度的准确和骨架的成型与安装,故需调直。调直工艺有时与冷拉结合进行,调直后,再根据钢筋需要长度进行切断。
③ 弯曲:根据不同弯曲角度在钢筋上标出弯折部位,并按外包和内净尺寸考虑扣除弯曲伸长值。经试弯后,再进行成批弯曲。
④ 接长:接长方法有绑扎搭接、机械连接、电弧焊对接、接触焊对接等,见 3.4.2 钢筋的连接。
⑤ 镦粗:将预应力钢筋端部做成一个大头(镦粗头),加上开孔的垫板,以替代锚具和夹具。作为一种锚固方法,镦粗工艺方法简单,节省材料,但为保证钢筋长度准确一致,比较费工。钢筋的镦粗有两种工艺:一种是热镦工艺,适用于直径 12 mm 以上的钢筋;另一种是冷镦工艺,适用于直径 3~5 mm 的钢丝。镦粗头经过拉力试验,钢筋(丝)拉断而镦粗头仍不破坏即为合格。

3.4.2 钢筋的连接

《混凝土结构设计规范》GB 50010 将钢筋连接分为两类:绑扎搭接、机械连接和焊接。

1. 钢筋的绑扎搭接

钢筋的绑扎搭接的基本原理是:将两根钢筋搭接一定长度,用细钢丝在多处将两根钢筋绑扎牢固,置于混凝土中。承受荷载后,一根钢筋中的力通过钢筋与混凝土的握裹力传递给附近的混凝土,再由混凝土传递给另一根钢筋。

钢筋绑扎搭接的技术要求参见 GB50010。

2. 钢筋的焊接

焊接是使钢材组成结构的主要形式。焊接的质量取决于焊接工艺、焊接材料及钢的可焊性能。

可焊性是指在一定的焊接工艺条件下,在焊缝及附近过热区不产生裂缝及硬脆倾向,焊接后的力学性能,特别是强度不得低于原钢材的性能。可焊性主要受化学成分及其含量的影响,当含碳量超过 0.3%、含硫量高、杂质含量高以及合金元素含量较高时,钢材的可焊性下降。

一般焊接结构用钢应选用含碳量较低的镇静钢,对于高碳钢及合金钢,为了改善焊接后的硬脆性,焊接时一般要采用焊前预热及焊后热处理等措施。

(1) 焊接方法及适用范围

通常将钢筋焊接分为钢筋电阻电焊、钢筋闪光对焊、钢筋电弧焊、钢筋电渣压力焊、钢筋气压焊、预埋件钢筋埋弧压力焊六种方法,但一般来说分为电弧焊和接触闪光对焊两类。

钢筋电阻点焊是将两钢筋安放成交叉叠接形式,压紧于两电极之间,利用电阻热熔化母材金属,加压形成焊点的一种压焊方法。电弧焊以焊条作为一极,钢筋为另一极,利用焊接电流通过产生的电弧热进行焊接的一种熔焊方法。接触闪光对焊将两钢筋安放成对接形式,利用电阻热使接触点金属熔化,产生强烈飞溅,形成闪光,迅速施加顶锻力完成的一种压焊方法。在焊接过程中,由于瞬间高温使钢筋熔化,而且钢的传热和冷却速度很快,导致受热部位的剧烈膨胀或收缩,极易产生变形、内应力和组织的变化。

焊接不良易造成各种缺陷,常见的缺陷有焊缝金属缺陷(热裂纹、夹杂物和气孔)和钢筋热影响区的缺陷(冷裂纹、晶粒粗大、碳化物和氮化物析出)。裂纹和缺口会降低焊接部位的强度、塑性、韧性和耐疲劳性。

各种焊接方法的适用范围参见《钢筋焊接及验收规程》JGJ18。

(2) 电阻点焊

电阻点焊工作原理是:将除锈的两根钢筋叠合在一起,压紧在两个电极间,通过强电流,使钢筋接触点由电阻热迅速加热至熔融状态,形成熔核。当周围金属达到塑性状态时,在压力下切断电流,使熔核冷却成焊点。电阻点焊示意图如图 3.35 所示。

焊件接触处所产生的热量 Q 为

$$Q = 0.24 I^2 R t \tag{3.33}$$

式中　I—— 焊接电流强度;

　　　R—— 电阻,是钢筋电阻、钢筋与电极间的接触电阻以及钢筋间接触电阻的总和;

　　　t—— 通电时间。

点焊过程可分为三个阶段,如图 3.36 所示。

第一为预压阶段。通电前先用电极将钢筋完全压紧,以保证接触点的紧密接触,并防止将钢筋表面及电极表面烧坏。

第二为通电阶段。强大电流通过焊点,在瞬间内由于钢筋接触电阻和内部电阻使接触点附近迅速升温。达到一定温度时,在电极压力作用下,接触点内产生塑性焊接。随着温度的升高,塑性焊点逐渐加大,内部形成熔化核心,此核心在塑性金属包裹下并不溢出,待核心扩大一定程度,切断电源。

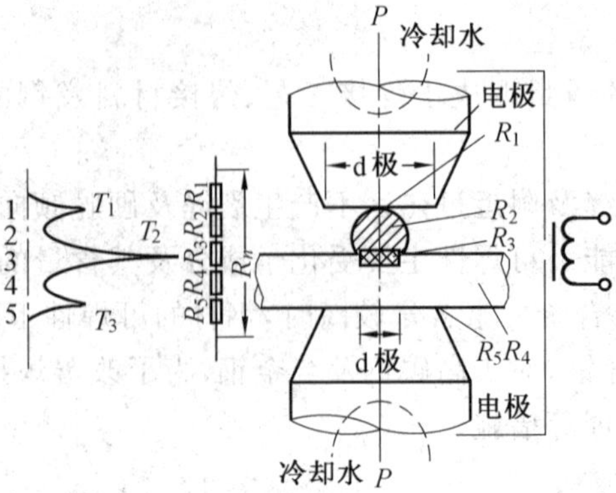

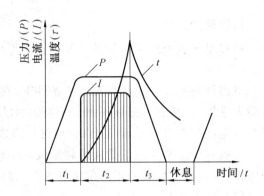

图 3.35　钢筋电阻点焊示意图
R_1、R_5—钢筋与电极的接触电阻；R_2、R_4—钢筋电阻；R_3—钢筋间的接触电阻

图 3.36　点焊过程中压力、电流、温度与时间的关系
t_1—预压时间；t_2—通电时间；t_3—锻压时间

第三持续加压与冷却阶段。切断电源后，在焊点熔化核心的冷却过程中，需持续加压使核心紧密结合，否则熔化核心的自由收缩将使焊点出现缩孔，并产生相当大的内应力，致使焊接质量降低。继续冷却，焊点即形成。

影响点焊质量的因素如下：

① 焊接电流。按照焊接电流与通电时间的大小，焊接制度分为电流密度大（120～360 A/mm²）、通电时间短（小于 5 s）的强制度，及电流密度小（80～120 A/mm²）、焊接时间长（大于 5 s）的弱制度。焊接钢筋时，一般均采用强制度，以提高生产效率。钢筋直径大、焊机功率不足时宜用弱制度；含碳量小于 0.2% 的钢筋两种制度均可采用；可焊性较差的钢筋采用弱制度；冷拔钢丝必须用强制度。

② 通电时间。点焊时的发热量与电流强度的平方和时间成正比。因此，尽量缩短焊接时间，可保证焊点质量。但时间过短，焊点质量也欠佳。

③ 电极压力。电极压力增大，接触电阻减小，点焊发热量减小，焊点尺寸减小，强度下降。增大焊接电流和延长时间，可使焊点强度趋于稳定。

④ 电极接触表面直径。为保证良好的点焊质量，电极接触表面最小直径应按表 3.8 选用。

表 3.8　电极接触表面最小直径

钢筋直径 /mm	电极接触表面的直径 /mm
8～10	20
20～30	40

（3）闪光对焊

接触对焊工作原理是：闪光对焊是使两段钢筋接触，通以强电流使接头加热熔化，随即施以轴向压力顶锻，形成对焊接头，如图 3.37 所示。对焊可以将短钢筋接成长的钢筋，以满足预应力钢筋混凝土工艺需要，在保证接头质量的同时节约钢材。

钢筋的接触对焊应采用闪光焊：将除锈钢筋分别夹入两电极中，接通电源后，使钢筋端头轻微接触，由于接触面积小，故电流密度和接触电阻很大，以致接触点立即加热至沸腾，熔化金

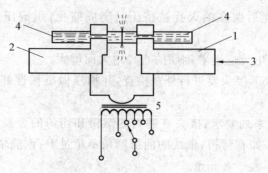

图 3.37　钢筋接触对焊示意图

属自钢筋断面间隙中火花般喷出,形成闪光,故称闪光焊。闪光焊既可防止接口处氧化,又可闪去杂质和氧化膜,焊接效果好。

闪光焊的工艺方法有以下几种:

① 连续闪光焊:闪光一旦开始,就应徐徐移动钢筋,使新的接触点不断形成,呈连续闪光,热量不断传入焊件。当钢筋烧化规定长度时,以适当的压力迅速顶锻,使两根钢筋焊牢。

连续闪光焊分为烧化和顶锻两个阶段,烧化时钢筋端头平整及预热,然后顶锻。连续闪光焊用于直径在 22 mm 以下的 Ⅲ 级钢筋。

② 预热闪光焊:在连续闪光焊前增加一次预热过程,以扩大焊接热影响区,使焊件温度提高和均匀。待预热至一定程度后,再进行连续闪光和顶锻。预热有电阻预热和断续闪光预热两种方法。预热闪光焊用于直径在 25 mm 以上、端面比较平整的 Ⅲ 级钢筋。

③ 闪光-预热-闪光焊:在预热闪光焊前增加一次连续闪光过程,使不平整的钢筋端面烧化平整,使预热均匀;然后进行预热、连续闪光和顶锻。闪光-预热-闪光焊用于直径在 25 mm 以上、端面不平整的 Ⅲ 级钢筋。

Ⅳ 级钢筋对焊工艺方法有:直径在 12 mm 以下的 Ⅳ 级钢筋,采用连续闪光焊+通电热处理;直径在 16～25 mm、端面比较平整的 Ⅳ 级钢筋,采用预热闪光焊+通电热处理;端面不平整的 Ⅳ 级钢筋,采用闪光-预热-闪光焊+通电热处理。Ⅳ 级钢筋也可采用预热闪光焊不加通电热处理工艺,但操作与 Ⅲ 级钢筋的预热闪光焊不同。

控制焊接质量的闪光对焊参数有:

① 调伸长度。焊接前钢筋端部从电极钳口伸出的长度称为调伸长度。调伸长度的选择应该使接头区域获得均匀加热,顶锻时又不发生侧向弯曲。调伸长度随着钢筋等级的提高而增加。

② 烧化留量(闪光留量)及预热留量。烧化留量是钢筋在烧化过程中消耗的长度。预热留量是钢筋在预热过程中消耗的长度。烧化留量和预热留量随钢筋直径的增大而增大。

③ 烧化速度(闪光速度)。烧化速度随钢筋的直径的增大而减小。

④ 顶锻留量。顶锻留量是在闪光结束时由于顶锻而在接头处挤出金属所消耗的钢筋长度。顶锻留量应使顶锻结束时,接头的整个截面紧密接触,并具有适当的塑性变形。

⑤ 顶锻速度。顶锻速度越快越好。顶锻开始的 0.1 s 应将钢筋压缩 2～3 mm,以使焊口迅速闭合,保护焊缝金属免受氧化。在火口紧密封闭以后,应以每秒压缩不小于 6 mm 的速度完成顶锻过程。

⑥ 顶锻压力。顶锻压力随钢筋直径的增大而增加。顶锻压力不足时,熔渣和氧化金属粒

子留在焊口内,而且闪光后留在的火孔被挤压封闭成缩孔;顶锻压力过大时,焊口会产生裂纹。

⑦ 焊接电流。焊接电流应随着钢筋的直径增大而增大。

钢筋对焊完毕后,全部接头要进行外观检查,并抽样做机械性能的试验,两者均符合标准才能使用。

① 外观检查需满足系列要求:接头有适当的镦粗和均匀的金属毛刺;钢筋表面没有裂纹和明显的烧伤痕迹;接头如有弯折,轴线的曲折倾角不超过4°;钢筋轴线如有偏移,偏移值不大于直径的0.1倍,同时不大于2 mm。

② 机械性能试验:每100个同类型(钢筋类别和直径相同)的焊接接头为一批,从中切取6个试件,其中3个做拉力试验,3个做冷弯试验。

(4) 电弧焊和埋弧焊简介

① 电弧焊。电弧焊是用弧焊机使焊条与焊件之间产生高温电弧,在电弧燃烧范围内的焊件迅速熔化并与熔融的焊条结合在一起,冷却凝固后即形成焊缝或焊接接头。电弧焊可用于钢筋接长,钢筋骨架及预埋件的焊接等。

焊接时,先将焊条与焊件分别与焊机两极相连,然后引弧。引弧时,先将焊条端部与焊件接触,造成瞬时短路,随即迅速提起2～4 mm,使空气电离而引燃电弧。电弧焊示意图如图3.38所示。

② 埋弧压力焊。埋弧压力焊是钢板与钢筋作丁字形连接的一种焊接工艺,如图3.39所示。钢筋末端与钢板间产生电弧后,电弧的辐射热使钢筋末端周围的焊剂熔化。熔化焊剂部分蒸发,使电弧周围的焊渣排开,形成一个封闭空间,致使电弧与外界空气隔绝,电弧在此空间内继续燃烧,钢筋不断熔化滴下,钢板被熔化的金属形成焊接熔池,钢筋在一定压力下与钢板紧密接触,冷却后即形成焊缝。

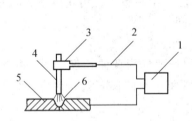

图3.38　电弧焊示意图
1—交流弧焊变压器;2—变压器次级导线;3—焊钳;4—焊条;5—焊件;6—熔渣

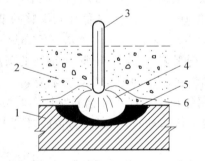

图3.39　埋弧压力焊焊缝形成示意图
1—焊件;2—焊剂;3—焊条;4—焊弧;5—熔融金属;6—熔渣

3. 钢筋的机械连接

钢筋的机械连接是通过连接件的直接或间接的机械咬合作用或钢筋断面的承压作用将一根钢筋中的力传递至另一钢筋的连接方法。国内外常用的钢筋连接方法有挤压套筒接头、锥螺纹套筒接头、直螺纹套筒接头、熔融金属充填套筒接头、水泥灌浆充填套筒接头、受压钢筋端面平接头等。例如直螺纹套筒接头是通过钢筋端头特制的直螺纹与直螺纹套筒咬合而形成的接头,如图3.40所示。直螺纹套筒接头又可分为镦粗直螺纹接头和滚轧直螺纹接头两种。

图 3.40　钢筋直螺纹套筒接头
$L-$ 套筒长度

镦粗直螺纹接头:通过钢筋端头镦粗后制作的直螺纹与连接件螺纹咬合而成的接头。滚轧直螺纹接头:通过钢筋端头直接滚轧或剥肋后制作的直螺纹与连接件螺纹咬合而成的接头。

根据抗拉强度以及高应力和大变形条件下反复拉压性能的差异,接头应分为下列三个等级。Ⅰ级:接头抗拉强度不小于被连接钢筋实际抗拉强度或1.10倍钢筋抗拉强度标准值,并具有高延性及反复拉压性能。Ⅱ级:接头抗拉强度不小于被连接钢筋抗拉强度标准值,并具有高延性及反复拉压性能。Ⅲ级:接头抗拉强度不小于被连接钢筋屈服强度标准值的1.35倍,并具有一定的延性及反复拉压性能。

Ⅰ级、Ⅱ级、Ⅲ级接头的抗拉性能应符合《钢筋机械连接通用技术规程》JGJ 107 的规定,见表3.9。

表 3.9　各级钢及接头抗拉性能指标

接头等级	Ⅰ级	Ⅱ级	Ⅲ级
抗拉强度	$f_{mst}^0 \geq f_{st}^0$ 或 $1.10 \geq f_{uk}$	$f_{mst}^0 \geq f_{uk}$	$f_{mst}^0 1.35 \geq f_{yk}$

注:f_{mst}^0——接头试件实际抗拉强度;f_{zt}^0——接头试件中钢筋抗拉强度实测值;
f_{uk}——钢筋抗拉强度标准值;f_{yk}——钢筋屈服强度标准值。

3.5　预应力混凝土配筋

3.5.1　预应力混凝土

1. 预应力混凝土的基本原理

混凝土的抗压能力很强,但其极限拉应变很小,约为$(0.1 \sim 0.15) \times 10^{-5}$,因此,钢筋混凝土工作过程,在混凝土不开裂的情况下,钢筋受到的拉应力远远小于钢筋的屈服强度。在正常的使用条件下,普通钢筋混凝土结构的受拉区均已产生裂缝,这就导致了构件整体刚度的降低,增大变形量。对使用极限(裂缝和变形)要求严格的构件,可以通过增大构件截面尺寸和增加用钢量来限制裂缝宽度和结构变形,但这样既不经济,又不利于施工。而采用高强混凝土和高强钢筋(丝),可以有效地减轻结构自重、节省钢材用量。但在普通混凝土构件中采用高强钢筋,钢筋应力更高,裂缝宽度更大。由上述可知,普通钢筋混凝土在使用荷载的作用下,受拉区往往已出现裂缝,这既限制了普通钢筋混凝土的应用范围,又限制了高强材料(高强钢筋)

的应用。

预应力混凝土结构是避免混凝土的过早开裂,并更好地利用高强材料的最有效方法之一。预应力混凝土的原理是:在承载时的结构受拉区,预先对混凝土施加一定的压应力,这部分压应力可以在荷载作用时抵消受拉区的拉应力,这样可延缓混凝土受拉区的开裂和裂缝发展,使结构在使用荷载下不出现裂缝或不产生过大裂缝。

预应力混凝土与普通混凝土相比在以下性能上具有优越性:增强结构的抗裂性和抗渗性;改善结构的永久性;提高结构和构件的刚度;合理利用高强材料,减轻结构自重;提高工程质量;增强结构的抗疲劳能力;增强结构的稳定性。

预应力混凝土的不足之处是需要特定的装置、设备,对施工要求严格,施工周期长。

2. 预应力混凝土的分类

预应力混凝土按不同的依据有多种分类方法,按施加预应力的方法可分为机械张拉法、电热张拉法和化学张拉法;按施加预应力的程度可分为全预应力混凝土和部分预应力混凝土;按预应力钢筋与混凝土的粘结状况可分为有粘结预应力混凝土和无粘结预应力混凝土。

机械张拉法在后面章节做详细介绍,下面简介电热张拉法和化学张拉法。

(1) 电热张拉法

电热张拉法是利用钢材热胀冷缩原理,在预应力钢筋上通过强大的电流,短时间内将钢筋加热,使钢筋随着加热温度的升高而伸长,当钢筋伸长到要求长度后,切断电源,锚固钢筋,随着温度的下降,钢筋逐渐冷却回缩。由于钢筋的两端已经锚固,钢筋不能自由冷缩,故产生拉应力,钢筋由于冷缩力压紧构件的两端,使构件混凝土产生预压应力,从而达到于预加应力的目的。

电热张拉法可适用于 Ⅱ、Ⅲ、Ⅳ 级钢、冷拉 Ⅴ 级钢的粗钢筋、钢筋束和钢丝的先张法及后张法制品,但不宜用于钢筋加热段长、散热快、耗电量大的张拉工艺,如长线台座工艺。

与机械张拉法比较,电热张拉法具有张拉速度快,生产效率高,设备简单,操作方便,张拉时无孔壁摩擦引起的预应力损失,并且不发生断筋现象等优点;但也存在耗电量大,张拉应力较难准确控制等缺点。

(2) 化学张拉法

化学张拉法是由于自应力水泥水化时的化学反应使混凝土产生一定程度的膨胀,而在其强度增长的同时张拉钢筋的方法。

化学张拉法与机械张拉及电热张拉法相比,具有工艺简单,无需张拉设备,可张拉任何方向的钢筋,造成多向应力的优点。但是,由于自应力混凝土的自应力值较低,而使其应用受到限制,并且不易控制产品质量。

(3) 全预应力和部分预应力混凝土

按照使用荷载下对截面拉应力控制要求的不同,预应力混凝土结构构件可分为三种:

① 全预应力混凝土:是指在各种荷载组合下构件截面上均不允许出现拉应力的预应力混凝土构件。全预应力混凝土构件具有抗裂性和抗疲劳性好、刚度大等优点,但也存在构件反拱值过大,延性差,预应力钢筋配筋量大,施加预应力工艺复杂、费用高等主要缺点。因此适当降低预应力,做成有限或部分预应力混凝土构件,既克服了上述全预应力的缺点,同时又可以用预应力改善钢筋混凝土构件的受力性能。

② 有限预应力混凝土:是按在短期荷载作用下,容许混凝土承受某一规定拉应力值,但在

长期荷载作用下,混凝土不得受拉的要求设计。

③ 部分预应力混凝土:是按在使用荷载作用下,容许出现裂缝,但最大裂宽不超过允许值的要求设计。部分预应力混凝土(将有限预应力混凝土视作一种特殊的部分预应力混凝土)介于全预应力混凝土和钢筋混凝土之间,有很大的选择范围,设计者可根据结构的功能要求和环境条件,选用不同的预应力值以控制构件在使用条件下的变形和裂缝,并在破坏前具有必要的延性,因而是当前预应力混凝土结构的一个主要发展趋势。

(4) 有粘结和无粘结预应力混凝土

按照粘结方式,预应力混凝土还可分为有粘结预应力混凝土和无粘结预应力混凝土。

① 有粘结预应力混凝土:是在钢筋张拉后直接与混凝土粘结或通过灌浆使钢筋与混凝土粘结的预应力混凝土构件。

混凝土构件或结构制作时,在预应力钢筋部位预留孔道,浇筑混凝土并进行养护;预应力筋穿入孔道,待混凝土达到设计要求的强度,张拉预应力筋并用锚具锚固;最后进行孔道灌浆与封锚。这种施工方法通过孔道灌浆,使预应力筋与混凝土构件结构形成一体,提高了预应力筋的锚固可靠性与耐久性,广泛用于主要承重构件或结构施工。

② 无粘结预应力混凝土:是指配制无粘结预应力钢筋的后张法预应力混凝土。无粘结预应力钢筋是将预应力钢筋的外表面涂以沥清、油脂或其他润滑防锈材料,以减小摩擦力并防锈蚀,并用塑料套管或以纸带、塑料带包裹,以防止施工中碰坏涂层,并使之与周围混凝土隔离,而在张拉时可沿纵向发生相对滑移的后张预应力钢筋。

混凝土构件或结构制作时,预先铺设无粘结预应力筋,浇筑混凝土并进行养护;待混凝土达到设计要求的强度后,张拉预应力筋并用锚具锚固,最后进行封锚。这种施工方法不需要留孔灌浆,施工方便,但预应力只能永久地靠锚具传递给混凝土,宜用于分散配置预应力筋的楼板和墙板、次梁及低预应力度的主梁等。

3.5.2 预应力钢筋加工

预应力钢筋的下料计算时应考虑钢筋品种、锚具形式、张拉设备类型、焊接接头和镦粗头的压缩、冷拉率、弹性回缩率、张拉伸长值、垫板数量、厚度、台座长度及制品间隔、孔道长度等因素。

1. 预应力钢丝束的下料长度计算

(1) 采用钢制锥形锚、锥锚式双作用千斤顶进行张拉(见图 3.41)

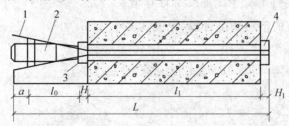

图 3.41 采用钢质锥形锚具时钢丝下料长度计算
1—钢丝;2—锥锚式千斤顶;3—锚环;4—锚板

一端张拉(固定端用镦头式锚具)时钢丝下料长度 l_0 为

$$l_0 = l + l_1 + H + H_1 + a \tag{3.34}$$

两端张拉时钢丝下料长度为

$$l_0 = l + 2(l_1 + H + a) \tag{3.35}$$

式中　l——构件孔道长度；

　　　l_1——千斤顶分丝头端面至卡盘外边缘的距离；

　　　H——锥形锚具锚环高度；

　　　H_1——镦头式锚具锚板厚度；

　　　a——钢丝伸出卡盘外长度，一般为 100 mm。

(2) 采用镦头式锚具、拉杆式千斤顶进行张拉(见图 3.42)

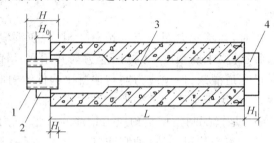

图 3.42　采用镦头式锚具时钢丝下料长度计算
1— 锚环；2— 螺母；3— 钢丝；4— 锚板

一端张拉时钢丝下料长度为

$$l_0 = l + H_1 + H_2 + 2\Delta - 0.5(H - H_0) - \Delta l - c \tag{3.36}$$

两端张拉时钢丝下料长度为

$$l_0 = l + 2H_2 + 2\Delta - (H - H_0) - \Delta l - c \tag{3.37}$$

式中　l——构件孔道长度；

　　　H_1——锚板高度；

　　　H_2——锚环底部厚度；

　　　H——锚环高度；

　　　H_0——螺母厚度；

　　　Δ——钢丝镦头留量，可取 $\Delta = 10$ mm；

　　　Δl——钢丝束张拉伸长计算值；

　　　c——张拉时构件混凝土压缩变形计算值。

2. 预应力钢绞线束的下料长度计算(见图 3.43)

一端张拉时：

$$l_0 = l + l_1 + 2(H + a) + H_1 \tag{3.38}$$

两端张拉时：

$$l_0 = l + 2(l_1 + H + H_1 + a) \tag{3.39}$$

式中　l——构件孔道长度；

　　　l_1——穿心式千斤顶长度；

　　　H、H_1——工作锚、工具锚的锚环高度；

　　　a——钢绞线外露长度，取 $a = 10$ mm。

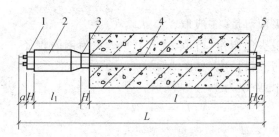

图 3.43　钢绞线束下料长度计算
1—工具锚；2—穿心式千斤顶；3—锚具；4—钢绞线束

3. 冷拉 Ⅱ、Ⅲ 钢筋的下料长度计算

(1) 后张法构件钢筋下料长度

两端张拉，螺栓端杆锚具，采用钢制锥形锚、锥锚式双作用 YL 型千斤顶进行张拉（见图 3.44(a)）。

预应力筋成品长度 L 为

$$L = l + 2l_2 - 2l_1 \tag{3.40}$$

钢筋下料长度 L_0 为

$$L_0 = \frac{L}{1+\delta_1-\delta_2} + n\Delta_1 \tag{3.41}$$

一端张拉，张拉端采用螺栓端杆锚具，固定端采用镦粗头或帮条锚具（见图 3.44(b)）。

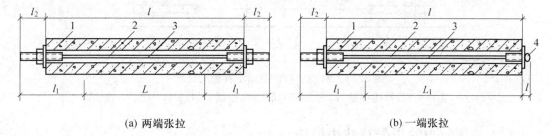

(a) 两端张拉　　　　　　　　　　(b) 一端张拉

图 3.44　冷拉钢筋下料长度计算
1—工具锚；2—穿心式千斤顶；3—锚具；4—钢绞线束

预应力筋成品长度 L 为

$$L = l + l_2 + l_3 - l_1 \tag{3.42}$$

钢筋下料长度 L_0 为

$$L_0 = \frac{L}{1+\delta_1-\delta_2} + n\Delta_1 + \Delta_2 \tag{3.43}$$

式中　l——构件孔道长度；
　　　l_1——螺栓端杆长度；
　　　l_2——螺栓端杆伸出构件外之长度；
　　　l_3——镦粗头厚度（包括垫板）或帮条之长度（包括衬板厚度）；
　　　δ_1——钢筋冷拉率；
　　　δ_2——钢筋冷拉弹性回缩率；
　　　n——对焊接头个数；

Δ_1—— 对焊接头预留量,一般取 $1.0\ d$;

Δ_2—— 每个镦粗头预留量,可取 $\Delta_2 = 1.8\ d$,d 为钢筋直径。

(2) 台座张法时钢筋下料长度(见图 3.45)

预应力筋部分的总长度 L 为

$$L = l + 2l_2 - 2l_1 \tag{3.44}$$

每段预应力筋成品长度为

$$l' = \frac{L - (m-1)a}{m} \tag{3.45}$$

钢筋下料长度 L_0 为

$$l_0 = \frac{1}{m}\left(\frac{L - (m-1)a}{1 + \delta_1 - \delta_2}\right) + n\Delta_1 + 2\Delta_2 \tag{3.46}$$

式中　m—— 预应力筋的分段数;

n—— 计算段钢筋的对焊接头数;

l—— 台座两端横梁外侧面之间的距离;

l_2—— 螺栓端杆伸出横梁外的长度;

a—— 连接器内两段钢筋端面净距。

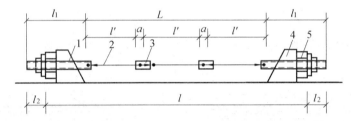

图 3.45　台座张拉时钢筋下料长度计算
1—螺栓端杆(带连接器);2—预应力筋;3—连接器;4—承力墩;5—钢梁

3.5.3　预应力的损失及减小措施

预应力钢筋中的拉应力值在张拉完毕或经历一段时间后逐渐降低的现象称为预应力损失。预应力损失会降低预应力的效果,降低构建的抗裂性。正确估算预应力损失,采取必要的措施减小预应力是预应力混凝土结构的重要问题。

(1) 锚具变形、预应力筋内缩和分块拼装构件接缝压密引起的预应力损失 σ_{l1}

预应力钢筋在锚固时,由于锚具各部件之间和锚具与构件之间的缝隙被挤紧或预应力钢筋在锚具中滑移等因素,使预应力钢筋回缩,引起预应力损失,记作 σ_{l1}。

采用变形小的锚具并尽量少用垫板可以减少此项应力损失。

(2) 预应力钢筋与孔道壁之间的摩擦引起的预应力损失 σ_{l2}

由于预应力钢筋与混凝土孔道壁之间的摩擦,距张拉端越远,预应力钢筋的实际预拉应力越小。张拉控制应力(σ_{con})与实际拉应力的差值称为摩擦损失,记作 σ_{l2},此预应力损失只在后张法中出现。

采用两端张拉和超张拉,并尽量避免使用连续弯束及超长束,可以减少摩擦损失。超张拉就是以大于张拉控制应力的拉力进行张拉($1.3 \sim 1.5\sigma_{con}$),持续一段时间后,卸载至张拉控制

应力 σ_{con}。

(3) 温度引起的预应力损失 σ_{l3}

先张法预应力混凝土构件常用蒸气养护。当温度升高时，新浇混凝土尚未硬结，与钢筋未粘结成整体，此时，预应力钢筋受热膨胀而产生的伸长比台座的伸长大，而钢筋是被拉紧固定在台座上的，这就造成钢筋放松，拉应力减小。温度降低时，由于混凝土已硬结并与预应力钢筋粘结成整体，且钢筋与混凝土的膨胀系数相近，二者一起回缩，所损失的应力不能恢复。这种由温度变化引起的预应力损失称为温差损失，记作 σ_{l3}。

两次升温法可以减少温差损失，即首先按设计允许温差（一般不超过 20 ℃）养护，待混凝土强度达到一定强度后（10 MPa），再按一般升降温制度养护。

(4) 钢筋应力松弛引起的预应力损失 σ_{l4}

在钢筋长度不变的条件下，钢筋应力随时间增长而降低，这种由于应力松弛引起的钢筋应力的降低值称为应力松弛损失，记作 σ_{l4}。

采用低松弛预应力筋、超张拉和减小张拉控制应力可以减少应力松弛损失。

(5) 混凝土收缩、徐变引起的预应力损失 σ_{l5}

收缩和徐变是混凝土的固有特性。在一般的温度条件下，混凝土会发生体积收缩。在持续压应力下，混凝土会产生徐变。这种由于收缩和徐变都会使构件缩短，从而引起的预应力损失，记作 σ_{l5}。

此项预应力损失在总的预应力损失中所占比重较大，在设计和施工中应着重考虑收缩徐变损失。采用普通硅酸盐水泥，并控制水泥用量和水灰比，延长混凝土的受力时间，可以减少收缩、徐变引起的应力损失。

(6) 螺旋式钢筋挤压混凝土所引起的预应力损失 σ_{l6}

采用螺旋式预应力筋作为配筋的环形构件，由于预应力钢筋对混凝土的局部挤压，使得环形构件的直径有所减小，造成预应力筋中的拉应力就会降低，从而引起预应力筋的应力损失，记作 σ_{l6}。

(7) 混凝土弹性压缩所引起的预应力损失 σ_{l7}

预应力混凝土受到预压后，产生弹性压缩，已与混凝土粘结或已张拉并锚固的预应力筋也将产生相同的压缩形变，从而引起应力损失，记作 σ_{l7}。

尽量减少后张法构件的分批张拉次数可以减少弹性压缩应力损失。

各项预应力损失并非同时产生。把混凝土预压结束前产生的预应力损失称为第一批损失值 σ_{II}，预压结束后产生的预应力损失称为第二批损失值 σ_{III}。不同张拉方法的预应力混凝土构件在不同阶段的预应力损失值组合可按表 3.10 计算。

表 3.10 预应力损失值的组合

预应力损失值的组合	先张法构件	后张法构件
第一批损失值 σ_{II}	$\sigma_{l1}+\sigma_{l2}+\sigma_{l3}+\sigma_{l4}$	$\sigma_{l1}+\sigma_{l2}$
第二批损失值 σ_{III}	$\sigma_{l5}+\sigma_{l7}$	$\sigma_{l4}+\sigma_{l5}+\sigma_{l6}+\sigma_{l7}$

由于预应力损失的计算值与实际值可能的差异，为确保混凝土的抗裂性，规定总预应力损失计算值小于下列数值时，应按下列数值取用：先张法为 100 N/mm²；后张法为 80 N/mm²。

3.5.4 机械张拉的设备和机具

1. 台座

台座是先张法中预应力钢筋的承力设备,通常由台面、承力镦、横梁及定位板组成。台座应具有足够的强度、刚度和稳定性。台面兼做底板用;承力架是台座的受力部分;横梁是将预应力筋的张拉力传给承力架的部件;定位钢板是预应力筋的定位和临时锚固装置。

台座的形式按生产功能可分为普通台座、预应力制品台座及专用台座。按构造不同可分为墩式台座及槽式台座。

(1) 墩式台座

墩式台座由台墩、台面、牛腿和横梁组成,其构造简单,易于建造,适用范围广,可生产多种形式的制品,亦适于叠层生产中小型制品。台座的承力架一般是钢筋混凝土的台墩,地面下有混凝土地梁和底板连成整体,其构造如图 3.46 所示。

(2) 槽式台座

槽式台座又称为柱式台座,由端柱、传力柱、柱垫、横梁及台面组成,既可承受张拉力,又可作为蒸气养护槽,适用于张拉吨位较大的大型构件。

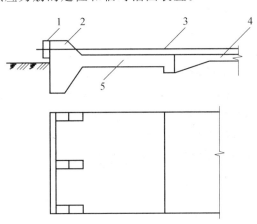

图 3.46 墩式台座构造
1— 横梁;2— 牛腿;3— 预应力筋;
4— 台面;5— 台墩

整体式槽式台座的构造如图 3.47 所示。

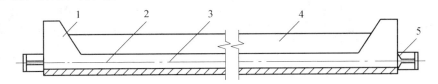

图 3.47 整体式槽式台座
1— 传力柱;2— 台面;3— 预应力筋;4— 砖墙;5— 钢梁

(3) 预应力混凝土台面

预应力混凝土台面为了解决普通混凝土温差导致开裂的问题,预制构件厂长线台面宜采用预应力混凝土滑动台面。

预应力混凝土滑动台面(见图 3.48),是在已浇筑的混凝土基面上涂刷隔离层,铺设并张拉预应力钢丝,浇筑混凝土面层。待面层混凝土达到放张强度后切断钢丝,台面就发生滑动。这种台面,由于面层有预应力,与基层之间能产生微量移动,消除了温差产生的拉应力,长期使用不易出现裂缝。

2. 预应力钢筋张锚体系

国标《预应力筋用锚具、夹具和连接器》GB/T14370 将锚固预应力钢筋的工具分为夹具和锚具两类。用于临时锚固先张预应力混凝土构件中的预应力钢筋、可重复使用的工具称为夹具。用于锚固后张预应力混凝土结构或构件中的预应力钢筋、永久锚固在结构构件上的工具

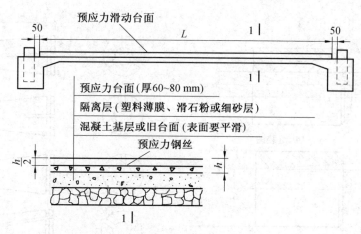

图 3.48　预应力混凝土滑动台面

称为锚具。二者统称为预应力钢筋张锚体系。常见的张锚体系有夹片式、支承式、锥塞式和握裹式四大类。各类锚固方式的分类代号见表 3.11。

表 3.11　各种预应力钢筋张锚体系及代号

分类代号		锚具	夹具	连接器
夹片式	圆形	YJM	YJJ	YJL
	扁形	HJM		
支承式	镦头	DTM	DTJ	DTL
	螺母	LMM	LMJ	LML
锥塞式	钢质	GZM	—	
	冷铸	LZM		
	热铸	RZM		
握裹式	挤压	JYM	JYJ	JYL
	压花	YHM		

注：连接器的代号以续接段端部锚固方式命名。

夹片式张锚体系分为单孔夹片锚固体系和多孔夹片锚固体系。夹片式锚具由锚环和夹片组成，单孔夹片锚具如图 3.49 所示。适用于锚固单根无粘结预应力钢绞线，也可用作先张法夹具，其他张锚体系参见 GB/T14370。

3. 张拉机具

预应力钢筋的张拉机具种类较多，最常见的是液压千斤顶，可分为拉杆式、穿心式、锥锚式和台座式四种机型。

穿心式千斤顶是应用最广泛的一类千斤顶。其特点是沿轴线有一穿心孔道，供穿预应力钢筋用，可用于张拉带夹片式锚、夹具的单根钢筋、钢筋束或钢绞线束。若配置其他附件，也可张拉带其他形式锚具的预应力筋。高压油泵是千斤顶的供油配套设备，有手动油泵和电动油泵两类。

为使预应力钢筋达到要求的张拉力并保证安全操作，张拉前应根据制品特点、生产工艺、

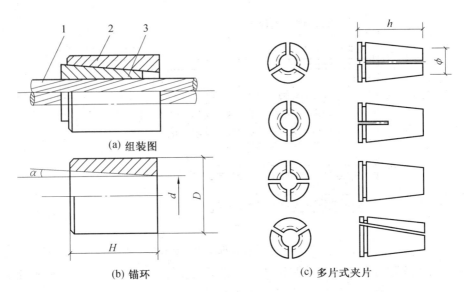

图 3.49 单孔夹片锚具
1—钢绞线；2—锚环；3—夹片

钢筋规格及根数等因素,合理选用张拉机。

3.5.5 先张法张拉

先张法生产可采用台座法或机组流水法。采用台座法时,预应力钢筋的拉力先由台座承受。采用机组流水法时,预应力钢筋的拉力先由钢模承受。

1. 预应力筋的铺设

长线台座的台面(或胎模)在铺设预应力筋前应涂隔离剂。隔离剂不得污染预应力筋,若预应力筋遭受污染,应使用适宜的溶剂清洗干净,以免影响与混凝土的粘结。在生产过程中,应防止雨水冲刷台面上的隔离剂,若被雨水冲掉应及时进行补涂。预应力钢丝宜用牵引车铺设,如果钢丝需要接长,可借助于钢丝连接器或铁丝密排绑扎。刻痕钢丝的绑扎长度不应小于 $80d$,钢丝搭接长度应比绑扎长度大 $10d$。

2. 预应力筋的张拉

预应力钢筋的张拉宜采用液压千斤顶或拉伸机进行。单根张拉时,应按对称位置进行,并考虑分批张拉所造成的应力损失。多根同时张拉时,需调整初应力(5%～10%),使相互间应力一致。当同一制品的上、下部钢筋不能同时张拉时,应先张拉下部钢筋,以免台座受过大的偏心力。张拉完毕,预应力钢筋位置偏差不得大于 5 mm,也不得大于制品截面最短边长的 4%。预应力钢筋超张拉时的应力值不得大于钢筋的屈服点,对于碳素钢丝或钢绞线不得大于抗拉强度的 75%。初应力值一般不超过 $0.1\sigma_K$,作为实测伸长值的基准。若实测伸长值和理论计算值相差超过 -5% 或 $+10\%$,应查明原因并重新张拉。应在超张拉放松至 $0.9\sigma_K$ 后,再装设预埋件、其他钢筋及模型。预应力钢筋的张拉程序及张拉控制应力见表 3.12。

表 3.12　先张法张拉控制应力限值

钢筋种类	先张法构件
消除应力钢丝、钢绞线	$0.75 f_{ptk}$
热处理钢筋	$0.70 f_{ptk}$

3. 混凝土的浇筑与养护

台座内每条生产线上制品的混凝土,应一次连续浇灌完毕。振动器不得接触预应力钢筋。混凝土浇注成型后,应采取适当的方法进行养护,保证混凝土达到要求的强度和耐久性。混凝土构件的养护方法有自然养护、太阳能养护和蒸气养护等。采用蒸气养护时,可采用二次升温法避免预应力损失。

4. 预应力筋的放张

当制品的混凝土强度到达设计要求时,方可放张预应力钢筋。常用的放张方法如下:

① 用千斤顶拉动单根钢筋,放松螺母。放张时由于混凝土与预应力筋已结成整体,松开螺母的间隙只能是最前端构件外露钢筋的伸长,所施加的应力往往超过控制应力的10%,较费力。

② 采用两台台座式千斤顶整体缓慢放松,应力均匀,安全可靠。放张用台座式千斤顶可专用或与张拉合用。为防止台座式千斤顶长期受力,可采用垫块顶紧。

③ 对先张法板类构件的钢丝或钢绞线,放张时可直接用手提砂轮锯或氧炔焰切割。放张工作宜从生产线中间开始,以减少回弹量且有利于脱模;对每一块板,应从外向内对称放张,以免构件扭转而端部开裂。也可在台座的一端浇捣一块混凝土缓冲块,在应力状态下切割预应力筋时,使构件不受或少受冲击。

预应力筋的放张顺序如下:

① 轴心受压构件的所有预应力筋同时放张。

② 偏心受压构件,应先同时放松预压力较小区域的预应力筋,再放松预压力较大区域的预应力筋。

③ 其他形式的构件,应分段、对称、相互交错地放张,防止放张过程中构件发生翘曲、裂缝和断筋。

3.5.6　后张法张拉

1. 后张法有粘结预应力工艺

(1) 预留孔道

预留孔道的直径、长度和形状应根据设计要求确定。若无规定,可按比螺丝端杆或钢丝束直径大 10～15 mm 确定。预留孔道的方法有抽拔芯管成孔和预埋成孔材料成孔等。

(2) 预应力筋穿入孔道

预应力筋穿入孔道,简称穿束。根据穿束与浇筑混凝土的先后关系,分为先穿束和后穿束两种。先穿束法即在浇筑混凝土之前穿束,此法穿束省力,但穿束占用工期,预应力束的自重引起的波纹管摆动会增大孔道摩擦损失,束端保护不当易生锈。后穿束法即在浇筑混凝土后穿束,此法可在混凝土养护期间内进行穿束,不占工期。穿束后即行张拉,预应力筋不易生锈,但穿束较为费力。

穿束方法有人工穿束、用卷扬机穿束和用穿束机穿束等。

(3) 预应力筋张拉

张拉时混凝土强度应符合设计要求。设计无要求时,应不低于设计强度等级的 70%。

后张法有粘结张拉控制应力应符合设计要求并符合表 3.13 的规定。

表 3.13 后张法有粘结张拉控制应力限值

钢筋种类	先张法构件
碳素钢丝、刻痕钢丝、钢绞线	$0.75 f_{ptk}$
热处理钢筋、冷拔低碳钢丝	$0.65 f_{ptk}$

注:当符合下列情况之一时,张拉控制应力的限值可提高 $0.05 f_{ptk}$:
　① 在使用阶段受压区内设置预应力筋;
　② 要求部分抵消应力松弛、摩擦、温度等预应力损失。

预应力筋施加拉力的基本方式是一端张拉和两端张拉。一端张拉适用于一般直线预应力筋和锚固损失影响长度 $L_f \geqslant L/2$ 的曲线预应力筋。两端张拉用于超长直线预应力筋和锚固损失影响长度 $L_f < L/2$ 的曲线预应力筋。当必须两端同时张拉且设备能力不足时,可先从一端张拉,再从另一端补足预应力值。

当制品有多根预应力钢筋时,按设计规定可采用特殊的张拉方式,通常有分批张拉、分段张拉、分阶段张拉、补偿张拉等。

分批张拉是指在后张法结构或构件中,多束预应力筋需要分多批进行张拉的方式。对分批张拉中先批张拉的钢筋张拉应力,应考虑后批钢筋张拉时产生的弹性压缩会对先批张拉的预应力筋造成的预应力损失。

分段张拉是指在多跨连续梁分段施工时,通长的预应力筋需要逐段进行张拉的方式。对大跨度多跨连续梁板,在第一段混凝土浇筑与预应力筋张拉后,第二段梁中有粘结预应力筋采用多根钢绞线连接器,板中无粘结预应力筋采用单根钢绞线锚头连接器接长,以形成通长的预应力筋。

分阶段张拉是指在后张结构中,为了平衡各阶段的荷载,采取分阶段逐步施加预应力的方式。此张拉方式具有应力、挠度与反拱容易控制,节省材料等优点,适用于支承高层建筑荷载的转换梁。分阶段张拉可以先张拉一部分预应力筋,每束拉至控制应力,届时再张拉另一部分预应力筋;也可以先张拉所有预应力筋,但每束张拉应力都小于控制应力,届时再拉至控制应力。

补偿张拉是指在早期的预应力损失基本完成之后再次进行张拉的方式。采用这种补偿张拉方式,可克服弹性压缩损失、减少钢材应力松弛损失、混凝土收缩和徐变损失等以达到预期的预应力效果。

采用超张拉工艺可减少应力松弛损失,即以超过张拉控制应力 5%～10% 的拉应力张拉,持续荷载 2～5 min,卸去荷载后再重新张拉。由于用千斤顶回油很难使钢筋应力精确控制至张拉控制应力,所以需使应力值下降到张拉控制应力以下一定数值(如 90%)后,再张拉至张拉控制应力。

预应力值的校核和伸长值的测定按《混凝土结构工程施工质量验收规范》GB50204 规定。

(4) 孔道灌浆与封锚

预应力张拉完毕并经验收合格后,应及时进行孔道灌浆,既可避免钢筋锈蚀,又可使预应力筋与混凝土有效地粘结。灌浆前,预留孔道应用压力水润洗并冲洗干净。灌浆次序一般是先下后上、逐步升压,灌浆过程应排气通畅。

为避免锚具因受外力冲击和雨水浸入造成破损或腐蚀,应对锚具及预应力筋端部采取有效的封闭保护措施。锚具封闭保护方法有:在锚具外露表面涂刷防水涂料,再浇筑混凝土防护。内藏式锚具可浇筑微膨胀细石混凝土;外露的凸出式锚具可浇筑混凝土防护小梁。

2. 后张法无粘结预应力工艺

无粘结预应力混凝土结构施工工艺流程为:

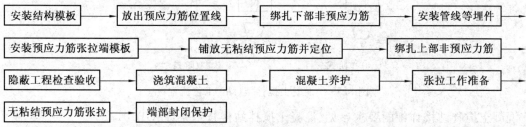

后张法无粘结预应力混凝土无需预留孔道,省去了穿束、孔道灌浆等工序,简化了后张法施工工艺。

无粘结预应力筋张拉锚固后,应及时对锚固区进行封闭保护。在预应力筋全长及锚具与连接套管的连接部位,外包材料应连续、封闭且能防水。

对镦头锚具,先用油枪通过锚杯注油孔向连接套管内注入足量防腐油脂,以油脂从另一注油孔溢出为止。然后用防腐油脂将锚杯内充填密实,并用塑料或金属帽盖严,再在锚具及承压板表面涂以防水涂料。

对夹片锚具,可先切除外露无粘结预应力筋的多余部分,然后在锚具及承压板表面涂以防水涂料。

3.6 典型混凝土工艺

3.6.1 混合料的制备

原料经过准备或加工,就可用来制备混凝土混合料,其制备工艺过程一般包括原料的储存、称量配料、搅拌等工序。

1. 单阶式搅拌工艺

单阶式搅拌工艺是将材料一次提升到车间最高点,依靠自重由上而下依次储存、计量、搅拌和输送。该工艺具备产量高、占地小、工艺布置紧凑,便于自动控制的优点,但耗钢量多,一次投资大,适用于大型永久性工厂。单阶式搅拌工艺示意图如图 3.50(a) 所示。

2. 双阶式搅拌工艺

双阶式搅拌工艺是将材料分为两次提升,第一次提升到储存斗,经过称量配料再经过二次提升进入搅拌机。该工艺具备设备简单、对厂房结构要求低,投资少的优点,但辅助设备多,动力消耗大,适用于商品混凝土搅拌站、小型临时性工厂。双阶式搅拌工艺示意图如图3.50(b)所示。

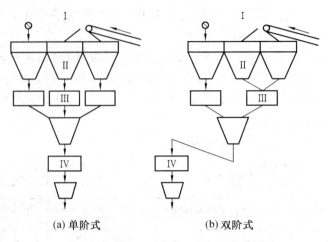

(a) 单阶式　　　　　(b) 双阶式

图3.50　混凝土搅拌楼(站)工艺流程

混凝土搅拌站楼详细的要求参见《混凝土搅拌站楼技术条件》GB10172。

3.6.2　混合料的输送

混凝土自搅拌机卸出后,应及时送到浇筑地点。其运输方案的选择,应根据建筑结构的特点、混凝土的工程量、运输距离、地形、道路和气候条件及现有设备等综合考虑。

1. 运输要求

(1) 保证混凝土的浇筑量

尤其是在不允许留施工缝的情况下,混凝土运输必须保证其浇注工作能够连续进行。为此,必须按混凝土的最大浇筑量和运距来选择运输机具设备的数量及型号,同时,也要考虑运输机具设备与搅拌设备的配合。一般运输机具的容积是搅拌机出料容积的倍数。

(2) 应使混凝土在初凝之前浇筑完毕

为此,应以最少的转运次数和最短的时间将混凝土从搅拌地点运至浇筑现场,混凝土从搅拌机卸出后到浇筑完毕的延续时间不宜超过表3.14的规定。

表3.14　混凝土从搅拌机中卸出到浇筑完毕的延续时间　　　　　min

混凝土强度等级	气温	
	不高于 25 ℃	高于 25 ℃
不高于 C30	120	90
高于 C30	90	60

注:① 对掺用外加剂或采用快硬水泥拌制的混凝土其延续时间应按试验确定;
　　② 对轻骨料混凝土,其延续时间应适当缩短。

(3) 在运输过程中应保持混凝土的均匀性

要避免产生分层离析、水泥浆流失、坍落度变化以及初凝等现象。产生这些现象的原因,主要是由于运输中的振动;皮带和溜槽运输时惯性力的作用;垂直运输时自由落差过大;运输时间和距离过长;转运次数过多;运输工具漏浆、吸水、风吹日晒等所造成的。为此,应尽可能使运输线路短直、道路平坦、车辆行使平稳,以减少运输时的振荡;垂直运输的自由落差不大于 2 m;溜槽运输的坡度不宜大于 30°,混凝土移动速度不宜大于 1 m/s。如果溜槽的坡度太小,混凝土移动太慢,可在溜槽底部加装小型振动器;当溜槽太斜,或用皮带运输机运输,混凝土流动太快时,应在末端设置串筒和挡板,以保证垂直下落和落高差。当混凝土浇筑高度超过 3 m 时,应采用成组串筒;当混凝土浇筑高度超过 8 m 时,则应采用带节管的振动串筒,即在串筒上每隔 2～3 根节管安置一台振动器。

运输混凝土的容器应平整光洁、不吸水、不漏浆,装料前应先用水湿润;在炎热或者风雨天气,容器上应加上遮盖,防止进水或减少水分的蒸发;冬季运输应考虑到保温措施。

图 3.51　混凝土搅拌输送车

2. 运输机具

混凝土搅拌运输车是一种用于长距离的施工机械,它是将运输混凝土的搅拌筒安装在汽车底盘上,把在预拌混凝土搅拌站生产的混凝土成品装入拌筒内,然后运至施工现场。在整个运输过程中,混凝土搅拌筒始终在作慢速转动,从而使混凝土在长途运输后,仍不会出现离析现象,以保证混凝土的质量;或者将混凝土干料装入筒内在运输途中加水搅拌,以减少长途运输引起的混凝土坍落度损失。混凝土搅拌运输车如图 3.51 所示。使用混凝土搅拌运输车必须注意以下几点:

① 混凝土必须能在最短的时间内均匀无离析地排出。出料干净、方便,能满足施工要求,如与混凝土泵联合输送时,其排料速度应能相匹配。

② 从搅拌运输车运卸的混凝土中分别取 1/4 和 3/4 处试样进行坍落度试验,两个试样的坍落度值之差不得超过 30 mm。

③ 混凝土搅拌运输车在运送混凝土时通常的搅动转速为 2～4 r/min,整个输送过程中拌筒的总转数应控制在 300 转以内。

混凝土搅拌运输车详细的要求参见国家行业标准《混凝土搅拌运输车试验方法》QCT668—2000 和《混凝土搅拌运输车技术条件》QCT667—2000。

泵送混凝土是通过专用混凝土输送泵(见图 3.52)和管道泵的压力将混凝土直接输送到浇筑地点,一次完成水平或垂直运输的一种高效混凝土输送技术。它不仅适用于需要量大、质量要求高的大型设备基础、水利、港湾、桥梁等工程的混凝土施工,同时也适用于高层建筑的施工,特别对一些工作面小,现场地形复杂,如地下工程和隧道等有其独特的优越性。它有较高的技术经济效益,是当前发展较快的一种混凝土输送技术。泵送混凝土技术具有施工省力,现场临时设施少,操作方便,浇筑范围大,适应性较强,工效高等优点。

混凝土泵详细的要求参见国标《混凝土泵》GB/T13333。

图 3.52　混凝土输送泵

《混凝土泵送施工技术规程》JGJ7 建议常用混凝土输送管径与粗骨料最大粒径的关系见表 3.15。

表 3.15　混凝土输送管径与粗骨料最大粒径的关系

粗骨料最大粒径/mm		输送管最大管径/mm
卵石	碎石	
20	20	100
25	25	100
40	40	125

输送管的不同,对混凝土的压力损失就不同,JGJ7 建议混凝土泵送的换算压力损失见表 3.16。根据表 3.16 就可以计算出混凝土泵水平输送距离。

表 3.16　混凝土泵送的换算压力损失

管件名称	换算量	换算压力损失/MPa
水平管	每 20 m	0.10
垂直管	每 5 m	0.10
45°弯管	每只	0.05
90°弯管	每只	0.10
管道接环(管卡)	每只	0.10
管路截止阀	每个	0.80
3.5 m 橡皮软管	每根	0.20

3.6.3 典型现场施工

1. 大模板施工

大模板是一种大型的定型模板,其尺寸与楼层高度、进深和开间相适应,可用于浇筑混凝土墙体、柱和楼板。

大模板施工工艺实质是一种以现浇为主,现浇与预制相结合的工业化的施工方法,与预制工艺相比,可节省一部分建设预制厂的投资,不需要大型运输设备。采用大漠板施工的建筑物结构整体性好、刚度大、抗震、抗风能力强,抗侧力性好,工艺简单,劳动强度小,施工速度快,减少了室内外抹灰工程,不需要大型预制厂,施工设备投资少。但其现浇工程量大,施工组织较复杂,不利于冬季施工。与滑模工艺相比大模板工艺不需要耗钢量大的提升平台和液压提升设备,操作技术比较简单。大模板组成及施工工艺如图3.53、图3.54所示。

大模板施工详细的技术要求参见国家行业标准《建筑工程大模板技术规程》JGJ74,大模板是目前我国剪力墙和筒体体系的高层建筑、桥墩、筒仓等施工用得较多的一种模板,已形成工业化模板体系。一块大模板由面板、次肋、主肋、支撑桁架、稳定机构及附件组成。目前应用较多的是将组合模板拼装成大模板,用后拆卸仍可用于其他构件,虽然自重大,但机动灵活。

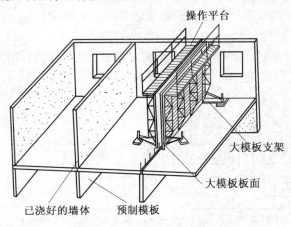 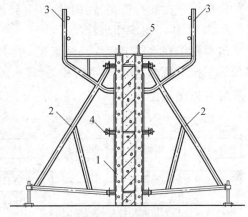

图3.53 大模板施工示意　　图3.54 大模板组成示意
1—面板系统;2—支撑系统;3—操作平台系统;4—对拉螺栓;5—倒吊环

2. 滑模施工

液压滑模施工就是按建筑物的平面布置,将液压滑模装置(模板、提升架、操作平台、支撑杆及液压千斤顶等)安装就位,液压千斤顶在支撑杆上爬升,带动提升架、模板、操作平台随之一起上升,从而不断在模板内分层浇筑混凝土和绑扎钢筋的连续施工方法,其装置如图3.55所示。

液压滑模装置由模板系统、操作平台系统和液压滑升系统三部分组成。液压滑模施工随着液压滑升设备的不断改进和普及,近年来发展很快。从滑升结构的断面形式已由等截面发展到变截面,又由变截面发展到变坡变径(双曲面冷却塔),滑升结构物已由构筑物发展到工业建筑、民用建筑。

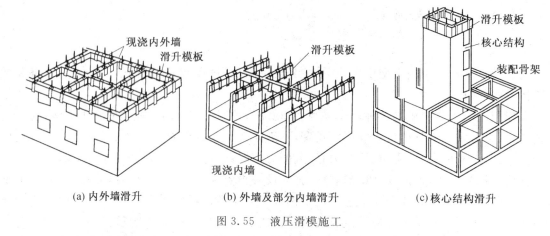

(a) 内外墙滑升　　(b) 外墙及部分内墙滑升　　(c) 核心结构滑升

图 3.55　液压滑模施工

工程实践表明,滑升施工对于高耸筒壁结构如烟囱、水塔、储仓、有关、泵房、桥墩、高层建筑等更能显示出它的优越性。

滑模施工具有机械化程度高、施工文明、保证工程质量,节约施工用材和劳动力,降低工程造价等特点。用滑升模板施工可以节约模板和支撑材料,加快施工速度和保证结构的整体性。但模板一次性投资多、耗钢量大,对建筑立面造型和构件断面变化有一定的限制。施工时易连续作业,施工组织要求较严。

滑模施工在水工工程及公路工程中应用参见国家行业相应的技术规范《水工建筑物滑动模板施工技术规范》DL/T5400 和《公路水泥混凝土路面滑模施工技术规程》JTJ/T037.1。

3. 升板法施工

升板法施工工艺流程为:

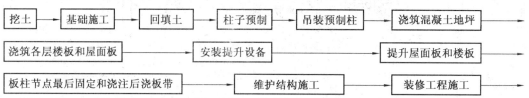

升板法施工不需要大型施工机械,柱网不受模数限制,灵活、节约模板和人工,节约施工场地和减少高空作业,特别适用于城市中狭窄场地进行施工。升板法工艺过程如图 3.56 所示。

4. 喷射混凝土施工

喷射混凝土是利用压缩空气把按一定配比的混凝土由喷射机的喷口以高速高压喷出,从而在被喷面形成混凝土层。混凝土喷射法施工有干、湿两种工艺。湿法是将混凝土拌和好然后再喷射;干法是在喷嘴处水和干料混合喷出,一般湿法多用于喷射砂浆。

一般喷射混凝土应符合下列要求:必须能向上喷射到指定的厚度,回弹量少;4～8 h 的强度应能具有控制地层变形的能力;速凝剂的用量在满足可喷性和早期强度的要求下,必须达到设计的 28 d 强度;应具有良好的耐久性,不发生管路堵塞。

喷射混凝土的胶骨比(水泥与集料之比)常为 1:4～1:4.5;砂率一般为 45%～55%;适宜的水灰比为 0.4～0.5。配合比应满足混凝土强度及喷射工艺的要求,一般常用配合比为:水泥:砂:石＝1:2:2 或 1:2.5:2(质量比);水泥用量一般为 300～400 kg/m³。速凝剂

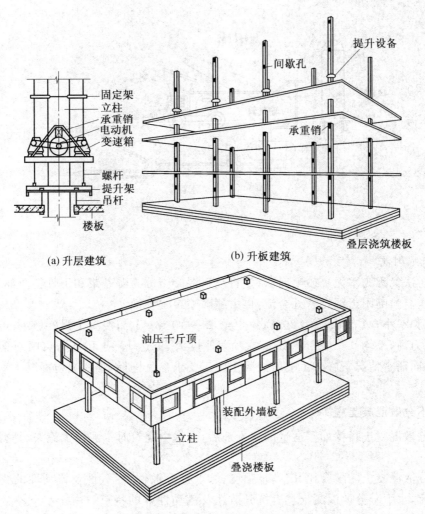

图 3.56 升板法施工示意

掺量一般为水泥质量的 2%～4%。

喷射混凝土一般不用模板,有加快施工速度、强度增长快、密实性好、施工准备简单、适应性强等特点;但也有回弹量大、表面粗超、劳动条件差等缺点。喷射混凝土一般大量用于矿山、交通隧道、地面电站等工程的岩壁衬砌以及坡面护面等工程。

(1) 干式喷射法

干式喷射法工艺过程如图 3.57 所示。干式喷射法优点是施工机具小而轻型,保养容易,费用低,拌和料能进行远距离输送,操作方便,适用性广。但拌和水的加入和混凝土的质量取决于操作人员的熟练程度,粉尘较多,回弹率较大。

(2) 湿式喷射法

湿式喷射法优点是加水量容易控制,便于混凝土质量管理;粉尘少,回弹率低;但施工机具复杂,费用较多;混凝土不容易远距离输送;操作不方便,适用性较差。

近年来,随着预拌砂浆的推广应用,采用喷射法抹灰应用越来越广,一方面可大大提高施工功效,降低施工成本;另一方面又在一定程度上推广了新型砂浆的应用,提高了工程质量,且符合文明施工、绿色施工的要求。机械喷涂抹灰具体技术要求参见《机械喷涂抹灰施工规

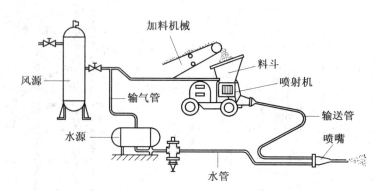

图 3.57　干式喷射法工艺流程

程》JGJT105。

(3) 造壳喷射法

造壳喷射法又称为水泥裹砂喷射法,是将喷射混凝土分为湿砂浆和干骨料两部分,分别用压缩空气压送至喷嘴附近混合管处合流,再由喷嘴喷至受喷面。

优点:回弹率小,只有15%～20%;粉尘少,2～10 mg/m³;混凝土强度稳定;可以远距离输送;生产能力高,平均 6～12 m³/h;一次喷射厚度大,可达 10～40 cm;可喷射钢纤维混凝土;可在受喷面涌水情况下施工。喷射混凝土施工要求参见国标《锚杆喷射混凝土支护技术规范》GB50086。

5. 水下不分散混凝土施工

水下不分散混凝土指掺加了适量的絮凝剂后,在水中浇筑时水泥很少流失、骨料不离析的混凝土。

水下不分散混凝土的配合比,应满足强度、水下抗分散性、耐久性及流动性的要求。与普通混凝土相比,水下不分散混凝土具有抗分散性及流动性好的特点。由于水下不分散混凝的质量在很大程度上由混凝土的抗分散性及流动性所决定,所以在进行混凝土配合比设计时,应全考虑到这些要求。

水下不分散混凝土的浇灌,一般使用导管、混凝土泵或开底容器。

导管法如图 3.58 所示,混凝土导管不透水,并且具有能使混凝土圆滑流下的尺寸,在浇灌中应经常充满混凝土。混凝土导管由混凝土的装料漏斗及混凝土流下的导管构成。导管的内径,视混凝土的供给量及混凝土圆滑流下的状态而定,一般应为粗骨料最大粒径的 8 倍左右。钢筋混凝土施工时,导管内径与钢筋的排列有关,一般为 200～250 mm。导管法浇灌水下不分散混凝土应采取防反窜逆流水的措施,一般采取将导管的下端插入已浇的混凝土中。如果施工需要将导管下端从混凝土中拔出,使混凝土在水中自由落下时,应确保导管内始终充满混凝土及保证混凝土连续供料,且水中自由落差不大于 500 mm,并尽快将导管插入混凝土中。

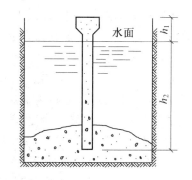

图 3.58　导管法示意图

泵送法是指混凝土由混凝土泵直接压送至混凝土输送管进行浇灌。混凝土泵送为防止输送管内有水降低混凝土质量可采取以下方法：在泵送混凝土之前，一般在输送管内先泵送水下不分散砂浆；在泵管内，先投入海绵球后泵送混凝土；在泵管的出口处安装活门，在输送管没入水之前，先在水上将管内充满混凝土，关上活门再沉放到既定位置。当混凝土输送中断时，为防止水的反窜，应将输送管的出口插入已浇灌的混凝土中。当浇灌面积较大时，可采用挠性软管，由潜水员水下移动浇灌。在移动时，不得扰动已浇灌的混凝土。施工中，当转移工位及越过横梁等需移动水下泵管时，为了不使输送管内的混凝土产生过大的水中落差及防止水在管内反窜，输送管的出口端应安装特殊的活门或挡板。

开底容器法是浇灌时，将容器轻轻放入水下，待混凝土排出后，容器可缓缓地提高。在不妨碍施工的范围内，宜尽量采用大容量。底的形状以水下不分散混凝土能顺利流出为佳。一般多采用锥形底和方形或圆柱形的料罐。根据工程需要，也可采用混凝土搅拌车、混凝土溜槽、手推车等直接浇灌方法。

3.6.4 典型混凝土制品生产

1. 环形截面混凝土制品的生产工艺

环形截面制品包括管、电杆、管桩等，在土建工程中用量很大，目前我国有产品标准：环形截面制品有《混凝土和钢筋混凝土排水管》GBT11836、《预应力混凝土管》GB5696、《预应力钢筒混凝土管》GBT19685、《环形混凝土电杆》GBT4623、《先张法预应力混凝土管桩》GB13476。近一个世纪的发展，国内外形成了许多典型的工艺方法，如离心、离心辊压、离心震动、离心震动滚压、立式震动、振动真空、径向或轴向挤压等。环形截面制品以三阶段预应力混凝土管为例，介绍其生产工艺过程。

三阶段制管工艺是将一根管材分为三个阶段制成，即先制作一个有纵向预应力钢筋的混凝土管芯，在硬化后的管芯上再缠绕环向预应力钢丝，最后制作环向钢丝的保护层。由于管材一般较重大，生产组织方法一般采用机组流水法。

（1）制作管芯

制作管芯可采用离心工艺和悬辊工艺。

① 离心工艺。环形混凝土电杆、先张法预应力混凝土管桩、混凝土和钢筋混凝土排水管都可采用离心工艺，具体工艺细节有一定的差异，对于管径较小的产品先投料后离心，如电杆、管桩，对于管径较大的产品投料和离心同时进行。离心机有托轮式、轴式，如图3.59所示。

托轮式离心机工作时，管模的滚圈自由支撑在托轮上，其安放角 α 以 $80°\sim 110°$ 为宜。托轮旋转时，先由慢速增至中速，然后逐渐升至快速。托轮最高转速依管径大小而不同，一般控制在600 r/min以下，这种离心机构造简单，易于制造。但是一般托轮和管模的滚圈都是钢制的，运转时相互碰撞，发出噪音。当托轮和滚圈局部磨损时，不仅噪音大，而且引起管模剧烈振动，甚至不能高速旋转影响混凝土管芯质量。工程上大多采用这种设备。轴式离心机（也称为车床式离心机）工作时，克服了托轮式离心机的上述缺点，它不用托轮支承管模，而将管模卡牢于卡盘间，电动机带动卡盘，使管模高速旋转。由于管模是在稳定状态下旋转，离心过程管模不能自由振动，因此转速可提高到 $800\sim 1\,000$ r/min，噪音也小。高速离心成型，既可缩短离心时间，又可获得高强度混凝土管芯。但轴式离心机设备较复杂，操作不便，因此较少使用。

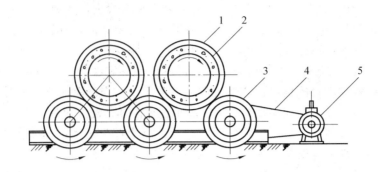

图 3.59　托轮式制管离心机成型示意图
1—滚圈；2—管模；3—托轮；4—传动皮带；5—电动机

② 悬辊工艺。在悬辊制管时，管模的转速较低，故离心力的作用主要在于均匀布料。辊轴与混凝土料层接触面不平引起振动对混合料的布料起辅助作用。钢模、混凝土及钢筋骨架所受的重力，构成了辊轴对混凝土的反作用力——辊压力。主要在辊压力的作用下，混凝土混合料得以在短时间内密实成型。制管机如图 3.60 所示。

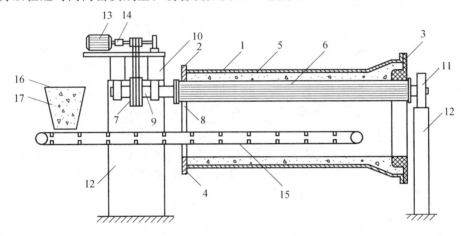

图 3.60　悬辊制管机示意图
1—管模；2—插口挡圈；3—承口挡圈；4—连接螺栓；5—混凝土管壁；6—辊轴；7—心轴；
8—连接法兰；9—滚动轴承座；10—固定横梁；11—活动横梁；12—立柱；13—电动机；
14—传动胶带；15—胶带送料器；16—料斗；17—混凝土混合料

悬辊工艺参数包括管模的转速、辊压力、辊压时间。

悬辊制管时管模的转速比普通离心工艺低得多。实践证明，转速过高，对提高管芯质量并无显著影响，而对机具设备的要求却提高了。

管模与辊轴转速之间的关系为

$$n_2 = R_2 \times n_1 / R_1 \tag{3.47}$$

式中　n_1、n_2——管模与辊轴的转速，r/min；

R_1、R_2——挡圈（混凝土管）的内半径和辊轴外半径，cm。

辊压力是指辊轴对辊压区管芯混凝土单位面积的压力。当松散的混合料的厚度超过挡圈时，就被辊轴压实于管壁内，直到管壁压力这个变量随着混合料的不断被压入管壁而逐渐变大并有个最大值,即当混合料不能再被压入管壁而将使管壁呈超厚状态时的辊压力。此外,辊压力在管壁混凝土中沿径向方向衰减,管内壁处最大,而模内壁处最小。

辊压时间是指投料完毕至停止辊压的时间间隔。依管径和壁厚的大小,以及混合料干硬度的不同而异,一般为 4～7 min 即获得较好的密实效果。

(2) 缠绕预应力钢丝

环向预应力钢丝的缠绕有电热法和配重法。电热法原理如图 3.61 所示。

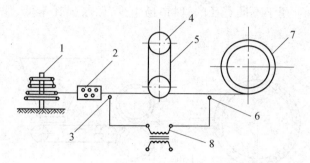

图 3.61　电热法原理示意图

1—钢丝盘架;2—阻力轮;3—前电极轮;4—导向轮;
5—钢丝;6—后电极轮;7—管芯;8—变压器或弧焊机

预应力混凝土管电热法缠丝在卧式或立式机床上进行,钢丝盘架上的钢丝通过阻力轮及前电极轮进入电热区,在石棉管导向轮上绕三圈以便控制钢丝的电热长度,再经后电极轮引出电热区,然后缠绕在混凝土管芯上。钢丝冷却回缩后,使管芯混凝土产生环向预压应力。

配重法原理如图 3.62 所示。钢丝从钢丝盘架引出,通过阻力轮,穿过滑轮组,在配重锤的作用下,使钢丝张拉。缠丝时,管芯固定在卡盘间(或至于橡胶托轮上),管芯随之转动并牵引来自送丝小车的钢丝,按规定的螺距缠绕在管芯上。螺距可用丝杆调节,其误差应不大于±1 mm。在缠丝前,应选好配重并调整好丝杆转速,以满足设计中对预应力值及螺距的要求。

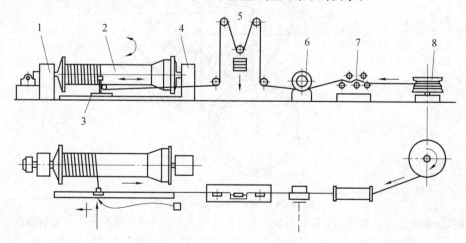

图 3.62　配重法原理示意图

1—前机座;2—管芯;3—送丝小车;4—后机座;5—配重张拉机构;
6—滑轮组;7—阻力轮;8—钢丝盘架

（3）制作保护层

制作保护层有辊射法、振动抹浆法、喷射法，喷射法由于工作环境较差，很少采用。

辊射法如图3.63所示。制作保护层时，先将缠好环向预应力钢丝的管芯放在机床上缓慢旋转，将水泥砂浆卸入料斗中，当水泥砂浆接近高速旋转的辊筒时，转动摩擦和真空吸附作用使之高速射向管芯表面。为保证水泥砂浆与管芯有优良的粘结性能，可预先在管芯喷一层浓水泥浆在辊射水泥砂浆。当砂浆辊射至20~25 mm时再在表面喷一层浓水泥浆即成。优点：设备简单，磨损小，可用于不同直径的管材；扬尘少，砂浆损耗率低；保护层密实度较高；生产效率高。

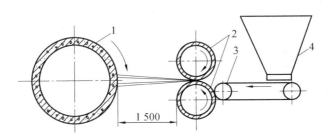

图3.63 辊射法原理示意图
1—管芯；2—高速辊筒；3—胶带喂料机；4—贮料斗

振动抹浆法如图3.64所示。先将缠好预应力钢丝的管芯放在能使之旋转的机床上，然后将混凝土（或砂浆）连续加入振动料斗内，振动液化的混合料在重力的作用下流到旋转的管芯上，通过料斗下部的振动压板的振压，混凝土（或砂浆）即在管芯表面形成均匀密实的保护层。优点：生产效率高，设备简单，易维护。

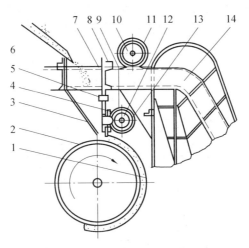

图3.64 振动抹浆法原理示意
1—混凝土保护层；2—预应力混凝土管芯；3、4—振动料斗；5、8—减振橡胶板；6—装料装置；
7—料斗；9—传动同步带；10、12—同步带齿轮；11—电动机；13—激振器；14—机架

（4）产品的检验

国标《混凝土输水管试验方法》GB/T15345规定了预应力混凝土管抗渗、抗裂以及转角和位移等试验。双管水压试验机如图3.65所示。

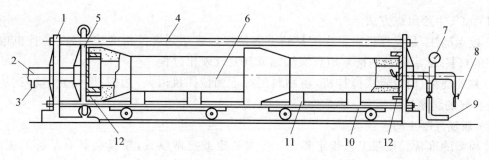

图 3.65 水压试验机示意

1—固定板；2—油压千斤顶；3—油路进口；4—拉杆；5—活动板；6—混凝土管；7—压力表；
8—排气管；9—压力水进口；10—托管车；11—定位装置；12—胶圈

预应力混凝土管的质量检验包括外观检验、抗渗压力检验、抗裂压力试验以及转角和位移试验等。国家规范规定，抗渗压力检验在混凝土管芯缠绕环向预应力钢丝之后便进行，以利于发现渗水部位，准确的修补。

2. 蒸压加气混凝土制品生产工艺

蒸压加气混凝土可以根据原材料类别、品质、设备的工艺特征等，采用不同的工艺进行生产。一般情况下，将粉煤灰或硅砂、矿渣加水磨成浆料，加粉状石灰、适量水泥、石膏和发泡剂、稳泡剂经搅拌注入模框内，静养发泡固化后，切割成各种规格砌块或板材，由蒸养车送入蒸压釜内，经高温高压蒸气养护形成多孔轻质的混凝土制品。

目前国内的产品主要有《蒸压加气混凝土板》GB15762、《蒸压加气混凝土砌块》GB11968等。经过多年的发展，国内外加气混凝土制品生产工艺种类及特点见表 3.17。

表 3.17 国外加气混凝土制品生产工艺

生产工艺方法	主要原料		原料制备方法	备注
	胶凝材料	集料		
瑞典西波莱克斯 Siporex	水泥	石英砂 石英砂+矿渣	集料加水湿磨	移动浇注，固定切割，北京加气混凝土场引进
瑞典伊通 Ytong	生石灰+水泥 生石灰+矿渣	石英砂、沙砾石、石英岩、粉煤灰、燃烧页岩	①集料+水湿磨；②集料+胶凝材料干磨	转体移动切割
西德海波尔 Hebel	生石灰+水泥	石英砂	砂+水湿磨	
荷兰凯尔西劳克斯 Calsilox	生石灰+水泥	石英砂	胶凝材料+砂干磨	凸台法切割
波兰乌尼泊尔 Unipol	生石灰+水泥	石英砂、粉煤灰	胶凝材料+部分集料干磨	定点浇注移动切割，北京市（西高井）加气混凝土场引进

(1) 加气生产组织方法

① 定点浇注：是搅拌机固定在配料站下方使模具移动到搅拌机旁边，接受搅拌机内已经搅拌好的料浆，然后移动到指定地点继续完成其发气硬化过程。

② 移动浇注：用行走式搅拌机，将物料配好下到搅拌机内，一边搅拌一边移动，到达模位后将搅拌好的料浆注入模具。

(2) 加气混凝土的浇注成型

① 模型的准备。按照工艺规定和设计要求选定或定做模具，模具应具有足够的强度、刚度，严密的合口缝和准确的外形，并清理干净，涂刷隔离剂待用。

② 浇注发气。将计量好的物料按工艺规定的程序加入专用的搅拌机中，制备成加气混凝土料浆，并使有关工艺参数如温度、稠度等达到工艺要求，充分搅拌后浇入模具使其发气膨胀。

(3) 加气混凝土的坯体切割

① 坯体切割时间。浇注后模具静止或用输送链推入初养室进行发气初凝，初养室温度为75~83 ℃，初养时间一般为1.5~2 h，初养后根据不同工艺采用不同的切割方法对坯体进行横切、纵切、水平切、铣面包头。

② 坯体的切割方法主要有压切法和锯切法。

压切法是将钢丝固定在框架上，自上而下压入坯体达到分割坯体的目的。优点是钢丝可以预先固定好，坯体就位后框架带动所有的钢丝同时向下压，或框架不动坯体向上运动实现分割。这种方式可以重复挂钢丝补救断丝问题，但往往因托坯底板构造上的限制，钢丝不能将坯体完全切开，如图 3.66 所示。

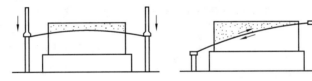

图 3.66　坯体的切割方法

锯切法是预先将钢丝按计划的切割方案设在切割台上或模具底板上，待坯体就位后（或浇注硬化后），钢丝往复运动达到分割坯体的目的。优点是切割质量比压切法好；缺点是设备稍复杂。

③ 切割机的主要切割方式。水平切割无论采用压切或锯切最容易切割，横向切割由于断面相对较小也易切割，最难切割就是纵向切割，因此，采用琴键式切割、转体切割、凸台法等切割方法。

琴键式切割法如图 3.67(a) 所示，模型底板由 200~350 mm 的横向组合条板组成，分别悬挂在侧模上，切割台也由相应的支撑于液压油缸上的琴键式合板组成。切割前将带坯体的模型置于切割台上，使组合式底板与组合式台板准确对应，然后脱去侧模。切割时钢丝从端面进入坯体。液压缸将琴键式底板的横向组合条板依次降下，使钢丝框架从坯体底部通过，当钢丝框架越过该条板后，再依次上升，采用琴键式底板时坯体须带模入釜压蒸养护。

转体切割法如图 3.67(b) 所示，转体切割机是一个联合机组，其将坯体的模框脱去后将坯体翻转 90°并与底板脱离进行切割；切割完成后，与底板合上，再将坯体翻转 90°回到水平状态连同底板调到蒸压养护车上。

凸台法如图3.67(c)所示,切割台是一个设有纵向和横向贯通沟槽的格式凸台。切割前将格式运坯板放入切割台的横向沟槽中,然后将坯体连同侧模送至切割台上,拆除侧模,进行切割。钢丝的下端固定于沿纵向沟槽运行的导杆上,当导杆通过沟槽时,钢丝即可将坯体切割。

预埋钢丝法是最简单的一种切割方式,在模型底板上按所需规格尺寸于浇筑前预先安置钢丝。切割时,钢丝的一端与切割机构上部的辊筒连接,牵动钢丝即可切割坯体,这种方法切割过程中如遇夹杂物时,可能引起钢丝偏移。优点是设备简单,切割过程中坯体不用移动。缺点是人工单根切割时,重复铺设钢丝数量多;发生断丝情况时不好补救;纵向切割时,钢丝太长容易拉断。因此适用于小型坯体或较大坯体的横向切割。

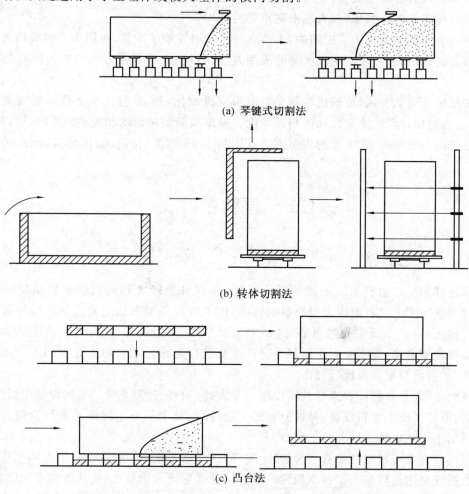

(a) 琴键式切割法

(b) 转体切割法

(c) 凸台法

图 3.67 加气混凝土坯体纵向切割示意

第 4 章 玻璃工艺

玻璃具有良好的光学性能和电学性能,较好的化学稳定性及一定的耐热性能,通过调整玻璃的化学组成改变其性能以满足不同使用条件的要求,也可以用多种多样的成型和加工方法,制成形状多变、大小不一的玻璃制品。制造玻璃的原料石英砂、砂岩、石灰石、白云石、长石等分布广泛,价格低廉,易于获得。所以,玻璃被广泛应用于建筑、轻工、交通、医药、化工、电子、航天等国民经济的各个领域,起着越来越重要的作用。

最早的玻璃制品是用人工捏塑的,大约在一世纪时发明了吹管,也因为当时玻璃的熔制温度已经较过去有所提高,才出现了吹制的成型方法。目前人工成型方法与中世纪时的仍然基本相同。

随着机械工业的发展,玻璃成型首先发展为半机械化,到 20 世纪初才进一步发展为机械化,现在已达到用计算机完全自动控制的程度。根据玻璃制品形状和大小的不同,可以选择最方便和最经济的成型方法,主要的成型方法有压制法、吹制法、拉制法、压延法、浇注法与烧结法等。

4.1 原料的加工

4.1.1 工艺流程

合理选择和确定原料加工处理的工艺流程,是保证生产顺利进行和原料质量的关键之一。选择和确定工艺流程时应根据原料的性质、加工处理数量来选用恰当的机械设备。要尽量实现自动化,技术上既要先进可靠,经济上又要节约合理,流程要顺,不应有逆流和交叉现象。设备布置要紧凑,能充分利用原料本身的重量进行运输。原料加工处理的工艺流程可分为单系统、多系统与混合系统三种。

单系统流程,是各种矿物原料共同使用一个破碎、粉碎、过筛系统。它的设备投资少,设备利用率高,但容易发生原料混杂,每种原料加工处理后,整个设备系统都要进行清扫。这种工艺流程适用于小型玻璃工厂。

多系统流程是每种原料各有一套破碎、粉碎、过筛的系统,适用于大、中型玻璃工厂。

混合系统是用量较多的原料单独为一个加工处理系统。用量小的、性质相近的原料,如白云石与石灰石,长石与萤石,共用一个加工处理系统。

多系统原料加工处理工艺流程如下:

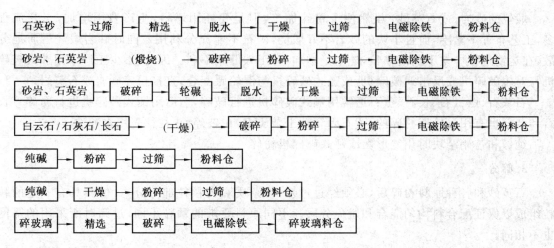

4.1.2 原料的加工处理

1. 原料的干燥

湿的白垩、石灰石、白云石，精选的石英砂和湿轮碾粉碎的砂岩或石英岩、长石，为了便于过筛入粉料仓储存和进行干法配料，必须将它们加以干燥。用湿轮碾粉碎的砂岩和长石，脱水后含水分为15%～20%，干燥后其水分为0.2%以下。可采用离心脱水、蒸气加热、回转干燥筒、热风炉干燥等进行干燥。

芒硝的水分超过18%～19%时会结块和粘附在粉碎机械与筛网上，所以也应进行干燥，芒硝的干燥方法有三种：

① 在高温下（650～700 ℃）采用回转干燥筒进行干燥；

② 在较低温度下（300～400 ℃）采用隧道式干燥器或热风炉干燥器进行干燥；

③ 混入8%～10% 的纯碱，吸收芒硝中的水分，使之便于粉碎和过筛。

2. 原料的破碎和粉碎

原料的破碎与粉碎，主要根据料块的大小，原料的硬度和需要粉碎的程度等来选择加工处理方法与相应的机械设备。

砂岩或石英岩是玻璃原料中硬度高、用量大的一种原料，为了减小粗碎时它们对于机械设备的磨损，降低机械铁的引入，有些工厂在砂岩粗碎之前将它预先在1 000 ℃温度以上进行煅烧。这是由于砂岩或石英岩的主要矿物组成是石英，而石英有多种变体，随着温度的变化会发生晶形转变。在晶形转变时伴随着体积的突然变化，因此在砂岩或石英岩的内部产生许多裂纹，提高了破碎率，减少了机械磨损。

在煅烧砂岩中主要的晶形转变为

$$\beta\text{石英} \xrightleftharpoons[\pm 0.82\%]{573\,℃} \alpha\text{石英}$$

$$\alpha\text{石英} \xrightarrow[\pm 0.82\%]{1\,000\sim1\,470\,℃} \alpha\text{方石英} \xrightarrow[\pm 2.8\%]{180\,℃\;\;270\,℃} \beta\text{方石英}$$

$$\alpha\text{方石英} \xrightarrow{>1\,300\,℃} \alpha\text{鳞石英} \xrightarrow[\pm 0.2\%]{163\,℃} \beta\text{鳞石英} \xrightarrow[\pm 0.2\%]{117\,℃} \gamma\text{鳞石英}$$

煅烧后的砂岩（或石英岩），用颚式破碎机与反击式破碎机，或笼形碾进行破碎与粉碎。

煅烧的砂岩（或石英砂）虽然便于粉碎加工，但是要耗用燃料，生产费用增加，工艺流程多，工艺布置不紧凑，而且小块的砂岩不好煅烧，矿石不能充分利用。同时砂岩煅烧后质地分散，在运输过程中易于剥落颗粒，硅尘量增加，对工人健康不利。因此，不少工厂采用颚式破碎机与对辊破碎机或反击式破碎机，或颚式破碎机与湿轮碾配合，直接粉碎砂岩或石英岩。

石灰石、白云石、长石、萤石通常用颚式破碎机进行破碎，然后用锤式破碎机进行粉碎。长石和萤石也有用湿轮碾粉碎的，萤石因含粘土杂质多，在破碎前，往往先用水冲洗。

纯碱和芒硝结块时用笼形碾或锤式破碎机粉碎。

3. 筛分

石英砂和各种原料粉碎后，必须经过过筛，将杂质和大颗粒部分分离，使其具有一定的颗粒组成以保证配合料均匀混合和避免分层。不同原料要求的颗粒不同，过筛时所采用的筛网也不相同。

过筛只能控制原料粒度的上限，对于小颗粒部分则不能分离出来。原料的颗粒大小是根据原料的比重、原料在配合料中的数量以及给定的熔化温度等来考虑的。

硅砂，通常只通过 $36 \sim 49$ 孔/cm^2 的筛。因为在选用硅砂时，对其颗粒组成已进行分析，到厂后过筛的目的并不是对其颗粒进行控制，而是为了除去杂草、石块、泥块等外来杂质。砂岩、石英岩、长石，通过 81 孔/cm^2 筛。纯碱、芒硝、石灰石、白云石通过 64 孔/cm^2 筛。

玻璃工厂常用的过筛设备有六角筛（旋转筛）、振动筛和摇动筛，也有使用风力离心器进行颗粒分级的。

4. 原料的除铁

为了保证玻璃的含铁量符合规定要求，对于原料的除铁处理是十分必要的。除铁的方法很多，一般分为物理除铁法和化学除铁法。

物理除铁法包括筛分、淘洗、水力分离、超声波、浮选和磁选等。筛分、淘洗、水力分离与超声波除铁，主要除去石英砂中含铁较多的粘土杂质、含铁的重矿物以及原料的表面含铁层。浮选法是利用矿物颗粒表面湿润性的不同，在浮选剂作用下，通入空气，使空气与浮选剂所形成的泡沫吸附在有害杂质的表面，从而将有害杂质漂浮分离除去。磁选法是利用磁性，把各种原料中含铁矿物和机械铁除去，由于含铁矿物如菱铁矿、磁铁矿、赤铁矿、氢氧化铁和机械铁等都具有大小不同的磁性，选用不同强度的磁场，就可将它们吸引除去。一般采用滚轮磁选机（装在皮带运输机的末端）、悬挂式电磁铁（装在皮带运输机上面）、振动磁选机（粉料经磁铁落下）等。它们的磁场强度为 $4\,000 \sim 20\,000 GS(1\,Gs = 10^{-1}T)$。

化学除铁法分湿法和干法两种，主要用于除去石英原料中的铁化合物。湿法一般用盐酸和硫酸的溶液或草酸溶液浸洗。有人认为用氢氟酸与次亚硝酸钠溶液浸洗，效果更好一些。干法则在 700 ℃ 以上的高温下，通入氯化氢气体，使原料中的铁变为三氯化铁（$FeCl_3$）而挥发除去。

5. 原料的运输和储存

原料的运输和储存，是玻璃生产中不可忽视的问题。如原料的运输与储存处理不当，会使原料发生污染、报废，供应中断，或积压资金，对生产来说都将造成影响。

原料在运输进厂前，一定要经过有关部门的化验和鉴定。由矿山或石粉厂进行质量控制的原料，每批都要附带化验单。由本厂进行质量控制的，应由本厂进行分析化验。原料进厂后要分批储存,严防混杂。

原料的运输主要依据当地的条件进行,在厂内的运输可采用手推车、电瓶车、铲车、斗式提升机、皮带运输机、螺旋运输机、气力输送等组成各种运输体系。运输过程中,应尽量减少粉尘不使原料彼此污染,同时用电磁铁,除去混入的铁质。运输设备也要便于维护检修。

原料的储存应当有适当的数量。储存不足,可能产生供不应求,影响正常生产;储存过多,则又积压资金,增加储存的构筑物和倒运工作量。一般应根据原料的日用量,原料来源的可靠性,原料的运输距离,运输方式和条件,储存数日至数十日。

粉状原料,一般应放在料仓内。大量的粉状原料,如石英砂等可以放在堆场内。在露天储存时要注意防风、防雨、防冻等问题。化工原料,特别是纯碱、硝酸盐、硼酸、硼砂等应放在干燥库房内。硝酸盐原料遇火有爆炸的危险,要特别注意防火问题。有毒原料,特别是白砒,必须有专人负责,妥善保管,其包装用纸应当用火烧掉。碳酸钾等易吸水潮解的原料,应储存在密闭器内(通常为木桶)。着色剂原料等,也要分别储存在一定容器内,而且要特别注意防止与其他原料发生污染。

大中型玻璃工厂,多采用吊车库储放块状矿物原料。粉状原料储放在粉料仓内,根据其储量和容积重量,确定粉料仓的大小。原料的体积质量是指一立方米原料的质量数(T/m^3),它与原料的性状和粒度大小有关,最好由实际测量来确定。

4.1.3　原料输送与储存

1. 粉状原料的输送

通常加工粉碎过筛后的粉状原料,输送入料仓,供制备配合料使用。布置紧凑的车间,可以尽量利用原料本身的重量由溜管将过筛后的粉料直接送入料仓。不能利用溜管的,用皮带运输机、斗式提升机等机械运输设备以及气力输送设备进行输送入仓。

料仓用钢板或钢筋混凝土制成。各种粉状原料多采用圆筒状料仓,亦有采用四角柱状的。对于原料的水分要特别注意,以防止原料在仓中结块和冬季冻结。对于纯碱、芒硝等易于吸收大气中水分的原料,也要防止它们吸水。

中心加料和中心卸料的粉料仓,会发生颗粒分层(离析)现象,如图 4.1 所示。当加料时,原料在加料口自由下落,细颗粒部分很快穿过粗颗粒空隙下落,并集中在料堆顶部,形成一个以细颗粒为中心的锥体,而大颗粒部分,由于粒度大,具有较高的能量,将围绕细颗粒位于锥形体外面,靠近仓壁。当卸料时中心细颗粒部分先行放出,直至在仓内形成凹形倒锥体时,粗颗粒部分才开始放出。这样,在料仓放料的前一阶段,放出的料是小于平均粒度的细颗粒部分,而在后一阶段则是大于平均粒度的粗颗粒部分,结果使加入混料机中的各种原料、颗粒不匹配,在混合后发生分层,从而影响熔炉的操作或玻璃的熔制质量。

如果原料粗细颗粒间杂质的含量不等,则料仓分层将会影响玻璃的化学组成,使它发生偏离。原料的颗粒形状、表面性质对料仓分层都有一定影响,但最主要的因素是原料的颗粒度差别,其次是原料的比重差别。由于粉状原料的颗粒度和比重都具有一定的范围,存在着一定的差别,因而料仓分层实际上是不可避免的,只有小心地使它减少。采用多个加料口和卸料口,可以减少原料细颗粒部分在料仓的中心形成锥体,也就是减少了料仓的分层程度。此外,采用隔板,或采用便于卸料的其他加料设备(如回转加料器、中央管孔加料器等),也可以减少料仓的分层。每隔 1 h 在各种原料的粉料仓下和混合的配合料中取出一定重量(通常为 100 g)的粉料和配合料,用单一筛号(如 30 孔 /cm² 或 40 孔 /cm² 的筛)进行筛分析(配合料需先用 20 孔 /cm² 的筛筛去碎玻璃)可以求出各个料仓分层和配合料分层的特性曲线,从而考虑它们之间的共同关系,研究减少分层的办法。

2. 配料料仓的布置

配料料仓的布置根据配料装置的不同而不同,归纳起来配料料仓的排布可分为塔仓(塔式料仓、群仓)和排仓(排式料仓)两种形式。

(1) 塔仓

塔仓是将料仓和配料设备分层排列,全部原料经一次提升送入料仓后,不需再次提升(见图 4.2)。碎玻璃可按容积或称量后加到配合料中。

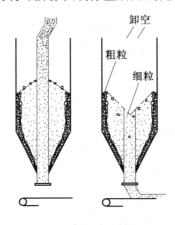

图 4.1　料仓原料颗粒分层情况

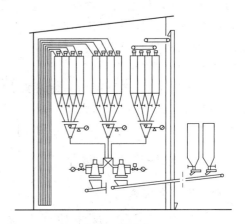

图 4.2　塔仓布置

塔仓的优点是占地少,可以将几个料仓紧凑地布置在一起,合用一套称量系统、除尘系统和输送系统,可以减少设备,节约投资。由于塔仓的每台设备都得到充分的利用,效率甚高,故塔仓的布置特别适宜于中小企业的配料车间。不足之处是对设备维护保养要求很高,任何一台设备发生故障,整个配料系统的运转就要停顿,因而要求管理严格,设备的可靠性要高。此外因塔仓的布局紧凑,给维修也带来一定的困难。

(2) 排仓

排仓是将各种料仓及下部称量系统的轴线设在一个平面上(见图 4.3)。

各种粉料可以分别采用皮带机、提升机、正(负)压空气输送机、脉冲输送机等送到料仓,料仓口设置振动给料机,也可采用设置可调式电机振动给料机、螺旋输送机卸料。

排仓基本上是每个料仓都设置独立的称量系统和输送系统,生产能力较大,维修方便,即使个别系统发生故障一时无法修复正常,还可以利用旁路系统来保证整个配料工序的继续运转。缺点是占地面积多,投资高,设备利用率不足,解决集中治理粉尘有困难。

碎玻璃可按容积或称量后均匀撒到输送配合料的皮带表面上。

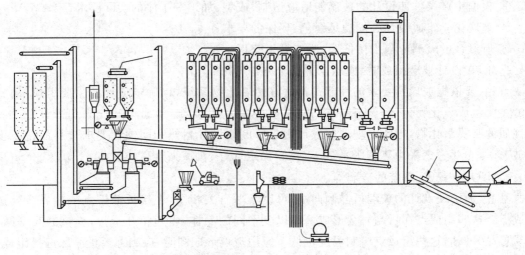

图 4.3 排仓布置

4.2 配合料的制备

4.2.1 工艺流程

原料车间的主要职责是制备出质量合乎要求的配合料。其制备过程,首先是根据料方称量出各种原料的质量,然后在混合机中均匀混合,制成所要求的配合料,再把配合料送到窑头料仓。其工艺流程为:

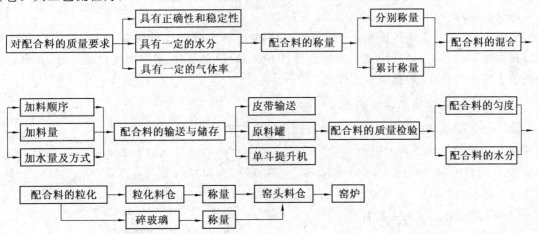

4.2.2 配合料的确定

1. 玻璃组成的设计和确定

在设计玻璃组成时,应当注意以下原则:
① 根据组成、结构和性质的关系,使设计的玻璃能满足预定的性能要求;
② 根据玻璃形成图和相图,使设计的组成能够形成玻璃,析晶倾向小(微晶玻璃除外);

③ 根据生产条件使设计的玻璃能适应熔制、成型、加工等工序的实际要求；

④ 玻璃化学组成设计必须满足绿色、环保的要求；

⑤ 所设计的玻璃应当价格低廉，原料易于获得。

据此，在设计玻璃组成时，应从以下几个方面考虑：

首先，要依据玻璃所要求的性能选择适宜的氧化物系统，以确定玻璃的主要组成，通常玻璃的主要组成氧化物为 3～4 种，它们的总量往往达到 90%。在此基础上再引入其他改善玻璃性质的必要氧化物，拟定出玻璃的设计组成。例如设计耐热和耐蚀性要求较高的化工设备用玻璃时，先要考虑采用热膨胀系数小、化学稳定性好、机械强度高的 $R_2O - B_2O_3 - SiO_2$ 或 $RO - Al_2O_3 - SiO_2$ 系统的玻璃等。

其次，为了使设计的玻璃析晶倾向小，可以参考有关相图，在接近共熔点或相界线处选择组成点。这些组成点在析晶时会形成两种以上不同的晶体，引起相互干扰，成核的几率减小，不易析晶。同时这些组成点熔制温度也低。应用玻璃形成图时，应当远离析晶区选择组成点，设计的组成应当是多组分的，这也有利于减小析晶倾向，一般工业玻璃的组成氧化物为 5～6 种。

再次，对于引入其他氧化物及其含量，则主要考虑它们对玻璃性能的影响。例如引入离子半径小的氧化物有利于减小膨胀系数和改善化学稳定性，也可以利用双碱效应来改善玻璃的化学稳定性和电性能等，有时可应用性能计算公式进行预算，也要考虑对 $[BO_3]$ 与 $[BO_4]$ 和 $[AlO_4]$ 与 $[AlO_6]$ 的转变影响。

最后，为了使设计的组成能付诸工艺实践，即工业尚能进行熔制、成型等工艺，还要添加适当的辅助原料。如添加助熔剂和澄清剂，以使玻璃易于熔制；添加氧化或还原剂，以调节玻璃熔制气氛；添加着色剂或脱色剂，以使玻璃得到所需的颜色。它们的用量通常不大，但从工艺上考虑是必不可少的。

实际上，在设计玻璃组成时，一般要通过多次熔制实践和性能测定，对成分进行多次校正。在实际的操作中，可采用现代的实验设计方法，如正交实验、多因素优化设计等，并借助计算机等手段进行优化，可以减少工作量。

2. 对已有组成作局部调整的方法

设计一瓶罐玻璃，使其化学稳定性和机速比现有玻璃高，价格降低。

现有玻璃的组成为：$w(SiO_2) = 72.9\%$，$w(Al_2O_3) = 1.6\%$，$w(CaO) = 8.8\%$，$w(B_2O_3) = 0.4\%$，$w(BaO) = 0.5\%$，$w(Na_2O + K_2O) = 15.6\%$，$w(SO_2) = 0.2\%$。

按上述步骤：

(1) 列出设计玻璃的主要性能要求

① 提高化学稳定性；

② 增加机速；

③ 降低价格；

④ 其他性能不应低于原有玻璃，工艺条件与原来基本相同。

(2) 拟定玻璃组成

以现有玻璃为参考，进行组成的调整。

① 在瓶罐玻璃中，碱金属氧化物（Na_2O、K_2O）对玻璃的化学稳定性影响最大。为了提高

设计玻璃的化学稳定性,必须使设计玻璃中的 Na_2O、K_2O 比现有玻璃降低,同时将 SiO_2、Al_2O_3 适当增加,但因熔制条件与现有玻璃基本相同,故 Na_2O、K_2O 的降低与 SiO_2、Al_2O_3 的增加不能过多。

② 由于要求增加机速,设计玻璃的料性应当比原有玻璃短,同时考虑到 MgO 对提高化学稳定性有利,而又能防止析晶,为此在设计玻璃中添加了 MgO,并使 $MgO+CaO$ 的含量比原有玻璃中 CaO 的含量增高。

③ 为了降低玻璃的价格,将原玻璃组成的 B_2O_3、BaO 减去。

④ 采用萤石为助熔剂,并增加澄清剂(芒硝)的用量,以加速玻璃的熔化和澄清。根据综合考虑拟定出设计玻璃的组成,并通过有关性质公式预算与原有玻璃比较,可以符合要求。设计玻璃的组成和现有玻璃组成对比见表 4.1。

表 4.1　设计玻璃的组成和现有玻璃组成对比(质量分数)　　　　　　％

	SiO_2	Al_2O_3	CaO	MgO	BaO	B_2O_3	Na_2O+K_2O	F	SO_2	合计
现有组成	72.9	1.6	8.8	—	0.5	0.4	15.6	—	0.2	100.0
设计组成	73.2	2.0	6.4	4.5	—	—	13.5	0.25	0.25	100.1
组成偏差	+0.3	+0.4	-2.4	4.5	-0.5	-0.4	-2.1	0.25	0.05	+0.1

(3) 实验、测试

通过熔制试验和对熔化玻璃的性质进行测试,设计的玻璃符合原提出的性能要求,即确定为新玻璃的组成。

3. 原料的加工

为了使配合料均匀混合,加速玻璃的熔制过程,提高玻璃熔制质量,必须将大块的矿物原料和结块的化工原料进行破碎、粉碎、过筛等加工处理,使之成为一定大小的颗粒,原料经破碎、粉碎以后,分散度增加,其表面积大为扩大,这就相应增加了配合料各颗粒间的接触面积,加速了它们在熔制时的物理化学反应,提高了熔化速率和玻璃液的均匀度,有些原料如石英砂,在必要时还要进行精选除铁等处理。

4. 配合料的称量

对于配合料称量的要求是既快速又准确。如果称量错误就会使配合料或玻璃液报废。

玻璃工厂对称量的精确度要求,一般为 1/500(精确称量时,要求为 1/1 000)。人工配料的工厂使用磅称和台称,称量时最好一人过称一人复称,以免发生差错。

大中型工厂,多采用自动称,其称量方法分为分别称量和累计称量。

(1) 分别称量法

在每个粉料仓下面,各设一称,原料称量后分别卸到皮带输送机上送入混合机中进行混合。这种称量法,适用于排式料仓。对于每种粉料,由于原料用量不同,可以选定适当称量范围的秤,称量误差较小,但设备投资多。

(2) 累计称量法

用一个秤,依次称量各种原料,每次累计计算重量。秤可以固定在一处,也可以在轨道上来往移动(称量车),称量后直接送入混料机。这种称量法适用于塔式料仓和排式料仓。它的特点是设备投资少,但对每一种原料来说,都不能称量至全量或接近全量。称量精确度不高,而且它的误差是累计性的。

目前多采用电磁振动给料器往自动秤的料斗内加料或卸料,由自动控制系统进行控制。在加料时,有快档及慢档两档速率。当接近达到规定重量时,用慢档慢慢给料以减小给料误差。

电动秤分为机电式和电子式两类。机电式是在杠杆秤的基础上用电子仪表进行数字显示和自动控制,一般体积大,杠杆系统复杂,维修麻烦。电子式自动秤则克服了机电式自动秤的上述缺点,它结构简单,体积小,重量轻,安装使用方便,测量可靠,适于远距离控制。它的称量元件是传感器。当称量时,传感器受重力作用,使机械量转换为电量,经过放大、平衡,显示出数字,同时通过比较器与定值点的给定信号比较,进行自动控制。

通常,称量误差往往是称量设备没有调节好而造成的,因此应当对称量设备,定期地用标准砝码进行校正,并经常维修,保持正常。

5. 配合料的混合

配合料混合的均匀度不仅与混合设备的结构和性能有关,而且与原料的物理性质,如比重、平均颗粒组成、表面性质、静电荷、休止角等有关;在工艺上,与配合料的加料量,原料的加料顺序,加水量及加水方式,混合时间以及是否加入碎玻璃等都有很大关系。

配合料的加料量与混合设备的容积有关,一般为设备容积的30%~50%。加料顺序不尽相同,但均是先加石英原料。在加入石英原料的同时,用定量喷水器喷水湿润,然后或按长石、石灰石、白云石、纯碱和澄清剂、脱色剂等顺序,或按纯碱长石、石灰石、小原料的顺序进行加料。后一顺序,可使石英原料表面溶解一部分纯碱对熔制更为有利。碎玻璃对配合料的混合均匀度有不良影响,一般在配合料混合终了将近卸料时再加入。配合料的混合时间,根据混合设备的不同,为 2~8 min,盘式混合机混合时间较短,而转动式混合机混合时间较长。

常用的混合设备有抄举式混合机、转鼓式混合机、艾立赫式混合机、桨叶式混合机,前两种混合设备是利用原料的重力进行混合,后两种则利用原料的涡流进行混合。

6. 配合料的输送与贮存

配合料的输送与贮存,既要保证生产的连续性和均衡性,也要考虑避免分层结块和飞料。

为了避免或减少配合料在输送过程中的分层和飞料现象,配料车间应尽量靠近熔制车间,以减少配合料的输送距离,同时要尽量减小配合料从混合机中卸料与向窑头料仓卸料的落差。在输送过程中,注意避免震动和选用适当的输送设备。

输送配合料的设备有皮带输送机、单元料罐、单斗提升机。皮带运输机有分料现象,但不严重;单斗提升机,在固定的轨道上运输,运行平稳,但窑头料仓中卸料时会产生飞料及分层现象;单元料罐多用单轨电葫芦作垂直和水平输送,不但运行平稳,而且还可以作为贮放原料的容器,分层少,是中小型工厂广泛采用的一种设备。

单元料罐多为圆形(也有方形的),其容积与所用混合机相同。单元料罐的底部有一个可以启闭的卸料门,由中心铁杆的上下移动加以控制。当卸料时,将铁杆下降,卸料门即行打开。单元料罐在卸料时也会引起分层和飞料现象,因此卸料的落差要尽量减小。单元料罐有时用电瓶车结合电葫芦进行运输。对于电瓶车道路,也要注意平稳,以减少料罐在车上发生震动。

近年来,亦采取真空吸送式气力输送设备输送配合料。

配合料的贮存，以保证熔炉的连续生产为前提，贮存时间不宜过长，以免配合料中的水分减少，配合料产生分层、飞料和结块现象，一般不超过8 h。配合料的贮存设备可以采用窑头料仓、单元料罐和料箱等。

4.2.3 配合料的质量控制

1. 配合料的质量要求

保证配合料的质量，是加速玻璃熔制和提高玻璃质量，防止产生缺陷的基本措施。对于配合料的主要要求如下：

(1) 具有正确性和稳定性

配合料必须能保证熔制成的玻璃成分正确和稳定。为此必须使原料的化学成分、水分、颗粒度等达到要求并保持稳定，并且要正确计算配方，根据原料成分和水分的变化，随时对配方进行调整；同时要经常校正料称，务求称量准确。

(2) 合理的颗粒级配

构成配合料的各种原料均有一定的颗粒度，它直接影响配合料的均匀度、配合料的熔制速率、玻璃液的均化质量。

构成配合料的各种原料之间粒度有一定的比值，其粒度分布称为配合料的颗粒级配。配合料的颗粒级配（分布）不仅要求同一原料有适合的颗粒度，而且要求各原料之间有一定的粒度比，其目的在于提高混合质量和防止配合料在运输过程中的分层。其依据应使各种原料的颗粒重量相近，对难熔原料其粒度要适当的减少，对易熔原料其粒度要适当的增大。

通过实验室分层试验，得出不同粒度（粒径比）对分层程度的影响如图4.4所示。图4.4表明，纯碱和硅砂两种物料混合物的平均粒径比为0.8时，可获得混合物最低程度的分层；当纯碱和硅砂两种物料混合物的平均粒径比大于或小于0.8时，标准偏差随之增大，粒径比偏离0.8越远，分层越严重。

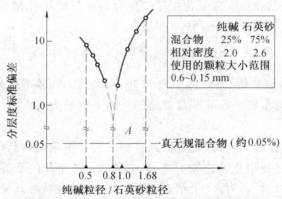

图 4.4 不同粒度（粒径比）对分层程度的影响

在整个熔制过程中，影响硅酸盐形成速率和玻璃形成速率的主要因素之一是原料的颗粒度，而玻璃形成速率主要取决于石英砂粒的熔化与扩散。从热力学、动力学的观点看：当反应物的颗粒度减少时，该反应物的等温等压位也增加，即该物质的饱和蒸气压、溶解度、化学反应活度也增加，并且反应物的面积增大，因此小颗粒的原料比大颗粒的原料更容易加速硅酸盐和玻璃的形成，玻璃均化速率也提高。当然过细原料的引入，也会造成杂质含量增加、澄清难度加大的不利影响。

(3) 具有一定的水分

用一定量的水或含有湿润剂（减少水的表面张力的物质，如食盐）的水湿润石英原料（硅砂、砂岩、石英岩），使水在石英原料颗粒的表面上形成水膜。这层水膜可以溶解纯碱和芒硝达 5%，有助于加速熔化。同时，原料的颗粒表面湿润后粘附性增加，配合料易于混合均匀，不易分层。加水湿润，还可以减少混合和输送配合料以及往炉中加料时的分层与粉料飞扬，有利于工人的健康，并能减少熔制的飞料损失（减少 5%）。

一般如原料的颗粒度发生变化，配合料的加水量也要变化，颗粒度越细，加水量应当越多，对纯碱配合料，其加水量为 3%～5%，而对芒硝配料为 3%～7%。

加水的配合料，称为湿配合料。在湿配合料中纯碱与水化合为一水化合物（$Na_2CO_3 \cdot H_2O$）。为了保持湿配合料的粘附状态，它的温度应当保持在 35 ℃ 以上。由于纯碱在水化时能够放热，在一般情况下，这一温度是可以达到的。如配合料的温度低于 35 ℃，一水纯碱将转变为低温稳定状态的七水纯碱（$Na_2CO_3 \cdot 7H_2O$）或十水纯碱（$Na_2CO_3 \cdot 10H_2O$）。七水或十水纯碱能迅速地吸取原料颗粒表面的自由水分，对配合料产生胶结作用，严重阻碍了配合料的运动。所以在加入熔炉之前，湿配合料的温度必须维持在 35 ℃ 以上。

近年来，也有采用 50% 的氢氧化钠溶液来润湿玻璃配合料的。用 50% 的氢氧化钠溶液湿润时，原料颗粒表面会形成氢氧化钠或硅酸钠薄膜，使纯碱不致水化，配合料的温度可以低于 35 ℃ 甚至 0 ℃。通常氢氧化钠溶液的用量约相当于 1.5% 的水量。氢氧化钠引入 Na_2O 取代了一部分纯碱，配合料料方应作适当调整。氢氧化钠溶液可以与某种石灰石反应，发生胶结作用。所以在使用氢氧化钠溶液之前，应当预先在实验室进行试验，如有胶结作用也要了解在混合机和加料机中所允许的操作时间，以保证配合料易于处理。

(4) 具有一定气体率

为了使玻璃液易于澄清和均化，配合料中必须含有一部分能受热分解放出气体的原料，如碳酸盐、硝酸盐、硫酸盐、硼酸盐、氢氧化铝等。配合料逸出的气体量与配合料重量之比，称为气体率。

$$气体率(\%) = \frac{逸出气体量}{配合料} \times 100 \qquad (4.1)$$

对钠-钙硅酸盐玻璃来说，其气体率为 15%～20%。气体率过高会引起玻璃起泡，过低则又使玻璃"发滞"，不易澄清。硼硅酸盐玻璃的气体率一般为 9%～15%。

(5) 必须混合均匀

配合料在化学物理性质上，必须均匀一致。如果混合不均匀，则纯碱等易熔物较多之处熔化速率快，难熔物较多之处熔化就比较困难，甚至会残留未熔化的石英颗粒使熔化时间延长。这样就破坏了玻璃的均匀性，并易产生结石、条纹、气泡等缺陷，而且易熔物较多之处与池壁或坩埚壁接触时，易侵蚀耐火材料，也造成玻璃不均匀。因此必须保证配合料充分均匀混合。

2. 检测

配合料的质量，是根据其均匀性与化学组成的正确性来评定的。

配合料的均匀性，是配合料制备过程操作管理的综合反映，一般用滴定法和电导法进行测定。

滴定法是在配合料的不同地点，取试样三个，每个试样约 2 g 溶于热水，过滤，用标准盐酸溶液以酚酞为指示剂进行滴定。把滴定总碱度换算成 Na_2CO_3 来表示。将三个试样的结果加以比较，如果平均偏差不超过 0.5% 以上，即均匀度认为合格；或以测定数值的最大最小比率表示。

电导法较滴定法快速，它是利用碳酸钠、硫酸钠等在水溶液中能够电离形成电解质溶液的原理，在一定电场作用下，离子移动，传递电子，溶液显示导电的特性。根据导电率的变化来估计导电离子在配合料中的均匀程度。一般也是在配合料的不同地点取试样三个，进行测定。

配合料的均匀度也可以用测定比重或根据筛分析，筛分析时，取 100 g 配合料为样品，首先过 20 目筛，筛去碎玻璃，再进行其他原料的筛分析。配合料的化学组成，是利用化学分析的方法，取一个平均试样，分析其各组成氧化物的含量。再与给定的玻璃组成进行比较，以确定其组成的正确性。

对于配合料中的水分，也应进行测定。测定方法是取配合料 2～3 g 放在称量瓶中称量，然后在 110 ℃ 的烘箱中干燥至恒重，在干燥器内冷却后，再称量其重量。两次重量之差，即配合料的含水量。水分计算公式为

$$水分 = \frac{湿重 - 干重}{湿重} \times 100\% \tag{4.2}$$

4.2.4 配合料的粒化

将配合料进行压块和成球，是解决配合料分层和飞料现象的有效办法。配合料在输送和贮存过程中的分层、飞料，特别是往熔炉中投料时纯碱等的飞料会侵蚀耐火材料和蓄热室的格子砖，影响玻璃成分和熔制质量以及污染大气。配合料在压块和成球后，可以避免上述现象的产生，而且由于配合料中各原料的颗粒接触紧密，导热性增加，固相反应速率加快，组分氧化物的挥发损失减小，特别是可以采用细粉状原料，能缩短熔化时间，有人试验可缩短熔化时间 30%～40%。同时能够提高玻璃的熔制质量，使玻璃中的结石和气泡减少，增加玻璃产量，提高熔化率 30%～40%。但是也有人持不同的看法，认为不能节省燃料，未经预烧的粒化料也不能降低烟囱的污染。

采用盘式粒化机是比较经济的玻璃成球方法。其工艺过程是先按一般方法制成均匀的配合料，再将配合料在专门的盘式成球（粒化）盘上，边下料边添加粘结剂，边滚动而制成 10～20 mm 的小球。然后在干燥设备中烘干，使球具有一定的运输及贮存强度，一般要求耐压 166.7×10^4 Pa（约 17 kg/cm²）以上。其工艺流程大致如下：

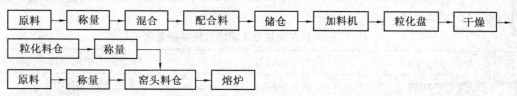

粘结剂的选择，应使配合料易于成球，使成球后和干燥后的球粒具有一定的强度，对玻璃的熔制和质量不能产生任何不良影响，且价格不能过高，可采用水玻璃、石灰乳、氢氧化钠液、粘土等。采用废碱液较有经济价值。

成球盘是一个带边的倾斜圆盘，如图 4.5 所示，一般直径为 1 m 以上。盘的边高 H 与直径 D 的平方成正比，盘的倾斜度在 30°～60° 内调节，盘在倾斜面上绕中心轴旋转，转速 10～25 r/min。配合料与粘结剂自盘的上方连续加入，由于粒化料与未粒化料的摩擦系数不同，摩

擦系数较小的粒化料逐渐移向上层,最后越过盘边而排出。由于这样的分级作用,成球盘可以得到较均匀的料粒,盘的倾斜度不能小于湿配合料的休止角,否则配合料将在盘内形"死"垫,破坏粒化,斜度越大,盘的转速也应越大。

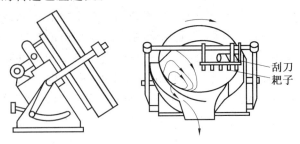

图 4.5 成球设备

配合料的成球,除与成球设备有关外,与配合料的组成、颗粒度、粘结剂的种类、用量、粘结剂与配合料的混合均匀性等都有关系。配合料含硼、碱较多,颗粒细,易于粒化成球,反之则成球率低。粘结剂的用量与配合料组成有关,用氢氧化钠液作粘结剂时,其用量对瓶罐玻璃来说,以球粒含水量 13% 左右为宜。

4.3 玻璃的熔制

4.3.1 工艺流程

熔制是玻璃生产中重要的工序之一,它是配合料经过高温加热形成均匀的、无气泡的并符合成型要求的玻璃液的过程。玻璃制品的大部分缺陷主要在熔制过程中产生,玻璃熔制过程进行的好坏与产品的产量、质量、合格率、生产成本、燃料消耗和池窑寿命都有密切关系,因此进行合理的熔制,是使整个生产过程得以顺利进行并生产出优质玻璃制品的重要保证。

玻璃的熔制是一个非常复杂的过程,它包括一系列物理的、化学的、物理化学的现象和反应,这些现象和反应的结果使各种原料的机械混合物变成了复杂的熔融物,即玻璃液。

为了尽可能缩短熔制过程和获得优质玻璃,必须充分了解玻璃熔制过程中所发生的变化和进行熔制所需要的条件,从而寻求一些合适的工艺过程和制定合理的熔制制度。

各种配合料在加热形成玻璃过程中有许多物理的、化学的和物理化学的现象是基本相同的,其主要变化见表 4.2。

表 4.2 配合料在加热形成玻璃过程中的变化

序号	物理变化过程	化学变化过程	物理化学变化过程
1	配合料加热	固相反应	生成低熔混合物
2	吸附水的排除	盐类分解	各组分间相互溶解
3	个别组分的熔化	水化物的分解	玻璃和炉气介质间的相互作用
4	多晶转变	化学结合水的排除	玻璃和耐火材料之间的相互作用
5	个别组分的挥发	各组分相互作用并形成硅酸盐的反应	

玻璃熔制过程可分为五个阶段,即硅酸盐形成、玻璃液形成、澄清、均化和冷却成型。

(1) 硅酸盐形成阶段

配合料入窑后，在 800～1 000 ℃ 发生一系列物理的、化学的和物理－化学的反应，如粉料受热、水分蒸发、盐类分解、多晶转变、组分熔化以及石英砂与其他组分之间进行的固相反应。这个阶段结束时，大部分气态产物从配合料中溢出，配合料最后变成了由硅酸盐和二氧化硅组成的不透明烧结物。硅酸盐形成速率取决于配合料性质和加料方式。

(2) 玻璃液形成阶段

当温度升到 1 200 ℃ 时，烧结物中的低共熔物开始融化，出现了一些熔融体，同时硅酸盐与未反应的石英砂反应，相互熔解。伴随着温度的继续升高，硅酸盐和石英砂粒完全熔解于熔融体中，成为含大量气泡、条纹，在温度上和化学成分上不够均匀的透明的玻璃液。

(3) 澄清

随着温度的继续提高，达到 1 400～1 500 ℃ 时，玻璃液的黏度约为 10 Pa·s，玻璃液在形成阶段存在的可见气泡和溶解气体，由于温度升高，体积增大，玻璃液黏度降低而大量逸出，直到气泡全部排出。

(4) 均化

玻璃液长时间处于高温下，由于对流、扩散、溶解等作用，玻璃液中的条纹逐渐消除，化学组成和温度趋向均一。此阶段结束时的温度略低于澄清时的温度。玻璃的均化过程早在玻璃液形成阶段时已经开始，然而主要的还是在澄清后期进行。它与澄清过程混在一起，没有明显的界限，可以看做一面澄清，一面均化，且澄清加速了均化的进程，均化的结束在澄清之后，并一直延续到冷却阶段。此外，搅拌是提高均匀性的一个很好的办法。

(5) 冷却

将澄清和均化的玻璃液均匀降温，使玻璃液具有成型所需要的黏度。在冷却阶段应不破坏玻璃液的质量。

以上所述玻璃熔制过程的五个阶段，大多是在逐步加热情况下进行研究的。但在实际熔制过程中是采用高温加料，不一定按照上述顺序进行，而是五个阶段同时进行。

玻璃熔制的各个阶段，各有其特点，同时它们又是彼此互相密切联系和相互影响的。在实际熔制过程中，常常是同时进行或交错进行的，这主要决定于熔制的工艺制度和玻璃熔窑结构的特点。它们之间的关系如图 4.6 所示。

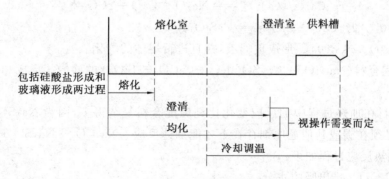

图 4.6　玻璃熔制过程各阶段关系

在玻璃的熔制过程中存在着固相、液相和气相。以上诸项相互作用，由此而构成极为复杂的相的转化和平衡关系。纵观玻璃的熔制过程，其实质一是把配合料熔制成玻璃液；二是把不均质的玻璃液进一步改善为均质的玻璃液,并使之冷却到成型所需的黏度。因此也有把玻璃熔制的全过程分为两个阶段,即配合料的熔融阶段和玻璃液的精炼阶段。

4.3.2 硅酸盐和玻璃液的形成

1. 配合料的加热反应

玻璃通常是由 SiO_2、Al_2O_3、CaO、MgO、K_2O、Na_2O 所组成,根据玻璃的不同性能要求还可以引入其他氧化物,如 B_2O_3、ZnO、BaO、PbO 等。为研究玻璃的熔制,就必须了解配合料各组分在加热过程中的各种反应。

钠钙硅酸盐玻璃的形成过程如下:

(1) 纯碱配合料($SiO_2 + Na_2CO_3 + CaCO_3$)的硅酸盐形成和玻璃形成过程

① $100 \sim 120\ ℃$,配合料水分蒸发。

② 低于 $600\ ℃$ 时,由于固相反应,生成碳酸钠-碳酸钙的复盐。

$$CaCO_3 + Na_2CO_3 \longrightarrow CaNa_2(CO_3)_2$$

③ $575\ ℃$ 发生石英的多晶转变,伴随着体积变化产生裂纹,有利于硅酸盐的形成。

$$\beta-石英 \Longleftrightarrow \alpha-石英$$

④ $600\ ℃$ 左右时,CO_2 开始逸出。它是由于先前生成的复盐——$CaNa_2(CO_3)_2$ 与 SiO_2 作用的结果。这个反应是在 $600 \sim 830\ ℃$ 范围内进行的。

$$CaNa_2(CO_3)_2 + 2SiO_2 \longrightarrow Na_2SiO_3 + CaSiO_3 + 2CO_2 \uparrow$$

⑤ 在 $720 \sim 900\ ℃$ 时,碳酸钠和二氧化硅反应。

$$Na_2CO_3 + SiO_2 \longrightarrow Na_2SiO_3 + CO_2 \uparrow$$

⑥ $740 \sim 800\ ℃$ 时,$CaNa_2(CO_3)_2 - Na_2CO_3$ 低温共熔物形成并熔化,开始与 SiO_2 作用。

$$CaNa_2(CO_3)_2 + Na_2CO_3 + 3SiO_2 \longrightarrow 2Na_2SiO_3 + CaSiO_3 + 3CO_2 \uparrow$$

⑦ $813\ ℃$,$CaNa_2(CO_3)_2$ 复盐熔融。

⑧ $855\ ℃$,Na_2CO_3 熔融。

⑨ 在 $912\ ℃$ 和 $960\ ℃$ 时,$CaCO_3$ 和 $CaNa_2(CO_3)_2$ 相继分解。

$$CaCO_3 \Longleftrightarrow CaO + CO_2 \uparrow$$

$$CaNa_2(CO_3)_2 \Longleftrightarrow Na_2O + CaO + 2CO_2 \uparrow$$

⑩ 约 $1\,010\ ℃$ 时,$CaO + SiO_2 \Longleftrightarrow CaSiO_3$。

最后在 $1\,200 \sim 1\,300\ ℃$ 形成玻璃液,并且进行熔体的均化。

(2) 芒硝配合料($Na_2CO_3 + Na_2SO_4 + C + CaCO_3 + SiO_2$)的硅酸盐形成和玻璃液形成过程

芒硝配合料在加热过程中的反应变化比纯碱配合料复杂得多,因为 Na_2SO_4 的分解反应很困难,所以必须在碳或其他还原剂存在下才能加速反应。$Na_2CO_3 + Na_2SO_4 + C + CaCO_3 + SiO_2$ 配合料加热反应过程如下:

① $100 \sim 120\ ℃$,排出吸附水分。

② $235 \sim 239\ ℃$,硫酸钠发生多晶转变。

$$Na_2SO_4(斜方晶体) \Longleftrightarrow Na_2SO_4(单斜晶体)$$

③ $260\ ℃$,碳开始分解,有部分物质挥发出来。

④400 ℃，Na_2SO_4 与碳之间的固相反应开始进行。
⑤500 ℃，开始有硫化钠和碳酸钠生成，并放出二氧化碳。

$$Na_2SO_4 + 2C \longrightarrow Na_2S + 2CO_2 \uparrow$$
$$Na_2S + CaCO_3 \longrightarrow Na_2CO_3 + CaS$$

⑥500 ℃ 以上，有偏硅酸钠和偏硅酸钙开始生成。

$$Na_2S + Na_2SO_4 + 2SiO_2 \longrightarrow 2Na_2SiO_3 + SO_2 \uparrow + S$$
$$CaS + Na_2SO_4 + 2SiO_2 \longrightarrow Na_2SiO_3 + CaSiO_3 + SO_2 \uparrow + S$$

以上反应在 700 ℃ ～ 900 ℃ 时加剧进行。
⑦575 ℃ 左右，β－石英转变为 α－石英。
⑧740 ℃，由于出现 Na_2SO_4－Na_2S 低温共熔物，玻璃的形成过程开始。
⑨740 ～ 880 ℃，玻璃的形成过程加速进行。
⑩800 ℃，$CaCO_3$ 的分解过程完成。
⑪851 ℃，Na_2CO_3 熔融。
⑫885 ℃，Na_2SO_4 熔融，同时 Na_2S 和石英颗粒在形成的熔体中开始熔解。
⑬900 ～ 1 100 ℃，硅酸盐生成的过程剧烈地进行，氧化钙和过剩的二氧化硅起反应，生成偏硅酸钙。

$$CaO + SiO_2 \longrightarrow CaSiO_3$$

⑭1 200 ～ 1 300 ℃，玻璃形成过程完成。

在上述反应中硫酸盐还原成硫化物是玻璃形成过程中重要反应之一。如果还原剂不足，则部分硫酸盐不分解，而以硝水的形式浮于玻璃液表面（因为硫酸钠在玻璃熔体中的溶解度很小）。

因此，芒硝配合料在加料区的温度必须尽可能高一些，不能逐渐加热，因为它在熔制过程中还原剂不能立即烧掉，以便在高温下仍能以很大速率还原硫酸钠，这样可以避免因反应不完全而产生"硝水"。

2. 硅酸盐形成和玻璃形成过程

配合料加热时，开始主要是固相反应，有大量气体逸出。一般碳酸钙和碳酸镁能直接分解逸出二氧化碳，其他化合物与二氧化硅相互作用才分解。随着二氧化硅和其他组分开始相互作用，形成硅酸盐和硅氧组成的烧结物；接着出现少量液相，一般这种液相属于低温共熔物，它能促进配合料的进一步熔化，反应很快转向固相与液相之间进行，又形成另一个新相，不断出现许多中间产物。随着固相不断向液相转化，液相不断扩大，配合料的基本反应大体完成，成为由硅酸盐和游离 SiO_2 组成的不透明烧结物，硅酸盐形成过程基本结束。随即进入玻璃的形成过程，这时，配合料经熔化基本已为液相，过剩的石英颗粒继续熔解于熔体中，液相不断扩大，直至全部固相转化为玻璃相，成为有大量气泡的、不均匀的透明玻璃液。当固相完全转入液相后，熔化阶段即告完成。固相向液相转变和平衡的主要条件是温度，只有在足够的温度下，配合料才能完全转化为玻璃液。

在实际生产过程中，将料粉直接加入高温区域时，硅酸盐形成过程进行得非常迅速，而且随料粉组分的增多而增快，因此它决定于料粉的熔融速率。例如一般玻璃配合料的整个熔制过程要 32 min（不包括澄清、均化和冷却阶段），而硅酸盐生成阶段只需 3 ～ 4 min，因而需要 28 ～ 29 min 用于砂粒的熔解。

(1) 硅酸盐形成过程的动力学

硅酸盐形成阶段的动力学是研究反应进行的速率和各种不同因素对其的影响。研究动力学在生产上和理论上都有很大的价值。

任何生产过程的产量与该生产过程中的反应速率有关。例如,在玻璃熔制过程中的硅酸盐形成速率、玻璃液形成速率、澄清速率、均化速率等决定了熔制的总时间,也就决定了玻璃制品的日产量,这说明了研究动力学的生产意义。研究动力学的理论意义是:它能阐明化学反应中的许多重要环节,并使我们能更深地了解反应本身的机理。

虽然对玻璃熔制过程的动力学做了不少的研究,但应指出,由于整个熔制过程的复杂性,至今还没有一个以系统的理论来完整地叙述熔制过程中的动力学。其重要原因在于,反应进行时的条件对反应速率的影响是很敏感的。例如,熔化温度与氧化物的含量固然对反应速率影响很大,但某些添加物、炉内气氛性质与分压、耐火材料的侵蚀、混合料的颗粒度、鼓泡与搅拌等都对反应速率产生一定的影响,所有这些都增加了研究玻璃熔制动力学的困难。

(2) 玻璃形成过程的动力学

① 玻璃形成阶段的反应。在硅酸盐形成阶段生成的硅酸钠、硅酸钙、硅酸铝及反应剩余的大量二氧化硅在继续提高温度下它们相互熔解和扩散,由不透明的半熔烧结物转化为透明的玻璃液,这一过程称为玻璃的形成阶段。由于石英砂粒的溶解和扩散速率比各种硅酸盐的溶扩速率慢得多,所以玻璃形成过程的速率实际上取决于石英砂粒的溶扩散速率。

石英砂粒的溶扩过程分为两步,首先是砂粒表面发生溶解,而后溶解的 SiO_2 向外扩散。两者的速率是不同的,其中扩散速率最慢,所以石英砂粒的溶解速率决定于扩散速率。

单位面积的扩散速率的计算式为

$$V = -D \frac{dc}{dx} = \frac{dn}{dt \cdot q} \tag{4.3}$$

式中　V——单位面积的扩散速率;
　　　D——扩散系数;
　　　dc/dx——在扩散方向的浓度梯度;
　　　q——扩散面积;
　　　dn/dt——在单位时间的扩散量。

从上式可见,石英砂颗粒在熔体中的溶解速率是与溶解的 SiO_2 从表面向熔体的扩散系数、砂粒表面的 SiO_2 与熔体中 SiO_2 浓度之差、交界层厚度及接触面积等有关。

随着石英砂粒的逐渐溶解,硅酸盐熔体中 SiO_2 含量越来越高,玻璃液的黏度也随着增加,液体中的扩散系数 D 与液体的黏度 η 有关:

$$D = \frac{KT}{6\pi r \eta} = \frac{RT}{A \cdot 6\pi r \cdot \eta} \tag{4.4}$$

式中　K——波兹曼系数;
　　　R——气体常数;
　　　T——绝对温度;
　　　r——分子半径;
　　　η——介质黏度;
　　　A——阿佛加特罗常数。

熔体的黏度越高，扩散系数就越小，溶解过程的速率就越慢。熔体的黏度是石英颗粒在玻璃熔体中溶解速率的函数。因此，对熔体黏度有影响的那些因素对玻璃生成速率也有影响。事实上，在强化玻璃熔制的实际操作中，常常是提高温度也即降低熔体的黏度来实现的。在生产中，由于温度波动或偏低使黏度增加导致石英砂颗粒未能完全溶解而造成玻璃缺陷。

石英颗粒在熔体中的溶解速率计算式为

$$t = K_0 \frac{[SiO_2]^3}{[Na_2O]^2} \tag{4.5}$$

式中　t——溶解时间；

　　　K_0——温度及表面影响系数；

　　　$[SiO_2]$——溶解终了时单位体积中 SiO_2 的质量分数；

　　　$[Na_2O]$——溶解终了时单位体积中 Na_2O 的质量分数。

可见 SiO_2 浓度对溶解速率影响很大。

除了 SiO_2 与各种硅酸盐之间的扩散外，各种硅酸盐之间也相互进行扩散，这些扩散过程有利于 SiO_2 更好地溶解，也有利于不同区域的硅酸盐形成相对均匀的玻璃液。

这里要说明的是，硅酸盐形成和玻璃液形成的两个阶段没有明显的界限，在硅酸盐形成结束之前，玻璃液形成阶段即已开始，两个阶段所需时间相差很大。如前所述，以平板玻璃的熔制为例，从硅酸盐形成开始到玻璃液形成阶段结束共需 32 min，其中硅酸盐形成只需 3～4 min，而玻璃形成却需要约 28～29 min。

② 玻璃形成动力学。在玻璃熔制过程中玻璃形成速率与玻璃成分、砂粒大小、熔制温度等有关。

(a) 玻璃成分。沃尔夫(M. Volf)提出如下玻璃熔化速率常数 τ 方程式。

对一般工业玻璃：

$$\tau = \frac{w_{SiO_2} + w_{Al_2O_3}}{w_{Na_2O} + w_{K_2O}} \tag{4.6}$$

对硼酸盐玻璃：

$$\tau = \frac{w_{SiO_2} + w_{Al_2O_3}}{w_{Na_2O} + w_{K_2O} + \frac{1}{2}w_{B_2O_3}} \tag{4.7}$$

对铅硅酸盐玻璃：

$$\tau = \frac{w_{SiO_2}}{w_{Na_2O} + w_{K_2O} + 0.125 w_{PbO}} \tag{4.8}$$

式中　τ——熔化速率常数，它是一个无因次值，表示玻璃相对难熔性的特征值。

　　　w_{SiO_2}、$w_{Al_2O_3}$、w_{Na_2O}、w_{K_2O}、$w_{B_2O_3}$、w_{PbO}——氧化物在玻璃中的质量分数。

上式只适用于玻璃液形成直到砂粒消失为止的阶段。τ 值越小，玻璃越容易进行熔制。这一常数相同的各种玻璃，其熔制温度也大致相同。τ 值与一定熔化温度相适应，因此，当室内气氛、气体性质固定时，根据 τ 值可以按玻璃化学组成来确定最有利的熔制温度。表 4.3 为与 τ 值相应的熔化温度值。

表 4.3　与 τ 值相应的熔化温度

τ 值	6	5.5	4.8	4.2
熔化温度 /℃	1 450～1 460	1 420	1 380～1 400	1 320～1 340

实际上,有时 τ 的计算值并不完全符合实际情况。当熔制含有较多量的 B_2O_3 的玻璃时就很明显。这是由于 SiO_2 和 B_2O_3 在熔体中的扩散速率很小,需要较长的熔化时间和较高的熔制温度。必须指出,常数 τ 是一经验值,在评定熔制速率时,此常数不能认为是唯一的决定因素,而应与其他影响熔制速率的因素一起考虑。

(b) 石英颗粒的大小。鲍特维金(Вотвинкин)提出如下方程式来计算石英颗粒的大小对玻璃液形成时间的影响:

$$t = K_1 \cdot R^3 \tag{4.9}$$

式中　t—— 玻璃形成的时间,min;

　　　R—— 原始石英颗粒的半径,cm;

　　　K_1—— 与玻璃成分和实验温度有关的常数,当成分为:$w(SiO_2)=73.5\%$、$w(CaO)=10.5\%$、$w(Na_2O)=16\%$ 的玻璃,试验温度为 1 390 ℃ 时,$K_1=8.2\times10^6$。

(c) 熔融体的温度。索林诺夫(Солинов)提出熔融体温度与反应时间的关系为

$$\tau = a\mathrm{e}^{-bt} \tag{4.10}$$

式中　τ—— 玻璃形成时间;

　　　t—— 熔融体的温度;

　　　a、b—— 与玻璃成分和原料颗粒度有关的常数。对玻璃而言 $a=101\ 256$;$b=0.008\ 15$。

应该指出的是,影响玻璃形成的因素是复杂的,因而上述公式都不足以来计算玻璃形成的精确时间。

4.3.3　玻璃液的澄清

玻璃液的澄清过程是玻璃熔化过程中极其重要的一环,它与玻璃制品的产量和质量有密切关系。

在硅酸盐形成与玻璃形成阶段中,由于配合料的分解、部分组分的挥发、氧化物的氧化还原反应、玻璃液与气体介质及耐火材料的相互作用等原因而析出大量气体。其中大部分气体将逸散于空间,剩余的大部分气体将溶解于玻璃液中,少部分气体还以气泡形式存在于玻璃液中。在析出的气体中也有某些气体与玻璃液中某种成分重新形成化合物。因此,存在于玻璃液中的气体主要有可见气泡、溶解的气体和化学结合的气体三种状态。此外,尚有吸附在玻璃熔体表面上的气体。

随玻璃成分、原料种类、炉气性质和压力、熔制温度等不同,在玻璃液中的气体种类和数量也不相同。常见的气体有 CO_2、O_2、N_2、H_2O、SO_2、CO 等,还有 H_2、NO、NO_2 及惰性气体。

熔体的无泡和去气是两个不同的概念,去气应理解为全部排除玻璃液中的气体,其中包括化学结合的气体在内。事实上只有采用特殊方法熔制玻璃时才能完成排除这些潜在的气体,而在一般生产条件下是不可能的。

玻璃的澄清过程是指排除可见气泡的过程。从形式上看,此过程是简单的流体力学过程,

实际上它是一个复杂的物理化学过程。

1. 配合料熔化过程气体的析出

随着配合料进入玻璃熔窑的气体约为原料的10%～20%,特别是碳酸盐分解时析出大量气体(每公斤配合料约$(50～200)\times10^3$ Nm^3气体),其中大部分在配合料反应及初熔阶段排入窑炉气氛中。占析出气体约0.001%～0.1%(按体积计算)的气体在初熔后留在熔体中作为的气泡或熔解的气体必须在澄清过程中排出或减少到不影响玻璃质量的程度。澄清后的玻璃中所含的气体总量只占玻璃质量的0.01%～0.15%,各种气体的溶解度相差很大。这种残余的溶解气体是熔体再生气泡或"重沸"的根源,必须尽可能减少到最小量。至于在澄清过程中要排去多少气泡和排出多少溶解的气体,除由澄清条件决定外,还要看各种气体是按什么样的时间顺序排出的,以及在配合料反应和初熔阶段排气是否充分而定。

2. 玻璃中气泡的形成

玻璃液相形成之前释放的气体可以经过松散的配合料层排出,配合料堆的表面积越大(薄层投料法),该气体在窑炉气氛中的分压越小,气体就越容易排出。

液相形成后,气体的排出受到阻碍而形成气泡。初熔阶段既存在含碱量大的能溶解CO_2、H_2O、SO_2、O_2等气体的熔体相,也出现许多气泡。此外,由于非均匀相成核,即在熔化中的石英颗粒附近的过饱和熔体中析出气体而不断地产生新的气泡。气体的析出主要是由于局部熔体中SiO_2含量增大而降低H_2O、SO_3、CO_2、O_2等的溶解度所造成过饱和的结果。含SiO_2少的玻璃与含SiO_2多的玻璃相遇也出现同样结果。过饱和析出的气体可以形成新的气泡,也可能扩散到已存在的气泡中。因为CO_2从玻璃配合料中析出比较晚些,初熔末期的熔体中的气泡除N_2外,主要含CO_2及少量H_2O。澄清气体(如O_2、SO_2)一般要在温度上升较高时才出现。

3. 气体在玻璃熔体中的溶解及扩散

原料中析出的气体与窑炉气氛中气体及玻璃熔体中的气体互相作用而使某些气体能溶解在玻璃熔体中。气体在玻璃熔体中的溶解度及其与温度、玻璃组成、分子之间的关系以及通过扩散气体在熔体中的物质传递对熔体的气体析出和吸收机理及澄清,也就是玻璃中气泡的成长及消失都有很大的影响。

虽然在初熔阶段由于石英砂粒的熔化,改变了熔体的酸碱度,使溶解在熔体中的大部分气体已被排出,即使在澄清的无气泡熔体中也还含有溶解的气体并可能形成气泡。因此在熔化及澄清阶段尽可能做到少含溶解的气体,使玻璃液在澄清后不会受到各种因素的影响而又重新出现气泡,这是十分重要的。事实也经常会因为如耐火材料、杂质、加工操作或熔化池的玻璃液流之类的影响造成气泡问题,但绝不能忽视溶体的澄清及再生气体,即气泡的形成、变化、消失及再现主要是玻璃气体的溶解和扩散在起作用,应从这些方面理解和进行控制。

人们要区分气体在熔体中的物理溶解和化学溶解这两种极端情况,两者之间还有不同程度的过渡情况。惰性气体和其他对玻璃熔体不产生作用的气体主要是物理溶解,不过也需考虑这里存在的范德华键之类的结合力。水蒸气、H_2、SO_2、CO_2主要是化学溶解。玻璃中存在多价离子时,氧也是化学溶解。氮则根据熔化条件为氧化性的或还原性的分别以物理的或化学的溶解为主。

4. 从熔体中排出气泡及气体

初熔以后,熔体中还存在大量气泡及溶解的气体,玻璃还无法使用。澄清的任务就是排出存在的气泡,降低溶解气体的浓度,以防止出现再生气泡以及使熔体均化,在这里采用热、化学、机械等方法或几种方法相结合。

(1) 澄清机理

澄清的过程就是首先使气泡中的气体、窑内气体与玻璃液中物理溶解和化学结合的气体之间建立平衡,再使可见气泡漂浮于玻璃液的表面而加以消除。

建立平衡是相当困难的,因为澄清过程中将发生下列极其复杂的气体交换:

① 气体从过饱和的玻璃液中分离出来,进入气泡或炉气中。

② 气泡中所含的气体分离出来进入炉气或溶解于玻璃中。

③ 气体从炉气中扩散到玻璃中。

图 4.7 为玻璃液中溶解的气体、气泡中的气体和炉气中的气体三者间的平衡关系图。

在澄清过程中,可见气泡的消除按以下两种方法进行:

① 使气泡体积增大加速上升,漂浮出玻璃表面后破裂消失。

② 使小气泡中的气体组分溶解于玻璃液中,气泡被吸收而消失。

前一种情况主要是在溶化部进行的。按照斯托克斯定律,气泡上升速率与气泡的半径平方成正比,而与玻璃黏度成反比,即

图 4.7 玻璃液中溶解的气体、气泡中的气体和炉气中的气体三者间的平衡关系图

$$v = \frac{2}{9} \cdot \frac{r^2 g(\rho - \rho')}{\eta} \tag{4.11}$$

式中 v —— 气泡的上升速率,cm/s;

r —— 气泡的半径,cm;

g —— 重力加速率,cm/s^2;

ρ —— 玻璃液的密度,g/cm^3;

ρ' —— 气泡中气体的密度,g/cm^3;

η —— 熔融玻璃液的黏度,P(1 Pa·s = 10 P)。

由式(4.11)可知:对于微细的气泡来说,除了玻璃的对流能引起它们的移动之外,几乎不可能漂浮到玻璃液面。表 4.4 为不同直径的气泡通过池深为 1 m 的玻璃液所需的时间。

表 4.4   不同直径的气泡通过池深为 1 m 的玻璃液所需的时间

气泡直径/mm	气泡上浮速率/(cm·h^{-1})	气泡上浮 1m 所需时间/h
1.0	70.0	1.4
0.1	0.7	140
0.1	0.007	14 000

在等温等压下,使玻璃液中气泡变大有两个因素:① 多个小气泡聚合为一个大气泡。② 玻璃液中溶解的气体渗入气泡,使之扩大。

关于第一种因素,在澄清过程中是不会发生的。因为通常小气泡彼此距离比较远,而且玻璃液的表面张力又很大,都会阻碍小气泡的聚合。

第二种因素具有重要的实际意义。玻璃液中溶解气体的过饱和程度越大,这种气体在气泡中的分压越低,则气体就越容易从玻璃液进入气泡。气泡增大后,它的上升速率增大,就能够迅速地漂浮出玻璃的液面。

玻璃液中气泡的消除与表面张力 σ 所引起的气泡内压力 p 的变化有关。当玻璃液中溶解的气体与玻璃液中气泡内气体的压力达到平衡时,气泡内气体的压力表达式为

$$p = p_x + \rho g h + \frac{2\sigma}{r} \quad (4.12)$$

由于玻璃液的 $\sigma = 0.25 \sim 0.3$ N/m,若一个半径为 1/1 000 mm 的小气泡除了受大气压 p_x 和玻璃液柱的静压 $\rho g h$ 之外,还有由表面张力引起的 6 atm(1 atm=0.1 MPa)的内压力。气泡的半径为 1 mm 时,由表面张力引起的气泡内压力仅为 0.006 atm,可以忽略不计。因此,溶解于玻璃液里的气体,常常容易扩散到大的气泡中,使之增大上升逸出,而微小的气泡则不能增大。通常气泡的半径小于 1 μm 以下时,气泡内压力急剧增大,像这样微小的气泡就很容易在玻璃液中溶解而消失。

(2) 玻璃熔体中气泡的上升

气泡与其他物体一样,在液体中受到浮力的作用:

$$K = 4\pi R^3 (\rho_1 - \rho_2) g / 3 \quad (4.13)$$

式中　　R—— 球形气泡的半径,m;

ρ_1—— 熔体的密度,kg/m³;

ρ_2—— 气体密度,kg/m³;

g—— 重力加速度,$g = 9.8$ m/s²;

η_1—— 熔体的动态黏度,dPa·s;

v—— 气泡的速率,m/s($Re = \rho_1 v R / h_1$)。

气泡移动时,如果流体中只产生层流,即雷诺数 $Re \ll 1$,在液体中使球体移动所需的力,按斯托克斯定律为

$$K = 6\pi \eta_1 R v \quad (4.14)$$

式(4.13)与(4.14)合并可得出气泡的上升速率 v 为

$$v = 2 g R^2 (\rho_1 - \rho_2) / 9 \eta_1 \quad (4.15)$$

在澄清操作条件下($\rho_1 = 2 500$ kg/m², $\eta_1 = 100$ dPa·s),气泡的半径 $R \leqslant 9$ mm 时可满足 $Re \leqslant 1$ 的要求。一般澄清气泡不超出 $Re < 1$ 的范围,而由鼓泡器喷出的气泡由于不是球形,形状较不规则($Re > 100$),斯托克斯定律不能适用。严格地说斯托克斯式(4.11)只适用于固体在流体中的运动。对于气态夹杂物(气泡)的上升速率可用哈达马尔德式。此式考虑到气泡与周围熔体之间的切向分速率,哈达马尔德式含有($\eta_1 + \eta_2$),这里 η_2 为气泡中气体的黏度。由于熔体中的气泡 $\eta_2 \ll \eta_1$,哈达马尔德式可简化为

$$v = g R^2 (\rho_1 - \rho_2) / 3 \eta_1 \quad (4.16)$$

两式中的上升速率都是与气泡半径的平方成比例,以及与熔体的密度及黏度有关。两个式中究竟用哪个式计算准确,盖尔包德及佐提曾作过研究认为,熔体的运动黏度(η/ρ)小于 400 斯托克斯(即 0.04 m²/s)时,上升速率可按斯托克斯式(4.11)计算;黏度大于 500 斯托克

斯时就应按哈达马尔德式(4.16)计算。对钠钙玻璃熔体,在温度低于 1 200 ℃ 时按哈达马尔德式计算,1 250 ℃ 以上按斯托克斯式计算。图 4.8 为钠钙硅酸盐玻璃中气泡直径 d 从 0.5 mm 到 20 mm、温度从 900 ℃ 到 1 400 ℃ 时按两种方式计算出的上升速率,玻璃的黏度变化也在图 4.8 中示出,三个坐标分别表示上升速率、温度(黏度)、直径等,用对数坐标表示各上升速率的上限。从曲面可看出在不同条件下气泡上升情况的对比。曲线还示出上升速率与气泡半径的平方关系,最小气泡几乎是浮游在熔体中。由于大小气泡的上升速率不同就出现了"分级",即上层的大气泡多而下层只有较小的气泡。澄清时温度降低,即黏度增大,则澄清速率显著降低。气泡从熔化池深处到熔体表面需经过一定的路程,因而在截面为1,高为 H 的体积中经过澄清时间 t 后的气泡数 N 为

$$N = N_0(1 - \frac{K}{H}x^2 t) \tag{4.17}$$

式中　　$K = g\rho_1 / 18\eta_1$;
　　　　x——气泡直径。

式(4.17)是按统一大小的气泡计算的。如果含有大小不等的气泡,并设由于澄清气体扩散到气泡中使气泡长大的速率为 $K = \Delta R / \Delta t$,代入及加和后,上述单位体积中的气泡数降低情况将为

$$N = \sum_{t=1}^{M} N_0 \left[1 - \frac{4KR_1^2 t}{H} - \frac{4KxR_1 t^2}{H} - \frac{4Kx^2 t^3}{3H} \right] \tag{4.18}$$

一般情况下,气泡大小分布及气泡长大速率都是未知的,只在观察大小差别很小的气泡时才能使用式(4.18)。从式(4.17)可得出 $d(\lg N)/dt$ 这个澄清速率概念,而与由实验得出的澄清速率进行对比,得

$$d(\lg N)/dt = -x^2 / (\frac{H}{K} - x^2 t) \tag{4.19}$$

以上的分析没有考虑到气泡上升时由于静压减小而气泡长大的情况。粗略估计,气泡从熔化池中 70 cm 的深度上升,气泡直径约增长 5%,因而作用不大。

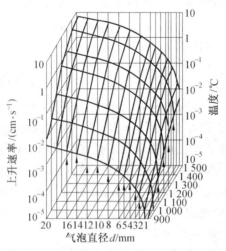
(a) 玻璃气泡直径、温度与上升速率关系

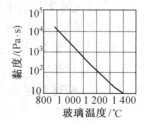
(b) 玻璃温度与黏度关系

图 4.8　钠钙玻璃中不同大小的气泡上升速率

由于澄清气体扩散到气泡内使气泡长大肯定对气泡的上升有很大影响,从而也影响到澄清速率。化学澄清就是利用这一效应,式(4.18)中也考虑到这一问题。

(3) 气泡从玻璃熔体中排出

在液体中上升的气泡穿过液体表面时会受到一定的阻碍,这种现象从汽水中的CO_2气泡及甘油中的空气泡已观察到。原因是液体的表面张力,到达玻璃液面的气泡的上升力超过表面张力时气泡才能破裂。图4.9为气泡穿过液面时的情况。气泡高出液面后,上面包的玻璃膜受到外力,如窑炉气氛的影响会具有与别的玻璃熔体不相同的表面张力和黏度。

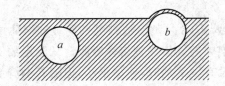
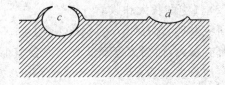

图 4.9　气泡穿过液面示意图

a— 接近表面; b— 液膜突出; c— 液膜裂开; d— 遗留带环形隆起的低凹面

值得注意的是熔体表面温度的作用。如果熔体的温度高于周围的温度,即在散热的情况下,就会形成黏度较大的表面层,从而阻碍气泡的排出。这可说明液面层的气泡有时多于熔体气泡的平均含量的原因(例如坩埚熔制的情况)。由于易挥发组分的蒸发(例如硼硅酸盐玻璃),也可形成黏度大的表面层而阻滞气泡的排出。

另一种情况是玻璃液吸收窑上部的热量而使气泡上包的玻璃膜比其他部分的熔体较快地受热,或由于部分组分蒸发而破裂。也可能由于窑炉气氛中SO_2的作用或少量氟化物的进入而降低了表面张力,使气泡到达表面后立即破裂。在还原性熔制条件下边界层的表面张力则可增大20%而造成气泡排出的困难。

5. 化学澄清

澄清时只对熔体加热得不到满意的结果,必须添加一些析出气体的化学药品。化学澄清剂应在较高温度下才形成高分解压(蒸发压),即在熔化的配合料排气过程基本结束而熔体的黏度足够低时,就可使气泡以足够大的速率上升。最常用的化学澄清剂为硫酸钠(硫酸盐澄清剂)及多价氧化物如氧化砷、氧化锑等(氧澄清剂),还有其他类型的澄清剂如卤化物,特别是氯化物及氟化物,也是在高温下产生高的蒸气压。

熔体中澄清气体的分压或澄清剂的蒸气压大于这种气体在气泡中的分压时,化学澄清就开始起作用。由于澄清气体扩散到气泡内,气泡开始长大。澄清开始的时间也可能在石英砂未完全熔化之前,即在配合料初熔阶段,因而澄清与初熔交叉。由于石英砂的熔化延迟也可能将澄清时间延长。

初熔结束时,一般情况下气泡中只含CO_2、N_2及H_2O,这样其他气体只需比较低的分压就可使气泡长大。这就是为什么要求使用的澄清剂总是析出与初熔后气泡中所含气体不相同的气体的原因。熔体中与气泡中澄清气体分压的差别越大,气泡长得越大,澄清也就越有效。而熔体中澄清气体的分压、分解压或蒸气压都与温度、澄清剂的种类,也就是气体的溶解度、玻璃的组成以及熔体中澄清剂的浓度有关。不过增加澄清剂的含量不都会改善澄清效果,而是如涅密斯所指出的,用As_2O_3、$NaSO_4$及$NaCl$澄清钠钙玻璃时有一个最佳值。

(1) 气泡数及气泡体积随着澄清时间及澄清温度的变化

开布尔发现:大的气泡从熔体中排出的速率约与它在熔体中上升的速率相对应,而小的气泡的消失较从上升速率计算得到的速率要快得多。从而得出这样的设想,即小气泡不仅上升到液面后消失,也可能消失在熔体中。

随着澄清时间的延长,气泡数的对数 $\lg v$(v=单位体积玻璃内气泡所占的总体积)接近直线下降。因此化学澄清机理与澄清时间及澄清温度的关系是一致的,即如何从澄清不好到澄清好一般都可运用这一关系。

(2) 气泡的长大和收缩

研究发现,含有如 $As_2O_3+NaNO_3$、Na_2SO_4 或 $NaCl$ 之类澄清剂的钠钙玻璃熔体中大小气泡都会长大,而当温度降低时气泡会缩小,即气泡中的气体又被熔体吸收。从测定数值中计算出气泡长大速率 $k=\Delta r/\Delta t(mm/min)$,发现在没有澄清剂时,速率很小,但随着澄清剂含量的增多而增大。加入 $0.5\%As_2O_3$,k 的数值(0.013mm/min)约为没有澄清剂时的65倍。气泡长大速率的极大值并不意味着澄清的最佳条件,因为澄清剂含量增多,会增大熔体中的澄清气体的过饱和程度,在有限的澄清时间内气体不能完全排出。温度下降时气泡收缩,没有澄清剂时,气体由于热收缩的收缩速率很小,加上澄清剂就很大了(加入 $2\%As_2O_3$ 时,温度从1 400 ℃ 降低到1 150 ℃,k 可达 -0.02 mm/min)。k 值只适用于给定的边界条件,因为它在玻璃组成、温度及澄清剂等参数改变时,随着溶解度的改变而改变。从这些数值得出的结论是气泡的长大是澄清气体扩散进入气泡的结果,而气泡收缩则是澄清气体向外扩散又被熔体吸收所造成。可用跟踪分析澄清过程的方法加以证明。

(3) 澄清气泡中气体含量随着时间及温度的变化

澄清过程中,气泡中的澄清气体含量随着澄清剂含量的增加而增大。澄清剂含量不变时,则随着温度的升高而增大。图4.10示出一种显像管玻璃在澄清过程中气泡中 O_2、N_2、CO_2 的百分含量(按气泡总容积计算)与澄清温度的关系。由于在澄清机理中,温度和时间的影响是一致的,也可得出气泡中气体的百分含量与澄清时间关系的十分类似的曲线。澄清初期,气泡中 CO_2 的含量比较高。由于温度比较低时,熔体中 CO_2 的过饱和程度比较大,直到约1 250 ℃,气泡中的 CO_2 含量还明显增大,但超过1 250 ℃ 后,气泡中澄清气体增加很快,同时 N_2 及 CO_2 含量减少。从 CO_2 及 N_2 的高含量转化为 O_2 高含量的速率越快,澄清进行得越好。

由于气泡中澄清气体的分压增大,在澄清的进行过程中其他气体(CO_2、H_2O、N_2)的分压逐渐降低。熔体及气泡之间这些气体的浓度差增大,结果又增强了 CO_2、N_2 以及其他在熔体中溶解的气体的扩散流,增大了气泡的长大速率。气泡长大速率增大的结果加速了气泡的上升和所有在玻璃中溶解的气体的排出。从而说明,澄清剂不仅可以除去熔体中存在的气泡,还可除去溶解的气体。

因为 N_2 的溶解度很小,与 H_2O 及 CO_2 对比,它的扩散流几乎小到可因此忽略。在澄清进行过程中,无论是气泡总数中含 N_2 的百分含量都很快减小。澄清过程中从气泡排出 N_2 具有重要意义,因为 N_2 在熔体中的溶解度很小,只能通过气泡的上升将它排出。

温度降低时,澄清气体的溶解度增大而分压减小,澄清气体将被熔体再吸收而使气泡收缩以 SO_2 作为澄清气体时,SO_2 与 O_2 同时存在较 SO_2 单独存时气泡收缩得快些。因而用硫酸盐澄清的玻璃静置时应保持氧化条件(熔体中不含溶解的 S^{2-})。

澄清气体被很快再吸收的结果使气泡中的气体含量出现另一种变化,即气泡中与澄清气体一同存在的其他气体含量相应的增大(参阅图4.10中的虚线部分)。在坩埚窑或池窑中,虽然温度保持不变,但澄清时间过长时也可能出现熔体中澄清气体耗尽而分压降低,从而产生这种气体含量的变化。

澄清情况良好时,残余的微小气泡中很少或几乎不含N_2,只含大量的CO_2和微量的H_2O。温度降低时CO_2的溶解度增大,因而在静置时这种残余气泡也会消失。1 250 ℃时按容积计算,由于溶解而消失的CO_2气泡甚至较由于上升到表面而除去的气泡多些。

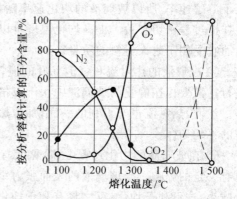

图4.10　100 g玻璃中按气泡总体积计算O_2、N_2、CO_2的百分量与熔体温度的关系(熔制时间120 min)

静置是气泡消失一种有效的澄清作用,这一点已从熔化试验中得到证明。澄清以后将温度降低与保持澄清时的温度对比,气泡的总体积以及气泡数都减少得多些。这一结果指出,澄清接近完全时降温到低于规定的澄清温度是何等重要。不过这种静置效果只在澄清已进行到残留的都是可溶解的气泡(不含N_2)的阶段才能充分显示出来。在这种情况下,静置就成为澄清的重要组成部分。

澄清不足时,在可溶解的气泡消失后残留的气泡中的澄清气体被再吸收,CO_2也被溶解一部分,N_2的含量就很高。玻璃中许多小气泡中含的N_2从半数到很高百分数很明显是澄清不足所致。

6. 物理澄清法

用物理方法来促进化学澄清是很自然的,这些方法是:
① 降低玻璃的黏度。
② 利用玻璃液流的作用。
③ 用机械方法将熔体搅动,如用湿木头人工鼓泡或吹入气体。
④ 用声波或超声波使熔体作机械振动,通过离心力的作用除去气泡。
⑤ 使用真空或加压。
⑥ 利用粗糙表面和析晶以形成气泡核。

按照前面的定义,澄清的任务是消除存在的气泡,排出熔体中的气体以及使熔体均匀。如果不考虑效果以及工艺上的可能性,这些方法都可完成澄清任务中的某一项或几项,可是在工艺上广泛采用的只有前三项方法。

4.3.4　玻璃液的均化

均化就是使整个玻璃液在化学成分上达到一定的均匀性。当玻璃未均化前,则主体玻璃与不均匀体两者性质不相同,对制品质量产生不利影响。例如两者膨胀系数不同,则在两者界面上将产生应力,两者光学常数不同将产生折光,两者黏度和表面张力不同,将产生玻筋、条纹等缺陷。因此,不均匀的玻璃液对制品的产量和质量都有重大影响。

玻璃液的均化过程通常受下述三个方面的影响:
① 不均匀体的溶解、扩散、均化过程。玻璃液中不均匀体不断溶解和扩散,由于扩散速率

低于溶解速率,所以玻璃液的均化速率随扩散速率的增大而加快,而扩散速率却又和均化温度及拌搅过程密切有关。提高均化温度可以降低玻璃液的黏度,增加分子热运动,对均化有利,然而它受制于耐火材料的质量。

② 玻璃液的热对流和气泡上升的搅拌作用也能促进玻璃液的均化。在流动的玻璃液中进行扩散要比静止的玻璃液中快十万倍,它比延长玻璃液在高温下停留时间长的效果大的多。然而,热对流也有不利的一面,加强热对流往往同时增加了对耐火材料的侵蚀,导致产生新的不均匀体。

③ 在玻璃液的均化过程中,除黏度有重要影响外,玻璃液与不均匀体的表面张力对均化也有一定的影响。当玻璃液的表面张力小于不均匀体的表面张力时,则不均匀体的表面积趋向减小,这不利于均化;反之将有利于均化过程。

4.3.5 玻璃液的冷却

即使是均化很好的玻璃液也不能马上成型成制品,因为不同的成型方法需要不同的黏度。当成型方法确定以后,它所需要的黏度对不同组成的玻璃来说所处的温度也不一样,均化好的玻璃黏度比成型时的黏度低。为了达到成型所需的黏度就必须降温,玻璃液需要冷却过程。一般的钠钙玻璃通常要降温 200～300 ℃。被冷却的玻璃液要求温度均匀一致,以利于成型。

在冷却阶段中,它的温度、气氛的性质和分压与前阶段相比有很大变化,因此破坏了原有气液相之间的平衡。由于玻璃是高黏度的液体,要建立新的平衡是比较缓慢的。由于原有平衡的破坏,可能会在玻璃液中出现小气泡,称为二次气泡或再生气泡。二次气泡均匀地分布在整个冷却的玻璃液中,直径一般在 0.1 mm 以下,数量在每 1 cm^3 的玻璃中可达数千个之多,因而在冷却过程中要特别防止二次气泡的发生。

二次气泡产生的原因现在还不十分明确,可能有以下几种情况:

(1) 硫酸盐的热分解

在已澄清的玻璃液中往往残留有硫酸盐,这些硫酸盐可能来自配合料中的芒硝,也可能是炉气中的二氧化硫,氧与碱金属氧化物反应的结果。

$$Na_2O + SO_2 + 1/2O_2 \rightleftharpoons Na_2SO_4$$

硫酸盐在以下两种情况下,均能产生热分解,形成二次气泡。

① 由于某种原因使已冷却的玻璃液重新加热,导致硫酸盐的热分解而析出二次气泡。实践证明,二次气泡的产生不仅取决于温度的高低而且取决于升温的速率,较快的升温会加快二次气泡的形成。

② 当炉气中存在还原气氛时,亦能使硫酸盐产生热分解而析出二次气泡。

$$SO_4^{2-} + CO \rightleftharpoons SO_3^{2-} + CO_2 \uparrow$$
$$SO_3^{2-} + SiO_2 \rightleftharpoons SiO_3^{2-} + SO_2 \uparrow$$

(2) 含钡玻璃在高温下降温时易生成二次气泡

在钡玻璃中,尤其是在含钡光学玻璃中,二次气泡的出现可能是由于 BaO 在高温下被氧化成 BaO_2,这个反应是吸热的。当温度降低时,BaO_2 开始分解放出氧气即生成小气泡。

$$2BaO_2 \rightleftharpoons 2BaO + O_2 \uparrow$$

另外,钡玻璃在降温时,由于玻璃液对耐火材料的侵蚀也可能会出现二次气泡。

(3) 溶解气体析出

气体的溶解度一般随温度的下降而增加,因而冷却后的玻璃液再次升高温度时将放出气泡。

为了避免二次气泡的出现,在冷却过程中,必须防止温度回升。同时还必须根据玻璃化学组成的不同采用不同的冷却速率,铅玻璃可缓慢冷却,重钡玻璃应快速冷却,这样有利于气泡的消除。

4.3.6 影响玻璃熔制的工艺因素

1. 玻璃组成

玻璃的化学组成对玻璃熔制速率有决定性影响,玻璃的化学组成不同,熔化温度和澄清时间也不同。在生产中往往以改变少量氧化物的含量来改善玻璃质量与相应操作要求。

2. 原料的性质及其种类

原料的性质及其种类的选择,对熔制的影响很大。同一玻璃成分采用不同原料时,它将在不同程度上影响配合料的分层(轻碱和重碱)、挥发量(硼石和硼砂)、熔化温度(如引入氧化铝氧化物时所用原料的选择,氧化铝粉和长石)。

3. 配合料的影响

(1) 配合料的粒度

原料粒度与颗粒组成对配合料混合均匀度、熔化率及玻璃液的均化密切相关。原料颗粒度和颗粒组成合理,可以提高玻璃配合料的混合均匀度,有利于提高玻璃熔化率和玻璃液均化的效率。

原料粒度与颗粒组成对配合料均匀度有影响,混合均匀的配合料在储存和运输过程中受震动和成堆作用会产生分层,分层的原因一般分为粒度差分层和密度差分层。粒度差分层是当原料粒度差过大时,在输送过程中由于振动作用,粗颗粒原料向下和向边部移动,细颗粒原料向上和向中部移动,产生粗细颗粒的离析,使得配合料均匀度变差。而在卸料成堆过程中,由于配合料做自由下落,细颗粒部分会集中在料堆顶部和中间,形成一个以细颗粒为中心的锥体,而大颗粒部分,由于粒度大,具有较高的能量,将围绕细颗粒位于锥体外面,从而形成锥分层。

玻璃的各种原料,除各自的粒度分布要合理外,它们的相互粒度分布要合理分配,其目的在于提高混合质量与防止配合料在运输过程的分层,使配合料分层降低到最低程度,使配合料均匀度处于最佳状态。为此,应使各种原料的颗粒密度相近,对难熔原料其粒度要适当减小。

实践证明,纯碱和硅砂两种物料混合物的平均粒径比例为 0.8 时,可获得混合物最低程度的分层。粒径比偏离 0.8,配合料均匀度标准偏差逐渐增大,偏离越远,分层越严重。

(2) 配合料的水分

在配合料中加入一定量的水分是必要的,湿物料比干物料有利于减少粉尘,防止分层,提高熔制速率,提高混合的均匀性。直接向配合料加水会引起混合不均匀,所以常先润湿石英质原料,使水分均匀地分布在砂粒表面形成水膜,此水膜约可溶解 5% 的纯碱和芒硝,有利于玻璃的溶制。砂粒越细,所需水的量越多,当使用纯碱配合料时,水分以 4%~6% 为宜,芒硝配合料的水分在 7% 以下。

(3) 配合料的气体率

为了加速玻璃熔制,要求配合料有一定的气体比,它们在受热分解后所逸出的气体对配合料和玻璃液有搅拌作用,能促进硅酸盐形成和玻璃的均化。对钠钙玻璃而言,配合料的气体率为 15%～20%,气体率过大容易使玻璃产生气泡,气体率过小,对硅酸盐形成和玻璃的均化均不利。

(4) 配合料的均匀性

配合料均匀度的优劣将影响玻璃制品的产量和质量,一般玻璃制品对配合料均匀度的具体要求是均匀度大于 95%。

(5) 碎玻璃

在配合料中加入一部分碎玻璃,可以防止配合料的分层,促进玻璃熔化,但碎玻璃要保持清洁,剔除有害杂质,其成分与生产玻璃一致,用量一般控制在 20%～40%。在长期使用碎玻璃的同时,要及时检查成分中的碱性氧化物烧失和二氧化硅升高等情况,要及时调整补充,确保成分稳定。

在池窑熔制玻璃时,配合料中碎玻璃的比例应当保持恒定,不能以工厂碎玻璃储备量的增减而随意改变。

4. 投料方式

投入熔窑中配合料层厚度对配合料熔化速率及熔窑的生产率有重要影响。如果投料间歇时间长,料堆大,势必使料层和火焰接触面积小,表面温度高,内部温度低,使熔化过程变慢,同时表面的配合料熔化后形成一层含碱量低的膜层,黏度极大,气体很难通过,给澄清带来了困难。所以,目前采用薄层投料法,使配合料上面依靠对流和辐射得到热量,下面由玻璃热传导得到热量,因此热分解过程大大加速。此外,由于料层薄,玻璃液表面层温度高,黏度小,很有利于气泡的排除,提高澄清速率。

5. 加速剂

为了缩短熔化时间,通常加入少量的加速剂,例如使用 B_2O_3 为加速剂,它具有降低玻璃液黏度,加速澄清过程的作用。它在高温时会大大降低玻璃液的黏度;应用 1.5% 的 B_2O_3 可使熔窑生产率大大提高。

有些加速剂的作用是转化二价铁为三价铁,提高玻璃液的透明度,使玻璃的热透性增加,从而加速熔制过程。As_2O_3 和 KNO_3 的混合物就属于这一类。加入氟化物(CaF_2、Na_2SiF_6、Na_3AlF_6)可使部分的铁变成挥发的 Na_3FeF_6 或无色的 FeF_3,同样也能提高玻璃的透热性,使熔制过程加速进行。试验证明,配合料在 1450 ℃ 熔制时如引入 1% 氟所需时间仅为无氟配合料的二分之一。

氟化物加速熔化的原因在于一方面降低玻璃的黏度,另一方面提高了透明度,因此大大提高了辐射热的效率,加速了澄清和均化的过程。

6. 熔制制度

熔制制度是影响熔制过程最重要的因素。通常熔制制度包括温度制度、压力制度、气氛制度以及液面制度。

(1) 温度制度

温度制度包括熔制温度、温度随时间的分布(间歇式窑)或温度随窑长空间的分布(连续式窑)以及制度的稳定性。最重要的是熔制温度。

熔制温度决定熔化速率,温度越高硅酸盐反应越强烈,石英熔化速率越快,而且对澄清、均化过程也有显著的促进作用,在 1 400～1 500 ℃,熔化温度每提高 1 ℃,熔化率增加 2%,但高温熔化受耐火材料质量的限制,一般在耐火材料能承受的条件下尽量提高熔制温度。

窑内温度决定于很多可变因素,必须调节影响窑内温度的各个因素,使温度稳定。

(2) 压力制度

窑压要求保持在零压或微正压($0.5～2\ mmH_2O$),一般不允许呈负压,因为负压引入冷空气,不仅要降低窑温,增加热损失,还使窑内温度分布不均匀,在某些死角处温度偏低。但正压也不能过大,如正压过大,会使燃耗增大,窑体烧损加剧,影响澄清速率。

窑内上部空间的压力可用与烟囱总烟道闸板相连的压力调节器来保持恒定。蓄热室的自动换向可以按规定时间间隔进行,或根据两边蓄热室格子砖的温度差来进行控制。

(3) 气氛制度

窑炉气氛对熔制过程有至关重要的影响。窑内各处气氛的性质不一定相同,按其组成可分为氧化、中性或还原状态,视配合料和玻璃的组成以及各项具体工艺要求确定。

在熔制无色瓶罐玻璃的普通纯碱配合料时,必须保持氧化气氛。

在熔制含有碳粉作为还原剂的纯碱-芒硝配合料时,为了保持碳粉不在加料口烧尽,第一及第二对小炉必须保持还原性,但是在最后的小炉又必须将碳粉完全烧尽,以避免玻璃液被着色,故最后的小炉喷出口应当是氧化焰。

芒硝如果没有在熔化部反应完毕,它可溶解于玻璃液中,虽然溶解度不大,但是在冷却部或成型部被还原时,已经足够使玻璃中产生极显著的二次气泡。

经验证明,熔制纯碱-芒硝配合料时,当熔化部内有强烈氧化焰时,所产生的泡沫很薄而极致密,不易排出液面,而且有时向成型部方面扩展得很快,要澄清这样的玻璃液是很困难的。

在熔制晶质玻璃与颜色玻璃时也须保持一定的气氛。为了避免氧化铅被还原成金属铅,熔窑中须保持氧化气氛;而为了熔制铜红玻璃,则必须保持还原气氛。

玻璃液受窑内炉气介质变化的影响极为敏感。气体介质的组成和压力的变化即使不大,也将使玻璃液质量变坏。窑内气体介质的性质必须经常通过对各个喷火口的废气分析检查来进行控制。

(4) 液面制度

玻璃液面一定要维持稳定,如果波动幅度太大、太频,对熔制质量和成型操作都不利。液面波动大,会加速对液面部位的耐火材料侵蚀。液面波动是由于加料量和出料量不均匀引起,同时加料量不稳定又会引起"跑料"现象。

7. 玻璃液流动

池窑中玻璃液的流动,除出料时引起强制对流外,还有温度差所引起的自然对流。玻璃液的对流是与池窑中各部分的温度分布和热的移动密切有关。

玻璃液的流动对熔融玻璃液、未熔化的配合料和气泡的移动、玻璃的成型、玻璃液均化、耐火材料侵蚀都有重要影响。

8. 窑炉、耐火材料

玻璃熔制窑炉的选用、所用燃料的种类以及窑炉所用耐火材料,对玻璃熔制也有重要的影响,直接决定着玻璃生产的产量、质量。

(1) 玻璃池窑用耐火材料的种类与选用

玻璃池窑用耐火材料必须具备一般工业炉用耐火材料的基本性质,还必需满足玻璃熔制工艺上的特殊要求。

在玻璃工业中,耐火材料的质量对于提高玻璃产品产量和质量、节约燃料、延长熔窑使用寿命、降低玻璃生产成本具有重大的意义。不良的耐火材料,不但限制了池窑作业温度,而且会严重地损坏玻璃的质量,产生结石、条纹、气泡、不必要的着色等缺陷,从而大大影响池窑的生产率。近代新型优质耐火材料的出现,对玻璃工业现代化发展起着有力的推动作用。

池窑各部位的工作状态不同,要求耐火材料的性能也不同。对于玻璃熔窑用耐火材料的基本要求如下:

① 必须具有足够的机械强度,能经受高温下的机械负荷;
② 要有相当高的耐火度;
③ 在使用温度下须有高的化学稳定性和较强的抗熔融玻璃的侵蚀能力;
④ 对玻璃液没有污染或污染极小;
⑤ 有良好的抗热冲击性;
⑥ 在作业温度下体积固定,再烧收缩和热膨胀率应很小;
⑦ 式样和尺寸准确。

20 世纪 40 年代以来玻璃池窑用耐火材料已经由铝硅($Al_2O_3 - SiO_2$)系统向铝锆硅($Al_2O_3 - ZrO_2 - SiO_2$)系统、高铝(Al_2O_3)系统和镁质(MgO)制品等系统发展,从而大大促进了池窑水平的提高。

(2) 耐火材料在池窑中的蚀变

在玻璃熔制过程中,耐火材料和玻璃液在高温下相互作用,使耐火材料遭致侵蚀损坏,玻璃液也会造成缺陷。在池窑中配合料组分对耐火材料的侵蚀作用比玻璃液的作用要大好几倍。芒硝配合料比纯碱配合料的侵蚀作用更强。通常熔融纯碱的侵蚀作用仅局限于加料口附近,而芒硝几乎可侵蚀到全部池壁。含有硼酸、磷酸、氟、氯、铅、钡等化合物和含碱量高的配合料,其玻璃液对耐火材料有特别强烈的侵蚀作用。池窑内火焰空间的窑碹、胸墙、小炉以及蓄热室等结构,虽然不与玻璃液直接接触,但也受到配合料粉尘和玻璃液面挥发物不同程度的侵蚀作用。

玻璃液对耐火材料的侵蚀强度主要取决于玻璃液的黏度和表面张力等物理性质,至于在受侵蚀过程中的化学反应只有从属的作用。黏度低和表面张力小的熔融玻璃最容易浸润耐火材料,它能沿耐火材料表面的毛细管系统而侵入耐火材料中。多碱玻璃黏度较低,硼硅酸盐玻璃表面张力小,它们对耐火材料的侵蚀也就很强烈。

配合料在加热过程中,开始生成最易熔的多酸化合物,流散在玻璃液面上。然后,这些熔体逐渐与比较难熔的组分相互溶解,因此在池窑熔化带耐火材料受到多碱硅酸盐的侵蚀作用。特别在熔制芒硝配合料玻璃时,浮在玻璃液面上的熔融"硝水"直接与耐火材料作用。硫酸钠在 885 ℃ 熔融,参与玻璃生成反应,直到约 1 440 ℃ 反应才完全。"硝水"、碱液和多碱硅酸盐很容易被吸入耐火材料表面的毛细孔中,使耐火材料受到强烈的侵蚀。

窑池耐火材料在受到物理和化学侵蚀时,侵蚀速率是温度的函数。侵蚀速率随温度升高而成对数关系递增。

玻璃液面的波动会加强对已受破坏的耐火材料层的冲刷作用。当玻璃液面下降之后，已软化的一层薄膜不能再保持在耐火材料的内表面上，而玻璃液面再重新上升时，剥落的薄膜不能回复原位，就被液流带走。新的一层耐火材料又暴露出来，重新受到上升玻璃液的进一步侵蚀而加速破坏。有时由于耐火材料被溶解而生成的高黏度玻璃液层被剥落，来不及扩散均化，会使玻璃产生条纹。

由于玻璃液的温差，池壁附近的玻璃液流向下运动，而池壁耐火材料受侵蚀溶解会使玻璃液比重发生变化，将影响池壁附近液流的速率，并加强侵蚀。池壁的通风冷却，有助于减轻侵蚀，但只有当池壁砖的厚度不大时才有可能实现。有时还可增强池壁处玻璃液的对流循环，反而会加强对耐火材料的侵蚀。

池窑上部结构经常受到配合料粉尘和挥发物的侵蚀。但粉尘与耐火材料发生化学反应，其生成物多留在耐火材料表面，形成一层薄膜，它有着保护作用，可防止配合料粉尘对耐火材料的进一步侵蚀。挥发的成分主要是碱金属氧化物和硼化合物，还有氟化物、氯化物和硫化物。这些挥发物以气相状态与耐火材料发生化学反应，还渗入耐火材料气孔或缝隙中。在温度较低的部位凝结成液相，与耐火材料发生化学反应，会对耐火材料造成很大破坏。

另外，配合料的粉尘和玻璃液面的挥发物及其冷凝物以及窑内气氛同样也对蓄热室耐火材料起着相当大的破坏作用。

窑内气氛也对耐火材料的侵蚀发生作用，如在还原气氛下作业，或发生炉煤气时，煤气中的 CO 和 H_2 会使砖中氧化铁还原，从而加速对耐火材料的腐蚀。

9. 熔制工艺的改进

在熔制过程中，熔制工艺的改进对熔化质量的改善以及熔化产量的提高起着至关重要的影响。通常采用以下措施来提高熔制水平：

① 机械搅拌与鼓泡。
② 辅助电熔、混合燃烧熔制、富氧燃烧以及浸没式燃烧技术。
③ 高压或真空澄清等。

10. 熔制的参数控制

熔窑的仪表控制和自动调节是稳定熔窑正常作业的一项重要措施。

（1）仪表控制

要使池窑正常作业，必须保持一定的热工制度。采用仪表控制也就是要保持一定的表明制度特点的参数值。参数中有一些是主要的，熔窑作业即根据它们来进行调节，另外一些参数是辅助的，它们是为了控制设备状态及熔窑各部制度的相互关系。

仪表控制可分为连续控制、定期控制和特定控制。连续控制就是要经常将制度最重要的示数用记录仪器记录下来。定期控制是按一定的时间间隔把观察到的示数记录下来。当要对整个窑和熔窑的各部分或辅助装置的工作情况作详细标定时才建立特定控制。

（2）自动调节

池窑作业制度的稳定对于玻璃机械化连续生产具有特别重要的意义。现代化生产使工艺参数保持不变的最好办法就是采用自动调节。采用自动调节在提高池窑生产率、节约燃料和减少耐火材料的消耗、提高产品质量、降低管理费用和产品成本等各方面起着重要的作用。

目前正发展应用工业电视、窥视镜以及电子计算机来全面自动调节。

4.3.7 玻璃熔制的温度制度

间歇作业池窑（日池窑）的玻璃熔制过程，是周期性操作。一般操作程序是在 12 h 中添加配合料和使之熔化，在 6 h 中澄清和冷却，在 8 h 中成型操作。成型完毕时，约残留玻璃液 100~150 mm 深，不能再继续取用。

在连续作业的池窑中，玻璃熔制的各个阶段是沿窑的纵长方向按一定顺序进行的，并形成未熔化的、半熔化的和完全熔化的玻璃液的运动路线，也就是熔制是在同一时间而在不同空间内进行的。

在连续作业的池窑中可沿窑长方向分为几个地带以对应于配合料的熔化、澄清与均化、冷却及成型的各个阶段。在各个地带内必须经常保持着进行这种过程所需要的温度。配合料从加料口加入，进入熔化带，即在熔融的玻璃表面上熔化，并沿窑长方向最高温度的澄清地带运动，在到达澄清地带之前，熔化应该已经完成。当进入高温区域时，玻璃熔体即进行澄清和均化。已澄清均化的玻璃液继续流向前面的冷却带，温度逐渐降低，玻璃液也逐渐冷却，接着流入成型部，使玻璃冷却到符合于成型操作所必需的黏度，即可用不同方法来进行成型。

沿窑长的温度曲线上，玻璃澄清时的最高温度点（热点）和成型时的最低温度点是具有决定意义的两点。

无论在什么样的情况下，也不允许玻璃在继续熔制的过程中经受比热点更高的温度作用，否则将重新析出气体，产生气泡。

图 4.11 和图 4.12 是平板玻璃和瓶罐玻璃在连续作业池窑中的熔制温度制度。

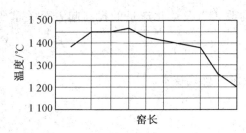 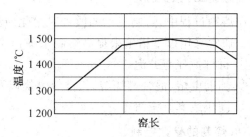

图 4.11　池窑内熔制玻璃的温度制度（窗玻璃）　　图 4.12　池窑内熔制玻璃的温度制度（瓶罐玻璃）

连续作业池窑沿窑长的每一点温度是不同的，但对时间而言则是恒定的，因而有可能建立稳定的温度制度。熔制工艺制度的正确与否，不仅影响所熔制玻璃的质量，而且还决定着熔制玻璃的产量。在连续作业池窑内，玻璃液从一个地带流到另一个地带，除因成型取用玻璃产生玻璃液流外，还由于各地区的比重不同而形成了玻璃液流。由于加料口附近和流液洞处的玻璃液温度比澄清带低，池壁附近的玻璃液温度比熔化池中热点处低，温度低处玻璃液的比重大会向下沉而代之以较热的玻璃液，这些玻璃液又被冷却，又逐渐下沉，这样玻璃液重复移动形成了连续的对流。这种对流在规定的温度制度下是不变的。

窑内温度如改变时，玻璃液的流动方向就会改变，这将导致不良的后果。特别是最高温度点的位置若有变化，前进的玻璃液中就能带进尚未完成熔化的配合料质点。此外，还会带走原来不参加对流循环的，停滞在窑池个别地区和池底上的不动层，因此，常常会使玻璃产生缺陷。

4.4 玻璃的成型

玻璃的成型方法分为热塑成型和冷成型,后者包括物理成型(研磨和抛光)和化学成型(高硅氧的微孔玻璃)。通常把冷成型归属到玻璃的冷加工中,玻璃的成型一般是指热塑成型。

玻璃的成型是熔融的玻璃液转变为具有固定几何形状制品的过程。玻璃必须在一定的温度范围内才能成型,在成型时,玻璃液除作机械运动外,还同周围介质进行连续的热传递。由于冷却和硬化,玻璃首先由粘性液态转变为可塑态,然后再转变成脆性固态。在成型过程中,机械作用和玻璃液在一定温度下的流变性质有关,玻璃液在外力(压力、拉力等)的影响下,使其内部各部分流动。

玻璃流变性质的最主要指标是玻璃的黏度、表面张力和弹性。玻璃冷却和硬化,主要决定于它在成型中连续地同周围介质进行热传递。这种热现象受到传热过程的抑制与玻璃液本身及其周围介质的热物理性质(比热、导热率、透热性、传热系数)的影响。

在生产过程中玻璃制品的成型过程分为成型和定形两个阶段,第一阶段赋予制品以一定的几何形状,第二阶段把制品的形状固定下来。玻璃的成型和定形是连续进行的,定形是成型的延续,但定形所需的时间比成型长。决定于成型阶段的因素是玻璃的流变性,即黏度、表面张力、可塑性、弹性以及这些性质的温度变化特征;决定于定形阶段的因素是玻璃的热性质和周围介质影响下的玻璃硬化速率。

各种玻璃制品的成型工艺过程,一般是根据实际参数采用实验方法来确定的。

4.4.1 玻璃的性能对成型的作用

1. 黏度

黏度在玻璃制品的成型过程中起着重要作用,黏度随温度下降而增大的特性是玻璃制品成型和定形的基础。在高温范围内钠钙硅酸盐玻璃的黏度-温度梯度较小,而在 1 000~900 ℃,黏度增加很快,即黏度-温度梯度($\frac{\Delta \eta}{\Delta T}$)突然增大,曲线变弯。在相同的温度区间内两种玻璃相比,黏度-温度梯度较大的称为短性玻璃;反之,称为长性玻璃,如图4.13所示。玻璃的成型温度范围选择在接近黏度-温度曲线的弯曲处,以保证玻璃具有自动定形的速率。玻璃的成型温度高于析晶温度区,如果成型过程冷却较快,黏度迅速增加,很快通过结晶区就能避免析晶。

玻璃制品成型开始和终结时的黏度随玻璃的组成、成型方法、制品尺寸大小和重量等变化。成型开始时的黏度为 $10^{1.5} \sim 10^4 \mathrm{Pa \cdot s}$,如玻璃纤维开始成型的黏度为 $10^{1.5} \sim 10^2 \mathrm{Pa \cdot s}$,平板玻璃为 $10^{1.5} \sim 10^3 \mathrm{Pa \cdot s}$,玻璃瓶罐为 $10^{1.75} \sim 10^4 \mathrm{Pa \cdot s}$,拉管及人工成型为 $10^3 \sim 10^5 \mathrm{Pa \cdot s}$,成型终了黏度为 $10^5 \sim 10^7 \mathrm{Pa \cdot s}$。但是,概括来说,可以认为一般玻璃的形成范围为 $10^2 \sim 10^6 \mathrm{Pa \cdot s}$。

玻璃的黏度越小,流变性就越大。通过温度的控制,使玻璃的黏度改变,即可改变玻璃的流变性,以达到成型和定形。

玻璃的黏度-温度曲线,只能定性说明玻璃硬化速率的快慢,也就是只能说明成型制度的快慢,而没有把时间因素考虑在内。为了把玻璃的黏度与成型机器的动作联系起来,玻璃的硬化采用黏度－时间曲线,即黏度的时间梯度($\frac{\Delta \eta}{\Delta t}$)来定量地表示,如图4.14所示。

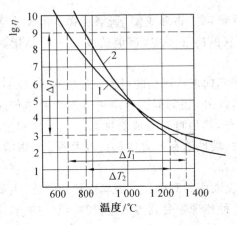 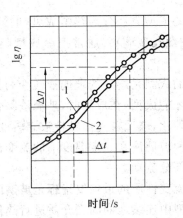

图4.13　玻璃液的黏度与温度的关系　　图4.14　玻璃液的黏度与冷却时间的关系

玻璃的黏度是玻璃组成的函数,改变组成就可以改变玻璃的黏度及黏度的温度梯度,使之适应于成型的温度制度,但是玻璃组成的改变影响到玻璃的其他性质发生变化,应当十分注意。

2.表面张力

在成型过程中,表面张力也起着重要作用,表面张力表示表面的自由能使表面有尽量缩小的倾向,表面张力是温度和组成的函数,它在高温时作用速率快,而在低温或高黏度时作用速率缓慢。表面张力使自由的玻璃液滴成为球形,在不用模型吹制料泡和滴料供料机料滴形状的控制中,所以,表面张力是控制的主要因素。

3.弹性

玻璃在高温下是粘滞性液体,而在室温下则是弹性固体。当玻璃从高温冷却到室温时,首先黏度成倍地增长,然后开始成为弹性材料,然而粘性流动依然存在。继续冷却,黏度逐渐增大到不能测量,就流动的观点来说,黏度已经没有意义。玻璃由液体变为弹性材料的范围,称为粘－弹性范围。

弹性可以立即恢复因应力作用而引起的变形,粘性则在应力作用下开始使玻璃质点流动,直至应力消除为止,它是不能恢复应力作用的变形的。所以,弹性不随时间而变化,粘性则在应力消失前继续流动。温度高时黏度小,玻璃的流动过程能立即完成。只有在有粘性而没有弹性的情况下,成型的玻璃制品才不会产生永久应力。

对瓶罐玻璃来说,黏度在 10^6 Pa·s 下时为粘滞性液体,黏度为 10^5 Pa·s 或 $10^6 \sim 10^{14}$ Pa·s 为粘－弹性材料,黏度为 10^{15} Pa·s 以上时为弹性固体。所以黏度为 $10^5 \sim 10^6$ Pa·s 时,已经存在弹性作用了。在成型过程中,如果维持玻璃为粘滞性形状,不管如何调节玻璃的流动,是不会产生缺陷的(如微裂纹等)。

在大多数玻璃成型过程中,可能已达到弹性发生作用的温度至少在制品的某些部位已接近于这样的温度。弹性及消除弹性影响所需的时间在成型操作中是很重要的,在成型的低温阶段，弹性与缺陷的产生是直接有关的。

4. 热学性质

玻璃的热性质，是成型过程中影响热传递的主要因素，对玻璃的冷却速率以及成型的温度制度有极大的关系。

玻璃的比热决定着玻璃成型过程中需要放出的热量，随温度的下降而下降。

玻璃的导热率表示在单位时间内的传热量。表面辐射强度用辐射系数来表征，透热性即为红外线和可见光的透过能力。玻璃的导热率、表面辐射强度和透热性越大，冷却速率就越快，成型速率也就越快。

玻璃的热膨胀或热收缩，以热膨胀系数表征。它与玻璃中应力的产生和制品尺寸的公差都有关系。液体玻璃的热膨胀比其在弹性范围内要大 2 至 4 倍，甚至 5 倍。瓶罐玻璃在室温下其线膨胀系数为 $90 \times 10^{-7}/℃$ 左右，在液态范围内则为 $(200 \sim 300) \times 10^{-7}/℃$。在成型时，玻璃与模壁表面接触因冷却而发生收缩。在最冷点上，即玻璃的表面上收缩最大，而越向玻璃内部，收缩就逐渐减小，这样，玻璃表面就存在着张应力。当玻璃仍处于液体状态时，由于质点流动，应力马上消除。但当部分玻璃到达弹性固体状态，同时模型表面因受热膨胀，玻璃制品的收缩和铸铁模型的膨胀约有 1‰～2‰ 的差值，这样就在成型的制品上产生残余应力，导致表面裂纹。因此在成型中应当考虑不产生缺陷的应力消除速率问题。

在生产电真空玻璃或成型套料制品时，玻璃的热膨胀系数也是十分重要的。玻璃与玻璃的热膨胀系数应当匹配，玻璃与封接金属的热膨胀系数也要匹配，否则会出现应力而破裂。

4.4.2 玻璃的成型制度

玻璃的成型制度是指在成型各阶段的黏度－时间或温度－时间制度。由于制品的种类、成型方法与玻璃液的性质各不相同，在每一具体情况下，其成型制度也不相同，而且要求精确和稳定。

成型制度应使玻璃制品在成型过程中，各主要阶段的工序和持续时间同玻璃液的流变性质及表面热性质协调一致，以决定成型机的操作和节奏。在成型过程中玻璃液的黏度由热传递决定。为了使制品成型的时间尽可能地短，出模时又不致变形，表面也不产生裂纹等缺陷，就必须控制和掌握热传递过程。

1. 玻璃成型过程中的热传递

在成型过程中，玻璃中的热量要转移到冷却空气中去，对无模成型的玻璃制品，如平板玻璃、玻璃管、玻璃纤维等，其冷却介质只有空气，情况较为简单。用模型成型的玻璃制品，如瓶罐、器皿等空心制品，其冷却介质为模型，而模型的冷却介质又为空气，情况较为复杂。

在模型中成型时，玻璃液中的热量主要由模型传递出去，以达到各阶段所需要的黏度。由于一般玻璃的体积比热小于金属模型（一般为铸铁）的体积比热，所以在模型中，玻璃的接触表面温度的降低很大，而模型内表面，温度的升高较小。又由于玻璃的热传导较差，所以同模型接触时，温度的降低主要限于玻璃极薄的表面层，其内部温度尚高。当玻璃与模型脱离后，由于内外层温差大，内部的热量向表面层进行着激烈的热传递，这时表面层对空气的传热却比较慢，使玻璃表面又重新加热。这种现象称为"重热"，是瓶罐等空心玻璃制品成型操作的基础。

玻璃成型过程中的热传递,还应当考虑到玻璃与模型、模型与空气的两个临界层。这两个临界层虽然很薄,但有较大的阻抗热流的作用。在压制成型时玻璃液和模型的接触较好,其临界层的热阻增量比吹制成型时热阻的增量小。由于玻璃液和模型的温差大,热流的传递在成型开始时很大。由于玻璃的热传导能力很差,大量的热量是从玻璃表面层移去使之迅速冷却。若冷却进行得过快,就会在玻璃表面层中产生张应力,这就是制品出现裂纹和破裂的原因。

实际上,玻璃液与模型内表面接触时,由于骤冷,体积有一定的收缩,使玻璃制品有脱离模型的倾向。因为重热,玻璃制品的表面再次软化膨胀,又与模型接触,再出现热传递。因此从玻璃制品表面经模型的热传递,可能是冷却⇌重热反复地进行。这种热传递随时间而衰减,即临界层的热阻随时间而增大。

从玻璃传递到模型的热流,受到几个因素的影响,最重要的变数是玻璃的表面温度、模型内表面的温度以及玻璃同模型间的热阻。

2. 玻璃的成型制度

对于不同的玻璃制品,不同的成型方法和不同的玻璃液性质,其成型制度是不相同的。在每一个具体成型情况下需要确定的工艺参数,包括成型温度范围、各个操作工序的持续时间、冷却介质或模型的温度。

玻璃液的黏度－时间曲线是确定成型制度的主要依据。而玻璃液的黏度－时间曲线,是在成型过程具体的热传递情况下,由玻璃液的黏度－温度梯度($\frac{\Delta \eta}{\Delta T}$)和玻璃液的冷却速率($\frac{\Delta T}{\Delta t}$)来决定的。

玻璃液的黏度－温度梯度与玻璃液的组成有关。玻璃液在成型过程中的冷却速率却受下列因素的影响:成型的玻璃制品的质量 m 和表面积 S,玻璃的比热容 C_p,玻璃制品成型开始的温度 T_1 和成型终了的温度 T_2,玻璃的表面辐射强度(用辐射系数 C 表征),玻璃的透热性(用在可见光谱红外区光能吸收系数 K' 来表征)以及玻璃所接触的冷却介质(空气或模型)的温度 θ。

对微量玻璃来说,其冷却速率为

$$\frac{\Delta T}{\Delta t} = -\frac{CS}{C_P}(T-\theta) \tag{4.20}$$

于是,玻璃质量 m 的冷却时间 t 为

$$t = \frac{mC_P}{CS}\ln\frac{T_1-\theta}{T_2-\theta} = \frac{1}{K}\ln\frac{T_1-\theta}{T_2-\theta} \tag{4.21}$$

式中,K 为计算系数。玻璃的比热容越小,表面积和辐射系数越大,系数 K 也越大。当系数 K 增大时,玻璃的冷却速率也就更快。系数 K 主要是根据所形成的玻璃制品形状,特别是 $\frac{m}{S}$ 值、外部介质的温度 θ 和玻璃着色的特性而变化的。在无色玻璃的冷却过程中,玻璃的化学组成对 K 的影响不大。

如玻璃在金属模型中成型,由于冷却介质由空气换成金属,从而改变了热传递的条件和辐射系数,在相应的温度下,系数 K 值将增大数倍。在金属模中成型时,玻璃液强烈地冷却不仅是由于 K 值的增大,而且也由于模型本身的蓄热能力较大所致。这样就缩短了成型过程中定

形阶段的时间,使产量有所提高。

一般说来,各种有色玻璃较无色玻璃的系数 K 值为小,而且当玻璃中各种着色剂的含量达到 1% 时,K 值会剧烈地减小 25%~50%。但是当着色剂的浓度增大时,K 值的变化又不显著。主要着色剂对 K 值的影响顺序如下,$CoO > CuO > Cr_2O_3 > Fe_2O_3 > Mn_2O_3$。制品的表面较其中部冷却和硬化要快得多,玻璃中部和距离为 d 处的温度差,同距离的平方成正比,也就是说这一温度梯度可表示为

$$\Delta T' = T_{CP} - T_d = Bd^2 \tag{4.22}$$

式中　T_{CP}——制品中部的温度;

　　　T_d——制品 d 处的温度;

　　　B——温度分布常数;

　　　d——与制品中部的距离。

于是,按方程(4.21),玻璃制品外表面层的冷却时间为

$$t_d = \frac{1}{K} \ln \frac{T_{1CP} - \theta}{T_{2CP} - \theta} \tag{4.23}$$

根据式(4.21),$T_{2CP} - T_{2d} = Bd^2$,即 $T_{2CP} = T_{2d} + Bd^2$,则

$$t_d = \frac{1}{K} \ln \frac{T_{1CP} - \theta}{(T_{2d} - \theta) + Bd^2} \tag{4.24}$$

式中　T_{1CP}——成型开始时中间层温度;

　　　T_{2d}——成型终了时表面层的温度。

玻璃液中间层的冷却时间为

$$t_{CP} = \frac{1}{K} \ln \frac{T_1 - \theta}{T_{2CP} - \theta} \tag{4.25}$$

式中　T_{2CP}——成型终了时中间层温度。

玻璃液中间层和表面层冷却到一定温度的时间差值,可以用时间梯度 $\Delta t'$ 表示(假如 T_{2CP} 和 T_{2d} 相近似)。

$$\Delta t' = t_{CP} - t_d = \frac{1}{K} \ln \left[1 + \frac{Bd^2}{T_2 - \theta}\right] \tag{4.26}$$

$$\Delta t' = \frac{mC_P}{SC} \ln \left[1 + \frac{Bd^2}{T_2 - \theta}\right] \tag{4.27}$$

温度分布常数 B,主要决定于玻璃着色性质及着色程度、玻璃的辐射系数 C 和玻璃的透热性。有色玻璃的温度分布常数 B 值特别急剧地增大,也就是说急剧增大了表面层和中间层的温度梯度 $\Delta T'$ 和冷却的时间差 $\Delta t'$。

图 4.15 为在不同的冷却条件 T(同周围介质的热传递),温度分布常数 B 随玻璃的光能吸收系数 K' 而变化的关系。成型的玻璃液在金属模型中冷却时,函数 $B = f(K')$ 的值将位于图中直线 2 右侧的直线上(图中未画出)。对于一般钠钙镁铝硅酸盐玻璃 B 值为 20~25。

式(4.21)~(4.27)可以计算玻璃制品成型过程中冷却所需要的时间。利用这些方程式计算所得的函数 $T = f(t)$ 值可以绘制成玻璃的温度-时间曲线,即玻璃的冷却曲线。此曲线同黏度-温度曲线一起,可进一步计算 $\lg \eta = f(t)$ 的值,绘制成玻璃的黏度-时间曲线,即玻璃的硬化曲线,如图 4.16 所示。根据玻璃在成型过程中的温度-时间曲线或黏度-时间曲线,结合实际参数,就可以规定出相应的成型制度。

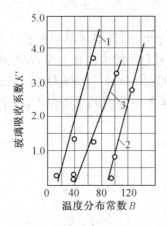 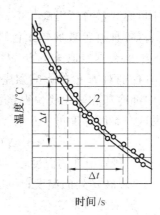

图 4.15　玻璃中温度常数 B 同玻璃硬化时辐射能吸收系数 K' 的关系
1— 在空气中；2— 在金属坩埚中；
3— 在隔热介质的金属坩埚中

图 4.16　玻璃的温度与冷却时间的关系
1— 制品的表面层；2— 中间层

规定玻璃液的成型温度范围，即工作黏度范围，是以玻璃液应具有完整成型的流动性，在外力作用下易于成型，有一定冷却硬化速率与不产生析晶相缺陷等来考虑的。如前所述，选择在玻璃的黏度－温度曲线的弯曲处。

玻璃成型的工作黏度范围，根据不同的成型方法、制品的大小和重量而不相同。概括地说为 $10^2 \sim 10^6$ Pa·s，一般工业玻璃其上限为 5×10^2 Pa·s 或 10^3 Pa·s，下限通常为 4×10^7 Pa·s。小型玻璃制品，其成型的工作黏度范围小，大型制品的工作黏度范围大。

"长性"玻璃的黏度－温度梯度比"短性"玻璃的小，硬化速率较慢，因此其成型的工作黏度范围大，成型过程的持续时间长。在成型过程中如果成型机的结构不可改变，而玻璃制品成型各阶段的持续时间也不能调整，为了适应成型操作的特点与机速的要求，就需要改变玻璃的长短性，即改变玻璃的组成，使之适合。

4.4.3　玻璃的成型方法

由于玻璃的黏度与表面张力随温度而变化，玻璃的成型和定形连续进行的特点，使得玻璃能接受各种各样的成型方法，这是玻璃与其他材料不同的重要性质之一。

最早的玻璃制品是用人工捏塑的，大约在一世纪时发明了吹管，也因为当时玻璃的熔制温度已经较过去有所提高，才出现了吹制的成型方法。目前人工成型方法和中世纪时仍然基本相同。

随着机械工业的发展，玻璃成型首先发展为半机械化，到 20 世纪初才进一步发展为机械化，现在已达到用计算机完全自动控制的程度。根据玻璃制品形状和大小的不同，可以选择最方便和最经济的成型方法，主要的成型方法有压制法、吹制法、拉制法、压延法、浇注法与烧结法等。

1. 平板玻璃的成型

平板玻璃的成型方法有垂直引上法（有槽引上和无槽引上）、平拉法、浮法和压延法等。目前最常用的生产方法是浮法和压延法。

(1) 浮法成型

浮法是指熔窑熔融的玻璃液在流入锡槽后飘浮在熔融金属锡液的表面上成型平板玻璃的方法。

熔窑的配合料经熔化、澄清、冷却成为 1 150～1 100 ℃ 的玻璃液,通过熔窑与锡槽相连接的流槽,流入熔融的锡液面上,在自身重力、表面张力以及拉引力的作用下,玻璃液摊开成为玻璃带,在锡槽中完成抛光与拉薄,在锡槽末端的玻璃带已冷却到 600 ℃ 左右,把即将硬化的玻璃带引出锡槽,通过过渡辊台进入退火窑,其过程如图 4.17 所示。

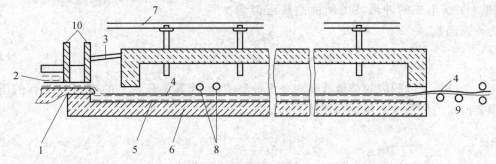

图 4.17　浮法生产示意

1—流槽;2—玻璃液;3—碹顶;4—玻璃带;5—锡液;6—槽底;7—保护气体管道;
8—拉边器;9—过渡辊台;10—闸板

① 浮法玻璃的成型机理。浮法玻璃的成型原理主要是描述玻璃液在锡液面上的摊开过程、平衡厚度、抛光时间、玻璃液的拉薄或增厚四个方面。

a. 玻璃液在锡液面上的摊开过程。自然界的液体自由表面是最光滑平坦的,所以密度大的液体就可以起到理想的成型模具的作用。借鉴玻璃液和锡液不起化学反应以及互不亲润原理,同时后者的密度大于前者,因而玻璃液可浮在锡液面上。两者的静态接触从物理化学上讲属于液体－液体－气体的三相平衡系统,即玻璃液－锡液－保护气体三相系统。玻璃液只是有限度的摊开,当摊开到一定程度时,玻璃液的表面张力和重力充分起作用并达到平衡,玻璃液就形成一定厚度的表面光滑平整的液层。

b. 浮法玻璃的平衡厚度。当浮在锡液面上的玻璃液不受到任何外力作用时所显示的厚度称平衡厚度。它决定于下列各力之间的平衡:玻璃液的表面张力 σ_g、锡液的表面张力 σ_t、玻璃液与锡液界面上的表面张力 σ_{gt} 以及玻璃液与锡液的密度 d_g、d_t,其间的关系可用下式表示:

$$H^2 = \frac{2d_t(\sigma_g + \sigma_{gt} - \sigma_t)}{gd_g(d_t - d_g)} \tag{4.28}$$

式中　g——重力加速度。

应用上述公式可对浮法玻璃的自由厚度 H 作如下估算:当成型温度为 1 000 ℃ 时,$\sigma_g = 340 \times 10^{-3}$ N/m、$\sigma_t = 500 \times 10^{-3}$ N/m、$\sigma_{gt} = 550 \times 10^{-3}$ N/m、$d_t = 6.7$ g/cm³、$d_g = 2.5$ g/cm³,把上述各值代入式(4.28) 得 $H = 7$ mm,它与实测相近。

c. 玻璃在锡液面上的抛光时间。浮法玻璃的抛光过程主要依靠玻璃液的表面张力的作用来实现,基本上与一般器皿玻璃的所谓"火焰抛光"同理。但浮法玻璃在锡槽中的抛光过程是通过控制较小的降温速率和均匀的温度场等,使形成表面张力充分发挥其展平作用的理想条件。玻璃液由流槽流入锡槽时,由于流槽面与锡液面存在落差以及流入时的速率不均将形成正弦状波纹,在进行横向扩展的同时向前漂移,此时正弦状波形纹将逐渐减弱(见图 4.18)。处于高温状态下的玻璃液由于表面张力的作用,使其具有平整的表面,达到玻璃抛光的目的,其过程所需时间即为抛光时间,它对设计锡槽的长度与宽度是一重要的技术参数。

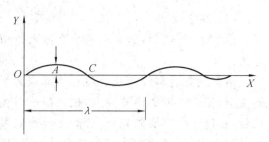

图 4.18 玻璃带的纵向断面

可以把玻璃液由高液位(流槽面)落入低液位(锡槽面)所形成的冲击波的断面曲线近似地假定为正弦函数:

$$Z = A\sin\frac{2\pi}{\lambda}X \tag{4.29}$$

把 1 个波长 λ 范围内的玻璃液视为一个玻璃滴,因而其中任一点的 X 处所受到的压强 P 是玻璃表面张力所形成的压强和流体的静压强之和,即

$$P = \sigma_g\left(\frac{1}{R_1} + \frac{1}{R_2}\right) + d_g g Z \tag{4.30}$$

式中 σ_g——玻璃液在成型温度(1 000 ℃)时的表面张力,N/m;

R_1、R_2——玻璃液在长度和宽度方向的曲径半径;

d_g——玻璃液在成型温度时的密度;

g——重力加速度;

$\sigma_g\left(\frac{1}{R_1} + \frac{1}{R_2}\right)$——表面张力形成的附加压强,又称拉普拉斯公式。

经运算可得

$$P = \left(\frac{4\pi^2}{\lambda^2}\sigma_g + d_g g\right) Z \tag{4.31}$$

玻璃板的抛光作用主要是表面张力,因而表面张力的临界值应不低于静压力值,此时:

$$\lambda^2 \leqslant \frac{4\pi^2}{d_g g}\sigma_g \tag{4.32}$$

由上式可求得 λ 的临界值 λ_0。

在表面张力作用下,波峰与波谷趋向于平整的速率 V,可以应用粘滞流体运动的管流公式

$$\sigma_g = \eta \cdot V \tag{4.33}$$

式中 η——玻璃黏度。

应用上述各式可以估算浮法玻璃的抛光时间。

[例 4.1] 设浮法玻璃的成型温度为 1 000 ℃,其相应参数分别为:$\eta = 10^3$ Pa·s、$\sigma_g = 350 \times 10^{-3}$ N/m、$d_t = 6.7$ g/cm³、$d_g = 2.5$ g/cm³,把上述各值代入式(4.32)及式(4.33)可得 $\lambda_0 = 2.4$ cm、$V = 3.5 \times 10^{-2}$ cm/s。因 $t = \lambda/V$,得 $t = 68.5$ s。

生产实践表明,若流入锡槽的是均质玻璃液,则它在抛光区内停留时间为 1 min 左右,就可以获得光亮平整的抛光面,所以上述估算与生产实践相符。

d.玻璃液的拉薄。玻璃液在重力和表面张力平衡时,在锡液面上形成自然厚度约为 7 mm 的玻璃带,拉引厚度小于自然厚度的玻璃时,必须对玻璃带施加一定的压力。但是当增加拉引速率时随着拉引力的增加,玻璃的宽度和厚度就成比例的减小。

浮法玻璃的拉薄在工艺上有两种方法,即高温拉薄法与低温拉薄法。

在高温拉薄(1 050 ℃)时,其宽度与厚度变化曲线为 POQ;在低温拉薄(850 ℃)时,其曲线为 PBF。如图 4.19 所示。

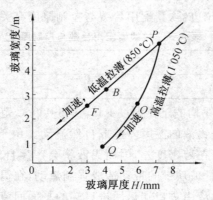

图 4.19 高温和低温拉薄曲线

从图上可以看出,两种不同的拉薄法其效果并不相同。例如,设原板在拉薄前的状态为 P 点,即原板宽度为 5 m,厚为 7 mm。若分别用高温拉制法和低温拉制法进行拉薄,若使两者的宽度均为 2.5 m,则相应得 F 点和 O 点,其厚度却分别为 3 mm(低温法)和 6 mm(高温法)。或者它们分别拉制到 B 点和 Q 点,这时两者的厚度均为 4 mm,其板宽却分别为 3 m(低温法)和 0.75 m(高温法)。

由上可知,采用低温拉薄比高温拉薄更为有利。实际上低温拉薄还可以分为两种,即低温急冷法和低温徐冷法,两者拉薄过程如图 4.20 所示。

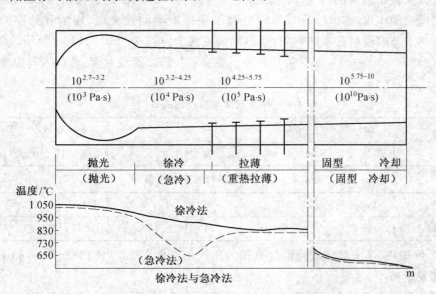

图 4.20 徐冷拉薄法和强冷拉薄法
(图中有括号和虚线者为强冷法,其余为徐冷法)

低温急冷法:玻璃在离开抛光区后,进入强制冷却区,使其温度降到 700 ℃,黏度为 10^7 Pa·s;而后玻璃进入重新加热区,其温度回升到 850 ℃,黏度为 10^5 Pa·s,在使用拉边器情况下进行拉薄,其收缩率达 30% 左右。

低温徐冷法:玻璃在离开抛光区后,进入徐冷区,使其温度达 850 ℃,再配合拉边器进行高速拉制。这种方法的收缩率可降到 28% 以下。

在进行拉薄时必须添加拉边器,其配用台数与拉制厚度有关,见表 4.5。

表 4.5 拉边器配用台数与控制厚度

玻璃厚度 /m	5	4	3	2	1.6
拉边器配用台数 /台	1	2～3	3～4	4～5	7

② 锡液的物理性质。在锡槽的工作温度 1 100～6 000 ℃ 范围内,锡液处于流动状态。造成锡液流动的原因有二:一是锡液的温度差造成自然流动。由于锡槽进口端与出口端存在着明显的温度差,锡液就必然存在着密度差,因而锡液将会产生自然流动,其流动形态与窑池内玻璃液的流动形态相近。二是玻璃带的带动造成强制流动,在锡槽中,当玻璃带受牵引辊拉力作用向前移动时,就会带动锡液由进口端返回进口端的平面回流,另外还存在锡液深层与上层前进流方向相反的回流。

锡中所含各种杂质都是组成玻璃的元素,它们可以在玻璃成型过程中夺取玻璃中的游离氧成为氧化物,这种不均质的氧化物成为玻璃表面的膜层。当金属锡中的含铁量达 0.2% 时会在锡液表面形成铁锡合金 $FeSn_2$,它增加锡液的"硬度";Al_2O_3 含量过多会在锡液表面生成 Al_2O_3 薄膜使锡液表面呈现光滑;杂质 S 能生成 SnS,是形成浮法玻璃缺陷的原因之一。以上都会影响玻璃的抛光度,因此,对于浮抛玻璃用锡液其纯度要求在 99.90% 以上,为此常选用特级锡。

锡的密度大大高于玻璃的密度($2.7\ g/cm^3$),有利于对玻璃托浮;锡的熔点($231.96\ ℃$)远低于玻璃出锡槽口的温度($650～700\ ℃$),有利于保持玻璃的抛光面;锡的导热率为玻璃的 60～70 倍,有利于玻璃板面温度的均匀;锡液的表面张力 $[(462～502)×10^{-3}\ N/m]$ 高于玻璃的表面张力 $[(220～380)×10^{-3}\ N/m]$,有利于玻璃的拉薄。锡液黏度、蒸气压与温度的关系见表 4.6、4.7。

表 4.6 锡液黏度与温度的关系

温度 /℃	301	320	351	450	604	750
黏度 /Pa·s	$1.68×10^{-3}$	$1.593×10^{-3}$	$1.52×10^{-3}$	$1.27×10^{-3}$	$1.045×10^{-3}$	$0.905×10^{-3}$

表 4.7 锡液蒸气压与温度的关系

温度 /℃	730	880	940	1 010	1 130	1 270	1 440
蒸气压 /Pa	$1.94×10^{-4}$	$2.3×10^{-2}$	$4.13×10^{-2}$	0.133	1.33	1.33	133

由表 4.7 可知,在浮法玻璃成型温度范围内蒸气压变化在 $1.94×10^{-4}～0.133\ Pa$ 之间,所以锡液的挥发量极小。

使用锡液作浮抛介质的主要缺点是 Sn 极易氧化成 SnO 及 SnO_2,它不利于玻璃的抛光,同时又是产生虹彩、沾锡、光畸变等玻璃缺陷的主要原因,为此须采用保护气体。

③ 保护气体。在锡槽中引入保护气体的目的在于防止锡的氧化以保持玻璃的抛光度,减少产生虹彩、沾锡、光畸变等缺陷,减少锡的损失等。一般,保护气体由 N_2+H_2 组成,两者可采用比例见表 4.8。

表 4.8 N_2 与 H_2 的比例

H_2/%	4～6	6～7	8～9
N_2/%	96～94	94～93	92～91

实际上在锡槽各部的 N_2 与 H_2 的比例并不相同,在锡槽的进出口处的 H_2 的比例要稍大些。

(2) 垂直引上法成型

可分为有槽垂直引上法和无槽垂直引上法两种。

① 有槽垂直引上法。有槽垂直引上法是玻璃液通过槽子砖缝隙成型平板玻璃的方法。其成型过程如图 4.21 所示,玻璃液由通路 1 经大梁 3 的下部进入引上室,小眼 2 是供观察、清除杂物和安装加热器用的。进入引上室的玻璃液在静压作用下,通过槽子砖 4 的长形缝隙上升到槽口,此处玻璃液的温度为 920～960 ℃,在表面张力的作用下,槽口的玻璃液形成葱头状板根 7,板根处的玻璃液在引上机 9 的石棉辊 8 拉引下不断上升与拉薄形成原板 10。玻璃原板在引上后受到主水包 5、辅助水包 6 的冷却而硬化。槽子砖是主要的成型设备,其结构如图 4.22 所示。

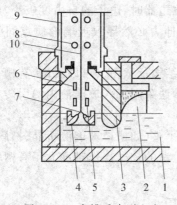

图 4.21 有槽垂直引上室

1—通路;2—小眼;3—大梁;4—槽子砖;5—主水包;6—辅助水包;7—板根;8—石棉辊;9—引上机;10—原板

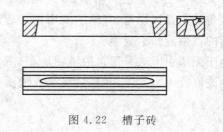

图 4.22 槽子砖

用有槽法生产窗玻璃的过程是玻璃液经槽口成型、水包冷却、机膛退火而成原板,原板经采板而成原片,其中,玻璃性质、板根的成型、边子的成型、原板的拉伸力是玻璃成型机理的四个关键部分。玻璃性质已如前述,以下叙述后三个部分。

ⅰ.板根的成型。在生产情况下,板根的大小、形状与位置决定于以下 4 个因素:

a. 槽子砖沉入玻璃液深度的影响。槽子砖沉入越深,则槽口的玻璃液就越多,玻璃液在槽口的停留时间增长、冷却增强,所以引上量可增大;反之,则引上量减少。

b. 玻璃液温度的影响。若玻璃液的温度升高,导致玻璃液的黏度下降,玻璃液在流动时的内阻减少,使槽口流出的玻璃液量增加,此时,板根上升;反之,则下降。

c. 窑压的影响。当熔化部窑压增加时,熔化部的高温废气压向冷却通路,使玻璃液温度升高,与上述同理使板根上升;反之,则下降。

d. 熔窑玻璃液面波动的影响。玻璃液面的升降将直接影响板根的位置。

ⅱ. 边子的成型。在原板的成型过程中,原板的宽度与厚度将同时产生两类收缩。第一类是自然收缩,由塑状玻璃的表面张力和流动度(黏度)的共同作用所形成;第二类是强制收缩,热塑状玻璃与其他材料一样,当受到外力作用时,只要有力的传递,就会在纵向受拉时产生横向收缩,其收缩率决定于纵向的拉力大小、材料性质与材料所处温度。由于原板存在纵向拉力,所以在原板的厚度与宽度方向上都将产生强制收缩,因此不能得到与槽口长度相等的原板。

ⅲ. 原板的拉伸力。原板在恒速上升时要克服三类矢力:一是原板的自身重力;二是在槽口的玻璃液不断拉伸时形成新的表面,引上后的原板在其固化前厚度不断地变薄而形成二次表面,要克服的第二类矢力是形成新表面所需的表面力;三是沿槽口长度方向上的板根的体积是不相同的,而引上的原板是等厚的,则在引上过程中塑状玻璃内部的质点间存在着速率梯度,这种速率梯度不仅存在于原板的宽度上,也存在于原板的厚度上,这就形成了玻璃液的粘滞力。

提高引上速率就相应提高了原板的拉伸力,它伴随纵向拉力的增加产生横向的收缩也增加,此时有两种情况:其一,当边子的自由度较大时,边子向内收缩,维持原有的厚度引上,即提高引上速率并不能使原板变薄;其二,当边子两边添置拉边器时,边子的自由度极小,即纵向受拉时横向收缩较小,因而由于提高引上速率而增加的拉伸力必然导致玻璃液质点间的相对位移增加,这使原板变薄;反之,则变厚。

② 无槽垂直引上法。图4.23为无槽垂直引上室的结构示意图。可以看出,有槽与无槽引上室设备的主要区别是:有槽法采用槽子砖成型,而无槽法采用沉入玻璃液内的引砖并在玻璃液表面的自由液面上成型。

由于无槽引上法采用自由液面成型,所以由槽口不平整(如槽口玻璃液析晶、槽唇侵蚀等)引起的波筋就不再产生,其质量优于有槽法,但无槽引上法的技术操作难度大于有槽引上法。

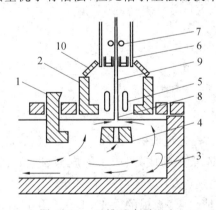

图4.23 无槽垂直引上室
1—大梁;2—L型砖;3—玻璃液;4—引砖;5—冷却水包;
6—引上机;7—石棉辊泪;8—板根;9—原板;10—八字水包

(3) 平拉法成型

平拉法与无槽垂直引上法都是在玻璃液的自由液面上垂直拉出玻璃板。但平拉法垂直拉出的玻璃板在500～700 mm高度处,经转向辊转向水平方向,由平拉辊牵引,当玻璃板温度冷却到退火上限温度后,进入水平辊道退火窑退火。玻璃板在转向辊处的温度为620～690℃。图4.24为平拉法成型示意图。

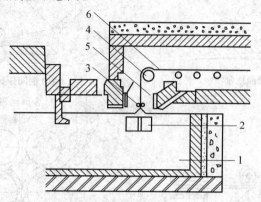

图 4.24　平拉法成型示意图
1—玻璃液；2—引砖；3—拉边器；4—转向辊；5—水冷却器；6—玻璃带

（4）压延法成型

用压延法生产的玻璃品种有：压花玻璃（2～12 mm厚的各种单面花纹玻璃）、夹丝网玻璃（制品厚度为6～8 mm）、波形玻璃（有大波、小波之分，其厚度为7 mm左右）、槽形玻璃（分无丝和夹丝两种，其厚度为7 mm）、熔融法制的玻璃马赛克（生产20 mm×20 mm、25～25 mm的彩色玻璃马赛克）、熔融法制的微晶玻璃花岗岩板材（晶化后的板材再经研磨抛光而成制品，板材厚度为10～15 mm）。目前，压延法已不再用来生产光面的窗用玻璃和制镜用的平板玻璃。压延法有单辊压延法、对辊压延法之分。

单辊压延法是一种古老的成型方法。它是把玻璃液倒在浇铸平台的金属板上，然后用金属压辊滚压而成平板（见图4.25(a)），再送入退火炉退火。这种成型方法无论在产量、质量上或成本上都不具有优势，是属淘汰的成型方法。

连续压延法是玻璃液由池窑工作池沿流槽流出，进入成对的用水冷却的中空压辊，经滚压而成平板，再送入退火炉退火。采用对辊压制的玻璃板两面的冷却强度大致相近。由于玻璃液与压辊成型面的接触时间短，即成型时间短，故采用温度较低的玻璃液。连续压延法的产量、质量、成本都优于单辊压延法。各种压延法示于图4.25中。

2. 其他成型方法

（1）人工成型

玻璃制品的人工成型法包括部分半机械成型，目前多用于制造高级器皿、艺术玻璃以及特殊形状的制品。人工成型法主要为人工吹制、自由成型（无模成型）、人工拉制与人工压制等。

① 人工吹制。人工吹制所使用的主要工具是吹管和表面涂附含碳物质的衬碳模。

吹管是一根空心的铁管，它与玻璃液接触的一端称为挑料端，目前常用镍铬合金制成。吹管长约1.2～1.5 m，直径一般为18～25 mm，随所挑取的玻璃液量而增大。中心孔径为5～6 mm。挑料端焊接在吹管的端头，挑料量多时，挑料端应较厚，直径也应较大。衬碳模又称冷模或转吹模。它是在铸铁模型表面上，以干性油（如亚麻仁油、桐油等）为粘合剂，用不同的方法涂附烟炱、软木粉、细焦炭粉等，加热使之牢固，并挑取一团热玻璃将表面打光滑。这种模子在使用时用水冷却，在模中吹制制品时要使料泡旋转。由于这种模子兼具碳模和铸铁

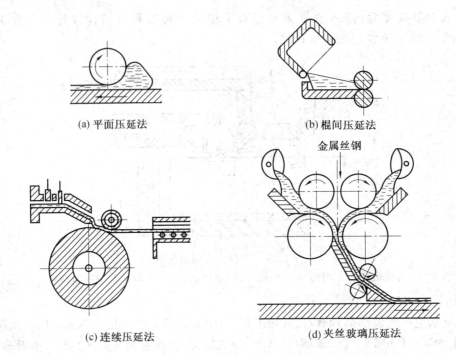

图 4.25　各种压延法示意

模的优点,特别是在吹制时,料泡和模型表面间形成气垫,便于料泡转动,制品表面比较光滑接近于火抛光的表面,而且制品的尺寸也比较精确。

人工吹制的主要工序为挑料、吹小泡、吹制、加工等。

② 自由成型。不用模型,仅使用一些特制的工具,如钳子、剪刀、镊子、夹子、夹板、样模等将玻璃液直接制成制品,主要用于艺术制品的生产(窑玻璃),而且是其他方法所不能取代的。在自由成型时,玻璃常需要反复加热,而且往往是用多种玻璃结合起来成型的。因此要注意玻璃的析晶倾向和热膨胀系数。

③ 人工拉制。人工拉制主要是指拉制玻璃管(或玻璃棒)的成型方法,它是从吹制法中产生出来的,主要工序和吹制法相似,即挑料、滚料、做料泡、拉管。由于拉制玻璃管时需要的玻璃料较多,挑料必须分几次进行。做成料泡后,粘结在顶盘上,在不断地吹气下,以一定的速率拉制成玻璃管。

拉制圆管时,料泡做成圆柱形;拉制三角形玻璃管时(如体温计玻璃管),料泡做成长的三角柱形;拉制玻璃棒时,挑料、滚料后做成一个实心的料团,粘结在顶盘上,拉制成棒。

④ 人工压制。人工压制是比较古老的成型,在目前实际上是属于半机械的成型方法。它从挑料、剪料起直至压制、脱模等均借人力操作。它的成型部件主要是模型、冲头和模环。

在成型时,模型、冲头和模环都要保持一定的温度制度,为此常常需要更换模子和用水冷却冲头。人工压制中,辅助动作所消耗的时间比压制过程本身要多几倍,生产效率低。

(2) 玻璃管的成型方法

玻璃管的机械成型方法有水平拉管和垂直引上(或引下)两类方法。水平拉制有丹纳法和维罗法。垂直引上法分有槽的和无槽的两种。

① 丹纳法。丹纳拉管法可以制造外径 2～70 mm 的玻璃管。主要用以生产安培瓶、日光

灯、霓虹灯等所用的薄壁玻璃管。玻璃液从池窑的工作部经流槽流出,由闸砖控制其流量。流出的玻璃液呈带状落绕在耐火材料的旋转管上。旋转臂上端直径大,下端直径小,并以一定的倾斜角装在机头上,由中心钢管连续送入空气。旋转管以净化煤气加热,在不停地旋转下,玻璃液从上端流到下端形成管根。管根被拉成玻璃管,经石棉辊道引入拉管机中。拉管机的上下两组环链夹持玻璃管使之连续拉出,并按一定长度截断。图4.26为丹纳拉管法示意图。

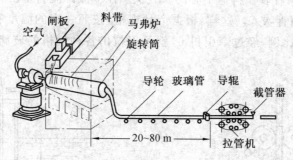

图4.26　丹纳拉管法示意图

② 维罗法。维罗法的玻璃液从漏料孔中流出,在漏料孔的中心有空心的耐火材料和耐热合金管,通入压缩空气使玻璃成为管状。当玻璃管下降到一定位置时,即放在石棉辊道上。用与丹纳法相同的拉管机拉制。拉制速率随外径及管壁厚度的增加而降低,并与玻璃的化学组成和硬化速率有关,一般为2～140 m/min。图4.27为维罗拉管法示意图。

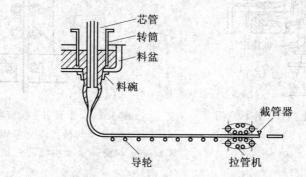

图4.27　维罗拉管法示意图

③ 垂直引上法。垂直引上法可以拉制薄壁和厚壁的管道,而主要用于拉制厚壁工业管道。

垂直有槽引上法的设备由引上机(拉管机)和槽子砖所组成。拉制的方法是采用"抓子"从槽子砖内拉出玻璃管,再送入引上机内。根据管壁厚薄和直径的不同,调整引上机的速率,越厚引上速率越慢。当管子拉到顶端时,玻璃管按需要的长度割断,放到收集玻璃管的槽子里。图4.28为有槽引上拉管工作示意图。用这种方法引上玻璃管的直径范围为2～30 mm,每根管的引上速率为1.5～20 m/min。

垂直无槽引上法的要点是由作业室中自由液面引上玻璃管,玻璃液是从池窑作业部沿通路流入。引上薄壁玻璃管的直径范围为4～40 mm,引上速率为6～12 m/min。引上厚壁玻璃管道的直径范围为50～170 mm。引上速率一般为0.7～2.5 m/min。

④ 垂直引下法。垂直引下拉管法具有设备简单,改换品种时操作简便,配上转绕机,可以

直接生产蛇形管等优点,能生产直径为 1 in、2 in、3 in 厚壁玻璃管以及外径为 8～100 mm 的仪器用管。

玻璃液垂直引下拉管机由供料机和牵引机两部分组成,供料机安装在与池窑相连接的料槽上,牵引机则单独安装在供料机下面的工作台上。

图 4.29 为垂直引上拉玻璃管示意图。澄清了的玻璃液由料槽 1 流向供料机的料盆 2,通过料盆底部的料碗 3,顺着装在料盆中心的吹气头 4 往下流。流料量由料筒 5 控制。压缩空气由吹气头中心的耐热钢管吹入。这样,根据产品规格,按照一定的温度和进气量以及料碗、吹气头、机速之间的一定比例,经过牵引机 6,就可以拉出各种规格的玻璃管。最后用机械把管子截成一定的长度。

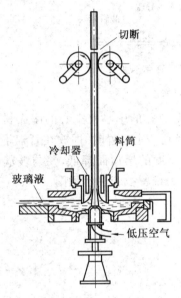

图 4.28　有槽引上拉管工作示意图

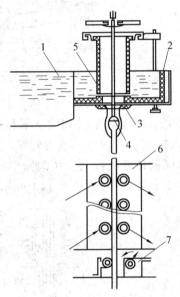

图 4.29　垂直引下拉玻璃管示意图
1—料槽;2—料盆;3—料碗;4—吹气头;
5—料筒;6—牵引机;7—机械截管

牵引机与垂直引上法的牵引机相似,是由一直流电机通过主轴和伞齿轮带动 8 对石棉滚同步运转。石棉滚安装在机膛侧壁的扇形齿轮上,从而使每对石棉滚子随着玻璃管直径的大小自由紧合。根据管径的要求,调整机速和料碗出料孔,即可拉制出不同规格的制品。

(3) 玻璃瓶罐的成型

将合乎成型要求的玻璃液做成玻璃瓶罐的过程即为玻璃瓶罐的成型,成型后的制品从高温冷却到常温时,会产生热应力,为了将玻璃中的热应力尽可能消除,需要对玻璃制品进行退火。

瓶罐成型主要的设备有供料道、供料机、制瓶机等。

① 供料道。供料道是一个用耐火材料砌造的封闭通道,玻璃自池窑作业部经此通道至供料机的料碗,供料道由冷却段和调节段组成,玻璃液在供料道中通过精确的调节,达到成型所需要的温度,供料道的结构如图 4.30 所示。

供料道的作用是把池窑已熔制好的玻璃液调节至适于制品成型温度,它可根据需要对玻

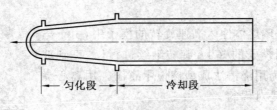

图 4.30　供料道的结构示意图

璃液进行既经济且有效的加热或冷却,可将合乎制瓶机所要求的适当温度和黏度的玻璃液送入供料机。

② 供料机。供料道终端的料盆部分称为供料机。供料机可将供料道中被加热成均质的玻璃液变成成型时所需要的料滴,以供制瓶机使用,它是由耐火材料制作的部件和机械部件装配而成的。与供料道相接的供料机料盆内的熔融玻璃液是利用装在冲头机构上的耐火材料冲头从料碗中压出,然后被剪料机构切断即成料滴。机械成型的供料方法有滴料和吸料两种,目前瓶罐玻璃生产中大都采用滴料法,使用供料机将合乎成型要求的玻璃液变成料滴均匀地滴入制瓶机接料装置中。供料机是当前各种滴料式制瓶机的配套设备。

③ 自动制瓶机。1925 年研制成功了第一台行列式制瓶机,它以新的工作原理在供料机供料下进行工作。它的工作台固定不动,装在其上的模子只有自身的开闭动作,因此比回转式制瓶机的动作少,而且各组独立操作,一组停下来其他组不受影响,结构简单、操作安全、模子的利用率也比较高,目前世界上制瓶行业大多数采用行列式制瓶机,六组行列式制瓶机应用最广,八组和十组的制瓶机逐渐增多,最高组数达十二组。一组同时生产二个制品的双滴料制瓶机以及生产三个制品的三滴料制瓶机已得到广泛使用。

制瓶机的成型方法主要有三种:吹-吹法(瓶子)、压制法(器皿)和压-吹法(瓶子和器皿)。

吹-吹法和人工吹制瓶子的原理相同,先向初型模中吹入压缩空气做成瓶子雏形(称为雏形料泡),再将雏形料泡翻转,交给成型模,向成型模中吹入压缩空气,最后做出瓶子。

吹-吹法的操作工序为:

装料 → 瓶口成型 → 吹成雏形料泡 → 雏形料泡翻送 → 重热 → 吹气成型(正吹气) → 钳移

压-吹法是将落入初型模的料滴用金属冲头压制成瓶子的雏形,然后在成型模中吹制成完整的瓶子,压-吹法一般用于制作广口瓶。

压-吹法的操作工序为:

装料 → 吹成雏形料泡 → 重热 → 翻转 → 瓶口成型 → 钳移

压制法是将由料碗落下的料滴进入成型模内用金属冲头压制成型,其特点是工艺简单、尺寸准确,制品外表面可带有花纹,但压制品表面有模缝、不光滑等。压制法不能生产如下产品:内腔是上小下大的空心制品、内壁有花纹的制品和薄长制品。

(4) 浇铸法

在制造某些光学玻璃、建筑用装饰品、零件和艺术雕刻等玻璃时常常采用浇铸法。对于大直径的玻璃管、器皿和大容量的反应锅,则需要采用离心浇铸法生产。

浇铸法成型就是将熔好的玻璃液注入模子或铸铁的平台上,经过退火冷却和加工后即成制品。

离心浇铸法是将玻璃熔体注入高速旋转的模子中,由于离心力使玻璃熔体紧贴到模子的壁上,旋转继续进行,一直到玻璃硬化为止。图4.31为用浇铸法成型棱镜示意图。用离心浇铸法成型的制品,壁厚是对称的。

(5) 烧结法

烧结法是由粉末烧结成型,利用此法制造特种制品以及不宜用熔融态玻璃液成型的特种形状。这种成型方法可分为干压法、注浆法和用泡沫剂制造泡沫玻璃。

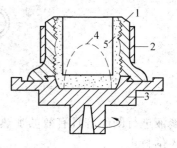

图 4.31　离心浇铸法成型示意
1—金属模型;2—加固环;3—底座;4—玻璃料锥体;5—最后制品

干压法就是用球磨机将玻璃磨成粉末,加入少量的结合剂如水玻璃等(使坯体具有一定的强度),充分混合,然后用干压成型压成所需要的形状与尺寸的坯体,把坯体加热到稍高于玻璃软化点的温度,保持一定的时间。这样成型的制品中存在1%左右的微细气孔,所以制品的透明度较差。这种方法一般用来制造尺寸和形状要求准确的制品,如无线电元件、过滤漏斗等。

注浆法是将磨细的玻璃粉末与水调成"泥浆",注入石膏模中进行成型,脱模后的湿坯经过干燥再进行烧结。此法广泛应用于高硅氧玻璃和大型制品的成型。

泡沫玻璃的制造,就是在玻璃粉末中加入发泡剂,使玻璃在烧结中产生气体,由于气体的膨胀使玻璃体积增大并充满容器。玻璃制品是在有盖的金属容器内加热烧结的,形成很多闭口气孔,是一种良好的绝热隔音材料。

4.5　玻璃的退火和淬火

玻璃制品在生产过程中(即由熔融状态的玻璃液变成脆性固体玻璃制品),玻璃经受激烈的不均匀的温度变化,使内外层产生温度梯度,硬化速率不一样,引起制品中产生不规则的热应力。这种热应力能降低制品的机械强度和热稳定性,也影响玻璃的光学均一性,若应力超过制品的极限强度,便会自行破裂。所以玻璃制品中存在不均匀的热应力是一项重要的缺陷。

退火是一种热处理过程,可使玻璃中存在的热应力尽可能地消除或减小至允许值。除玻璃纤维和薄壁小型空心制品外,几乎所有玻璃制品都需要进行退火。

对于光学玻璃和某些特种玻璃,退火要求十分严格,必须在退火的温度范围内保持相当长的时间,使它各部分的结构均匀,然后以最小的温差进行降温,以达到要求的光学性能,这种退火称为精密退火。

玻璃制品存在热应力并不经常是有害的。若通过人为的热处理过程使玻璃表面层产生有规律的、均匀分布的压应力,还能提高玻璃制品的机械强度和热稳定性,这种热处理方法称为玻璃的钢化。化学组成相同的玻璃,钢化与不钢化具有截然不同的性能,但并非所有的玻璃制品都能进行钢化。

4.5.1　玻璃的应力

物质内部单位截面上的相互作用力称为内应力。玻璃的内应力根据产生的原因不同可分为三类:因温度差产生的应力,称为热应力;因组成不一致而产生的应力,称为结构应力;因外力作用产生的应力,称为机械应力。

1. 玻璃中的热应力

玻璃中的热应力按其存在的特点,分为暂时应力和永久应力。

(1) 暂时应力

温度低于应变点而处于弹性变形温度范围内的玻璃,在加热或冷却的过程中,即使加热或冷却的速率不是很大,玻璃的内层和外层也会形成一定的温度梯度,从而产生一定的热应力。这种热应力,随着温度梯度的存在而存在,随着温度梯度的消失而消失,所以称为暂时应力。

图 4.32 表明玻璃经受不同的温度变化时,暂时应力的产生和消失过程。设一块一定厚度、没有应力的玻璃板,从常温加热至该玻璃应变点以下某一温度,经保温使整块玻璃板中不存在温度梯度(见图 4.32(a))。再将该玻璃板双面均匀自然冷却,因玻璃导热能差,所以表面层的温度急剧下降,而玻璃内层的温度下降缓慢。因此,在玻璃板中产生了温度梯度,沿着与表面垂直的方面温度分布曲线呈抛物线形。

玻璃板在冷却过程中,处于低温的外层具有较大的收缩,但这种收缩受到温度较高、收缩较小的内层的阻碍,不能自由缩小到它的正常值而处于拉伸状态,产生了张应力。而内层则由于外层收缩较大而处于压缩状态,产生了压应力。这时在玻璃板厚度方向的应力变化,是从最外层的最大张应力值,连续地变化到最内层的最大压应力值。在由张应力变化到压应力的过程中,其间存在着某一层的张应力同压应力大小相等,方向相反,相互抵消,该层压应力为零,称为中性层。

玻璃冷却到外表层温度接近外界温度时,外层体积几乎不再收缩。但此时玻璃内层的温度仍然较高,将继续降温,体积继续收缩。这样外层就受到内层的压缩,产生压应力;而内层的收缩则受到外层的拉伸,产生张应力。其应力值随内部温度的降低而增加,直到温差消失为止。这时内外层产生的应力方向,刚好同冷却过程中玻璃所产生的应力方向相反,而大小相等、互相可以逐步抵消,如图 4.32(e)所示。所以在玻璃冷却到内外层温度一致时,玻璃中不存在任何热应力,如图 4.32(f)所示。同理,一块没有应力的玻璃在加热到应变点以下的某一温度的过程中,也会产生这种暂时应力。应力的产生和消失过程与在冷却过程中应力的产生和消失相同,只是方向相反,即外层为压应力,内层为张应力。

综上所述,温度均衡以后玻璃中的暂时应力随之消失。但应指出,当暂时应力值超过玻璃的极限强度时,玻璃同样会自行破裂,所以玻璃在脆性温度范围内的加热或冷却速率也不宜过快,但可以利用这一原理以急冷的方法切割管状物和空心玻璃制品。

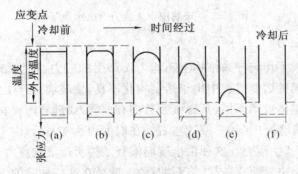

图 4.32 玻璃暂时应力的产生及消除示意图

(2) 永久应力

当玻璃在常温下，内外层温度均衡后，即温度梯度消失后，在玻璃中仍然存在着热应力，这种应力称为永久应力或残余应力。

用图 4.33 来说明玻璃中产生永久应力的原因及其形成过程。将一块没有应力的玻璃板，加热到高于应变点以上某一温度，如图 4.33(a) 所示。经均热后的玻璃板，令其两面均匀自然冷却，经一定时间后玻璃中的温度分布呈抛物线形，如图 4.33(b) 所示，形成温度差。玻璃外层温度低，收缩值大，在降温收缩过程中受内层阻碍，产生张应力；而内层的温度高，收缩小，受外层收缩的压力作用，产生压应力。但由于玻璃的温度在应变点以上时具有粘弹性，质点的热运动能力较大，玻璃内部结构基团间可以产生位移和变形，使由温度梯度所产生的内应力得以消失，这个过程称为应力松弛。这时玻璃内外层虽然存在温度梯度，但不存在应力。但当玻璃在应变温度以一定的速率冷却时，玻璃从粘性体逐渐地转变为弹性体，内部结构基团之间的位移受到限制，由温度梯度所产生的应力不能全部消失。当外表层冷却到室温时，玻璃存在的内应力为由温度梯度所应该产生的应力 P 减去因基团位移被松弛的部分应力 x，即用 $P-x$ 表示。当玻璃继续冷却到室温，均热后玻璃的表面层产生压应力，而内层产生张应力。所以，在玻璃的温度趋于同外界温度一致的过程中，玻璃内保留下来的热应力，不能刚好抵消温度梯度消失所引起的反向应力，即玻璃冷却到室温，内外层温度均衡后，玻璃中仍然存在应力。其应力的大小为 $(P-x)-P=-x$，如图 4.33(e) 所示。

综上所述，玻璃内永久应力的产生是在应变温度范围内，应力松弛的结果。应力松弛的程度取决于在这个温度范围内的冷却速率、玻璃的黏度、膨胀系数及制品的厚度。为了减少永久应力的产生，应根据玻璃的化学组成、制品的厚度，选择适当的退火温度和冷却速率，使其残余应力值在允许的范围内。

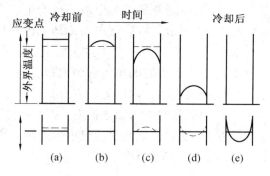

图 4.33　玻璃中永久应力产生示意图

2. 玻璃中的结构应力

玻璃中因化学组成不均匀导致结构上不均匀而产生的应力，称为结构应力。结构应力属永久应力。例如在玻璃的熔制过程中由于熔制均化不良，使玻璃中产生条纹和结石等缺陷，这些缺陷的化学组成与主体玻璃不同，其膨胀系数亦有差异，如硅质耐火材料结石的膨胀系数为 6×10^{-6} ℃$^{-1}$，而一般玻璃为 9×10^{-9} ℃$^{-1}$ 左右。在温度到达常温后，由于不同膨胀系数的相邻部分收缩不同，使玻璃产生应力。这种由于玻璃固有结构所造成的应力，显然是不能用退火的办法来消除的。在玻璃中只要有条纹、结石的存在，就会在这些缺陷的内部及其周围的玻璃体中引起应力。

除上述因熔制不均造成的结构应力外,不同膨胀系数的两种玻璃间及玻璃与金属间的封接、套料等都会引起结构应力的产生。应力的大小取决于两种相接物的膨胀系数差异程度,如果差异过大,制品就会在冷却中炸裂。造型不妥引起散热不均,也是产生结构应力的原因之一。

3. 玻璃的机械应力

机械应力是指外力作用在玻璃上,在玻璃中引起的应力。它属于暂时应力,随着外力的消失而消失。机械应力不是玻璃体本身的缺陷,只要在制品的生产过程及机械加工过程中所施加的机械力不超过其机械强度,制品就不会破裂。

4.5.2 玻璃的退火

当玻璃在室温与软化温度之间进行热处理时,其结构和性能往往能发生显著的变化,如应力的产生或消除、分相与析晶等。浮法玻璃退火是指熔融玻璃液在锡槽中成型后,于退火窑中通过适当控制温度降低速率,将玻璃带中产生的热应力控制在允许的范围内。

1. 玻璃中应力的消除

根据玻璃内应力的形成原因,玻璃的退火实质上是由两个过程组成,应力的减弱和消失,防止新应力的产生。玻璃没有固定的熔点,从高温冷却,经过液态转变成脆性的固态物质,此温度区域称为转变温度区域,上限温度为软化温度,下限温度为转变温度。在转变温度范围内玻璃中的质点仍然能进行位移,即在转变温度附近的某一温度下,进行保温、均热,可以消除玻璃中的热应力。

由于此时玻璃黏度相当大,应力虽然能够松弛,但不会影响制品的外形改变。

(1) 应力的松弛

玻璃在转变温度以上属于粘弹性体,由于质点的位移使应力消失称为应力松弛。根据马克斯威尔(Maxwell)的理论在粘弹性体中应力消除速率,用下列方程表示:

$$\frac{\mathrm{d}F}{\mathrm{d}t} = -MF \tag{4.34}$$

式中 F—— 应力;

M—— 比例常数(与黏度有关)。

阿丹姆斯及威廉逊(Adams 和 Williamson)通过实验得出玻璃在给定温度保温时,应力消除的速率符合下式:

$$\frac{\mathrm{d}\sigma}{\mathrm{d}t} = -A\sigma^2 \tag{4.35}$$

积分得

$$\frac{1}{\sigma} = \frac{1}{\sigma_0} + At \tag{4.36}$$

式中 σ_0—— 开始保温时玻璃的内应力,Pa;

σ—— 经过时间 t 后玻璃的内应力,Pa;

A—— 退火常数,与玻璃的组成及应力消除的温度有关。

在较高的温度及低温保温的后期,阿丹姆斯和威廉逊方程比较接近实际,是简单而实用的。

如以双折射 δ_n(nm/cm) 表示应力,即 $\delta_n = B\delta$,$\delta_{n0} = B\delta_0$,则方程(4.36)变为

$$\frac{1}{\delta_n} - \frac{1}{\delta_{n0}} = A't \tag{4.37}$$

式中　　A'——退火常数,随玻璃组成及温度而变化,$A' = A/B$;
　　　　B——应力光学常数。

退火常数 A' 随保温均热 T 的升高而以指数率递增:

$$\lg A' = M_1 T - M_2 \tag{4.38}$$

式中　　M_1, M_2——应力退火常数,取决于玻璃组成。

硅酸盐玻璃的 M_1 值几乎一致,约为 0.033 ± 0.005,M_2 值则相差较大。由上式可以看出,保温温度 T 越高,则 A' 值越大,应力松弛的速率也越大。

(2) 冷却时应力的控制

冷却时,玻璃中应力的产生与冷却速率、制品的厚度及其性质有关。阿丹姆斯和威廉逊提出的内应力与冷却速率之间的关系式为

$$\sigma = \frac{\alpha \cdot E \cdot \bar{h}_0}{6\lambda(1-\mu)}(a^2 - 3x) \tag{4.39}$$

式中　　α——热膨胀系数;
　　　　E——弹性模量;
　　　　$\bar{h}_0$——冷却速率;
　　　　λ——导热系数;
　　　　a——板厚的一半;
　　　　x——所测定的距离;
　　　　μ——泊松比(薄板材料在受到纵向拉伸时的横向压缩系数)。

由式(4.39)可知,在冷却过程中温度梯度的大小是产生内应力的主要原因,冷却速率越慢,温度梯度越小,产生的应力也就很小。另外内应力的产生与应力松弛有关,松弛速率越慢,产生的永久应力越小。当松弛速率为零时,则在任何冷却速率下,玻璃也不会产生永久应力。

根据各种玻璃允许存在的内应力,可以利用上式计算冷却速率以防止内应力的产生。

2. 玻璃的退火温度

(1) 玻璃的退火温度及退火温度范围

玻璃中内应力的消除与玻璃的黏度有关,黏度越小,内应力的消除越快。为了消除玻璃中的内应力,必须将玻璃加热到低于转变温度 T_g 附近的某一温度进行保温均热,使应力松弛。选定的保温均热温度,称为退火温度,退火温度可分为最高退火温度和最低退火温度。最高退火温度是指在该温度下经 3 min 能消除应力 95%,一般相当于退火点($\eta = 10^{12}$ Pa·s)的温度,也称为退火上限温度。最低退火温度是指在此温度下经 3 min 仅消除应力 5%,也称为退火下限温度。最高退火温度至最低退火温度之间称为退火温度范围。

大部分器皿玻璃最高退火温度为 550 ± 20 ℃;平板玻璃为 $550 \sim 570$ ℃;瓶罐玻璃为 $550 \sim 600$ ℃;铅玻璃为 $460 \sim 490$ ℃;硼硅酸盐玻璃为 $560 \sim 610$ ℃。低于最高退火温度 $50 \sim 150$ ℃ 的温度为最低退火温度。实际生产中常采用的退火温度,都低于玻璃最高退火温度 $20 \sim 30$ ℃。

(2) 退火温度与玻璃组成的关系

玻璃的退火温度与其化学组成密切相关,凡能降低玻璃黏度的成分,均能降低退火温度。如碱金属氧化物的存在能显著降低退火温度,其中 Na_2O 的作用大于 K_2O。SiO_2、CaO 和 Al_2O_3 能提高退火温度。PbO 和 BaO 则使退火温度降低,而 PbO 的作用比 BaO 的作用大。ZnO 和 MgO 对退火温度的影响很小。B_2O_3 质量分数为 15%～20% 的玻璃,其退火温度随着 B_2O_3 含量增加而明显地提高。如果超过这个含量时,则退火温度随着含量的增加而逐渐降低。

(3) 玻璃退火温度的测定

玻璃退火温度的测定除用上述方法确定外,还可用下列方法进行测定。

① 黏度计法:用黏度计直接测量玻璃的黏度 $\eta = 10^{12}$ Pa·s 时的温度,但所用设备复杂,测定时间长,工厂一般不常采用。

② 热膨胀法:一般玻璃热膨胀曲线由低温膨胀线段及高温膨胀线段两部分组成。这两个线段延长线交点的温度约等于 T_g 的温度,亦即最高退火温度的大约数值。它随升温速率的不同而变化,平均偏差为 ±15 ℃。

③ 差热法:用差热分析仪测量玻璃试样的加热曲线或冷却曲线。玻璃体在加热或冷却过程中,分别产生吸热或放热效应,加热过程中吸热峰的起点为最低退火温度,最高点为最高退火温度。冷却过程中放热峰的最高点为最高退火温度,而终止点为最低退火温度。

④ 双折射法:在双折射仪的起偏镜及检偏镜之间设置管状电炉,炉中放置待测玻璃试样,以 2～4 ℃/min 的速率升温。观察干涉条纹在升温过程中的变化,应力开始消失时,干涉色条纹也开始消失,这时就是最低退火温度;当应力全部消失时,干涉条纹也完全消失,这时的温度比 T_g 较高。

3. 玻璃的退火工艺

玻璃制品的退火工艺过程包括加热、保温、慢冷及快冷四个阶段。根据各阶段的升温、降温速率及保温温度、时间可作温度与时间关系的曲线,如图 4.34 所示,此曲线称为退火曲线。

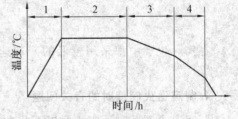

图 4.34 玻璃退火温度制度曲线

(1) 加热阶段

按不同的生产工艺,玻璃制品的退火分为一次退火和二次退火。制品在成型后立即进行退火的,称为一次退火。制品冷却后再进行退火的,称为二次退火。无论一次退火还是二次退火,玻璃制品进入退火炉时,都必须把制品加热到退火温度。在加热过程中玻璃表面产生压应力,内层产生张应力,此时加热升温速率可以相应的快些。但考虑玻璃制品厚度的均匀性、制品的大小、形状及退火炉中温度分布的均匀性等因素,都会影响加热升温速率。为了安全起见,一般技术玻璃取最大加热升温速率的 15%～20%,即采用 $\frac{20}{a^2} \sim \frac{30}{a^2}$ ℃/min 加热升温速率。光学玻璃制品要求更严,加热升温速率小于 $\frac{5}{a^2}$ ℃/min,其中 a 为玻璃制品厚度(实心制品为其厚度的一半),单位 cm。

(2) 保温阶段

将制品在退火温度下进行保温,使制品各部分温度均匀,并消除玻璃中固有的内应力。在这阶段中要确定退火温度和保温时间。退火温度可根据玻璃的化学组成计算出最高退火温度。生产中常用的退火温度比最高退火温度低 20～30 ℃，作为退火保温温度。

当退火温度确定后，保温时间可按玻璃制品最大允许应力值进行计算：

$$t = \frac{520a^2}{\Delta n} \tag{4.40}$$

式中　　t——保温时间，min；
　　　　a——制品厚度，cm；
　　　　Δn——玻璃退火后允许存在的内应力，nm/cm。

(3) 慢冷阶段

经保温玻璃中原有应力消除后，为防止在冷却过程中产生新的应力，必须严格控制玻璃在退火温度范围内的冷却速率。在此阶段要缓慢冷却，防止在高温阶段产生过大温差，再形成永久应力。

慢冷速率取决于玻璃制品所允许的永久应力值，允许值大，速率可相应加快。慢冷速率 $h(℃/min)$ 为

$$h = \frac{\delta}{13a^2} \tag{4.41}$$

式中　　δ——玻璃制品最后允许的应力值，nm/cm；
　　　　a——玻璃的厚度（实心制品为其厚度的一半）。

(4) 快冷阶段

快冷的开始温度，必须低于玻璃的应变点，因为在应变点以下玻璃的结构完全固定，这时虽然产生温度梯度，也不会产生永久应力。在快冷阶段内，只能产生暂时应力，在保证玻璃制品不因暂时应力而破裂的前提下，可以尽快冷却。一般玻璃的最大冷却速率为

$$h_c = \frac{65}{a^2} \tag{4.42}$$

在实际生产中都采用较低的冷却速率，对一般玻璃取此值的 15%～20%，光学玻璃取 5% 以下。

4. 制定退火制度时的有关问题

制定退火制度时还应注意以下几个问题：

(1) 退火炉内温度分布不均的影响

目前一般使用的退火炉断面温度分布是不够均匀的，从而使制品的温度也不均匀。为此，设计退火曲线时，对慢冷速率要取比实际所允许的永久应力值低的数值，一般取允许应力值的一半进行计算。

(2) 不同制品在同一退火炉内的退火问题

化学组成相同，厚度不同的制品在同一退火炉内退火时，退火温度应按壁厚最小的制品确定，以免薄的制品变形多加热和冷却速率则按壁厚最大值来确定，以保证厚壁制品不致因热应力造成破裂。

化学组成不同的制品在同一退火炉内退火时，应选择退火温度最低的玻璃制品作为保温温度，同时采取增加保温时间的措施。

(3) 制品固有应力的影响

当快速加热时，除按温差计算暂时应力之外，还应估计固有应力的影响。

(4) 制品的厚度和形状的影响

制品壁越厚，在升温和冷却过程中内外层温度梯度越大，在退火温度范围内，厚壁制品保温温度越高，在冷却时其粘弹性应力松弛越快，制品的永久应力也就越大。形状复杂的制品应力容易集中，因此它和厚壁制品一样应采用偏低的保温温度，适当延长保温时间，加热和冷却速率都应较慢。

(5) 分相对制品的影响

如派来克斯类硼硅酸盐玻璃，在退火温度范围内会发生分相，使玻璃的性质改变。为了避免这种现象，退火温度不能过高，退火时间也不宜过长，同时要尽力避免重复退火。

5. 玻璃的精密退火和退火设备

(1) 玻璃的精密退火

光学玻璃的退火，除消除其残留的永久应力外，还要具有高度的均匀性和一定的光学常数才能满足使用要求，因此需采用精密退火。

若玻璃从高于 T_g 温度的某一温度 T_i 冷却时，在不同的冷却过程中性质上必然会有所差异，如淬火玻璃的折射率和密度比低温退火玻璃的要小。

如果将玻璃在最高退火温度附近保温相当长时间后，玻璃各部分的结构将趋于均一，其折射率也就趋于均一而达到平衡值。然后，以适当缓慢的速率冷却，使其以最小的温差降至最低退火温度，这样就可以得到折射率较为均一的玻璃。

玻璃的精密退火，常用线性退火曲线，采用较高退火温度，以后按应力的允许值要求，恒速降温至快冷阶段，所以从开始降温到快冷阶段的范围内退火曲线是一直线。这种退火制度的优点是：退火温度高，质量好；规程简单，易于自动控制；可准确计算退火后的折射率，便于光学常数的生产控制；退火时间较短。

(2) 玻璃的退火设备

根据生产的特点，退火炉分为连续式和间歇式两种。

① 连续式退火窑。对于单一品种，大批量生产的玻璃制品，常采用连续式退火窑。其特点是窑体空间是隧道式的，沿窑长方向上的温度分布，是按制品退火曲线来控制的。当玻璃制品在窑内通过时，完成了退火的各阶段。采用这种退火窑使生产连续化，还可以实现自动化，退火质量较好，热耗低，生产能力大。

辊道式退火窑主要用于平板玻璃退火，如浮法、平拉法生产的平板玻璃以及压延玻璃、夹丝玻璃、装饰玻璃的退火。同网带退火窑所采取的改善退火质量的措施相类似，在辊道窑中也采用了多区段（纵向及横向）双面加热或冷却调温设备。如在保温段，在板玻璃的上下设有电辐射加热器；高温段的辊子要用水冷却；在冷却段，玻璃板的上下设有空气冷却管，每个区段可以独立调节温度。

② 间歇式退火窑。优点是退火制度可以按制品的要求灵活改变，适应性强。小批量生产的产品及特大型产品都使用这种退火窑退火。它的缺点是热耗大，窑内温度分布不均匀，退火质量因之受影响，生产能力较低，操作笨重。

光学玻璃退火用的精密退火窑，其特点是：窑内温度分布均匀，温差为 1～5 ℃；炉温可以准确、稳定地调整，可以恒速降温。为满足上述要求，这种退火窑具有热绝缘性好、热容量大的特性。

4.5.3 玻璃的淬火

玻璃的实际强度比理论强度低很多,根据断裂机理,可以通过在玻璃表面造成压应力层的办法——淬火(又称物理钢化)使玻璃得到增强,这是机械因素起主要作用的结果。

一般说来,玻璃的淬火,就是将玻璃制品加热到转变温度 T_g 以上 $50\sim60$ ℃,然后在冷却介质中(淬火介质)急速均匀冷却(如风冷淬火、液冷淬火等),在这过程中玻璃的内层和表面层将产生很大的温度梯度,由此引起的应力由于玻璃的粘滞流动而被松弛,所以造成了有温度梯度而无应力的状态。冷却到最后,温度梯度逐渐消除,松弛的应力即转化为永久应力,这样就造成了玻璃表面均匀分布的压应力层。

这种内应力的大小与制品的厚度、冷却的速率和膨胀系数有关,因此认为薄玻璃和具有低膨胀系数的玻璃较难淬火。淬火玻璃制品时,结构因素起主要作用;而淬火后玻璃制品时,则是机械因素起主要作用。

用空气作淬火介质时称风冷淬火;用液体如油脂、硅油、石蜡、树脂、焦油等作淬火介质时称液冷淬火。此外,还有用盐类如硝酸盐、铬酸盐、硫酸盐等作为淬火介质。金属淬火介质为金属粉末、金属丝软刷等。

1. 淬火玻璃的特性

淬火玻璃同一般玻璃比较,其抗弯强度、抗冲击强度及热稳定性等,都有很大的提高。

(1) 淬火玻璃的抗弯强度

淬火玻璃的抗弯强度要比一般玻璃大 $4\sim5$ 倍。如 $6\ mm\times600\ mm\times400\ mm$ 淬火玻璃板,可以支持三个人的重量 $200\ kg$ 而不破坏。厚度 $5\sim6\ mm$ 的玻璃抗弯强度达 $1.67\times10^8\ Pa$。

淬火玻璃的挠度,比一般玻璃大 $3\sim4$ 倍,如 $6\ mm\times1\ 200\ mm\times350\ mm$ 的一块淬火玻璃,最大弯曲达 $100\ mm$。

(2) 淬火玻璃的抗冲击强度

淬火玻璃抗冲击强度比一般玻璃大好几倍,如厚 $6\ mm$ 的一般玻璃为 $0.24\ kg\cdot m$,同样厚度的淬火玻璃达 $0.83\ kg\cdot m$。

(3) 淬火玻璃的热稳定性

淬火玻璃的抗张强度提高,弹性模量下降,此外,密度也较退火玻璃低,从热稳定系数 K 的计算公式可知,淬火温度可经受温度突变的范围达 $250\sim320$ ℃,而一般玻璃只能经受 $70\sim100$ ℃。如 $6\times510\times310\ mm$ 的淬火玻璃铺在雪地上,浇上 $1\ kg\ 327.5$ ℃ 的铅水而不会破裂。

(4) 淬火玻璃的其他性能

淬火玻璃也称安全玻璃,它破坏时首先在内层,由张应力作用引起破坏的裂纹传播速率很大,同时外层的压应力有保持破碎的内层不易散落的作用,因此淬火玻璃在破裂时,只产生没有尖锐角的小碎片。

淬火玻璃中有很大的相互平衡着的应力分布,所以一般不能再进行切割。

在淬火加热过程中玻璃的表面裂纹减少,表面状况得到改善,这也是淬火玻璃强度较高和热稳定性较好的原因之一。

2. 影响玻璃淬火的工艺因素

玻璃经淬火后所产生的应力大小,与淬火温度、冷却速率、玻璃的化学组成以及厚度等有直接关系。

(1) 淬火温度及冷却速率

玻璃开始急冷(淬火)时的温度称为淬火温度。淬火过程中应力松弛的程度,取决于产生的热弹性应力的大小及玻璃的温度,前者由冷却强度及玻璃的厚度决定,当玻璃厚度一定时玻璃中永久应力的数值随淬火温度及冷却强度的提高而提高。淬火温度提高到某一数值时,应力松弛程度几乎不增加,永久应力即趋近于一极限值。淬火产生的永久应力值(淬火程度)和淬火温度之间的关系,称为淬火曲线。

如以对流传递速率 $h[W/(m^2 \cdot ℃)]$ 表示淬火的冷却速率,则在其他条件不变时,淬火程度随 h 的提高而增加。如厚为 6.1 mm 的玻璃,淬火程度可达 2 850 nm/cm。

对于风冷淬火,冷却速率是由风压、风温、喷嘴与玻璃间距以及热气垫的形成等因素来决定的。

淬火程度随风压的提高及风温的降低而增大。冷却速率同冷却风速成正比关系。而当冷却风压力一定时,喷嘴与玻璃间距越小,则风速越大,因而淬火程度越高。

如果淬火温度过低,在某种冷却速率下会导致玻璃在淬火过程中破裂。

(2) 玻璃的化学组成

应力同玻璃的热膨胀系数 a、杨氏弹性模量 E、泊松比 μ,以及温差 ΔT 的数值有关(应力与 a、E、ΔT 成正比,而与 μ 成反比),它们是由玻璃组来决定。不同组成的玻璃,淬火程度相差可达两倍。如以 0%~20%RO 氧化物代替玻璃种的 SiO_2,则淬火程度增加一倍。如果玻璃的膨胀系数 a 值甚小,则淬火程度将很低。

(3) 玻璃厚度

在相同条件下,玻璃愈厚,淬火程度越高。平板玻璃淬火一般用 2.5 mm 以上的玻璃,以保证产生较大的永久应力。如厚度小于 2.5 mm,则要极高的冷却速率才能得到较好的淬火程度。

非平板玻璃淬火时,要求厚度应均匀,相差不能太大,否则会因应力分布不均而破裂。

3. 风冷淬火生产工艺

玻璃器皿及平板玻璃一般均用风冷淬火。淬火制品是平板的,称为平面淬火(平淬火);如为曲面的,则称为弯面淬火(弯淬火)。

不经退火或退火后的玻璃,经以下工序进行淬火:

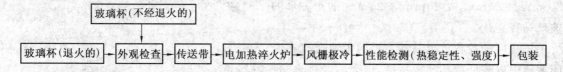

4.6 其他玻璃工艺

4.6.1 玻璃马赛克

玻璃马赛克是建筑工程中内、外墙饰面材料。它是继陶瓷马赛克之后发展起来的一种玻璃墙体装饰材料,化学稳定性好、强度高、价格低廉、施工方便,色彩鲜艳,加之它对阳光的漫反射使色泽更加优雅而备受用户欢迎,目前已在建筑工程中得到了广泛的使用。玻璃马赛克的生产方法有熔融法(池窑熔融连续压延法和坩埚窑间歇熔化法)及烧结法两种,目前普遍使用的是熔融法。

1. 熔融法

生产玻璃马赛克的最有效的方法是池窑熔融连续压延法,其特点是产量高、质量好、成本低,尤其是色泽稳定、色差小,这些特点是坩埚法不能相比的。

池窑熔融连续压延法工艺流程:

原料 → 配料 → 池窑熔化 → 连续压延 → 退火 → 折断 → 挑选 → 拼装 → 粘贴纸皮 → 成品 → 入库

玻璃马赛克所用原料分为玻璃原料、着色剂、乳浊剂及回收的废马赛克。在玻璃配合料中加入一定量的着色剂就成为彩色玻璃马赛克配料。

年产 30 万 m² 玻璃马赛克的生产线,日需生料量为 10 t 左右,和平板玻璃相比用量不大,所以各种原料均以粉料袋装进厂、库房储存。按玻璃马赛克配方进行料方计算、称量、机械混合、料罐输送至窑头料仓。

熔窑通常采用换热式双碹顶池窑。根据玻璃马赛克制品的特点(在制品中必须留有部分未熔化的砂粒),其窑底设计成斜坡式,配合料经高温熔化后,带有砂粒、气泡、不均体的玻璃液随即以薄层由斜坡流向出料口,在此过程中气泡大部分排除,不均体进一步均化,成为玻璃马赛克具有特定状态(砂粒、乳浊、彩色)的合格玻璃液。

压延机是生产玻璃马赛克的成型设备。当前采用的压延机主要是对辊式,如图 4.35 所示。采用坩埚窑生产玻璃马赛克时则采用链板式压机。

熔制后的玻璃液经出料孔或经料道流入压机的第一对辊,它把玻璃液压成规定厚度与宽度的玻璃带,进入第二对辊时,由辊上的滚切刀切成 20 mm×20mm 或 25mm×25mm 的正方形的玻璃马赛克片。

压延后的片状玻璃马赛克经网带输送机在密闭通道中以较低冷却速率缓冷,退火后经挑选、拼排、贴纸而成产品。

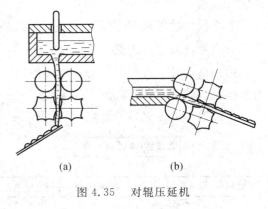

图 4.35 对辊压延机

2. 烧结法

烧结法工艺流程为:

把碎玻璃按颜色分类，用水进行冲洗后，送入球磨机粉碎，为提高粉碎效率与防尘，应往球磨机内加入 30%～50% 的水，球磨中球与玻璃的质量比为 1 时，研磨 12 h 出料，其细度为 60 目以下，经沉淀、干燥即成玻璃粉。

粘合剂采用硅酸钠的水溶液，防泡剂采用氧化锌和缩合磷酸盐，填充剂一般采用高岭土，经配料后使用 30 t 磨擦压力机加压成型，压力为 25 MPa，配合料的总水分控制在 7%～10%。烧成温度为 700～800 ℃，烧成时间为 0.5～4 h。

4.6.2 建筑微晶玻璃

把加有晶核剂（或不加晶核剂）的特定组成的玻璃在一定条件下进行晶化热处理，使原单一的玻璃相形成了有微晶相和玻璃相均匀分布的复合材料，称为微晶玻璃。

1. 组成的选择

建筑微晶玻璃装饰板材要求具有强度大、硬度高、耐酸碱侵蚀、吸水率低及热膨胀系数低等性能。微晶玻璃的综合性能主要决定于析出晶相的种类、微晶体的尺寸与数量、残余玻璃相的性质与数量。析出晶相的种类由所选组成决定，其他主要由热处理制度所决定。

微晶玻璃的原始组成不同，其晶相的种类也不相同，如晶相有 β－硅灰石、β－石英、氟金云母、霞石、二硅酸锂、铁酸钡、钙黄长石、堇青石等，各种晶相赋予微晶玻璃不同的性能。在上述晶相中，β－硅灰石晶相（β－$CaO \cdot SiO_2$）具有建筑微晶玻璃所需性质。为此，常选用 $CaO-Al_2O_3-SiO_2$ 系统为该类微晶玻璃的玻璃系统。其一般化学成分见表 4.9。

表 4.9 $CaO-Al_2O_3-SiO_2$ 微晶玻璃化学成分（质量分数）/%

组成颜色	SiO_2	Al_2O_3	B_2O_3	CaO	ZnO	BaO	Na_2O	K_2O	Fe_2O_3	Sb_2O_3
白色	59.0	7.0	1.0	17.0	6.5	4.0	3.0	2.0	—	0.5
黑色	59.0	6.0	0.5	13.0	6.0	4.0	3.0	2.0	6.0	0.5

2. 微晶玻璃的生产工艺

可采用吹制、压制、拉制、压延、离心浇注、重力浇注、烧结、浮法等各种成型方法，但生产板状建筑微晶玻璃，目前以压延法和烧结法为主。

压延法工艺流程为：

晶核剂 → 配合料制备 → 玻璃熔融 → 压延成型 → 切裁 → 晶化热处理 → 切、磨、抛 → 检验 → 制品

烧结法工艺流程为：

晶核剂 → 配合料制备 → 玻璃熔融 → 玻璃液水淬成粒 → 粒料分级 → 装模 → 晶化热处理 →
切、磨、抛 → 检验 → 制品

(1) 玻璃的制备

为加速晶核形成，一般都加入晶核剂，当氧化钙含量较高时也可不加晶核剂。常用的晶核剂有硅氟酸钠、氟化钙、硫化锌、硫化镁、铁矿石等。

红色与黄色的微晶玻璃因使用硒粉其挥发量可达 90%，所以常使用密封性好的坩埚炉熔

化。其他色彩的微晶玻璃都使用池窑熔化，它的生产率、成本与质量一般均优于坩埚炉。建筑微晶玻璃的熔化温度为 1 450～1 500 ℃。

采用压延法时，其生产工艺与压延玻璃相同。玻璃液经流槽直接进入两对压延辊压延而成板状光面玻璃板。

烧结法是把玻璃液从细流状进入水槽中淬冷而成颗粒玻璃，或压延成板状后再水淬，采用这一方法可保证水淬后的颗粒具有规定的粒径。颗粒玻璃料经干燥、分级，以一定级配装模，经热处理烧结与核化晶化而成板状微晶玻璃。

压延法的主要优点是玻璃板的表面与内部均无气泡，但成品率低。烧结法的主要优点是成品率高，但玻璃板表面与内部气泡较多，尤其是表面气孔严重影响产品质量。

（2）晶化热处理

玻璃经晶化热处理后，才能形成微晶玻璃。热处理制度对其性能有重要影响，如主晶相种类、大小、数量、气泡的量与大小、产量、燃料耗量、成本等。

热处理常采用两种制度，即阶梯式温度和等温式温度制度，如图 4.36 所示。图中 t_1 为核化温度，在此温度下持续恒温以促使晶核生成，停留时间越长，其生成的晶核也越多；t_2 为晶化温度，在此温度下持续恒温以促使晶体成长，时间越长晶体越大、残余玻璃相的量越少；如是等温式温度制度下的核化与晶化合一的热处理恒温温度，其值取在核化温度 t_1 以上，晶化温度 t_2 以下。若采用烧结法制取微晶玻璃，可以不加入晶核剂，而是利用颗粒表面的界面能低的特点，在其界面诱发 β-硅灰石晶体，并由表及里地形成针状晶体，如图 4.37 所示。采用压延法制取微晶玻璃通常都加入晶核剂。

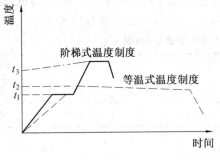

图 4.36　微晶玻璃热处理温度曲线

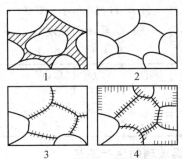

图 4.37　玻璃的晶化过程
1—热处理前；2—850 ℃，1 h；
3—950 ℃，1 h；4—1 100 ℃，1 h

玻璃深加工产品种类很多，常见的产品有钢化玻璃、夹层玻璃、中空玻璃和镀膜玻璃，本节对其加工工艺进行一般介绍。

4.6.3　钢化玻璃

1. 玻璃的增强

玻璃是脆性材料。玻璃的力学强度常用抗张、压、冲击强度来表示，因它的硬度高、抗压强度大而得到广泛应用，也因它的脆性大、抗张强度低而受到制约。

由于在玻璃表面存在大量微裂纹，玻璃的实际强度大大低于玻璃的理论强度。在 1 mm^2

的玻璃表面上有300个左右的微裂纹,它是在生产、加工及使用过程中产生的。玻璃的断裂属于脆性断裂。在玻璃的裂纹尖端并不存在塑性变形区,这导致应力集中,因裂纹扩展而断裂。同时玻璃易受到四周环境的化学影响,例如,常遇到的是水对玻璃的腐蚀,它首先发生在裂纹处的新表面上,这导致产生应力腐蚀疲劳,会加深裂纹的扩展。

玻璃强度与玻璃成分有一定的关系,但在实际上并不以调整玻璃成分来提高玻璃强度,因为它会影响制品的性能与熔制工艺制度。

增强玻璃制品可采用以下方法:

(1) 去除表面已存在的微裂纹

采用氢氟酸均匀地腐蚀玻璃表面,并使裂纹尖端部分的曲率半径增大,减少应力集中;火抛光使微裂纹愈合等。

(2) 避免表面损伤以减少微裂纹的产生

在玻璃表面覆盖一层微晶材料,使表面生成一层胶质材料,在制品表面喷涂 $SnCl_4$ 以形成 SnO_2 层等。

(3) 抑制表面微裂纹的扩展

通过使整个玻璃处于压应力状态,达到在玻璃受张应力时裂纹不扩展的目的。最有效的方法是把玻璃进行热钢化和化学钢化。

2. 玻璃的热钢化

(1) 热钢化原理

把玻璃加热到一定温度后,在冷却介质中急剧均匀冷却,在此过程中玻璃的内层和表层将产生很大的温度梯度,由此产生的应力由于玻璃还处于粘滞流动状态而被松弛,所以造了有温度梯度而无应力的状态。当玻璃的温度梯度逐渐消失,原松弛的应力逐步转为永久应造成了玻璃表面有一层均匀分布的压应力层,如图4.38(a)所示。当退火玻璃受载弯曲时,受力面为压应力,而下表面为张应力,如图4.38(b)所示。当钢化玻璃受载弯曲时,其应力分布如图4.38(c)所示。由此可知,退火玻璃强度低于钢化玻璃。同理,当钢化玻璃骤冷时,表面产生的张应力与钢化玻璃表面原先存在的压应力相抵偿,因而钢化玻璃的热稳定性大大提高。

(2) 工艺流程与设备

生产平面钢化的典型流程为:

原板的切裁 → 磨边 → 洗涤 → 干燥 → 检验 → 吊挂 → 钢化加热炉 → 风冷 → 平钢化 → 检验 → 入库

生产曲面钢化的典型流程为:

原板的切裁 → 磨边 → 洗涤 → 干燥 → 检验 → 吊挂 → 钢化加热炉 → 热弯成型 → 风冷 → 平钢化 → 检验 → 入库

① 玻璃的磨边、洗涤与干燥。其流程为:

原板 → 气动升降辊道 → 吊车式吸盘运输机(转向) → 输送辊道、万向轮式升降台、气动对准装置 → 自动磨边机 → 输送辊道 → 气动升降辊道(转向) → 输送辊道 → 洗涤机 → 擦干辊 → 干燥机 → 气动升降辊道 → 吊车式吸盘运输机 → 台车

② 钢化加热炉。钢化加热炉按其单项功能有电加热和燃气加热、吊挂式与卧式、间歇与

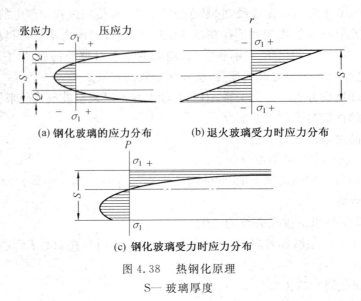

图 4.38　热钢化原理
S— 玻璃厚度

连续式、接触式和气垫式等。根据制品的质量要求(高中低档)、种类(平钢化和弯钢化)、投资量、能源(电、燃气)等而有多种组合形式。生产一般平钢化玻璃时,常采用电加热吊挂式间歇炉,而生产高级轿车用钢化玻璃则采用电加热、气垫型的连续式钢化加热炉。吊挂式间歇电加热炉是目前生产一般平钢化玻璃的最常用的设备。

③ 玻璃的热弯。凡弯钢化玻璃都必须在钢化前进行热弯,分为槽沉式、模压式和挠性弯曲成型三类。

ⅰ. 槽沉式热弯成型。在加热炉内,使热塑玻璃在自重下弯曲而落在模具上。

ⅱ. 模压式热弯。根据曲面玻璃所需形状,做成阴、阳模,在其外表面用玻璃布包裹,把热塑玻璃对压而成。此种热压机与机械加工的液压式牛头刨床槽类似。

ⅲ. 挠性弯曲成型。根据弯钢化玻璃所要求的曲面把挠性辊弯成所需形状,在轴心圆钢的外面套以由不锈钢片做成的软管,在软管内每隔一定距离装一个石墨轮,以支撑外面的软管。由于齿轮与外软管相连,所以软管在转动时轴心不转。

④ 风栅是热钢化法的急冷设备。它可分为箱式风栅和气垫式风栅两类。在箱式风栅中又可分为固定式风栅、旋转式风栅和手风琴式风栅三种。使用最广泛的风栅是箱式风栅。

气垫式风栅是目前最新型的风冷设备,其优点是钢化后应力均匀,没有吊痕,因是连续钢化,所以产量大。玻璃板与气垫喷孔之间的距离为 0.025～2.5 mm,玻璃板的移动速率为 2.5 m/min,此种方法生产最大规格可达 1 520 mm×2 440 mm,厚度为 3～8 mm 的平面钢化玻璃。

(3) 热钢化工艺制度的确定

① 钢化温度的确定。常用以下两种方法来确定玻璃的钢化温度。

ⅰ. 应用经验公式确定:

$$T_c = T_g + 80 \tag{4.43}$$

式中　T_c—— 钢化温度;
　　　T_g—— 玻璃的转变温度,以理论计算来确定。

ⅱ. 以玻璃黏度为 $10^{7.5}$ Pa·s 时的温度为钢化温度。

最常用和最简便的方法是以经验公式来确定玻璃的钢化温度。

② 炉子温度的确定。常用下式计算确定：
$$\lg(T_v - T_c) = ct + \lg(T_v - T_r) \tag{4.44}$$

式中　T_v——炉子温度；
　　　T_c——玻璃钢化温度；
　　　c——与玻璃组成、厚度有关的常数；
　　　t——加热时间；
　　　T_r——室温。

③ 炉壁温度的确定。平板玻璃的钢化温度一般为 630～750 ℃，因此，炉壁温度选择为 750～850 ℃，它的热辐射波长对玻璃是部分吸收，有利于玻璃内层和外层的均匀加热。

④ 风冷时间。使玻璃产生翘曲的原因之一是玻璃的过度冷却。为节约电能，应采用两段冷却法，即先急冷后缓冷。急冷 15 s 后，玻璃表面温度降到 500 ℃ 以下，此时不会再增加钢化强度，因此可以缓冷。

(4) 影响热钢化的因素

热钢化产生的应力是二维各向同性的平面应力，只是随平板的厚度而变，习惯上把中心面上的张应力 σM 称"钢化程度"，简称钢化度，以此作为钢化的量值。

玻璃钢化度的影响因素有介质的传热速率、淬火温度、玻璃组成、玻璃厚度等。

① 冷却介质的对流传热速率，即表示淬火的冷却速率。对于风钢化，淬火的冷却速率是由风温、风压、喷嘴与玻璃间距离以及在排气过程中是否形成了热气垫等因素决定。风温对钢化度有影响，冬天的冷却速率比夏天大；冷却风受热后的热气流不能很快排除，将形成热气垫，这会妨碍玻璃板的进一步冷却，因而降低了钢化度，为此常加长喷嘴的长度。

② 玻璃的淬火温度及玻璃厚度。玻璃开始急冷的温度称淬火温度。玻璃的钢化度决定于冷却时的应力松弛程度，它随淬火温度的提高而增大，当达到某一值时，应力松弛程度不再增加，钢化度趋于极值。

玻璃在急冷过程中，玻璃越厚，其内外温差就越大，应力松弛层相应越厚，所以钢化度就越大。厚玻璃比薄玻璃更易钢化的原因也在此。

③ 玻璃组成。凡是能增加玻璃热膨胀系数的氧化物都能增加玻璃的钢化度。

3. 化学钢化

在玻璃网络结构中，一价的碱金属离子的迁移率最大，高价阳离子的迁移能力小。化学钢化机理就是基于玻璃表面离子的迁移（扩散），其过程是把加热的含碱玻璃浸于熔融盐浴中，通过玻璃与熔盐的离子交换改变玻璃表面的化学组成，使得玻璃表面形成压应力层。

按压应力产生的原理可以分为以下几种类型：

(1) 电辅助处理

促进离子交换可以通过产生电场梯度，即使用电流以增大玻璃中离子迁移率。例如，对钠钙硅玻璃而言，无电场作用下的离子交换，在 365 ℃ 经 60 min 后，渗透深度为 6.5 μm；若同样为 365 ℃，施加 195 V 电压，经 26 min 后，其渗透深度为 33.6 μm，时间缩短一半而深度大 4 倍以上。

(2) 低温型处理工艺

这种工艺是以熔盐中半径大的离子(K^+)置换玻璃中半径小的离子(Na^+),使玻璃表面挤压产生压应力层,这种压应力的大小取决于交换离子的体积效应,如下式:

$$\sigma = \frac{1}{3}\left(\frac{E}{1-\mu}\right)\left(\frac{\Delta V}{V}\right) \tag{4.45}$$

式中　　σ——玻璃表面的压应力;

　　　　E——弹性模量;

　　　　μ——泊松比;

　　　　ΔV——由于离子交换产生的体积变化;

　　　　V——玻璃的体积。

置换的离子不同,其理论的压应力也不同。这种离子交换工艺都是在退火温度下进行的,故称低温型处理工艺。

(3) 高温型处理工艺

它是在转变温度以上,以熔盐中半径小的离子置换出玻璃中半径大的离子,在玻璃表面形成热膨胀系数比主体玻璃为小的薄层,当冷却时,由于表面层与主体玻璃收缩不一致而在玻璃表面形成压应力。该压应力的大小取决于两者的热膨胀系数,用下式表示:

$$\sigma_s = E(1-\mu)^{-1}(\alpha_1 - \alpha_2)\Delta T \tag{4.46}$$

式中　　σ_s——玻璃的表面压应力;

　　　　E——弹性模量;

　　　　μ——泊松比;

　　　　α_1、α_2——内外层的玻璃膨胀系数;

　　　　Δt——温差。

(4) 影响化学钢化强度的因素

① 化学组成的影响。含 Al_2O_3 的铝硅酸盐玻璃比普通的钠硅酸盐玻璃的钢化强度大,其压应力层相对较厚。例如后者的最外表面的压应力为 700～1 000 nm/cm,应力层厚 30～40 μm,而前者相应为 15 000 nm/cm 和 150 μm。其原因有:其一,若 Al^{3+} 离子以 $[AlO_4]$ 进入网络,则 Na^+ 的扩散速率增大,离子交换速率增大,离子交换量增多;其二,形成了热膨胀系数极小的 β 锂辉石(β - $Li_2O \cdot Al_2O_3 \cdot 4SiO_2$)结晶,冷却后的玻璃表面能产生很大的压应力。

② 热处理时间与温度的影响。在离子交换过程中,它是属于不稳定扩散过程,时间与强度并不呈线性关系。

4.6.4　夹层玻璃

夹层玻璃是一种安全玻璃,由两片或两片以上的玻璃用合成树脂胶片(主要是聚乙烯醇缩丁醛薄膜)粘结在一起而制成。

一般安全要求的夹层玻璃多用于电视屏保护罩、汽车、船舶等。对安全要求高的夹层玻璃常用于防弹、防盗、水下建筑物、银行窗口、飞机前风挡等。夹层玻璃还可以有其他性能,例如具有电讯、加热、遮阳等性能。

1. 一般夹层玻璃(SR)的生产工艺

一般夹层玻璃的生产工艺流程如下:

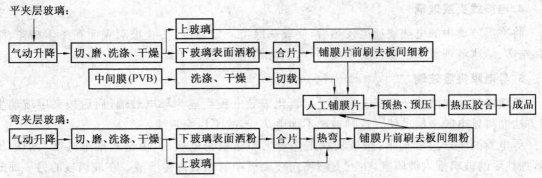

(1) 原片及中间膜片的洗涤与干燥

洗涤原片是为了去除板面上的油污及杂物,洗涤中间膜片是为了去除 $NaHCO_3$ 粉。

(2) 洒粉

玻璃板洗涤干燥后,进行配对合片,为防止热弯时的粘片与板面磨伤,合片前在下玻璃的表面上喷洒硬度小的滑石粉,再合上上玻璃。在铺中间膜前扫去上下玻璃表面的滑石粉。

(3) 热弯

玻璃热弯在热弯炉中采用槽沉式进行。常用的炉型有单室热弯炉(间歇式)和隧道式热弯炉(连续式),热弯后仍在炉中进行退火和降温。其结构与钢化玻璃热弯炉类似。

(4) 预热和预压

进行预热和预压是为驱除中间膜与玻璃板之间的残余空气以及使中间膜能初步粘住两片玻璃。预热是在 100~150 ℃ 的预热炉中进行,电加热时间为 3 min。

(5) 热压胶合

目前主要的生产方法有真空蒸压釜法和辊子法两类。

① 真空蒸压釜法。把夹膜合片后的玻璃板放入蒸压釜中,先抽真空脱气,后加热预粘合,再继续加压胶粘而成。这类设备有立式油压釜和卧式气压釜之分。前者采用油作介质,后者用空气作介质。气压釜的优点是操作方便,但噪声较大,可达 80~100 dB。

② 辊子法。把夹膜合片后的玻璃板放在辊子上用夹辊排气,而后再加温加压而成。辊子法的优点是能自动化连续生产,但很难生产复杂形状的制品。

2. 抗贯穿性夹层玻璃(HPR)

汽车的风挡玻璃过去是采用一片 0.38 mm PVB 胶片和两片 3 mm 玻璃,目前采用的是 0.76 mm 的高抗贯穿能力的胶片(称 HPR)。SR 夹层玻璃中间膜与玻璃之间的黏着力大,玻璃破碎时不易错位,所以中间膜易为锐利的玻璃边所切断。HPR 夹层玻璃中间膜与玻璃之间的黏着力稍低,在受冲击破坏时,膜与碎片玻璃之间产生的位移量大于 SR。由于其厚度增加一倍,所以因锐边产生的掰断的几率远小于 SR,它的耐冲击性的抗贯穿高度大于 3.66 m。SR 与 HPR 夹层玻璃不同之处只是采用膜片不同。

3. 加天线的弯夹层玻璃

汽车前风挡玻璃用此种夹层玻璃,它是在中间膜中焊入 0.10~1.10 mm 的铜线,再把此中间膜夹在玻璃板中间经热压而成。

天线的预埋方法:用一支带电热的笔,在笔杆上装一卷直径为 0.10~0.15 mm 的铜质天线,笔尖为一滚子,铜线加热后,被笔尖的滚子压入 PVB 胶片中,按弯夹层玻璃生产方法制造。

4. 电热线夹层玻璃

将夹层玻璃中的电热线通电发热后,使玻璃保持一定温度,防止玻璃表面在冬季结霜、结露、结雾、结冰等现象。电热线常采用钨丝,因为钨丝径更细,不影响视线。

5. 导电膜夹层玻璃

喷涂四氯化锡溶液在玻璃上形成一层氯化锡导电膜而成为导电玻璃,而后按夹层玻璃生产方法制得导电膜夹层玻璃。这种玻璃不加电热线,故不影响视线。

导电膜的生产过程如下:玻璃板在工作台上喷涂铜铅电极后,由链式推车机推入炉内加热,加热后的玻璃推入镀膜室,由五支喷嘴向玻璃板喷射四氯化锡溶液。在玻璃板的另一面的对称位置同样设置五支喷嘴,向玻璃板喷射空气,以使玻璃板两面的压力相等。喷涂结束后,把玻璃推出喷涂室取下,洗涤、干燥、待用。

4.6.5 中空玻璃

玻璃制品中,中空玻璃是一种节能制品,是在两片玻璃之间周边镶有垫条,从而构成一个充满干燥空气的整体。其主要用于建筑采暖和空调中,适用于寒冷地区的建筑物中,也适用于内部湿度很高而又必须防止凝结水的建筑物中。

目前有三种方法制造中空玻璃,即胶接法、焊接法、熔接法。从生产工艺看,胶接法是上述几种方法中最为简便的一种,由于胶接用的密封材料性质大有改进,所以目前主要以胶接法生产工艺为主。从使用耐久性看,焊接法制造的中空玻璃比胶接法经久耐用,而熔接法具有更高的耐久性。由于熔接法工艺复杂,目前已不再使用此种方法生产中空玻璃。目前大多用聚硫橡胶为胶接材料生产中空玻璃。

中空玻璃的性能主要指隔音、隔热、结露及导热等性能。

(1) 隔音性能

中空玻璃隔音性能良好,总厚度 12 mm、空气层厚度 6 mm 的双层中空玻璃(常以 3+6+3 表示其厚度规格)能将噪音降低到 29 dB。

(2) 隔热性能与导热性能

中空玻璃与窗玻璃的导热与隔热性能见表 4.10。

表 4.10 中空玻璃与窗玻璃的导热与隔热性能

	玻璃厚度 /mm	空气层厚度 /mm	导热系数 /(W·m^{-1}·℃$^{-1}$)	隔热值 /(W·m^{-1}·℃$^{-1}$)
窗玻璃	3		7.12	6.47
双层中空玻璃	3	6	3.60	3.41
双层中空玻璃	3	12	3.22	3.12

(3) 结露性能

中空玻璃内部空气的露点应在 -35 ℃ 以下。当相对湿度为 50%、室内温度为 20 ℃ 时,若是 5 mm 平板玻璃,当室外温度为 5 ℃ 时,在室内一侧的玻璃表面上将开始结露。若是双层中空玻璃(5+6+5),当室外温度降到 -9 ℃ 时,室内双层中空玻璃表面上才开始结露。

4.6.6 镀膜玻璃

在玻璃表面上进行镀膜可以分为四种类型：从化学蒸气中沉积薄膜、从溶液中沉积薄膜、从电化学中沉积薄膜以及从物理蒸气中沉积薄膜。

从化学蒸气中沉积薄膜的工艺又称 CVD 工艺，它所产生的蒸气相经化学反应形成固体膜。这种反应或发生在到达玻璃表面之前，或发生在玻璃表面上。为加速反应过程应使反应活化，可用多种方法实现，如使用光辐射、加热、高频电场、表面催化、电子轰击等。

根据化学反应机理的不同，又可分为氧化还原反应、聚合反应、水解反应、分解反应以及转移反应。

从溶液中沉积薄膜可以制成有机膜、氧化物膜及金属膜等。

电化学法是在高温条件下，通过电流把金属离子扩散入玻璃表面而成薄膜。在平板玻璃深加工中主要用于电浮法中以制造彩色玻璃。

从物理蒸气中沉积薄膜的工艺又称 PVD 工艺，是目前平板玻璃镀膜工艺中应用最广泛的一种，它是由元素或化合物的气相直接凝结在玻璃表面上而成薄膜。PVD 镀膜通常包括三个步骤：① 采用真空；② 镀膜材料气化；③ 在玻璃表面异相成核和核生长成膜。PVD 法有溅射镀膜、离子镀膜、蒸发镀膜等。

1. 蒸发镀膜

蒸发镀膜常称真空镀膜。特点是在真空条件下，材料蒸发并在玻璃表面上凝结成膜，再经高温热处理后，在玻璃表面形成附着力很强的膜层。目前有 70 多种元素、50 多种无机化合物材料和多种合金材料可供选择。PVD 工艺的首要条件是在真空条件下操作，因为限量以上的残余气体会影响膜的成分和性质。为了实现镀膜工艺，要求残余气体的压力为 $1 \sim 0.1$ Pa。

蒸发技术分为间歇蒸发与连续蒸发、直接电阻加热蒸发和间接电阻加热蒸发，连续生产与制造厚膜时采用连续蒸发加热。

一个入射的蒸气原子在表面的滞留时间中，原子不断地扩散形成不均匀的成核作用，随着蒸气原子不断地冲击表面，各个核都在增长，相邻各核开始接触进入聚结阶段，直到形成连续膜，其过程如图 4.39 所示。也可把上述过程划分为小岛阶段、网络阶段、孔阶段及连续膜阶段。

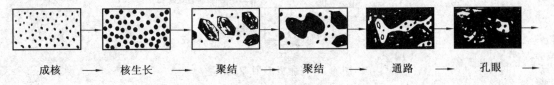

成核 → 核生长 → 聚结 → 聚结 → 通路 → 孔眼

图 4.39 膜的形成过程

2. 化学沉积法

近似于制镜镀银工艺的间歇镀膜法，其遮阳系数和热阻值极佳。此类制品的主要缺点是：膜层较软，必须经过密封，不能在浸涂后再作钢化处理。

制造铜硼合金膜的化学沉积法的工艺流程为：

原片玻璃 → 表面清洗 → 敏化处理 → 活化处理 → 浸涂 → 镀后处理

3. 溶胶—凝胶法

把金属醇化物的有机溶液在常温或近似常温中加水分解,经缩合反应而成溶胶,再进一步聚合生成凝胶。把具有一定黏度的溶胶涂覆于玻璃表面,在低温中加热分解而成镀膜玻璃;若进行拉丝则成凝胶纤维;或使之全部凝胶化则成凝胶玻璃,再经低温加热制成玻璃纤维与块状玻璃。

该法目前主要广泛应用于镀膜,它可以改善玻璃的耐碱、耐酸与耐水性,保持力学强度,使玻璃具有导电性,制造光致变色玻璃与彩色玻璃等。这种方法可同样应用于塑料基板或金属基板上,改善其性能。

由正硅酸四乙酯制造镀膜玻璃板的流程为:

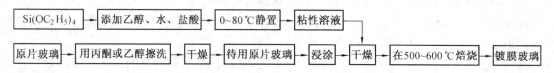

4. 阴极溅射法镀膜

阴极溅射法是用惰性气体的正离子轰击阴极固体材料,所溅出的中性原子或分子淀积在玻璃衬底上而成薄膜。1852年在气体放电的实验中发现了在辉光放电管中造成阴极腐蚀的溅射现象。1877年把金属溅射用于生产镜子反射膜上。1930年左右又用于唱机录音蜡主盘上的导电金膜,直到1955年用于大规模生产镀膜材料,70年代后用于生产镀膜玻璃。

镀膜机理如图4.40所示,图中所示为阴极溅射镀膜装置。两个电极安装在真空室内,其中用镀膜材料制成阴极靶,衬底支架为阳极,在其上置放待镀膜玻璃,此支架可加热或冷却。在溅射过程中,材料的溅蚀量完全由离子冲撞固体材料的上层晶格原子的动量传递所确定,如图4.41所示。

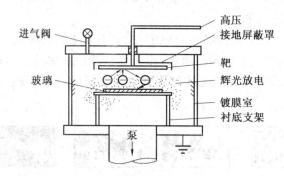

图4.40 阴极溅射镀膜装置

5. 离子镀法镀膜

该法是将真空镀膜的蒸发工艺与溅射法的溅射工艺相结合的一种新工艺,即蒸发后的气体在辉光放电中,在碰撞和电子撞击的反应中形成离子,在电场中被加速,而后在玻璃板上凝结成膜。

该法的优点有:复杂形状待镀材料有相对均匀的镀层,膜与玻璃表层有极强的附着力,高的镀膜率,膜的密度高,玻璃被加热。

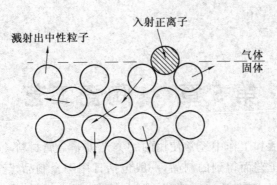

图 4.41　离子轰击时固体材料中的碰撞级联

6. 气溶胶法

该法是把金属盐类溶于乙醇或蒸馏水中而成为高度均匀的气溶胶液,然后把此溶液喷涂于灼热玻璃的表面上。由于玻璃已被加热具有足够的活性,在高温下金属盐经一系列转化而在玻璃表面上形成一层牢固的金属氧化物薄膜。

该方法主要用来生产半透明的镜面玻璃、对阳光有部分吸收和反射的遮阳玻璃、颜色玻璃、吸收紫外线的玻璃。

7. 电浮法镀膜

该法是在直流电的作用下,将浮在浮法玻璃上表面的熔融金属中的金属离子扩散入玻璃的表面层中,在含氢的保护气体的作用下,扩散入表面的离子成为胶体粒子而着色,或以离子着色。

第 5 章　陶瓷工艺

陶瓷是人们日常生活和工作中经常使用的一类无机非金属材料。狭义上的陶瓷是指原料经过混合、成型、烧结等工艺而得到的制品，一般包括日用陶瓷制品、建筑陶瓷和电瓷等。广义上的陶瓷则除了传统陶瓷之外，还包括玻璃、水泥、搪瓷、耐火材料、粉体材料等。

随着科学技术的发展陶瓷材料经历了从简单到复杂、从粗糙到精细、从无釉到施釉、从低温到高温的发展。随着生产力的发展和技术水平的提高，各个历史阶段赋予陶瓷的含义和范围也随之发生变化。现代先进陶瓷材料种类繁多，功能各异，但是其基本生产工艺与传统陶瓷相同。先进陶瓷也称为特种陶瓷、精细陶瓷、新型陶瓷。由于生产方法和使用要求的不同，先进陶瓷采用的原料已不再使用或很少使用粘土等传统陶瓷原料，已扩大到化工原料和合成矿物，甚至是非硅酸盐、非氧化物原料，组成范围也延伸到无机非金属材料的范围中，并且出现了许多新的工艺。

典型的陶瓷生产工艺流程为：

原料加工→配料计算→称量→混合→研磨→成型→干燥→施釉→烧成→切割抛光→拣选包装→成品

5.1　坯料和釉料的配料

陶瓷制品一般由坯体和釉层两部分构成。目前最常用的坯、釉料配料计算方法有配料量表示法、化学组成表示法、实验式表示法和矿物组成表示法等。

5.1.1　坯料

坯体是陶瓷制品的主体，坯体的化学成分、晶相组成、显微结构等决定了陶瓷的物理、化学性能和应用。坯料是由一种或一种以上原料组成的具有一定形状和显微结构的陶瓷材料的前驱体。

在制定陶瓷坯料的配方时，要考虑以下基本要求：

① 陶瓷产品的设计具有连续性和创新性。本地陶瓷企业的同类产品的生产工艺和配方具有较大的参考价值，通过结合同行业的先进生产技术，有利于提高设计效率。在产品开发以及配方设计时，注意掌握市场对陶瓷产品的新要求，及时调整设计思路，配方设计要有所创新。

② 产品的物理化学性质以及使用性能要求。这些要求规定着原料的种类及其用量，并指导着整个陶瓷生产工艺流程。如日用瓷要求坯体有一定的白度与透光度，釉面平整光滑，铅镉等重金属离子溶出量符合相关标准，配套餐具器形规整、色调一致。电瓷要有较高的力学强度和电气绝缘性能。地砖应尺寸一致，表面平整，有一定的吸水率，具有合适的机械强度等。

③ 配方要满足生产工艺的要求。对于陶瓷生产企业而言，生产设备的更新换代速度远远慢于产品的更新速度，因此，新产品的设计开发必须符合生产工艺和生产条件的状况。从坯料

的制备、干燥、成型、烧成到加工后处理等条件，都必须得到满足。

④ 原料来源。生产陶瓷产品，选择合适的原料至关重要。从生产质量上要求原料质量优良，化学或矿物组成稳定，尽量少更换供货方；从生产的连续性上要求原料供给及时，运输方便，供货方具有较大的生产能力，同时应有后备的原料供应方，以防止由供应方生产的间断造成的损失；从生产成本上要求原料价格低廉，尽量就地取材。

5.1.2 釉料

釉是覆盖在陶瓷坯体表面的一层玻璃态物质。釉层中的玻璃相、晶相和气相直接影响陶瓷材料的表面光泽度、透光度、白度、力学性能和化学稳定性等。釉层的微观结构决定着釉层的宏观性质，而微观结构又取决于釉料组成、制备工艺、施釉方法和烧成制度等因素。

1. 釉的作用

釉的作用可归纳为如下几个方面：

① 釉能够降低陶瓷材料的表面粗糙度。因为釉是一种玻璃体，在高温下呈液相特性，在表面张力的作用下，具有非常平整的表面。

② 釉可提高陶瓷的力学性能和热学性能。玻璃状釉层附着在陶瓷的表面，可以弥补表面的空隙和微裂纹，提高材料的抗弯及抗热冲击性，施以深色的釉，如黑釉等，可以提高陶瓷的散热能力。

③ 提高陶瓷的电学性能，如压电、介电和绝缘性能。

④ 改善陶瓷的化学性能。平整光滑的釉面不易沾附脏污、尘埃，施釉可以阻碍液体对陶瓷坯体的透过，提高其化学稳定性。

⑤ 釉使陶瓷具有一定的粘合能力。在高温的作用下，通过釉层的作用使陶瓷与陶瓷之间，陶瓷与金属之间形成牢固地结合。

⑥ 釉可以增加陶瓷制品的美感，艺术釉还能够增加陶瓷制品的艺术附加值，提高其艺术欣赏效果。

2. 釉的分类

釉的成分复杂，种类繁多，用途广泛，其物理化学性能存在着较大的差别。正确地明确釉的类别，有助于合理地设计釉料成分和生产工艺，保证陶瓷制品具有良好的应用效果。釉的分类方法比较多，见表5.1。

表5.1 釉的分类

分类的依据		名　称
坯体的种类		瓷釉，陶釉
制备工艺	釉料制备方法	生料釉，熔块釉，挥发釉（盐釉）
	烧成温度	低温釉（<1 120 ℃），中温釉（1 120～1 300 ℃），高温釉（>1 300 ℃），易熔釉，难熔釉
	烧釉速度	快速烧成釉
	烧成方法	一次烧成釉，二次烧成釉

续表 5.1

分类的依据		名　称
组成	主要熔剂	长石釉,石灰釉(包括石灰-碱釉,石灰-碱土釉),锂釉,镁釉,锌釉,铅釉(纯铅釉,铅硼釉,铅碱釉,铅碱土釉),无铅釉(碱釉,碱土釉,碱硼釉,碱土硼釉)
	主要着色剂	铁红釉,铜红釉,铁青釉
性质	外观特征	透明釉,乳浊釉,虹彩釉,半无光釉,无光釉
		单色釉,多色釉
		结晶釉,碎纹釉,纹理釉
	物理性质	低膨胀釉,半导体釉,耐磨釉
显微结构		玻璃态釉,析晶釉,多相釉(熔析釉)
用途		装饰釉,粘接釉,商标釉,餐具釉,电瓷釉,化学瓷釉

5.2　坯料制备

5.2.1　坯料的种类和质量

陶瓷原料经过配料和加工后,得到具有成型性能的多组分混合物称为坯料。

1. 坯料的种类

根据成型方法的不同,坯料通常分为三类:

① 注浆坯料。它是一种物料悬浮在水中的泥浆,其含水量在 28% ~ 35%。例如,生产卫生洁具用泥浆。

② 可塑坯料。它是指加工好的含水量在 18% ~ 25%,呈塑性状态的泥料。例如,生产日用陶瓷用的泥饼。

③ 压制坯料。它是一种湿润的粉料,在一定的机械压力下即可得到制品的坯体。坯料的含水量在 8% ~ 15%,称半干压坯料;粉料中的含水量在 3% ~ 7%,称为干压坯料。

2. 坯料的质量

为了保证产品质量和满足成形的工艺的要求,坯料需具备下列基本条件:

① 配方准确。为了保证产品的性能,坯料的组成须满足配方的要求。这需要从两个方面来控制:准确称料(应除去原料中水分,按绝干料计)和加工过程中避免杂质混入。

② 组分均匀。坯料中的各种组分,包括主要原料、水分、添加剂等都应分布均匀,否则会使坯体或制品出现缺陷,降低产品性能。

③ 细度合理。各组分的颗粒应达到一定细度,并具有合理的粒度分布,以保证产品的性能和后续工序的进行。

④ 气孔少。各种坯料中都含有一定的空气,这些空气的存在对产品质量和成型工艺和性

能都有不利的影响,应尽量减少其含量。

5.2.2 坯料的制备工艺

陶瓷坯体是陶瓷制品的主体,其性能决定着陶瓷制品的性能和应用。坯料的制备在陶瓷生产工艺中具有突出的重要性。坯料的制备主要包括原料的精加工、原料的预烧、原料的破碎、泥浆的制备、泥浆的脱水、陈腐、造粒等环节。

陶瓷坯料的制备工艺流程为:

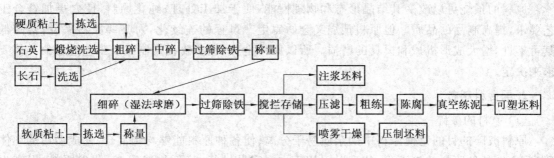

1. 原料的加工

(1) 原料的精加工

普通陶瓷原料如长石、石英、粘土等都含有一些杂质。天然的长石与石英原料中,除原料表面的污泥水锈等杂质外,还常含有一些云母类矿物及铁质杂质。粘土矿物中,常含有一些未风化完全的母岩、游离石英、云母类矿物、长石碎屑、铁和钛的氧化物,以及树皮、草根等一些有机杂质。这些杂质的存在,降低了原料的品位,直接使用将影响制品的性能及外观品质。所以,在使用前,一般要进行精选处理。

原料精选,主要是对原料进行分离、提纯,除去原料中的各种杂质,尤其是含铁的杂质,使之在化学组成、矿物组成、颗粒组成上更符合制品的质量要求。精选方法主要有物理方法、化学方法和物理化学方法。

物理方法包括分级法、磁选法、超声波法等。这些方法利用矿物颗粒直径或密度差别来除去与原料颗粒以分离状态存在的杂质。分级法一般有水簸、水力旋流、浮选、筛选等方法。分级的目的主要是将原料中的粗粒杂质,如粘土中的砂砾、石英砂、长石、硫铁矿及树皮草根等除去。同时,通过分级可以更好地控制原料的颗粒组成。

化学方法包括溶解法和升华法,主要用于除去原料中难以以颗粒形式分离的微细含铁杂质。溶解法是用酸或其他各种反应剂对原料进行处理,通过化学反应将原料中所含的铁变为可溶盐,然后用水冲洗将其除去的方法。对于以微粒状态吸附于原料颗粒上的铁粉等杂质,物理方法几乎无能为力,而采用化学方法处理则有较好的效果。例如经钢球磨细碎的氧化铝粉料中混入的铁质较多,而且对原料的纯度要求又高,一般都采用酸洗的方法将铁除去。溶解法有各种反应类型,常用的有酸处理、碱处理、氧化处理、还原处理等,常用的是酸洗。根据原料的情况将几种方法混合使用,往往可以取得更好的效果。升华法是在高温下使原料中的氧化铁和氯气等气体反应,使之生成挥发性或可溶性的物质(如氯化铁等)而除去。

物理化学方法包括浮选法和电解法。浮选法是利用各种矿物对水的润湿性不同,从悬浮液中将憎水颗粒粘附在气泡上浮游分离的方法。浮选法适用于精选含有铁、钛矿物与有机物的粘土,其捕集剂可用丁基黄药、铵盐、磺酸盐及松油等。疏水的含铁矿物与有机物随捕集剂浮出,而亲水的高岭土则沉积于料浆。电解法是基于电化学的原理除去混杂在原料颗粒中含铁杂质的一种方法,在电解过程中,粘土颗粒上的着色铁杂质被溶解除去。

(2) 原料的预烧

陶瓷工业使用的原料中,有的具有多种结晶形态(如氧化铝、二氧化钛、二氧化锆等);有些高可塑性粘土,干燥收缩和烧成收缩都较大,容易引起制品开裂;有的硬度较大,不易粉碎(如石英);有的具有特殊的片状结构(如滑石)。对于这类原料,一般需要进行预烧。

原料的预烧可以改变其结晶形态和物理性能,便于加工处理、纯化原料,使之更加符合工艺要求,提高制品的品质。但原料预烧又会妨碍生产过程的连续化,对某些原料来说,会降低其可塑性,增大成形机械和模具的磨损。所以原料是否预烧,要根据制品及工艺过程的具体要求来决定。

2. 配合料制备

(1) 原料的破碎

原料破碎的目的是使原料中的杂质易于分离;使各种原料能够均匀混合,使成型后的坯体致密;增大各种原料的表面积,使高温固相反应更容易进行,降低烧成温度,节省原料,提高生产效率。

原料的破碎包括粗碎、中碎、细碎等过程。根据不同原料各自的物理性能、形态等采用不同的破碎工艺流程。粗碎采用颚式破碎机,出料粒度为 40~60 mm;中碎采用轮碾破碎机、雷蒙磨或反击式破碎机,出料粒度小于 0.7 mm;细碎基本使用球磨机。

(2) 过筛除铁

从球磨机中出来的泥浆是坯料细小颗粒与水、外加剂等的混合物,这些细小颗粒存在一定的粒度分布,通过过筛,使超过成型所需的颗粒被排除,从而控制坯料的颗粒级配。多数情况下使用振动筛。在过筛的同时,采用电磁除铁器清除泥浆中的杂质铁,可以有效控制陶瓷的色斑和色差等缺陷。

(3) 泥浆的脱水

湿法细碎所得到的陶瓷料浆中含有 60% 左右的水分,可以直接用于注浆成型。但是对于可塑成型和压制成型,必须先将水分排除至适当的量,才能够进行。陶瓷泥浆脱水的方法有机械脱水和热风脱水两种。

机械脱水采用压滤机,它由 40~100 片方形或圆形滤板所组成,每两片滤板之间形成一个过滤室。在压力驱动下,泥浆从进浆孔进入过滤室,水分通过滤布从沟纹中流向排水孔排出,剩下的少量液体和绝大部分固体颗粒被隔在两滤板间,形成泥饼。当水分停止滤出时即可打开滤板,取出泥饼。泥饼的含水率一般为 20%~25%。泥饼经过烘干,得到的泥块经过轮碾破碎机的破碎研磨,就可得到含水率为 8%~9% 的粉料。

热风脱水,采用喷雾干燥塔为主体,并附有泥浆泵、风机与收集细粉的旋风分离器等设备构成的机组来完成,如图 5.1 所示。泥浆由泥浆泵经过管道输送到干燥塔的雾化器中,借助高压气体,雾化器将泥浆分解为雾状液滴。这些雾状液滴随压缩空气进入喷雾干燥塔内,与热空气相遇,热空气温度为 400~500 ℃。微小液滴与热空气在塔内发生热交换,实现干燥脱水。含水量为 6%~8% 的固体颗粒在重力作用下,降落到干燥塔底部,在锥形下料口处卸出,随干燥塔下面的皮带输送机传送到粉料仓。而带有微粉及水气的空气经旋风分离器收集微粉后，从排风机排出。在这个工艺中，脱水和造粒是同步进行的。影响喷雾干燥的工艺因素有泥浆浓度、热风温度、排风温度、喷雾压力等。

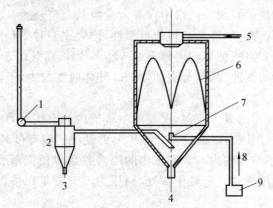

图 5.1　喷雾干燥塔工作原理图

1—排风机；2—旋风分离器；3—细粉；4—粉料；5—热风；6—干燥塔；7—喷嘴；8—泥浆；9—泥浆泵

（4）造粒

造粒是将细碎后的陶瓷粉料制备成具有一定粒度的坯料，使之适用于干压和半干压成型的工艺。造粒方法有喷雾干燥、轮碾造粒、锤式打粉、滚筒式造粒等。目前国外逐渐采用干法制粉工艺，即干法细碎，再适当加水造粒的方法，避免了坯料制备过程中水的循环，降低了能量消耗。在干法制粉工艺中，采用的造粒设备是连续式造粒机。与喷雾干燥工艺相比，采用这种方法造粒的特点是：① 粉料密度高，堆积密度大，成形压缩比小；② 能量消耗小，为喷雾干燥的 37% 左右；③ 自动化程度高，占地面积小，不需高大的厂房。

（5）陈腐

球磨后的注浆料放置一段时间后，黏度降低，流动性增加，注浆性能得到改善；经压滤得到的泥饼，其水分和固体颗粒的分布很不均匀，同时含有大量的空气，不能用于可塑成型。经过一段时间的陈放，可使泥料组分趋于均匀，可塑性提高。造粒后的压制坯料在密闭的料仓中陈放一段时间，可使坯料的水分均匀化。这些工艺过程称为陈腐。

陈腐的作用主要体现在以下几个方面：

① 通过毛细管的作用，使坯料中水分更加均匀。

② 在水和电解质的作用下，粘土颗粒充分水化和离子交换，一些非可塑性的硅酸盐矿物（如白云母、绿泥石、长石等），长期与水接触发生水解变为粘土物质，从而使可塑性提高。

③ 粘土中的有机物，在陈腐过程中发酵或腐烂，变成腐殖酸类物质，使坯料的可塑性提高。

④ 陈腐过程中，还会发生一些氧化还原反应，如 FeS_2 分解为 H_2S，$CaSO_4$ 还原为 CaS，并与 H_2O 及 CO_2 作用生成 $CaCO_3$ 和 H_2S，产生的气体扩散、流动，使泥料松散均匀。

陈腐一般在封闭的仓或池中进行，要求保持一定的温度和湿度。陈腐的效果取决于陈腐的条件和时间。在一定的温度和湿度下，时间越长，效果越好；但陈腐一定时间后，继续延长时间效果不明显。

(6) 真空练泥

经压滤得到的泥饼，水分和固体颗粒的分布很不均匀。泥料本身存在定向结构，导致坯体收缩不均匀，引起干燥和烧成裂纹。泥饼中含有大量空气，含气量为 7% ~ 10%，这些空气的存在，阻碍固体颗粒与水的润湿，降低泥料的可塑性，增大成型时泥料的弹性形变，造成产品缺陷。经过真空练泥后，泥料空气的体积可降至 0.5% ~ 1%，而且由于螺旋对泥料的揉练和挤压作用，泥料的定向结构得到改善，组分更加均匀。坯体收缩减少，干燥强度成倍增加，产品性能显著改善。

当泥料进入真空练泥机的真空室时，泥料中空气泡内的空气压力大于真空室内的气压，气泡膨胀（体积 V_0 变到 V_1）而压力降低（P_0 变到 P_1），并使泥料膜厚度减小（δ_0 变到 δ_1）。这时泥料膜的强度相应降低。当空气泡内与真空室内的压力差足以使泥料膜破裂时，空气就在真空室内被抽走，但如泥条很厚或空气泡处于深处，而压力差又不足以使泥料破裂，空气还会残留在泥料内。

影响真空练泥的因素主要有真空度、加入泥饼的水分及均匀性、温度、加料速度以及练泥机结构等。

5.3 成　型

成型是将制备好的坯料制成具有一定形状和大小的坯体的工艺过程。成型过程中使用的方法或手段称为成型工艺。成型工艺需要达到如下要求：

① 成型坯体应符合产品图纸或产品样品所要求的坯体的形状和尺寸；以产品图纸和产品样品为依据时，坯体尺寸是根据坯料的收缩率放尺计算后的尺寸。

② 坯体应具有合适的机械强度，来满足后续工序的操作要求。

③ 坯体结构合理，具有一定的致密度。

④ 成型工艺过程要与坯料的制备和干燥、施釉等工艺相适应，保证生产的连续性和稳定性。

成型工艺可以分为注浆成型、可塑成型和压制成型。

5.3.1　注浆成型

注浆成型是指在石膏模的毛细管力作用下，含一定水分的陶瓷料浆脱水硬化、成坯的过程。对于非粘土型的瘠性料采用塑化剂，调节浆体温度等手段也能够得到具有悬浮性和流动性的料浆，也可以注浆成型。注浆成型工艺简单，适于生产一些形状复杂且不规则、外观尺寸要求不严格、壁薄及大型厚胎的制品。

注浆成型方法主要分为基本注浆方法和强化注浆方法。

1. 基本注浆方法

基本注浆方法包括空心注浆（单面注浆）和实心注浆（双面注浆）。

空心注浆是将料浆注入模具中，石膏模没有模芯，泥浆在模具中放置一段时间，形成所需的坯体后，将多余的泥浆倒出。坯体带模干燥，待坯体干燥收缩脱模后，取出坯体。用这种方法注出的坯体，由于泥浆与模具的接触只有一面，因此，坯体的外形取决于模型工作面的形状，而内表面则与外表面基本相似。坯体的厚度只取决于操作时泥浆在模具中放置的时间，坯体的厚度较均匀。若需加厚底部尺寸时，可以进行二次注浆，即先在底部注浆，待稍干后再注满泥浆，这样可加厚底部尺寸。坯体脱模水分一般为15%～20%。图5.2示出空心注浆操作过程。

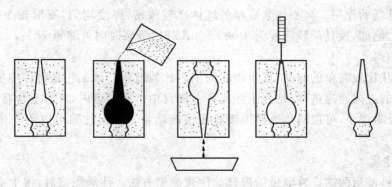

图5.2　空心注浆示意图

实心注浆是将泥浆注入两石膏模面之间（模具与模芯）的空隙中，泥浆被模具与模芯的工作面在两个方向同时吸水（见图5.3）。由于泥浆中的水分不断被吸收而形成坯体，处于空隙中的泥浆量不断减少，在模具的上部出现料浆不足现象。通过及时的补充泥浆，直到空隙中的泥浆全部成坯，可以保证得到设计的坯体。实心注浆坯体厚度由模具与模芯之间的空隙尺寸决定。实心注浆适用于制备内外表面形状、花纹不同，大型、壁厚的制品。

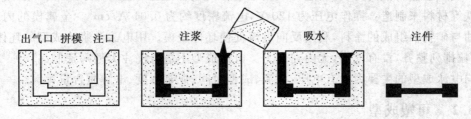

图5.3　实心注浆示意图

2.强化注浆方法

（1）压力注浆

采用加大泥浆压力来提高注浆成型的驱动力，从而加速水分扩散和吸浆速度的方法称为压力注浆。最简单的加压方法就是提高盛浆桶的位置，利用泥浆的位能提高泥浆压力。这种方式所增加的压力比较小，一般在0.05 MPa以下。采用压缩空气将泥浆压入模具可以得到比较大的注浆压力。一般压力越大，成型速度越快，坯体强度越高。压力的加大量受模具等因素的限制。根据泥浆压力的大小，压力注浆可分为高压注浆、中压注浆和微压注浆。高压注浆的压力大于0.20 MPa，一般采用高强度树脂模具；中压注浆的压力为0.15～0.20 MPa；微压注浆的注浆压力一般低于0.05 MPa。

（2）真空注浆

用真空泵在石膏模的外面抽真空，或把加固后的石膏模放在真空室中负压操作的注浆成型工艺称为真空注浆。真空注浆通过增大石膏模内外压力差，缩短坯体形成时间，提高坯体致密度和强度。真空度为300 mmHg柱(0.4 MPa)时，坯体形成时间低于常压下的1/2；真空度为500 mmHg(0.665MPa)时，坯体形成时间低于常压下的1/4。真空注浆有利于克服针眼和气孔等缺陷。

（3）离心注浆

离心注浆是一边旋转模具，一边同时注浆的成型工艺。泥浆在离心力的作用下，紧贴模具表面，形成致密的坯体。在模具旋转时，泥浆中的气泡多数集中在中间，小气泡汇集成大气泡后破裂，实现排气的作用。离心注浆成型的坯体比较致密，厚度均匀，变形较小。离心注浆成型时间比较短，例如，模具旋转速度为 1 000 r/min 时，吸浆时间可缩短 75%。

（4）成组注浆

对一些形状比较简单的制品，成组浇注的工艺比较适用。该工艺是将许多模具叠放起来，通过一个连通的进浆通道进浆，将泥浆注入各个模具中。在通道内，可涂上含有硬脂溶液的热矿物油，不使吸附泥浆，可以防止通道因吸收泥浆而堵塞。成组注浆可以用于鱼盘、洗面器等的成型。

（5）热浆注浆

热浆注浆是使用两端设置电极的模具的注浆成型方法。注满泥浆后，接上交流电，利用泥浆中溶解出来的离子的导电性，将电能转变成热能来加热泥浆。提高泥浆的温度，可以降低泥浆的黏度，促进泥浆中成分的扩散能力，缩短成型时间。当泥浆温度由 15 ℃升至 55 ℃时，泥浆的黏度可降低 50%～60%，注浆成型速度可提高 32%～42%。

（6）电泳成型

在直流外电场作用下，泥浆中带有负电荷的粘土粒子与水分离，并向阳极移动，把坯料带往阳极而沉积在金属模的内表面，这种成型工艺称为电泳成型。注浆所用模型一般用铝、镍、镀钴的铁等材料来制造。操作电压为 120 V，电流密度约为 0.01 A/cm^2。金属模的内表面需涂上甘油与矿物油组成的涂料，利用反向电流促使坯体脱模。用电泳注浆法成型的坯体，结构均匀，颗粒排列整齐，没有气泡，无内在应力。电泳成型不适合浇注大型陶瓷制品。

影响电泳成型的主要因素有电压、电流、成型时间、泥浆浓度、电解质含量等。

5.3.2 可塑成型

可塑成型是对具有可塑性的坯料进行加工，坯料在外力作用下发生可塑变形的制作坯体的成型工艺。

可塑成型是基于坯料具有可塑性，一般要求陶瓷坯料具有较高的屈服值和较大的延伸变形量（屈服值至破裂点这一段）。坯料的稳定性和可塑性需要较高的屈服值来提供，良好的成型性能需要较大的延伸变形量来保证，这样坯体坯料容易被加工成各种形状而不开裂、变形。不同的坯用原料、粉碎方法、颗粒分布和坯料含水量，会使坯料具有不同的可塑性。各种可塑成型方法见表 5.2。

表 5.2 各种可塑成型方法

成型方法	主要设备	模具	成型产品种类	坯料类型及要求	坯体质量	工艺特点
拉坯	辘轳车		圆形制品如花瓶、坛子、罐子等	粘土质坯料，可塑性好，成型水分为 23%～25%，水分均匀	表面光滑程度及尺寸精确度均较差	设备简单，要求有很高的操作技术，产量低，劳动强度大，尺寸不够准确，容易变形等

续表 5.2

成型方法	主要设备	模具	成型产品种类	坯料类型及要求	坯体质量	工艺特点
挤压	真空挤泥机、螺旋或活塞式挤坯机	金属机嘴	各种管状、棒状，断面和中孔一致的产品，还有琉璃瓦、劈离砖等	粘土质坯料，瘠性坯料，要求塑性良好，坯料经真空处理	坯体较软，易变形	产量大，操作简单，坯体形状简单，易变形，可连续化生产
车坯	卧式或立式车坯机	车刀	外形复杂的圆柱状产品	坯料为挤泥机挤出的泥段，湿车水分为16%~18%，干车6%~11%	干车坯体尺寸精确；湿车较差，且有变形	干车粉尘大，生产率低，刀具磨损大，已逐渐由湿车代替
旋坯	旋坯机	石膏模，型刀	圆形的盆、碗、碟、盘、小型电瓷等	粘土质坯料，塑性好，水分均匀，一般为21%~26%	形状规则，坯体密度和光滑性均不如滚压成形，坯体易变形	设备简单，操作要求高，坯体质量不如滚压成形
滚压	滚压机	石膏模，其他多孔模具，滚压头	圆形的盘、碗、碟、杯、盘、小型电瓷等	粘土质坯料，阳模成型水分20%~25%，阴模成型水分21%~25%	坯体致密，表面光滑，不易变形	产量大，坯体质量好，适合于自动化生产，需要大量模型
塑压	塑压成型机	石膏模，或多孔陶瓷，金属模	椭圆、方形及外表面有花纹的异型盘、碟、浅口制品	粘土质坯料，水分约20%左右，具有一定可塑性	坯体致密度高，不易变形，尺寸较准确	坯体致密度高，自动化程度高，对模型质量要求高
注塑	柱塞式或螺旋式注塑成型机	金属模	各种形状复杂的大小型制品	瘠性坯料外加热塑性树脂，要求坯料具有一定颗粒度，流动性好，在成型温度下具有良好塑性	坯体致密，尺寸精确，具有一定强度，坯体中含有大量热塑性树脂	能成型各种复杂形状的大型制品，操作简单，脱脂时间长，金属模具造价高
轧膜	轧膜机、冲片机	金属冲模	薄片状制品	瘠性料加塑化剂，具有良好的延展性和韧性，组分均匀，颗粒细小，规则	表面光洁，具有一定强度，烧成收缩大	练泥与成型同时进行，产量大、边角料可以回收，膜片太薄时（<0.08 mm）容易产生厚薄不均的现象，烧成收缩较大

1. 旋压成型

旋压成型是利用作旋转运动的石膏模与只能上下运动的样板刀来共同作用使坯料形成坯体的工艺。旋压成型的工艺流程为，取出适量的经过真空练泥的塑性坯料，将坯料放在石膏模中，再将石膏模放置在辘轳车上的模座中，石膏模随着辘轳车上的模座转动。然后缓慢压下样板刀，使样板刀与坯料接触。在石膏模的旋转和样板刀的压力作用下，坯料均匀地分布于模具的内表面，余泥则贴在样板刀上向上滑动，将超出模具的余泥清除。模具内壁和样板刀之间所构成的空隙赋予坯体合适的形状，坯料填满空隙，坯料中的水分被模具吸收而使固体颗粒紧密结合，形成具有一定机械强度的坯体。样板刀口的工作弧线形状与模具工作面的形状分别决定着坯体的内外表面形状，而样板刀口与模具工作面的距离决定着坯体的厚度。旋压成型操作时，样板刀要拿稳，用力轻重要均匀，以防止震动跳刀和厚薄不匀，起刀不能过快，以防止内面出现迹印。样板刀所需形状随坯体而定，其刀口一般要求成 $30°\sim 40°$，以减小剪切阻力。样品刀口不能是锋利的尖角，而是 $1\sim 2\ mm$ 的平面。

旋压成型还可以分为阳模成型和阴模成型（见图 5.4）。对于深凹制品，一般采用阴模成型；对于扁平状制品，如盘、碟等，通常采用阳模成型。

旋压成型具有设备简单、适应性强、可以制备凹陷较深的制品等优点；但是旋压成型制品质量较差，手工操作劳动强度大，生产效率低，坯料加工余量大，占地面积较大。旋压成型主要用于生产中、低档陶瓷制品。

2. 滚压成型

滚压成型工艺流程是取适量的塑性坯料并放在石膏模中，石膏模在辘轳车上的模座上随辘轳车转动，盛放坯料的模具和滚头分别绕自己轴线以一定速度同方向旋转。滚头在旋转的同时逐渐靠近盛放坯料的模具，在这个过程中实现对坯泥的滚压操作，坯料被吸收大部分水分后就形成了陶瓷的坯体。滚压成型的坯体强度大，表面质量好，不易变形。

滚压成型也可以分为阳模滚压与阴模滚压。阳模滚压也称为外滚压，是利用滚头来决定坯体的阳面（外表）形状大小，如图 5.5 所示，它适用于制备扁平、宽口器皿和坯体内表面有花纹的产品。阴模滚压又称为内滚压，是采用滚头来形成坯体的内表面，如图 5.6 所示，它适用于制备口径较小而深凹的制品。

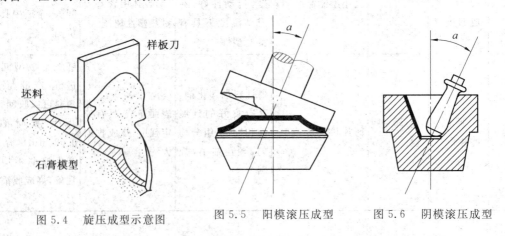

图 5.4　旋压成型示意图　　图 5.5　阳模滚压成型　　图 5.6　阴模滚压成型

滚压成型的工艺参数控制有以下几点：

(1) 对泥料的要求

滚压成型时,滚头对泥料的运动是滑动与滚动同时发生的,而泥料主要受到压延力作用,成型压力较大,成型速度较快。这种成型方法要求泥料具有良好的可塑性、较高的屈服值、较大的延伸变形量以及较小的含水量。塑性泥料的延伸变形量是随着含水量的增加而变大的,若泥料可塑性太差,其延伸变形量小,滚压时坯体容易开裂。如果坯料的可塑性太高,则在滚压成型时,由于坯料的含水率偏高,滚压时易粘滚头,坯体容易变形。滚压成形要求泥料具有适当的可塑性,并要控制含水量。一般滚压成型泥料水分控制在19%～26%。

滚压成型对泥料的要求,还与采用阳模滚压还是阴模滚压、热滚压还是冷滚压有关。阳模滚压时因泥料在模型外面,较少的水分可以确保泥料不被甩出模具。同时,阳模滚压时,要求泥料具有良好的延展性,以适应阳模滚压的成型工艺。因此,适用于阳模滚压的泥料应是可塑性较好而水分较少。而阴模滚压时,水分可稍多些,泥料的可塑性可以稍差些。热滚压时,对泥料的可塑性和水分要求不严;冷滚压时,泥料水分要少些而可塑性要好些。另外,成型水分还与产品的尺寸大小、转速有关,制备大尺寸产品时,水分要比小尺寸的制品低;滚头在较低的转速工作时,泥料的水分比高转速时高。滚头在快速转速时,如果泥料水分太多,不仅容易粘滚头,还会出现飞泥等问题。

(2) 滚压过程的控制

滚压成型时间很短,从滚头开始压泥到脱离坯体,只要几秒钟至十几秒钟。滚头开始接触泥料时,动作要轻,压泥速度要适当。动作太重或下压过快会压坏模具,不利于气体的排除。制备大型制品时,为了便于布泥和缓冲压泥速度,可采用预压布泥,也可让滚头下压时其倾角由小到大形成摆头式压泥。滚头下压速度不能太慢,否则泥料易粘滚头。当泥料被压至要求厚度后,坯体表面开始赶光,余泥断续排出,赶光过程中滚头的动作要重且稳,施压时间要适当。滚头抬高并逐渐脱离坯体时,要求缓慢减轻泥料所受的压力。滚头脱离坯体太快容易出现"抬刀缕",这种现象对于可塑性高的坯料更加明显。

(3) 主轴转速和滚压头转速

主轴(模型轴)和滚头的转速及其比例直接影响陶瓷产品的质量和产量。一般而言,主轴转速越高,成型效率就高。阳模成型时,如果主轴转速太大,泥料容易脱离模具,在坯体底部产生花心,在边缘产生破口等缺陷。阴模成型时,主轴转速可比阳模滚压的高些。主轴转速与制品的尺寸有关,随制品尺寸的增大,主轴转速减小。在转速较高时,必须确保模具的稳固性,防止出现机械故障。国内瓷厂根据不同产品主轴转速一般为 300～800 r/min,有的可达 1 000 r/min 以上。

滚头转速要与主轴转速相适应,一般是以主轴转速与滚头转速的比例(转速比)作为一个重要的工艺参数来控制的。当这两个速度相同时,主轴和滚头做相对滚动;当二者速度不同时,除了相对滚动,还有相对滑动。滚动有利于坯料的均匀分布,但是会在坯体上留下滚动的痕迹,降低坯体的表面光滑度。阳模滚压成型时,滚动的效应大于阴模滚压成型。具体转速及其比例以实际情况确定。

3. 塑压成型

塑压成型是采用压制的方法,迫使可塑泥料在模具中发生形变,得到所需坯体的成型工艺。塑压成型采用的模具为蒸压型的 α—半水石膏,制模时的膏水比为 100:37。模具内部安装有多孔性纤维管,可以通压缩空气或抽真空。塑压成型的特点是设备结构简单,操作方便,适于鱼盘类或其他扁平广口形产品的制备。

塑压成型工艺流程如图 5.7 所示。

① 将可塑坯料切成所需厚度的泥饼放在底模上；

② 上下抽真空，施压成型；

③ 向底模通入压缩空气，使成型的坯体迅速地脱离底模，液压装置返回至开启的工位，坯体在真空的吸引力作用下吸附在上模；

④ 向上模通入压缩空气，坯体脱离上模后落在托板上；

⑤ 上模和底模同时通入压缩空气，排除模具内的水分，用布擦去模具表面的水分。

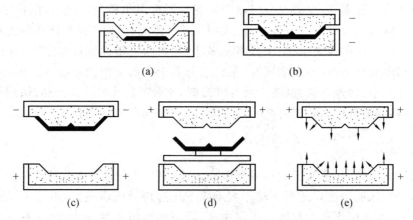

图 5.7　塑压成型工艺流程图
＋——压缩空气；－——抽真空

4. 注塑成型

注塑成型又称注射成型，是瘠性物料与有机添加剂混合加压挤制的成型工艺。注塑成型可以制备各种形状复杂的高温结构陶瓷，如 SiC、Si_3N_4、BN、ZrO_2 等。

（1）坯料的制备

注塑成型采用的坯料不含水，它由陶瓷瘠性粉料和结合剂（热塑性树脂）、润滑剂、增塑剂等有机添加物构成。坯料的制备过程是：将上述组分按一定配比加热混合，干燥固化后进行粉碎造粒，得到可以塑化的粒状坯料。有机添加物的灰分和含碳量要低，以免脱脂时产生气泡或开裂。通常有机物含量为 20%～30%，特殊的可高达 50% 左右。

（2）成型过程

注塑成型工艺流程简述如下（以柱塞式为例，如图 5.8 所示）：

① 调节并封闭模具，坯料投入成型机，加热圆筒使坯料塑化；

② 将塑化的坯料注射至模具中成型；

③ 柱塞退回，供料，同时冷却模具；

④ 打开模具，将固化的坯料脱模取出。

整个成型周期大约 30 s。成型的温度在树脂产生可塑性的温度下，一般为 120～200 ℃。

5. 轧膜成型

轧膜成型是将准备好的陶瓷粉料，与一定量的有机粘结剂（如聚乙烯醇等）和溶剂混合，通过粗轧和精轧制成膜片后再进行冲片成型。

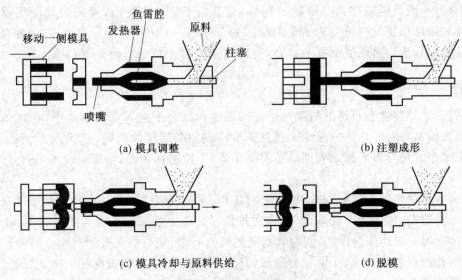

图 5.8 注塑成型工艺流程图

粗轧是将粉料、粘结剂和溶剂等成分置于两辊轴之间充分混合,使各种成分均匀分布,使得练泥与成型同步进行。在流动空气作用下,溶剂挥发,得到一层厚膜。精轧是逐步调近轧辊间距,多次折叠,90°转向反复轧练,来达到工艺要求的均匀度、致密度、光洁度和厚度。轧好的坯片应该在一定湿度的环境中储存,防止产生干燥缺陷,最后在冲片机上冲压成型。

轧膜成型具有工艺简单、生产效率高、膜片厚度均匀、生产设备简单、粉尘污染小、能成型厚度很薄的膜片等优点,但用该法成型的产品干燥收缩和烧成收缩较干压制品的大。

该法适于生产批量较大的 1 mm 以下的薄片状产品,在新型陶瓷生产中应用较为普遍。

6. 挤压成型

挤压成型是采用真空练泥机、螺旋或活塞式挤坯机,将可塑坯料向前挤压,经过机嘴定形,达到制品所要求的形状的成型工艺。陶管、劈离砖、辊棒和热电偶套管等管状、棒状、断面和中孔一致的产品,均可采用挤压成型。坯体的外形由挤压机机头内部形状所决定,坯体的长度根据尺寸要求进行切割。

轧膜成型工艺流程为:

挤压成型不仅能制备塑性坯料,还可以制备瘠性坯料配以适量粘合剂而成的塑性料团。这些坯料都应有良好的可塑性,经过真空处理后坯体中的气体相对少了许多。陈腐处理又可以提高坯料的可塑性和延展性。常用于调和瘠性坯料的粘合剂有聚乙烯醇、羧甲基纤维素、丙三醇、桐油或糊精等。

挤压成型的优点在于能够在较低的温度和压力下进行,并且能获得净尺寸的成型制品坯体。另外,挤压成型还能实现加入纤维物料的挤出,使挤出的坯体中纤维具有定向排列的特征。

挤压成型一般只能成型简单形状的制品，与其他工艺结合使用，可拓展其应用范围。例如，轴对称的爆炸压制与挤出工艺结合，制备 Fe/Y－Ba－Cu－O(超导陶瓷)/Ag 复合层状材料；自蔓延高温合成与挤压成型技术结合，制备二硅化钼－莫来石耐火材料等。

5.3.3 热压铸成型

热压铸工艺是将含有石蜡的料浆在一定的温度和压力下注入金属模具中，在坯体冷却凝固后，进行脱模制备陶瓷坯体的成型工艺。热压铸成型产品尺寸精确，结构致密，表面光洁度好，适合于成型各种异形产品。成型后不需要干燥，不使用石膏模，生坯强度大，适合于机械化生产。

热压铸成型的坯体，在烧结前需要先进行排蜡，避免烧成时石蜡挥发导致坯体严重收缩变形和开裂。排蜡时，坯体埋在吸附剂中，以防排蜡时变形。吸附剂一般为预烧过的 Al_2O_3 粉，Al_2O_3 粉可以起支撑坯体的作用，同时具有吸附液态石蜡，使石蜡在吸附剂中分解的作用。

石蜡熔化时(60～100 ℃)体积会膨胀，升温速度要缓慢，热处理时间要适当延长，使坯体内的石蜡完全熔化(100～300 ℃)。石蜡在吸附剂中渗透、扩散，最后蒸发。排蜡温度范围一般为 900～1 100 ℃。

5.3.4 流延法成型

流延法成型是指在陶瓷粉料中加入溶剂、分散剂、粘结剂、增塑剂等成分，得到均匀分散的稳定料浆，在流延机上制得要求厚度薄膜的一种成型方法。由于该法具有设备简单、可连续操作、生产效率高、自动化水平高、工艺稳定、成型坯体性能的重复性和尺寸的一致性较高，坯体性能均一等一系列优点，在陶瓷材料的成型工艺中得到了广泛的应用。流延法成型主要用来生产独石电容器瓷片、多层布线瓷片、厚薄膜电路基片等功能陶瓷。

流延成型机的工作原理是，将细分散的陶瓷粉料悬浮在由溶剂、增塑剂、粘合剂和悬浮剂组成的无水溶液或水溶液中，成为可塑且能流动的料浆，如图 5.9 所示。陶瓷粉料需要超细粉碎，大部分颗粒粒径小于 3 μm。料浆在进入流延机料斗前，经过两层 40 μm 和 10 μm 的滤网，清除团聚较大的颗粒以及溶化不充分的粘合剂。料浆在刮刀下流过，便在流延机的运输带上形成平整而连续的薄膜状坯带，坯带缓慢向前移动，待溶剂逐渐挥发后，聚集在一起的粉料的固体微粒即形成比较致密、具有一定韧性的坯带，经过冲压，得到具有一定形状的坯体。

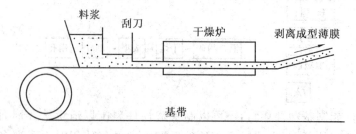

图 5.9 流延法成型示意图

5.3.5 压制成型

将含有一定水分的粒状粉料填充到模具中，通过施加压力，使粉料形成具有一定形状和机械强度的陶瓷坯体的工艺称为压制成型。压制成型可分为半干压成型、干压成型和等静压成型。粉料含水量为8%～15%时为半干压成型；粉料含水量为3%～7%时为干压成型；等静压成型法中，粉料含水量可在3%以下。压制成型的特点是生产过程简单，坯体收缩小，致密度高，产品尺寸精确，且对坯料的可塑性要求不高；缺点是对形状复杂的制品难以成型。压制成型多用来制备扁平状制品，如陶瓷地砖、内墙砖、外墙砖等。等静压工艺的发展，使得许多复杂形状的制品也可以压制成型。

1. 干压成型

（1）干压机理

干压成型是在较大的压力下，将粉状坯料在模具中压制而成的，压力为3.92～9.8 MPa或更高。制品的尺寸越大，所需要的成型压力越大。成型时，当压力施加在坯料时，颗粒状粉料受到压力的挤压，开始移动，互相靠拢，坯体收缩，并将空气排除；压力继续增大，颗粒继续靠拢，同时产生变形，坯体继续收缩；当颗粒完全靠拢后压力再大，坯体收缩很小，这时团聚的假颗粒在高压下会产生变形和破裂。由于颗粒的接触面逐渐增大，使其摩擦力也逐渐增大，当压力与颗粒间的摩擦力平衡时，坯体便得到相应压力下的压实状态。加压时，压力是通过坯料颗粒的接触来传递的。当压力由一个方向往下压时，由于颗粒在传递压力的过程中一部分能量消耗在克服颗粒的摩擦力和颗粒与模壁间的摩擦力上，使压力在向下传递时逐渐减小。这些因素导致压强在粉料内部的分布的不均匀性以及压后坯体的密度的不均匀性。坯体的上层较致密，越向下致密度越小；在水平方向上靠近模腔的四周的致密度也与中心部位不同（见图5.10），这种致密度的差异与坯体的高度和直径有关。压力越大，坯体越致密，同时其均匀性也比压力小时好些。施加的压力不能过大，在压实的坯料中总有一部分残余空气，过大的压力将把这部分残余空气压缩，当压制结束除去压力时，被压缩的空气将产生体积膨胀，使坯体产生层裂等缺陷。

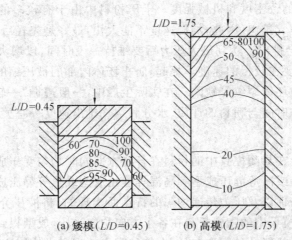

图5.10 单向加压时坯体的压力分布

（2）干压成型工艺

① 成型压力。成型压力包括总压力和压强。总压力指的是压机的吨位数，它取决于所要求的压强，是压机选型的主要技术指标。压强是指垂直于受压方向上坯体单位面积所受到的压力。合适的成型压强取决于坯体的形状、高度、粉料的含水量及其流动性、坯体的致密度

等。一般而言,坯体越高,致密度要求高。粉料的流动性小,含水量低,形状复杂的制品,其压制成型的压强大。增加压强可以在一定范围内增加坯体的致密度,当成型压力达到一定值时,再增加压力,坯体致密度的增加已经不明显了。过大的压力容易引起坯体内残余空气的体积膨胀而使坯体开裂。粘土质坯料的干压成型压强为 250~320 MPa,坯体尺寸越小,选取的压强越小;尺寸大,且坯料的含水量低时,压强可再大一些。瘠性物料成型时所需的压力更大。

② 加压方式。加压方式包括单面加压、双面加压等。单面加压,压力是从坯体的上方向下施加的。当坯体厚度较大时,则压强分布在厚度方向上很不均匀。单面加压除了会产生低压区,还会有压力的死角。双面加压,即在坯体的上下两个方向都施加压力。双面加压又有两种情况:一种是两面同时加压,这时粉料之间的空气易被挤压到模型的中部,使生坯中部的密度较小;另一种情况是两面先后加压,这样空气容易排出,坯体密度大且较均匀。粉料的受压面越大,就越有利于坯体的致密化和均匀性。这两种压制成型的施压面都在坯体的纵向,因此,其施压面积受到坯体成型用模具尺寸的限制。如果希望提高施压面积,就应该考虑坯体的横向因素,由此产生了等静压成型的工艺。不同加压方式对坯体内部压力分布的影响如图5.11 所示。

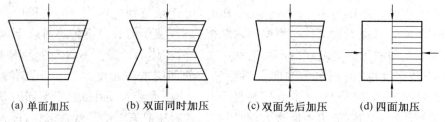

(a) 单面加压　　(b) 双面同时加压　　(c) 双面先后加压　　(d) 四面加压

图 5.11　加压方式与压力分布关系(横条线为等密度线)

③ 加压速度和时间。控制压制成型的加压速度和保压时间主要是为了尽量多地排除粉料中的气体,提高坯体的致密度和机械强度。干压粉料中由于有较多的空气,在加压过程中,应该有充分的时间让空气排出,因此,加压速度不能太快,最好是先轻后重多次加压,通常加压2~4 次,让空气有机会排出。达到最大压力后要维持一段时间,以增大颗粒之间的结合紧固性。压制结束后,模具要在较慢的速度下提起,防止坯体内部的被压缩的气体迅速减压而产生的体积膨胀及其引起的坯体裂纹等缺陷。在实际生产中,一般遵循"一轻,二重,慢抬起"的操作工艺。加压的速度和时间与粉料的性质、水分和空气排出速度等有关。

2. 等静压成型

等静压成型是指装在封闭模具中的粉料在各个方向同时均匀受压成型的工艺。等静压成型分为常温等静压成型或冷等静压成型和高温等静压成型或热等静压成型。冷等静压成型利用液体介质的不可压缩性以及压力传递均匀的特点而实现的,将液压介质用高压泵压入密封容器内,使密封于弹性模具中的陶瓷粉料在各个方向均匀受压,成型得到致密的陶瓷坯体。等静压成型适合于制备形状复杂的陶瓷制品,在特种陶瓷的生产中使用比较广泛。

等静压成型的工艺流程主要有备料、装料、加压、脱模等,根据使用模具不同,可分为湿袋等静压法和干袋等静压法。

湿袋等静压所用弹性模具与施压容器无关。弹性模具装满粉料密封后,放入盛有液体介质的高压容器中,模具与液体介质直接接触。施压容器中可以同时放入一个或多个模具,如图5.12 所示。湿袋等静压法使用比较普遍,适用于科学研究或小批量生产,在压制形状复杂或特大制品时也常用此法；缺点是操作较费时。

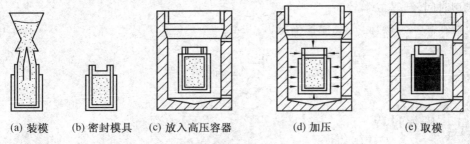

图 5.12 湿袋等静压过程示意图

湿袋等静压成型常见的工艺流程为：准确称量所需的粉体，固定好模具形状，向其中装料，将粉料中的气体排出，然后把模具封严。将模具放入高压容器内，盖紧高压容器，关紧高压容器的支管，开始向液体介质施加压力，当达到设定的最大压力后，保压一段时间，然后开始降压操作。先打开高压容器的支管，再打开高压容器的盖，从高压容器中取出模具，最后从模具中取出坯体。

如图 5.13 所示，干袋等静压法是在高压容器中固定一个加压橡皮袋，加料后的模具送入此橡皮袋中加压，成型后又从橡皮袋中退出脱模；也有的将弹性模具直接固定在高压施压容器内，加料后封紧模具就可升压成型。干袋等静压的模具可不与施压液体直接接触，这样可以减少或取消在施压容器中取放模具的时间，缩短成型时间。干袋等静压法只在粉料周围受压，模具的顶部或底部无法受压，由此决定了干袋等静压成型的坯体的致密度和均匀性比湿袋法所制备的坯体低许多。干袋等静压法适用于批量生产管状、圆柱状等形状比较简单的陶瓷制品。

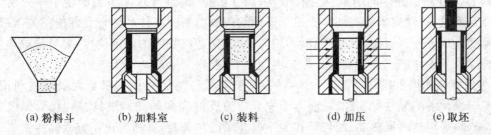

图 5.13 干袋等静压过程示意图

等静压成型的优点主要有：

① 坯体致密度大，结构均匀，烧成收缩小，制品尺寸精确；

② 坯体强度大，操作更加简单；

③ 省去了干燥工序，降低能耗。等静压成型干压料含水率 1%～3%，坯体可直接入窑素烧或上釉本烧；

④ 可以使用塑性差的瘠性料，降低材料制备的成本；

⑤ 用弹性模具代替石膏模，制备工艺简单，使用寿命长，维护方便；

⑥ 坯料中可以不加粘合剂，即使使用其用量也非常少。这样会减少烧成时的收缩和裂纹、变形等缺陷。

等静压成型的缺点主要有：

① 设备费用高,投资大;
② 成型时间较长,成本较高;
③ 成型在高压下操作,需要保护措施。

5.4 坯体的干燥

5.4.1 干燥过程

干燥是借助热能使坯料中的水分汽化,将坯体中所含的大部分机械结合水排出的工艺过程。经过干燥处理的坯体发生体积收缩、强度提高、致密度增大等变化。

陶瓷坯体中含有化学结合水(结晶水,结构水)、吸附水和机械结合水(自由水)。干燥过程主要是把坯体内部的机械结合水排出的过程。如果在干燥过程中,坯体中的各种物质没有发生化学变化,而且干燥介质恒温恒湿,那么干燥过程可以划分为升速干燥阶段、等速干燥阶段、降速干燥阶段和平衡阶段。详细内容见水泥工艺中的相关内容所述。

5.4.2 干燥制度

干燥制度是指达到一定的干燥速度、各个干燥阶段所采用的干燥参数。干燥参数主要有干燥介质的温度、湿度、流量与流速等。合理的干燥制度应该实现在最短的时间内获得质量优良的干燥坯体。

(1) 干燥介质的温度

干燥介质温度的高低,直接影响干燥速度。调整干燥介质温度的影响因素如下:

① 坯体的性质。坯体的组成、结构、形状、尺寸大小、最终含水率等是确定干燥介质温度的决定性因素,这些性质影响着坯体受热干燥的均匀性。陶瓷坯体的热传导性能很差,在较高的介质温度作用下外表面和内部的温度不均匀,则容易造成较大的温度梯度,容易形成热应力而引起裂纹等干燥缺陷。合理制定干燥温度制度,是获得无干燥缺陷干坯的首要条件。

② 热效率。如果干燥介质温度太高,热效率则降低。为了确保热量最大限度被利用,一般要处理干燥设备的隔热等问题。此外,干燥介质温度的提高还受到模具、热源、干燥设备等的限制,例如,采用蒸汽换热器、暖气等作为干燥介质的热源时,介质温度不宜太高。

(2) 干燥介质的湿度

在干燥过程中,干燥介质的湿度不能太高,也不能太低,必要时要采取分段干燥工艺。例如在室式或链式干燥器中,若干燥介质没有排出或补充,随着坯体中水分的持续排出,干燥介质的湿度会不断增大,介质的湿度达到一定值时,坯体的干燥将难以进行,不仅降低了干燥速度,破坏了预定的干燥制度,还会造成坯体变形等干燥缺陷。坯体较厚、体积较大、含水率较高的制品应该采用高湿低温或分段干燥工艺。

(3) 干燥介质的流速和流量

为了提高干燥速度,可以采用加大干燥介质的流速和流量的办法来实现。加大干燥介质的流速和流量的本质是提高外扩散的速度。实践证明,干燥介质空气的流动速度提高到 5 m/s 以上,可显著提高干燥速度。在采用高速低温的快速对流干燥中,热风流速甚至可达 $10 \sim 30 \text{ m/s}$。

5.4.3 干燥方法

根据坯体蒸发水分而获取热能形式,陶瓷坯体的干燥方法分为对流干燥、电热干燥、辐射干燥、综合干燥等。

1. 对流干燥

对流干燥是利用热空气或热烟气的对流传热作用,干燥介质将热量传给坯体,使坯体内部的水分蒸发而干燥的工艺。对流干燥根据干燥设备的结构,可分为室式干燥、链式干燥、隧道式干燥、辊道传送式干燥、喷雾干燥、热泵干燥等。

(1) 室式干燥

将湿坯放在设有坯架和加热设备的干燥室中进行干燥的方法为室式干燥。加热干燥介质的方法有地炕、暖气、热风等。室式干燥热量传递比较缓和,属于间歇式操作,适用于不同类型的坯体,设备简单,造价低廉;但是室式干燥热效率低,周期较长,干燥参数不易控制。图5.14为室式干燥的示意图。

(2) 链式干燥

链式干燥是将湿坯放置在挠性牵引机构的吊篮上或者利用链条运载坯体在弯曲的轨道上传送,坯体与承载结构被热风加热而实现干燥,它分为立式传送和卧式传送两种。图 5.15 所示为链式干燥器示意图。

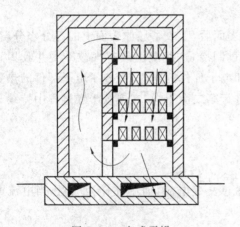

图 5.14　室式干燥

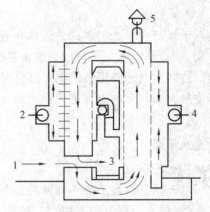

图 5.15　建筑陶瓷用链式干燥器
1— 进砖;2— 进热风;3— 出砖;
4— 排湿气;5— 排湿气

(3) 隧道干燥

如图 5.16 所示为隧道干燥示意图。湿坯进入隧道干燥窑与低温高湿热空气接触,坯体在隧道窑中前进,而热空气的温度逐渐升高,湿度逐渐下降,坯体逐渐被干燥。隧道干燥法干燥坯体的最终含水率较小,干燥速度快,坯体受热比较均匀,干燥缺陷少。

(4) 辊道传送式干燥

辊道传送式干燥原理与隧道传送式干燥相同,差别在于承载湿坯的结构不是窑车而是辊棒。辊道传送式干燥器是上层辊道煅烧产品,下层辊道干燥坯体。干燥器的热源是利用上层辊道煅烧产品时的余热或者是鼓入热风。辊道传送式干燥坯体均匀干燥,干燥效率高,能实现快速干燥。

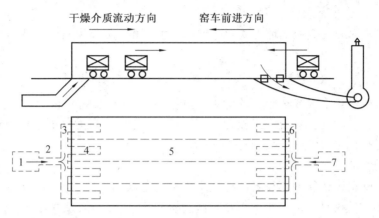

图 5.16　隧道干燥器

1—鼓风机；2—总进热气道；3—连通进热气道；4—支进热气道；5—干燥隧道；6—废气排除道；7—排风机

（5）喷雾干燥

喷雾干燥器是以喷雾干燥塔为主体，并附有供浆系统、热风系统、除尘系统及控制系统等构成的设备。其原理是将溶液或悬浊液分散成雾状的细滴，在热风中干燥而获得粉状或颗粒状产品的过程，如图 5.1 所示。具体内容详见 5.2.2 配合料的制备工艺部分。

（6）热泵干燥

热泵干燥是在干燥室内的热气体在通过坯体表面后，吸收了坯体表面上的部分水分，在风机的作用下，这些湿温空气被抽到脱水器内，再经过制冷，这些湿温热空气被冷凝并收集到管中排出。这些空气通过设备的电子部件时，在冷却电子部件的同时，吸收了电子部件的热量而加热了空气。加热后的空气进入到干燥室后，又进行第二次干燥，在连续干燥过程中持续干燥坯体。

2. 电热干燥

（1）工频电干燥

工频电干燥是将被干燥坯体两端加上电压，通过交变电流，而湿坯作为电阻，当电流通过时产生热量，使水分蒸发而干燥。

（2）直流电干燥

直流电干燥是将生坯放在直流电场中，使其在电场作用下，在特定的方向析出水分而进行干燥的方法。

3. 辐射干燥

辐射干燥是指将电磁波辐射到湿坯上，转化为热能将坯体干燥的方法。根据电磁波的波长，可将辐射干燥分为高频、微波和红外干燥几种方式。

（1）高频干燥

采用高频电场或相应频率的电磁波（10 Hz）辐射于坯体上，使坯体内的分子、电子及离子发生振动产生极化，转化为热能进行干燥。含水率大的坯体，其介电损耗大，电阻小，热能转化率高，干燥效率高，电磁波频率高，其辐射能大，干燥效率也高。高频干燥的干燥速度很快，干燥缺陷少，适合于形状复杂而壁厚制品。

(2) 微波干燥

微波干燥是利用微波与物质相互作用而产生的热效应进行干燥坯体的方法。微波的特点是对于良导体能产生全反射而极少被吸收。微波干燥适用于导电性较差的物质，如陶瓷湿坯，微波在其表面发生部分反射，其余部分透热。采用微波干燥陶瓷坯体时间短，坯体变形和开裂较少，干燥均匀快速，具有选择性，热效率高。

(3) 红外干燥

红外线的波长为 0.75～1 000 μm，是一种介于可见光和微波之间的电磁波。波长为 0.75～2.5 μm 的光波为近红外线，2.5～1 000 μm 的光波为远红外线。利用坯体对红外线的吸收并将之转化为热能而进行干燥的方法称为红外干燥，其中，远红外干燥效果优于近红外干燥。采用远红外干燥速度快，干燥缺陷少，设备简单，成本低。

4. 综合干燥

在实际生产中，常根据坯体的不同干燥阶段的特点，将几种干燥方法综合起来，称为综合干燥。目前常见的综合干燥方式有辐射干燥和热空气对流干燥相结合以及电热干燥与红外干燥、热风干燥相结合等。

5.4.4 干燥缺陷

1. 裂纹

(1) 产生原因

在坯料配方中，塑性粘土用量不足，结合性差或塑性粘土过量，收缩过大；泥料含水率高或真空度不足，且练泥次数少；产品器型设计不合理，开裂大部分都在一个位置上发生；干燥时供热、散热不均匀，坯体局部受热；坯体各部位水分不一致，粘接时各部件水分也不一致；石膏模型过干、过热，坯体干燥过快或不均匀。

(2) 解决办法

适当调整坯料配方中塑性粘土的用量；正确掌握不同成形方法所用泥料的含水量，并要做到多次真空练泥，达到真空度的要求；产品器形各部位，特别是棱角处要薄厚一致；定期调节干燥器内设备，保持散热和温度的均匀；粘接坯体时，各部件水分要严格控制，尽量保持一致，并做到第一天制出的坯件不能粘于第二天制的坯件上；所用模型要达到含水率的要求，备用模型存放的位置要得当。

2. 变形

(1) 产生原因

泥料颗粒定向排列；坯托（架支）形状不合理，放置不平或坯托上有坯渣；坯体脱模过早、过快或受力不均；产品器型设计不合理，造成坯体薄厚不一致；石膏模型含水过多。

(2) 解决方法

所用泥料要通过多次练泥处理，以减少颗粒的定向排列；坯托形状要与所放坯体形状吻合，并放正、放平，将托面上坯渣清除干净；坯体脱模要及时，不能用力过大；根据产品的形状合理设计产品的结构组成部件；按所生产的产品种类，正确掌握模型使用时水率的要求。坯体在干燥过程中产生开裂、变形缺陷的因素是多方面的，只有正确分析才能找出正确的克服方法。

5.5 釉料制备与施釉

5.5.1 釉料制备

1. 釉浆制备的质量要求

陶瓷釉的性能除了取决于原料的种类、质量、施釉工艺、烧成工艺等,还取决于釉浆的质量。良好的釉浆质量有利于施釉工艺和产品的烧制,对于制备优质的陶瓷产品具有重要的意义。对釉浆的质量主要有以下几点要求:

(1) 细度

釉浆细度指釉浆中的固体颗粒的粗细程度,一般采用万孔筛余的百分数来表征该参数。釉浆细度直接影响釉浆稠度和悬浮性,也影响釉浆与坯的粘附能力、釉的熔化温度以及烧后制品的釉面质量。一般的,釉浆细,则浆体的悬浮性好,釉的熔融温度比较低,釉坯结合紧密且两者反应充分。但釉浆过细时,会使浆体稠度增大,施釉时容易形成过厚釉层,釉层干燥收缩率大,易产生裂纹、坯釉结合不良等缺陷,降低制品的机械强度和抗热震性。即使釉层厚度适中,因釉料过细,高温反应过急,釉层中的气体难以排除,容易产生釉面棕眼、开裂、缩釉和干釉缺陷。此外,随釉浆细度增加,含铅熔块的铅溶出量增加。长石中的碱和熔块中钠、硼等离子的溶解度也有所增加,致使釉浆的碱性增大,釉浆容易凝聚。釉浆细度过粗时,坯釉结合差,而且釉浆悬浮性变差,容易发生固相与液相的分离;釉浆细度过粗,则釉层不易熔融,釉烧的温度会提高,釉面质量降低。一般陶瓷釉料的细度为万孔筛筛余不超过 0.2%,釉料颗粒组成为:大于 10 μm 的占 15%～25%,小于 10 μm 占 75%～85%。乳浊釉的细度是万孔筛筛余小于 0.1%。

(2) 釉浆比重

施釉工艺中,施釉时间和釉层厚度与釉浆比重有很大的关系。釉浆比重较大时,短时上釉也容易获得较厚釉层。但过浓的釉浆会使釉层厚度不均,易开裂、缩釉。釉浆比重较小时,要达到一定厚度的釉层须多次施釉或长时间施釉。釉浆比重的确定取决于坯体的种类、大小及采用的施釉工艺。一般情况下,颜色釉的比重比透明釉大一些。生坯浸釉时,釉浆比重为 1.4～1.45;素坯浸釉时比重为 1.5～1.7;烧结坯体所施釉浆更浓,要求釉浆比重为 1.7～1.9;机械喷釉的釉浆比重范围可大一些,一般为 1.4～1.8。日用瓷釉比重为 1.36～1.75,精陶釉为 1.5～1.6,粗陶釉为 1.6～1.8。冬季气温低,釉浆黏度大,釉浆比重应适当调小;夏季气温高,釉浆黏度小,比重应适当调大。

(3) 流动性与悬浮性

釉浆的流动性和悬浮性对于釉浆的制备、储存、输送以及施釉工艺具有十分重要的意义。釉料的细度和釉浆中水分的含量是影响釉浆流动性的重要因素。细度增加,可使悬浮性变好,但太细时釉浆变稠,流动性变差;增加水量可稀释釉浆,增大流动度,但却使釉浆比重降低,釉浆与生坯的粘附性变差。有效地改善釉浆流动性的方法是加入添加剂,单宁酸及其盐类、偏硅酸钠、碳酸钾、阿拉伯树胶及鞣质减水剂等常用的解胶剂,适量加入可增大釉浆流动性。釉浆的悬浮性决定着釉浆稳定性。石膏、氧化镁、石灰、硼酸钙等为絮凝剂,少量加入可使釉浆不同程度的絮凝,改善悬浮性能。另外,陈腐对含粘土的釉浆性能影响显著,它可以改变釉浆的屈服值、流动度和吸附量并使釉浆性能稳定。

2. 釉料制备

釉料与坯料在原料和制备工艺上有相似之处。高岭土、长石、石英、化工原料等都是制备釉料和坯料的不可或缺的成分。釉料的制备包括原料的处理、配料计算、原料的混合研磨、除铁过筛、干燥等流程，所用机械设备也与坯料制备用设备相似。

釉用原料要求比坯用原料更加纯净。存放时特别注意防止污染；使用前要求分别进行挑选；对长石和石英等瘠性原料还需洗涤和预烧；对软质粘土必要时进行淘选。

釉用原料的种类很多，它们的用量及各自的比重差别大，尤其是乳浊釉、色料等辅助原料的用量虽远比主体原料少，但它对釉面性能的影响非常敏感。因此除注意原料的纯度外，还必须重视称料的准确性。

生料釉的制备与坯料类似，可直接配料磨成釉浆。研磨时应先将瘠性的硬质物料研磨至一定细度后，再加入软质粘土，为防止沉淀可在头料研磨时加入3%～5%的粘土。

熔块釉的制备包括熔制熔块和制备釉浆两部分。熔制熔块的目的是降低某些釉用原料的毒性和可溶性，同时也可使釉料的熔融温度降低。熔块的熔制视产量大小及生产条件在坩埚炉、池炉和回转炉中进行。熔制后的熔块应为透明的玻璃体，如果有节瘤则表明熔制不良，配料时仍会发生水解。熔制好的熔块经过水冷、漂洗、烘干、研磨，再与生料混合配制成釉浆。

生料釉制备工艺流程为：

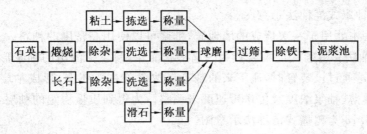

5.5.2 施釉

施釉是指通过高温的方式，在陶瓷体表面上附着一层玻璃态物质。施釉的目的在于改善坯体的表面物理性能和化学性能，同时增加产品的美感，提高产品的使用性能。

在施釉前，生坯或素烧坯需要进行清洁处理表面，以除去积存的污垢或油渍，保证坯釉具有良好的结合能力。一般采用压缩空气进行吹扫；或者用海绵浸水后抹去坯体表面的杂物，再进行干燥，达到施釉所要求的含水率。

施釉方法可以分为湿法施釉和干法施釉。

1. 湿法施釉

（1）浸釉法

浸釉法是将坯体浸入釉浆，利用坯体的吸水性或热坯对釉的粘附而使釉料附着在坯体上的施釉工艺。

釉层的厚度与坯体的吸水性、釉浆浓度和浸釉时间有关。浸釉法使用的釉浆浓度比喷釉法大。多孔素烧瓷坯用的釉浆其比重一般为1.28～1.5，炻质餐具用釉浆比重约为1.74，卫生瓷釉浆比重约为1.63。浸釉法所用釉浆的具体比重要根据坯体形状、大小等因素确定。浸釉法使用比较广泛,大多数的陶瓷制品都可以用该工艺施釉。釉浆中的成分会影响施釉方法的选择,如在"釉下彩"上施釉时,如彩料中已调入了粘性剂,不采用浸釉法;如彩料中没有施加粘性剂,或是在已上釉的坯件上彩绘的,则应采用喷釉法。

(2) 浇釉法

浇釉法是将釉浆浇到坯体上而形成釉层的一种施釉工艺,又称淋釉法。

浇釉操作是将一块木板安装在一个盆上或缸上,坯体放置在木板上,操作人员的两手各持一碗或一勺,盛取适量的釉浆,交替向坯体上浇釉浆。两人同时给大型坯体浇釉时,两人的操作工艺要求一致,否则釉层厚度会出现质量差异。对于强度较差的坯体,适合于使用浇釉法进行施釉。例如,圆盘等施釉时,要将盘放在旋转的辘轳车上,向盘的中间浇上适量的釉浆,釉浆立即在离心力的作用下,向盘的四周扩散,而使制品的坯体上施上一层厚薄均匀的釉。甩出的多余釉浆,可以在盘下收集循环使用。

在釉面砖等的生产中,也广泛采用浇釉法施釉,但方法与上述的有所不同。它是将坯体置于运动的传送带上,釉浆则通过半球形或鸭嘴形浇釉器流下而形成的釉幕给坯体上釉。建筑陶瓷的浇釉工艺又分为钟罩式浇釉法和鸭嘴式浇釉法。

① 钟罩式浇釉法。由固定架将钟罩悬吊在砖坯传送带上方 150 mm 左右处,釉浆经供浆管流到储釉槽里,并保持一定的釉位高度,釉浆从储釉槽自然流下,在钟罩表面上形成一弧形釉幕流下,当坯体从釉幕下通过时,坯体表面就粘附了一层釉。如果需要进行两次浇釉,可在钟罩上设置两条釉幕,通过的坯体就受到两次上釉,多余的釉浆由底部设置的回收盘收集后再利用。图 5.17 为钟罩式浇釉法示意图。

钟罩式浇釉法主要用于一次烧成的墙地砖,釉浆可以使用高密度的釉料。

② 鸭嘴式浇釉法。鸭嘴式浇釉装置为一扁平状漏斗,漏斗中流出的釉浆形成一直线形釉幕,坯体在皮带输送通过该装置时,流下来的釉幕自然覆盖在砖坯上,形成釉层。釉层厚度可通过调节釉幕的厚薄、釉浆浓度及传送带速度来调整。为得到质量稳定的釉层,必须保持釉液面高度稳定。图 5.18 为鸭嘴式浇釉法示意图。

(3) 荡釉法

荡釉法是指将一定浓度及一定量的釉浆注入坯体空腔内,通过上下左右摇动坯体,使釉浆在坯体的空腔中做相似的运动而布满坯体的内表面,形成釉层的施釉工艺。多余的釉浆倒出,重复使用。荡釉法适用于中空制品如壶、花瓶及罐、缸等,对其进行内部施釉。

倒余浆操作是荡釉法最关键的步骤。如果操作不当,釉浆从一边倒出,釉浆贴着内壁而流出的一边釉层较厚,釉层厚薄不匀,不仅影响外观质量,还会引起制品的缺陷。因此,在倒余浆时动作要快,要在摇晃均匀后迅速使制品口朝下,使釉浆从制品口四周各处均匀流出,控制釉层在横向和纵向的均匀性。

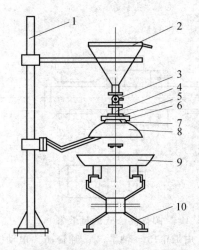
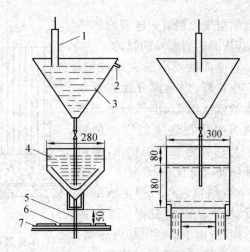

图 5.17　钟罩式浇釉法示意图

1—支架；2—储釉槽；3—球阀；4—连接管；
5—内锥体；6—铜环；7—不锈钢上罩；
8—不锈钢下罩；9—回收盘；10—施釉线支架

图 5.18　鸭嘴式浇釉法示意图

1—供釉管；2—溢流管；3—储釉箱；4—流釉槽；
5—釉流；6—砖坯；7—输送皮带

(4) 涂刷釉法

涂刷釉是指用毛刷或毛笔浸釉后再涂刷在坯体表面上的施釉工艺,多用于在一坯体上施几种不同釉料形成特厚釉层以及补釉操作。采用涂刷釉法施釉,釉浆的比重通常很大。

(5) 喷釉法

喷釉法是利用压缩空气将釉浆通过喷枪或喷釉机喷成雾状,使之粘附于坯体上的施釉工艺。坯体与喷枪的距离、喷釉压力及釉浆比重影响着釉层的厚度。喷釉法适用于大型、薄壁及形状复杂的坯体。

喷釉法制备的釉层厚度比较均匀、易于调节,釉面平整度高,容易实现机械化和自动化生产。在建筑陶瓷生产中,用喷釉法可以施加较薄的釉层,获得明暗装饰效果。在卫生瓷生产中,采用喷釉法时,坯体通常固定在旋转的支架上,喷釉过程中坯体随支架旋转,喷枪向坯体的各个部位施釉。

采用喷釉法施釉操作时,要做好环境保护和安全卫生工作。由于在高压下,釉浆被压缩空气喷成非常细小的液滴,这些小液滴能够在空气中随气流运动。这些小液滴如果进入人体,会对操作人员造成伤害;如果飞散到工作平台之外的地方,会造成环境污染,特别是含铅釉料污染更严重。一般喷釉法工作台均设置有排风设备,更严格者要在封闭的空间中操作。

(6) 甩釉法

图 5.19 为圆盘离心式甩釉装置示意图。釉浆经过釉管压入甩釉盘中,依靠其旋转产生的离心力甩出,釉料以点状形式施加于坯体上。甩釉法通常用在建筑陶瓷生产中,坯体表面所形成的斑点或疙瘩的大小随转速而异,转速越大斑点越小,通常转速为 800～1 000 r/min。

甩釉法可以在一种釉面上获得其他颜色不同形状的釉斑,也可以获得花岗石等效果的装饰釉面。

(7) 湿法静电施釉

湿法静电施釉是将釉浆喷至一个不均匀的电场中,使原为中性粒子的釉料带有负电荷,随同压缩空气向带有正电荷的坯体移动,从而达到施釉的目的。

静电施釉喷出的雾滴较细,速度也较慢,绝大部分釉雾落在坯体的施釉面上,小部分由于静电的吸引落在坯体的周边和背面。与一般施釉方法相比,静电施釉釉面质量优良,产量大,效率高,节省釉浆;但是,静电施釉的不足之处是设备复杂,维修困难。同时,由于高压电场电压高,需要有严格的安全保护措施。

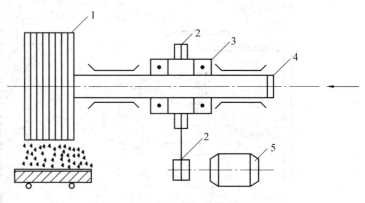

图 5.19　圆盘离心式施釉装置
1—甩釉盘;2—皮带轮;3—轴承;4—釉管;5—电动机

2. 干法施釉

干法施釉是一种以粉状釉料为施釉介质,在陶瓷坯体上形成釉层的施釉工艺。根据颗粒的形状和制备工艺,干粉釉可分为以下四种:

① 熔块粉。粒度为 $40 \sim 200~\mu m$。
② 熔块粒。粒度为 $0.2 \sim 2~\mu m$。
③ 熔块片。尺寸为 $2 \sim 5~\mu m$。
④ 造粒釉粉。其特点是熔块和生料经过造粒而成。

前面三种主要是把熔块粉碎后筛分而成,第四种是用粘结剂或锻烧法将熔块和生料造粒而形成一定级配的粉料。

根据施釉方式的不同,可把干法施釉分为流化床施釉、釉纸施釉、干法静电施釉、撒干釉、干压施釉、热喷施釉。

(1) 流化床施釉法

当压缩空气以一定的流速从底部通过釉料层时,粉料悬浮形成流化状态。流化床施釉就是使加有少量有机树脂的干釉粉形成流化床。将预热到 $100 \sim 200~℃$ 的坯体浸入流化床中,与釉粉保持一段时间的接触,使树脂软化从而在坯体表面粘附上一层均匀的釉料。这种施釉方法不存在釉浆悬浮体的流变性问题,釉层厚度与坯体气孔率无关,尤其适用于熔块釉及烧结坯体的施釉。流化床施釉设备示意图如图 5.20 所示。

流化床施釉法的釉料颗粒度通常控制在 $100 \sim 200~\mu m$,气流速度通常为 $0.15 \sim 0.3~m/s$。釉料中加入的有机树脂主要有环氧树脂和硅树脂,加入量一般在 5% 左右,其中,硅树脂的效果优于环氧树脂。

(2) 釉纸施釉法

釉纸施釉法是将表面含有大量羟基的粘土矿物(如含水镁硅酸盐的海泡石、含水镁铝硅酸盐的坡缕石等)制备成浓度为 0.1%～10% 的悬浮液,把釉料均匀分散到悬浮液中,然后把这种分散液捞取成纸状而得到釉纸。制备分散液时需加入分散剂(如过氧化氢、多磷酸铵、醇类、酮类、酯类物质)或粘结剂(如氧化铝或二氧化硅溶胶、聚乙烯醇、羧甲基纤维素等),也可不用海泡石、坡缕石而用其他无机纤维或草纤维(如针叶树浆料、木或麻纤维、稻草纤维等)与釉料调制成釉纸。釉料在釉纸施釉法中充当造纸工艺中填料的作用,需要加入一定量的助留剂(如聚丙烯酰胺、阳离子淀粉等)才能获得含较多釉料的釉纸。

在施釉时,可将各种不同颜色的釉纸采用重叠、剪纸、折叠的方式用水或粘结剂粘附于坯体上,能够获得丰富多彩的装饰效果。同时,还可在釉中适量引入金属,则因烧成时需氧,在氧化气氛下也可呈现还原色彩。

釉纸施釉法的优点有:不需要特别的施釉装置,制作釉纸及施釉过程中,粉尘或釉不会挥发,环境污染小;成型和施釉同时进行,简化了生产工艺。

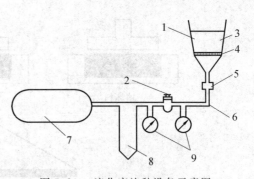

图 5.20 流化床施釉设备示意图
1— 釉流化床;2— 减压阀;3— 玻璃漏斗;4— 熔玻璃过滤器;5— 管接头;6— 聚乙烯管;7— 空气压缩机;8— 收集水容器;9— 压力表

(3) 干法静电施釉法

釉粉在一定压力的压缩空气作用下,悬浮于压缩空气中,经气力输送在通过一个高压电场时,空气中的电子撞击釉粉颗粒,使釉粉带负电。釉粉和坯体分别带负电荷和正电荷,在电荷吸引力作用下,带负电的釉粉向坯体运动,并在坯体的表面积聚,当釉粉和坯体之间的电势差等于零时,釉粉不再向坯体坯体方向运动,完成施釉。这种施釉工艺称为干法静电施釉,可以在坯体上形成 0.1～1 mm 厚的釉层。

干法静电施釉主要用于面砖的施釉,生坯、素坯、加化妆土和不加化妆土的适合于快速烧成和传统工艺的坯体都适用该工艺。使用干法静电施釉工艺得到的釉层颗粒堆积比较疏松,为烧成过程中气体的排除提供了大量的通道,烧后的釉面结构致密,降低了气泡、针孔等缺陷,釉面平整光滑。

(4) 撒干釉法

撒干釉的工艺可分为两大类,一类是将干釉粉撒到用传统施釉方法施的湿的底釉层上,然后可以根据需要施一层薄透明釉等。另一类是先在坯体上施一层粘结剂,然后再施干粉釉,根据需要施加透明釉等。另外,撒干釉可以结合丝网印刷,获得不同花纹图案的装饰效果。撒干釉能获得传统的施釉方法得不到的斑晶状多色装饰效果,能产生大理石、花岗石般的仿石效果。

(5) 干压施釉法

在坯料上布撒釉料后一次压成同时制备坯体和釉层的工艺称为干压施釉,也称为坯釉一次压。图5.21为坯釉一次压工艺示意图。干压施釉法所使用的设备是具有6～8个工位的转盘式压机,转盘的转速可在2～6 r/min调节。干压施釉时,先向模具中填充坯料,布料机往复运动时将坯料刮平,使坯料分布于模腔的各个位置,然后再向模腔中填充釉粉,刮平后进行压制,即可完成坯釉一次压。

干压施釉法适用于色彩均匀、釉面带颗粒斑晶、在填釉处通丝网印刷等工艺赋予釉面艺术效果、干燥后再喷釉的陶瓷砖等。

干压施釉法的优点:陶瓷制品抗折强度高,气孔率低;釉面耐磨性好,硬度高,坯釉结合好,玻化层厚;不需要施釉线,生产工艺简单;不需要污水处理环节,投资少。

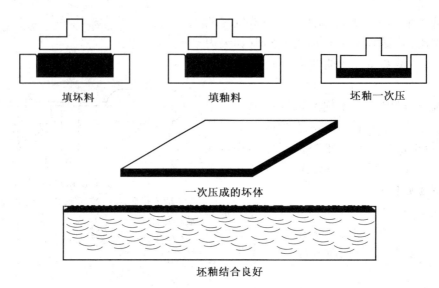

图 5.21　坯釉一次压工艺示意图

(6) 热喷施釉法

热喷施釉法是在隧道窑内先进行坯体素烧,然后在烧热状态的素坯体上喷干釉粉,喷釉后进行釉烧,直至坯釉良好融合的工艺。这种施釉方法的特点是素烧、施釉、釉烧同时进行,制品的坯釉结合好,不需要施釉线,厂房面积小,节约能耗。

5.6　烧　成

陶瓷材料的性能不仅与化学组成有关,而且还与材料的显微结构密切相关。烧成使陶瓷材料获得预期的显微结构,赋予材料各种性能。烧成过程就是将成型后的陶瓷坯体在特定的温度、压力、气氛下进行烧结,经过一系列物理、化学和物理化学变化,得到具有一定晶相组成和显微结构的烧结体的工艺过程。

5.6.1　烧成制度

1. 烧成制度与产品性能

烧成过程必须在正确合理的烧成制度下进行。烧成制度包括温度制度、气氛制度和压力制度。温度制度包括升温速度、烧成温度、保温时间、降温速度。气氛制度主要指氧化气氛、还原气氛、保护性气氛等。压力制度包括正压、负压以及零压等压力条件。

(1) 烧成温度对产品性能的影响

烧成温度是指制品在烧成过程中所经受的最高温度,是烧成制度中最重要的参数。在烧成过程中,各种成分之间的反应变化是一个渐变过程,因此烧成温度实际是指一个合适的温度范围。制品烧成时,经历了由常温加热到高温,再由高温冷却到常温的过程。

在烧成温度随时间变化的过程中,陶瓷的坯体和釉层以及二者之间进行着脱水、氧化、还原、分解、化合、熔融、再结晶等物理化学变化。

高温下,坯料颗粒的表面能和晶粒间的界面能是没有液相或含有很少液相的固相烧结的驱动力。烧成温度的高低不仅与坯料的成分有关,还与坯料的粒度和粒度级配及烧成时间有关系。坯料颗粒细小则比表面大、能量高,烧结活性大,易于烧结。坯料颗粒粒度大则堆积密度小,颗粒的接触界面小,不利于传质,不利于烧结。对于某一种颗粒粒度不同但是配方相同的陶瓷坯体,有一个对应于最高烧结程度的煅烧温度,此温度即为该陶瓷材料的烧成温度,也称为烧结温度。由于陶瓷材料在烧结温度阶段密度最大,收缩率最大,吸水率最小,因此,烧成温度可根据烧成试验时试样的相对密度、气孔率或吸水率的变化曲线来确定。对于多孔陶瓷,因为不要求致密烧结,达到一定的气孔率及强度后即可终止热处理,所以其烧成温度低于其烧结温度。

烧成温度的高低直接影响晶粒尺寸、液相组成和数量以及气孔的形貌和数量,这些因素决定了陶瓷的物理、化学性能及其应用。烧成温度过低,产生生烧缺陷,得不到要求的晶相性能;烧成温度过高,会产生过烧缺陷,晶粒异常长大,陶瓷显微结构破坏,性能劣化。表5.3是长石质日用瓷坯在不同烧成温度下的相组成情况。瓷坯的物理化学性质也随着烧成温度的提高而发生变化。若烧成温度低,则坯体密度低,莫来石含量少,其机电、化学性能都差。温度升高使莫来石含量增多,形成相互交织的网状结构,提高瓷坯的机械强度。在不过烧的情况下,随着烧成温度的升高,瓷坯的体积密度增大,吸水率和显气孔率逐渐减小,釉面的光泽度不断提高,釉层的显微硬度也随着温度的升高而不断增大。但对于长石质瓷来说,温度升高到1 290 ℃以后,随着温度升高,釉层硬度略有下降。温度继续升高,瓷坯中残余石英的含量降低,而玻璃相的含量增多,这种高硅质熔体首先将细小针状莫来石溶解,形成富含莫来石的玻璃相。在1 250~1 350 ℃,玻璃相含量增加特别快。如果发生过烧,晶相含量减少、晶粒异常长大、玻璃相含量增大,使得陶瓷的性能降低。在合理的烧成温度范围内,适当提高烧成温度,有利于电瓷的机电性能和日用细瓷的透光度的提高。

表5.3 长石质日用瓷坯在不同烧成温度下的相组成

烧成温度 / ℃	相组成 /%			气孔体积 /%
	玻璃相	莫来石	石英	
1 210	56	9	32	3
1 270	58	63	28	2
1 310	61	15	23	1
1 350	62	10	19	1

(2) 保温时间对产品性能的影响

保温是指烧成过程中,达到最高烧成温度范围后,在该烧成温度下或在比烧成温度略低的温度下维持一定的时间的工艺,这个时间称为保温时间。经过保温处理,可以使坯、釉料的反应变化更完全,晶粒发育更完整,生成合适的液相量。同时,在此阶段,陶瓷坯体和釉层的组分得到充分的均匀化,结构更加合理。适当降低烧成温度,延长保温时间,有利于提高产品质量,降低烧成缺陷,生产大型、异形产品及窑内装载密度较大的情况,低温慢烧的优点较为突出。

(3) 升、降温速度对产品性能的影响

陶瓷材料在烧成过程中,坯体和釉层中的晶粒之间会发生晶相转变、固相反应,伴随着新相的形成和旧相的消失,这些变化都会产生体积的变化。合理地控制烧成过程中的升降温速度,是保证陶瓷烧成时不产生由体积变化引起的缺陷的重要影响因素。

陶瓷材料冷却速度较小时，收缩较大，气孔率较低。冷却速度对材料机械性能的影响较复杂。快速烧成的坯体缓慢冷却时，由于二次莫来石的生长，会在一定程度上降低其抗折强度；而缓慢烧成的坯体缓慢冷却后，其抗折强度可提高20%，见表5.4。快速冷却能够防止某些化合物的分解、固溶体的脱溶以及晶粒异常长大，确保陶瓷具有特定的化学组成和显微结构。

表 5.4 几种瓷坯的冷却速率与抗弯强度的关系

坯体名称	抗折强度 / MPa	
	急冷 /(400 ℃·min^{-1})	缓冷 /(400 ℃·min^{-1})
75 氧化铝陶瓷	357～408	204～285
滑石瓷	184～224	143～163
金红石瓷	285～327	122～143
钛酸钙瓷	153～255	133～184

冷却速率对坯体中晶粒的大小，尤其是对晶体的应力状态有很大影响。含玻璃相较多的致密坯体，在冷却至玻璃相由塑性状态转为弹性状态时，瓷坯结构发生显著的变化，从而产生较大的应力。因此，这种陶瓷应采取高温快冷和低温缓冷的冷却制度。冷却初期温度较高，较慢的冷却速率起到延长保温时间的作用，会影响晶粒的数量和大小，也易使低价铁二次氧化，使制品泛黄。高温阶段快冷还可避免釉层析晶，提高釉面光泽度。对于膨胀系数较大的瓷坯或含有较多 SiO_2、ZrO_2 等晶体的瓷坯，由于晶相转变伴随有较大的体积变化，因而在转变温度附近冷却速度不能太快。对于厚而大的坯体，如果冷却速度太快，坯体内外散热速度差异较大，坯体的体积变化不均匀，也会造成应力集中而引起变形或开裂。

（4）烧成气氛对产品性能的影响

烧成气氛是指在烧成过程中，窑炉中制品周围的气体中 O_2、CO、H_2、Ar、N_2 等含量的多少及其比例。对于普通陶瓷的烧成，燃料充分燃烧时，燃烧产物中主要是 CO_2 及 H_2O，而在实际燃烧操作中，送入的 O_2 总是不足或过量。送入 O_2 过量时燃烧产物中存在过剩的 O_2，这种与制品接触的气体环境称为"氧化气氛"；而送入 O_2 不足时，燃烧产物中存在未完全燃烧的 CO，这种含有一定量有还原作用的 CO 的气体环境称为"还原气氛"。因工艺需要，可利用与制品接触的气体的氧化或还原作用来影响制品组分在烧成过程中的某些物化反应，即可人为控制使窑内或窑内某一段为氧化气氛或还原气氛。这种依靠操作所达到的窑内气氛的规律性分布状况称为气氛制度。对于特种陶瓷，经常需要 N_2、惰性气体等的保护性气氛，有的需要 H_2 + N_2 或 H_2 + Ar 混合气体作为还原气氛。在烧成含有挥发性成分的陶瓷时，通常采用适当增加挥发成分的用量，在制品周围形成含有挥发物的气氛，从而抑制坯体中该成分的挥发，保证陶瓷具有设定的化学组成。

气氛会影响陶瓷坯体高温下的物化反应速度、体积变化、晶粒尺寸、气孔大小、烧结温度、相组成以及离子价态等。烧成气氛直接影响陶瓷的理化性能。

在还原气氛中，对氧化物陶瓷的烧结有促进作用。氧化物之间的反应速度随烧成气氛中氧分压的减小而增大。在氧分压低的气氛中，例如在氢气、一氧化碳、惰性气体或真空中烧成时，可得到良好的氧化物烧结体。

还原性、中性和惰性气氛均有利于烧制 $BaTiO_3$ 半导体陶瓷。在上述烧成气氛下，陶瓷体的室温电阻会减小。

在高温下，C 会与氧气发生反应，生成一氧化碳或二氧化碳逸出，类似的情况都会造成陶瓷坯体化学组分的偏离。因此，必须控制烧成气氛，防止高温化学反应的发生。例如，烧成碳化硅在氮气保护下进行，防止 C 的氧化。

2. 烧成制度的确定

(1) 坯料在加热过程中的性状变化

利用有关相图、热分析资料(差热曲线、失重曲线、热膨胀曲线)、高温物相分析、烧结曲线(气孔率、烧成线收缩、吸水率及密度变化曲线)等技术资料，通过分析坯料在加热过程中的性状变化，初步得出坯体在各温度或时间阶段允许的升、降温速率。

根据坯料系统有关的相图，可初步估计坯体烧结温度的高低和烧结范围的宽窄。如 $K_2O-Al_2O_3-SiO_2$ 系统中的低共熔点低 [(985±20) ℃]，$MgO-Al_2O_3-SiO_2$ 系统中的低共熔点高 (1 355 ℃)。长石质瓷器中的液相量随温度升高增加缓慢，而且长石质液相高温黏度较大。滑石瓷中的液相随温度升高迅速增多。长石质瓷的烧成范围较宽，可达 50~60 ℃，而滑石瓷的烧成范围为 10~20 ℃。前者的最高烧成温度可接近烧成范围的上限温度，后者的最高烧成温度只能偏于下限温度。

由于实际情况往往与相图有较大的出入，相图仅具有指导意义，因此实际的烧成制度的确定还应根据坯料的热分析曲线，参照曲线各阶段发生的变化来拟定。

图 5.22 为三组分瓷坯料的热分析曲线的综合图谱，包括坯料的差热曲线(DTA)、已烧坯体的热膨胀曲线(TE)、生坯的不可逆热膨胀曲线(ITE)。在 DTA 曲线上可见 100~150 ℃ 吸附水排出使生坯表面和中心的温差增加；200 ℃ 以上有机物和碳素燃烧；500~600 ℃ 高岭石脱水；在 900~1 050 ℃ 出现小的放热峰，是形成一次莫来石的先兆。ITE 曲线上分别绘出长石、石英、粘土三组分体积的变化。接近 600 ℃ 时粘土脱去结构水产生的收缩缓和了石英晶型转变(573 ℃)引起的膨胀。长石熔融前只有连续的线膨胀。约到 1 050 ℃ 时，长石熔融，坯体急剧收缩，热塑性显著增加，直到坯体成熟时结束。TE 曲线可反映石英相转变后剩余的游离石英量及坯体膨胀值，利用这些曲线可初步绘出坯体的理论烧成曲线(见图 5.23)。每一部分的速率需分别确定：加热时采用不可逆膨胀曲线的数据，冷却时采用可逆膨胀曲线的数据。先绘出图 5.23 中的烧成曲线，再根据差热分析的数据修订成图 5.24 的曲线，如减慢 100~150 ℃、550 ℃ 左右的升温速度，加快由 1 000 ℃ 至最高温度及冷却开始至 750 ℃ 间的温度变化速度，通过石英的相转变区域时也应缓慢冷却。

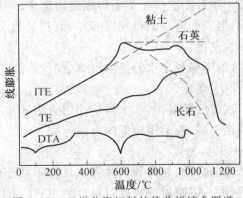

图 5.22　三组分瓷坯料的热分析综合图谱

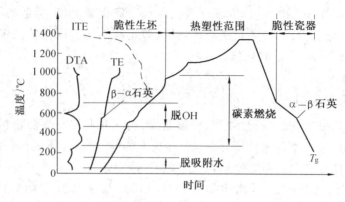

图 5.23　利用热分析综合图绘制的理论烧成曲线

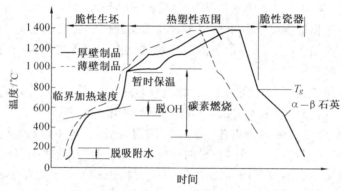

图 5.24　利用 DTA 数据修改的烧成曲线

(2) 坯体形状、厚度和入窑水分

烧成过程中,陶瓷坯体在没有液相时可视为弹性体,存在液相时的陶瓷体可视为塑性体。坯体在弹性状态受热或冷却时在坯体断面方向上形成温度梯度,引起坯体的不同部位产生不均匀的膨胀或收缩,这种不均匀膨胀或收缩使坯体内部产生应力。当这种应力超过坯体的强度极限时就会出现微裂纹,微裂纹的扩展最终导致陶瓷的断裂。坯体处于塑性状态时,陶瓷体的各部分之间在外力作用下会发生滑移、变形,但不会引起裂纹。升、降温速度越快,坯体尺寸越大,坯体厚度越大,由体积不均匀变化产生的应力就越大,开裂和变形的概率就越大。因此,制定烧成制度时要充分考虑制品的尺寸及形状。

形状复杂的制品在其曲率半径小的部位更易形成应力集中区,更易产生开裂及变形,这些部位虽然坯体厚度可能不大,但其强度极限也相应较小,其抵抗应力能力较小,因此对形状复杂的制品也需慎重确定升降温速度。

坯体较厚时,坯体中所含的干燥残余水分排除困难,在预热阶段中也要控制较低的升温速度,防止因水分急剧汽化而产生"爆坯"。

坯体中含水量较大时升温速度要缓慢,含水量较小时升温速度可以快一些。坯体中含有大量可塑性粘土和有机物的粘土时,应采用较低的升温速度。

(3) 窑炉结构、燃料性质、装钵密度

应根据不同产品选择适当的窑炉、燃料和装钵方式。窑炉要能够实现制品烧成所需要的温度制度、压力制度和气氛制度。不同成分的燃料对窑炉和制品有不同的使用要求,而且燃料的成分对于陶瓷的烧结温度、物理化学性能都有一定的影响。合理的装钵方式能够充分利用窑炉空间,有利于热空气在制品中间的顺畅流动,降低窑内温差。

(4) 烧成方法

同一种坯体采用不同的烧成方法时,要求的烧成制度各不相同。如日用瓷、釉面砖既可坯、釉一次烧成(本烧),又可先烧坯体(素烧)后烧釉层(釉烧)的二次烧成。日用瓷的素烧温度总是低于本烧温度。釉面砖素烧的温度一般高于釉烧的温度。一些特种陶瓷除可在常压下烧结外,还可用热压法、热等静压法等烧成。这些方法的烧成温度一般比常压烧结低许多,烧成时间比较短。

5.6.2 烧成方法

随着科学技术的发展,人们对材料的本质有了更深入、更广泛的认识。在陶瓷生产的各个工艺流程,都必须借助于科学知识的指导,由此又促进了对于陶瓷工艺的新认识。在充分了解生产陶瓷的各种原料及其之间发生的物理、化学、物理化学反应,同时在陶瓷生产设备技术的飞跃的基础上,现代陶瓷的烧成工艺产生了一些新方法,烧成时间更短,烧成温度得到降低,烧成气氛得到可靠的保证,而且极大地节省能源和生产成本,符合环境保护的要求。

1. 常用烧结方法

(1) 常压烧结

常压烧结又称为普通烧结,指烧结过程中烧结坯体无外加压力,只在常压下,即自然大气条件下,置于可加热的窑炉中,在热能作用下,坯体由粉末聚集体变成晶粒结合体,多孔体变成致密体。它是烧结工艺中最传统的、最简便的、最广泛使用的一种方法。

(2) 热压烧结

热压烧结是加压成型和加热烧结同时进行的工艺。热压烧结的优点有:

① 热压时,由于粉料处于热塑性状态,形变阻力小,易于塑性流动和致密化,因此,所需的成型压力仅为冷压法的 1/10,可以成型大尺寸的 Al_2O_3、BeO、BN 和 TiB 等产品。

② 由于同时加温、加压,有助于粉末颗粒的接触和扩散、流动等传质过程,降低烧结温度和缩短烧结时间,因而抑制了晶粒的长大。

③ 热压法容易获得接近理论密度、气孔率接近于零的烧结体,容易得到细晶粒的组织,容易实现晶体的取向效应和控制含有高蒸气压成分的系统的组成变化,因而容易得到具有良好机械性能、电学性能的产品。

④ 能生产形状较复杂、尺寸较精确的产品。

热压烧结法的缺点是生产率低、成本高。

热压烧结的加热方式有电阻直热式、电阻间热式、感应间热式、感应直热式四种,如图5.25所示。陶瓷热压用模具材料有石墨、氧化铝。石墨可承受 70 MPa 压力,温度为 1 500 ~ 2 000 ℃,氧化铝模可承受 200 MPa 压力。

(3) 热等静压烧结

热等静压的压力传递介质为惰性气体。热等静压工艺是将粉末压坯或装入包套的粉料放入高压容器中,使粉料经受高温和均衡压力的作用,被烧结成致密件。图 5.26 所示是热等静压装置图。

热等静压强化了压制和烧结过程,降低烧结温度,消除空隙,避免晶粒长大,可获得高的密度和强度。同热压法比较,热等静压温度低,制品密度提高。

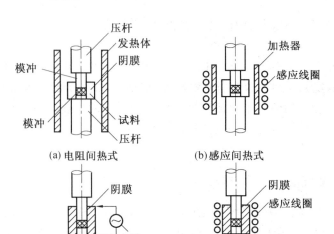

图 5.25　热压的加热方法

热等静压设备由气体压缩系统、带加热炉的高压容器、电气控制系统和粉料容器组成。压力容器是用高强度钢制的空心圆筒。加热炉由加热元件、隔热屏和热电偶组成。工作温度 1 700 ℃ 以上的加热元件,采用石墨、钼丝或钨丝;1 200 ℃ 以下可用 Fe－Cr－Al－Co 电热丝。

热等静压技术广泛应用于陶瓷、粉末冶金和陶瓷与金属的复合材料的制备,热等静压法已用于陶瓷发动机零件的制备、核反应堆放射性废料的处理等。核废料煅烧成氧化物并与性能稳定的金属陶瓷混合,用热等静压法将混合料制成性能稳定的致密件,深埋在地下,可经受地下水的侵蚀和地球的压力,不发生裂变。热等静压已作为烧结件的后续处理工序,用来制备六方 BN、Si_3N_4、SiC 复合材料的致密件。

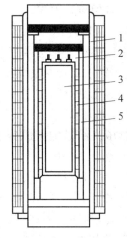

图 5.26　热等静压装置图
1—压力容器;2—气体介质;3—坯体;4—包套;5—加热炉

(4) 真空烧结

真空烧结是在抽真空的条件下烧结陶瓷等材料的方法。所使用的设备主要为真空烧结炉,辅助设备有真空泵、电器控制系统、水冷系统等。采用真空烧结可以制备致密度极高的陶瓷材料,特别是透明陶瓷,还可以用来制备具有低价态离子的材料,以及化学成分中有容易氧化成分的材料等。

(5) 反应烧结

反应烧结是通过多孔坯体同气相或液相发生化学反应,使坯体质量增加,孔隙减小,并烧结成为具有一定强度和尺寸精度的成品的工艺。同其他烧结工艺比较,反应烧结有如下几个特点:

① 反应烧结时,质量增加,普通烧结过程也可能发生化学反应,但质量不增加。

② 烧结坯件不收缩,尺寸不变,因此,可以制造尺寸精确的制品。普通烧结坯件发生体积收缩。

③ 普通烧结过程,物质迁移发生在颗粒之间,在颗粒尺度范围内,而反应烧结的物质迁移

过程发生在长距离范围内,反应速度取决于传质和传热过程。

④ 液相反应烧结工艺,在形式上,同粉末冶金中的熔浸法类似,但是,熔浸法中的液相和固相不发生化学反应,也不发生相互溶解,或只允许有轻微的溶解度。

通过气相的反应烧结陶瓷有反应烧结氮化硅(RBSN)和氮氧化硅 SiON。通过液相反应的反应烧结陶瓷有反应烧结碳化硅等,如图 5.27 所示。

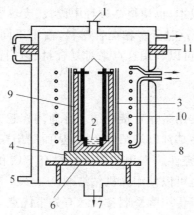

图 5.27　碳化硅反应烧结炉示意图
1—石英窗口;2—碳化硅坯件;3—石墨屏;4—氧化硅铝;5—冷却水;6—支座;7—接泵;
8—冷却水套;9—石墨坩埚;10—感应线圈;11—密封圈

(6) 反应热压烧结

在烧结传质过程中,除利用表面自由能下降和机械作用力推动外,再加上一种化学反应能作为推动力或激活能,以降低烧结温度,亦即降低了烧结难度以获得致密陶瓷。

从化学反应的角度看,可分为相变热压烧结、分解热压烧结以及分解合成热压烧结三种类型。从能量及结构转变的过程看,在多晶转变或煅烧分解过程中,通常都有明显的热效应,质点都处于一种高能、介稳和接收调整的超可塑状态。此时,促使质点产生跃迁所需的激活能,与其他状态相比要低得多,利用这一特点,当烧结进行到这一时期,施加足够的机械应力,以诱导、触发、促进其转变,质点便可能顺利地从一种高能介稳状态,转变到另一种低能稳定状态,可降低工艺难度、完成陶瓷的致密烧结。其特点是热能、机械能、化学能三者缺一不可,紧密配合促使转变完成。

2. 其他烧结方法

(1) 微波烧结

微波烧结是利用微波具有的特殊波段与材料的基本细微结构耦合而产生热量,材料在电磁场中的介质损耗使材料整体加热至烧结温度而实现致密化的方法。微波是一种高频电磁波,其频率为 0.3～300 GHz。但在微波烧结技术中使用的频率主要为 915 MHz 和 2.45 GHz 两种波段。

微波烧结的技术特点如下:

① 微波与材料直接耦合导致整体加热。由于微波的体积加热,得以实现材料中大区域的零梯度均匀加热,使材料内部热应力减小,从而减小开裂和变形倾向。同时由于微波能被材料直接吸收而转化为热能,所以能量利用率极高,比常规烧结节能 80% 以上。

② 微波烧结升温速度快,烧结时间短。某些材料在温度高于临界温度后,其损耗因子迅速增大,导致升温极快。另外,微波的存在降低了活化能,加快了材料的烧结进程,缩短了烧结时间。短时间烧结晶粒不易长大,易得到均匀的细晶粒显微结构,内部孔隙很少,孔隙形状也比传统烧结的要圆,因而具有更好的延展性和韧性。同时烧结温度亦有不同程度的降低。

③ 安全无污染。微波烧结的快速烧结特点使得在烧结过程中作为烧结气氛的气体的使用量大大降低,这不仅降低了成本,也使烧结过程中废气、废热的排放量得到降低。

④ 能实现空间选择性烧结。对于多相混合材料,由于不同材料的介电损耗不同,产生的耗散功率不同,热效应也不同,可以利用这点来对复合材料进行选择性烧结,研究新的材料产品和获得更佳材料性能。

(2) 激光烧结

陶瓷的烧结温度很高,很难用激光直接烧结。普通陶瓷粉末的选择性激光烧结是在陶瓷粉末中加入粘结剂,激光熔化粘结剂以烧结各个层,从而制出陶瓷生坯,通过粘结剂去除及烧结后处理过程就得到最终的陶瓷件。常用的陶瓷材料有 SiC 和 Al_2O_3。粘结剂的种类很多,有金属粘结剂和有机粘结剂,也可以使用无机粘结剂。

激光烧结陶瓷技术,相比于传统陶瓷制备技术有如下优点:烧结时间短,无污染,易于保证化学组分配比;可控性强,可在制备过程中及时调整激光工艺参数以改变烧结条件;易得到晶粒取向生长的结构化陶瓷。

(3) 放电等离子体烧结

放电等离子体烧结,又称等离子活化烧结或等离子辅助烧结,是近年来发展起来的一种新型的快速烧结技术。放电等离子烧结技术融等离子活化、热压、电阻加热为一体,具有升温速度快、烧结时间短、冷却迅速、外加压力和烧结气氛可控、节能环保等特点,可广泛用于磁性材料、梯度功能材料、纳米陶瓷、纤维增强陶瓷和金属间复合材料等一系列新型材料的烧结,并在纳米材料、复合材料等的制备中显示了极大的优越性,是一项有重要使用价值和广泛前景的烧结新技术。

放电等离子体烧结系统主要由以下几个部分组成:轴向压力装置;水冷冲头电极;真空腔体;气氛控制系统(真空、氩气);直流脉冲电源及冷却水、位移测量、温度测量和安全等控制单元。其基本结构如图 5.28 所示。

放电等离子体烧结烧结速度快,烧结时间短,既可以用于低温、高压(500~1 000 MPa),又可以用于低压(20~30MPa)、高温(1 000~2 000 ℃)烧结,因此可广泛地用于金属、陶瓷和各种复合材料的烧结。

(4) 爆炸烧结

爆炸粉末烧结是利用炸药爆轰产生的能量,以冲击波的形式作用于金属或非金属粉末,在瞬态、高温、高压下发生烧结的一种材料加工或合成的新技术。

爆炸粉末烧结的优点如下:

① 具备高压性,可以烧结出近乎密实的材料。

② 具备快熔快冷性,有利于保持粉末的优异特性。由于激波加载的瞬时性,爆炸烧结时颗粒从常温升至熔点温度所需的时间仅为微秒量级,这使温升仅限于颗粒表面,颗粒内部仍保持低温,形成"烧结"后将对界面起冷却"淬火"作用,这种机制可以防止常规烧结方法由于长时间的高温造成晶粒粗化而使得亚稳合金的优异特性(如较高的强度、硬度、磁学性能和抗腐

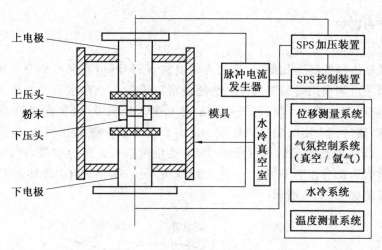

图 5.28　放电等离子烧结系统结构图

蚀性)降低。因此,爆炸烧结迄今被认为是烧结微晶、非晶材料最有希望的途径之一。

③ 可以使 Si_3N_4、SiC 等非热熔性陶瓷在无需添加烧结助剂的情况下发生烧结。在爆炸烧结的过程中,冲击波的活化作用使粉体尺寸减小并产生许多晶格缺陷,晶格畸变能的增加使粉体储存了额外的能量,这些能量在烧结的过程中将变为烧结的推动力。除上述特点外,与一般爆炸加工技术一样,爆炸粉末烧结还具备经济、设备简单的特点。

(5) 自蔓延高温合成

自蔓延高温合成,也称燃烧合成,是利用化学反应自身放热制备材料的技术。一经点燃,燃烧反应即可自我维持,一般不再需要补充能量。整个工艺过程极为简单,能耗低,生产率高,且产品纯度高。同时,由于燃烧过程中高的温度梯度及快的冷却速率,易于获得亚稳物相。自 1967 年 Merzhanov 发明自蔓延高温合成以来,已用自蔓延高温合成方法合成了 500 多种材料,如氮化物、碳化物、硼化物和硅化物等难熔材料、耐磨材料、复合材料、功能材料、发热元件及固体润滑剂等。

自蔓延高温合成工艺流程为:

燃烧合成的基本要素是:
① 利用化学反应自身放热,完全(或部分)不需要外部热源;
② 通过快速自动波燃烧的自维持反应得到所需成分和结构的产物;
③ 通过改变热的释放和传输速度来控制过程的速度、温度、转化率和产物的成分和结构。

5.6.3　陶瓷窑炉

烧成陶瓷的窑炉类型很多,同一种制品可在不同类型的窑内烧成,同一种窑炉也可烧制不同的制品。按窑炉的操作,可分为间歇式窑炉和连续式窑炉两大类。间歇式窑炉包括梭式窑、倒焰窑、钟罩窑、马弗炉、管式电阻炉、真空热压烧结炉、SPS 烧结炉等;连续式窑炉包括隧道窑和辊道窑等。本书主要介绍陶瓷厂和实验室经常使用的几种窑炉。

1. 工业生产用窑炉

(1) 隧道窑

隧道窑与铁路山洞的隧道相似,故称之为隧道窑,任何隧道窑都可划分为预热带、烧成带和冷却带。目前先进陶瓷用得最多的是电热隧道窑。干燥至一定水分的坯体入窑,首先经过预热带,受来自烧成带的燃烧产物(烟气)预热,然后进入烧成带,燃料燃烧的火焰及生成的燃烧产物加热坯体,使达到一定的温度而烧成。燃烧产物自预热带的排烟口、支烟道、主烟道经烟囱排出窑外。烧成的产品最后进入冷却带,将热量传给入窑的冷空气,产品本身冷却后出窑。被加热的空气一部分作为助燃空气,送去烧成带,另一部分抽出去作坯体干燥或气幕用。隧道窑的工作系统如图 5.29 所示。

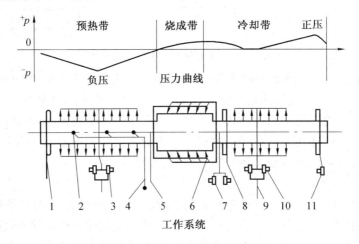

图 5.29　一般隧道窑的工作系统图

1— 封闭气幕送风;2— 搅拌气幕;3— 排烟机;4— 搅拌气幕送风;5— 重油或煤气;6— 烧嘴;
7— 雾化或助燃风机;8— 急冷送风;9— 热风送干燥;10— 热风机;11— 冷风机

电热隧道窑在窑体预热带、烧成带安置电热元件;装好制品的窑具在传动机构的作用下,连续地经过预热带、烧成带和冷却带。

(2) 辊道窑

辊道窑是一种截面呈狭长形的隧道窑,与窑车隧道窑不同,它不是用装载制品的窑车运转,而是由一根根平行排列、横穿窑炉工作通道截面的辊子组成"辊道",每条辊子在窑外传动机构的作用下不断转动,制品放在辊道上,随着辊子的转动而通过隧道的预热带、烧成带和冷却带,在窑炉中完成烧成工艺过程,如图 5.30、5.31 所示。

陶瓷辊一般由莫来石或氧化铝材质制成,其长度为 500～30 000 mm,根据窑内实际操作配置 200～1 500 根,以等速驱动运转,连续输送。但在输送施釉的陶瓷坯体烧成时,坯体表面的釉料不免与辊接触,会粘附在辊表面烧结堆积,并随其增多而隆起,使输送坯体的轨道产生变化,有碍于辊棒正常运行,因此需除去辊表面釉堆积物。目前,除去堆积物的方法是降低温度至约 600 ℃,从窑中取出辊,进行打磨处理,再重新装入窑内驱动运转。

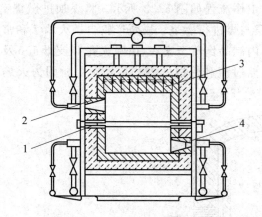 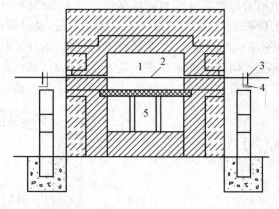

图 5.30　单层明焰辊道窑结构图　　　　图 5.31　辊底隧道窑截面示意图
1—辊子；2—上部烧嘴；3—吊顶；4—下部烧嘴　　1—隧道；2—辊子；3—链轮；4—支架；5—火道

（3）梭式窑

梭式窑是一种窑车式的倒焰窑，其结构与传统的矩形倒焰窑基本相同。烧嘴安设在两侧窑墙上，并视窑的高矮设置一层或数层烧嘴。窑底用耐火材料砌筑在窑车钢架结构上，即窑底吸火孔、支烟道设于窑车上，并使窑墙下部的烟道和窑车上的支烟道相连接，利用卷扬机或其他牵引机械设备，使装载制品的窑车在窑室底部轨道上移动，窑车之间以及窑车与窑墙之间设有曲封和砂封。梭式窑结构如图 5.32 所示。

因为制品是在窑外装车、卸窑车，且易实现机械化操作，所以与传统的倒焰窑窑内装、卸制品相比较，大大地改善了劳动条件和减轻了劳动强度。

梭式窑炉由于采用了先进的喷嘴燃烧系列及轻量化的炉体，被广泛用于日用瓷、艺术瓷及卫生洁具、特种陶瓷产品的烧成。为节省占用工作场地及操作方便，梭式窑炉均采取向上打开窑门，内部为全陶瓷纤维棉结构。

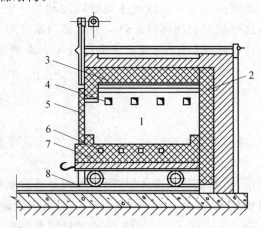

图 5.32　梭式窑结构示意图
1—窑室；2—窑墙；3—窑顶；4—烧嘴；5—升降窑门；6—支烟道；7—窑车；8—轨道

（4）倒焰窑

倒焰窑主要是以煤和油为燃料，这些燃料燃烧而获得能量。它的结构包括窑体（有圆窑和矩形窑）、燃烧设备和通风设备三个主要部分，其工作流程如图 5.33 所示。将煤加进燃烧室 2 的炉栅上，一次空气由灰坑 3 穿过炉栅，经过煤层与煤进行燃烧。燃烧产物自挡火墙 7 和窑墙 8 所围成的喷火口 10 喷制窑顶，再自窑顶经过窑内制品倒流至窑底，由吸火孔 4、支烟道 5 及主烟道 6 向烟囱排出。在火焰流经制品时，其热量以对流和辐射的方式传给制品。因为火焰在窑内是自窑顶倒向窑底流动的，所以称为倒焰窑。

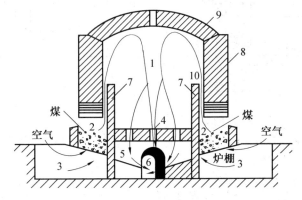

图 5.33　倒焰窑工作流程

1—窑室沼；2—燃烧室；3—灰坑；4—窑底吸火孔；5—支烟道；6—主烟道；
7—挡火墙；8—窑墙；9—窑顶；10—喷火口

（5）钟罩窑

钟罩窑又称高帽窑、帽罩式窑。窑炉外形如一座高大的钟，烧成时需将窑体罩在高大的产品上，然后点火烧成，烧成完毕再将钟罩吊起来，放在一旁。钟罩窑特别适用于烧成特大型的绝缘子电瓷产品及大件的艺术陶瓷产品。

窑墙窑顶做成活动帽罩式，可以升降的一种间歇式倒焰窑。窑底固定，有吸火孔、支烟道，将坯体码在窑底上，盖上帽罩，在窑墙周围不同高度处有烧嘴。一般可两座窑底共用一个帽罩，其中一窑煅烧时，另一窑底进行装坯。待坯体烧好后冷却到一定温度，便将帽罩移至另一已装坯的窑底，加热升温，这样就可利用部分余热。钟罩窑内温度均匀，可快速烧成，装出窑方便，可实现机械化，劳动条件较好，但对炉材要求较高。近年来发展起来的电加热钟罩式窑已在特种陶瓷生产中应用。

2. 实验室用窑炉

（1）箱式电阻炉

当电源接在导体上时，导体就有电流通过，由于导体有电阻而发热的一种电热设备称为电阻炉。

箱式电阻炉外形像箱子，炉膛呈长六面体，靠近炉膛内壁放置电热体。炉温在 1 200 ℃ 以下，通常采用镍铬丝、铁铬铝丝；炉温为 1 350～1 400 ℃ 时采用硅碳棒；炉温为 1 600 ℃ 可采用二硅化钼棒为电热体。箱式电阻炉主要用于单个小批量的大、中、小型制品的烧成。

电热窑炉不需要燃烧设备，一般不需要通风设备，结构简单，占地面积小，加热空间紧凑，空间热强度较高，热效率高；窑内制品不受烟气及灰渣等影响，温度便于实现精确控制，产品烧成质量好；窑内可在任何压力条件（高压或真空）或特殊气氛条件下加热制品；可以获得火焰窑炉难以达到的 2 000 ℃ 以上的高温。

（2）管式电阻炉

管式电阻炉的工作腔是一根陶瓷管或石英管，管的两端伸出窑炉的外部，陶瓷样品放置在管的中间位置烧制。窑炉的加热源为缠绕在陶瓷管或石英管外面的电阻丝。管式电阻炉可以烧制少量的陶瓷材料，在管中通入特定的气体，能够实现特定气氛的烧结。

（3）放电等离子体烧结炉

放电等离子体烧结炉是利用放电等离子体进行烧结的。等离子体是物质在高温或特定激励下的一种物质状态，由大量正负带电粒子和中性粒子组成，是除固态、液态和气态以外，物质的第四种状态。等离子体温度为 4 000～10 999 ℃，其气态分子和原子处在高度活化状态，而且等离子气体内离子化程度很高，这些性质使得等离子体成为一种非常重要的材料制备和加工技术。放电等离子体烧结炉主要包括以下几个部分：轴向压力装置，水冷冲头电极，真空腔体，气氛控制系统（真空、氢气），直流脉冲电源及冷却水、位移测量、温度测量和安全等控制单元。

5.6.4 烧成缺陷

1. 黑心

陶瓷产品的黑心是指在坯体的烧成过程中，有机物、硫化物、碳化物等因氧化不足而生成碳粒和铁质的还原物，致使坯体中间呈黑色或者灰色、黄色等现象。黑心缺陷的存在会影响陶瓷产品的强度、吸水率、色泽等性能指标。解决方法：调整并控制好烧成气氛，确保适当的氧分压，使用质量优良的燃料。

2. 针孔

针孔又称为棕眼、毛孔，是釉面出现的针刺状的小孔。解决方法：调整并控制好烧成温度。

3. 气泡

根据气泡出现的位置，又分为坯泡和釉泡，是陶瓷在高温烧成时出现的气体在移动时遇到坯体或釉层中粘性较大的高温液相，没有完全排出陶瓷体引起的缺陷。解决方法：适当提高烧成温度和保温时间。

4. 黑斑

如果在低温阶段窑内的氧化气氛不足，且存在还原气氛的情况下，由于在还原气氛中存在 FeO，因此 CO 会激烈分解而析出 C。在低温阶段坯体的气孔率较高，析出的 C 很容易被吸附在坯体气孔的表面，形成黑斑缺陷。解决方法：调整窑内烧成气氛，确保氧气含量充足。

5. 色差

色差是指单件产品的各部位或单件（批）产品之间的呈色深浅不一的现象。解决方法：合理调整烧成气氛；此外，要在原料的选用上严格把关，尽量使用着色离子含量少的原料。

6. 变形

变形是指陶瓷制品的形状与图纸规定要求不符。在烧成过程中产生变形的原因有，一是装窑时坯件放置的角度不当，重心不稳；二是升温过程中受热不均匀，烧成温度过高或高温时间太长。解决方法：使用质量好的窑具，装窑时操作规范，控制好烧成温度和保温时间，消除窑炉内部的温差。

7. 落脏

这一缺陷是由于在生产过程中有异物掉在制品表面而附着在釉面上所形成,该缺陷的效果与产生原因有时与斑点类似。由于现代陶瓷生产多用清洁燃料采用明焰裸烧技术,因此在烧成过程中极易发生。解决方法:使用杂质含量低的燃料,成型、干燥、施釉等工序做好清洁工作。

8. 裂纹

裂纹包括贯通裂纹(开裂)和非贯通裂纹(包括釉裂)。在烧成过程中由于烧成制度不合理,升温过速或降温不当都会使出窑制品产生裂纹。解决方法:调整和控制好烧成曲线,减少窑内上下温差,控制入窑制品水分,适当减慢窑头升温速率与缓冷段的降温速率。

9. 烟熏

烟熏是指烧成中因烟气造成制品表面局部或全部呈灰、褐、黑等异色。产生的主要原因有,一是装窑密度过大,使气体流通不畅;二是烧成制度不合理,窑内氧化气氛不足。解决方法:调整并控制好烧成气氛;适当降低装坯密度,加强通风。

10. 桔釉

桔釉是指釉面似橘皮状,光泽较差。在烧成过程出现桔釉缺陷的原因有:一是在釉料熔融时升温过快或局部温度过高,超过釉的成熟温度;二是窑内氧化气氛不足所造成。解决方法:适当调整升温速度,减少窑内温差,控制烧成气氛。

11. 釉泡

产生釉泡的最根本原因是坯体在烧成过程中产生的气体无法及时逸出、互相积聚、向四周扩展造成的。解决方法:适当调整烧成温度和保温时间,也可以调整窑内的压力使气体更易于排除。

12. 生烧

生烧是指产品色泽暗淡无光。产生原因是烧成温度偏低或装坯过密,该类产品吸水率超高。解决方法:严格控制好最高烧成温度,适当调整装坯密度。

13. 过烧

烧成温度过高引起的陶瓷显微结构中晶粒长大,液相量过多,气孔增多等综合缺陷。过烧会显著地降低陶瓷的理化性能。解决方法:严格控制最高烧成温度,适当调整装坯密度。

14. 尺寸偏差

尺寸偏差俗称"大小头",这主要是原料中化学成分分布不均匀引起的各个部分收缩不一致、窑炉水平温差等造成的不同位置烧成收缩不一致的结果。解决方法:调整窑炉烧嘴的风压或油压,消除窑内水平温差。

15. 釉面龟裂

由坯釉膨胀系数不匹配、釉层过厚、干燥制度不合理、冷却速度过快等引起的釉面不规则大面积的裂纹。解决方法:合理控制冷却速度。

16. 釉面析晶

在透明的釉层中出现的小晶粒。产生的原因有釉料中难熔成分比例过高,烧成时间过长,釉中组分挥发,烧成温度过低,急冷速度太慢,燃料含硫量或灰分过高等。解决方法:适当提高烧成温度,降低保温时间,提高急冷速度,使用品质优良的燃料。

5.7 典型陶瓷工艺

5.7.1 陶瓷墙地砖

1. 产品规格

$100\ mm \times 200\ mm \times 7\ mm$,$200\ mm \times 200\ mm \times 8\ mm$,$300\ mm \times 200\ mm \times 9\ mm$,$300\ mm \times 300\ mm \times 9\ mm$。

2. 产品性能

吸水率为 3% ~ 6%;其他指标符合国家标准 GB/T 4100。

3. 生产工艺

硬质原料粒度控制在 0.4 mm 以下;软质料经拣选,不含杂物,粒度小于 100 mm,含水率小于 15%,在露天堆料风化 6 个月后由铲车送到室内料库,室内料库的贮量为一个月的生产用料量。原料的称量配料由称量箱一次完成。铲车依次把各种原料卸入称量箱中,每种原料按刻度盘指示量计量。配好的坯料经皮带机和卸料斗加入球磨机中。将坯料、水及稀剂按一定比装入球磨机湿磨,球磨机的干料装载能力为 15 t。加水量定量高位水箱控制。球磨时间依坯料性质及入磨粒度不同而变化,球磨周期约 12 h。磨机上方设有电动葫芦,供添加球石及开闭磨机进出料盖时起重用。磨好的泥浆借助电动隔膜的抽力及泥浆自重从球磨机中卸出,经振动筛过滤后,流入装有慢速搅拌机的泥浆池,泥浆总贮量为 2 ~ 3 d 的生产量,泥浆经 24 h 连续搅拌,除腐合适后,用隔膜泵打入备有慢速搅拌机的工作泥浆池。要求泥浆的容积密度约为 1.6 kg/L,含水率约为 40%,黏度为 $(1.0 \sim 3.0) \times 10^{-1}$ Pa·S。用高压泥浆泵把工作泥浆池中的泥浆打入喷雾干燥塔内,由喷枪雾滴,与热烟气相遇,被干燥成具有一定颗粒级配的粉料。再经振动筛、皮带输送机、斗式提升机和气动刮板等送入粉料仓贮存、陈化。粉料仓总贮量约为 3 d 的生产用量。陈化后的粉料经旋转卸料器、皮带输送机和斗式提升机卸入粉料振动筛,再经皮带输送机运送到压机的喂料斗中。粉料由两台 HYDRA800 型全自动液压压砖机压制成型,砖坯由辊道输送,通过刷子、翻转机构,然后排成方阵,经输送辊道送入施釉线。施釉线具有刷灰、除尘、甩釉、喷釉、擦边、转向、丝网印花、自动补偿等多种功能,其末端连接有通往装载机的输送线,釉坯通过装载机自动装储坯车。装满釉坯的储坯车经链式步进机构进后,由转移车自动推车线储存。利用卸载机、输送连接段和装窑机使储坯车中的釉坯按顺序实现卸载、输送和自动入窑。烧成采用一次快烧工艺,选用带窑下干燥器的标准单层辊道窑,窑长 78.81 m,有效宽度 1.45 m,烧成周期约 55 min,燃料为净发生炉煤气或天然气。烧成的制品在辊道窑口处,经卸窑机组出砖连接段送去人工拣选包装,由叉车运送入库。釉料制备是将装的釉用原料分别存放于制釉工段的室内料库,台秤称量,然后由电动葫芦吊装入球磨机内,由水表计量加水,按预定时间球磨。磨好的釉浆用隔膜泵从球磨机中卸出,再经过筛、除铁后,送入带有慢速搅拌机的储釉罐中。使用时从储釉罐中放入木制的送釉桶中,由手推车送往施釉线。图 5.34 为陶瓷生产工艺流程图。

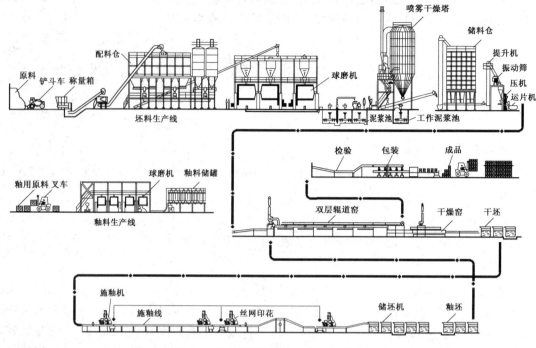

图 5.34 陶瓷(釉面砖类)生产工艺流程

5.7.2 青花陶瓷碗

1. 日用陶瓷性能

性能指标有吸水率、规格尺寸、热稳定性、光泽度、白度、透光度、化学稳定性、釉面硬度、坯釉硬度和铅、镉溶出量。

2. 生产工艺

按照产品性能和配比选择精良和适量的原料,主要原料包括黏土、石英和长石。分别用球磨机粉碎,由于黏土不易粉碎,常把黏土块堆成一个长形堆,使寒风侵腐,然后洒上水,使水分深入黏土块的微小裂缝内,冻结时水结冰膨胀,对裂缝产生巨大的张力,时间一长,黏力再强的大块土也很容易粉碎,这个过程称为风化。把粉磨好的各种原料加水充分混合,直至黏性适宜后,洒水焖上数日,送入真空练泥机,粘土经过螺旋挤压排除空气,出来后便是合适的泥,且体积适中,便于搬动。经练泥机练出来的泥,贮藏一段时间,贮藏时可先用塑料布密封好以免干燥失水,放在不通风的地方。贮藏时间越长越好,因为在一定的温度下,水分子可与粘土均匀混合,而且还可以起化学变化,这就是陈腐的作用。通过陈腐,泥质细腻光滑,粘性与可塑性提高,便于成型,且烧制后不容易扭曲变形,减少了开裂的情况。把陈腐好的坯料做成适当大小,放到 YQC—300B 半自动双头滚压成型机中,滚压成型机是日用陶瓷各种盘、碗、杯、碟类生产用的重要成型设备。它与刀压成型机的主要区别在于:以作定轴回转的滚压头代替固定不动的样板刀,在成型过程中,以"碾压"代替"刮泥",因而改善了坯泥在成型时运动状态和受力情况,提高了坯胎质量。成型的坯胎采取素坯修坯后,送入专业的干燥室内集中干燥,一般可以控制在 10 h 内完成,成形车间不需保温、保湿,使得成形的工作条件大大改善。目前,一种新型的卫生陶瓷干燥设备——少空气节能快速干燥器已在卫生陶瓷行业得到推广应用，并取得了良好的效果。

干燥好的坯胎进入隧道窑内素烧，素烧温度控制在800～900 ℃，素烧升温和降温都不能太快，否则坯体会发生碎裂和开裂，480 ℃之前必须是烘烤。出窑后将坯件浸入静止的釉浆之中，然后迅速提出，釉浆是经过釉料的选取、粗料研磨、筛分、搅拌和调配而成的。之后入隧道窑高温烧成，升温一定要稳，尤其在550～600 ℃时，否则釉面容易脱落，烧至全红时，才可加快升温速度，直至在1 325 ℃左右可恒温30 min，方可停火，开窑时要等温度下降至100 ℃以下才能打开窑门出窑。在瓷坯上贴上陶瓷釉上贴花纸，再进入自动烤花隧道窑，因此在瓷坯上着上漂亮的图案。

陶瓷贴花纸网印是底稿设计完毕经分色制版后，形成渗透性的图案(非图纹部分是不渗的)网版，贴在丝网上，印刷时用刮刀使网版与纸张接触，着色颜料即通过图纹部分的网眼漏印在纸张上完成一个色次印刷。

生产工艺流程为：

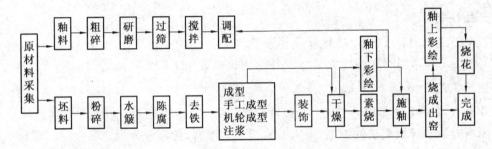

5.7.3 熔铸锆刚玉砖

1. 锆刚玉制品的特点

高的耐压强度为300～600 MPa(常温)，超过1 700 ℃的温度下保持建筑强度。锆刚玉制品在1 100～1 200 ℃，由于ZrO_2多晶转化，与刚玉比较，抗热震性减小。锆刚玉耐火材料具有化学和矿物不匀质性。该材料在玻璃熔窑墙和顶做内衬使用，熔炼玻璃的温度最高到1 600 ℃时，窑墙使用时间达3～4年。

2. 熔铸锆刚玉砖生产工艺

根据耐火砖的性能要求，考虑到技术经济指标，选择的原料如下：工业氧化铝($w(Al_2O_3)$ = 98%～99%，其中$w(a-Al_2O_3) < 30\%$)、锆英石精矿，锆英石中$ZrSiO_4$质量分数为93.6%($w(ZrO_2) = 67.2\%$和$w(SiO_2) = 33.8\%$)，铪和其他杂质0.5%～4%，再加入少量的加入物如Na_2O。把原料用球磨机分别粉碎、筛分，然后按照各物料的配比和颗粒组成的配合，称量、混练。把混练好的配料在电弧炉内铺成一定厚度的碟形料层，起弧后边加料边熔炼，控制熔炼制度。

电弧炉的大小是以变压器容量表示，单位为kV·A。我国电熔耐火材料用电弧炉的变压器功率多为600～2 000 kV·A。尽管熔炼耐火材料的设备不同，但是已使用的电弧炉大同小异，每台电炉都有一间专用变压室，安装变压器及开关等装置，直接电炉供电，通过二次电路将电能通至石墨电极。电极下端插入炉池配料中，电能变为热能，冶炼过程中采用吹氧的方法，可以起到搅拌和脱碳的双重作用。炉内温度升高，炉料熔化，并同时进行各种化学反应，氧化铝配料在闭弧内熔化 1～2 h，单位消耗电能 15～18 GJ/h。待熔化完毕后，倾动炉体，将熔液铸入石墨模或耐火模具中，模具要附加有补偿冒口，浇注时边振动、边浇铸的操作方法，并且用可拆卸的组装模，以减少拆模时间。浇满后经过 12～15 min，在窑车上拆模，并立即将窑车推入隧道窑的高温部位。在 1 300～1 400 ℃ 保温 2～4 h，然后以 15～60 ℃/h 速度降温，在 800 ℃ 以下采取自然冷却。退火处理后，再经过切、磨加工，最后制成各种形状的熔铸刚玉砖。

熔铸锆刚玉砖生产工艺流程为：

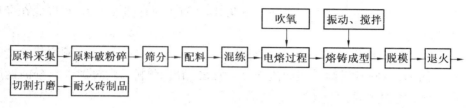

5.7.4　碳化硅制品

1. 产品性能

体积密度为 2.14 g/cm³，荷重软化温度大于 1 600 ℃，显气孔率为 24.8%，热导率为 10.9 W/(m·K)，常温耐压强度大于 70 MPa，耐火度大于 1 920 ℃。

2. 生产工艺

工业上合成碳化硅多以石英砂、石焦油（无烟煤）为主要原料，再加入少量的木屑和食盐。各原料分别粉碎到要求的细度，采用混料机均匀混合，控制水分为 2%～3%，混合后料容重 1.4～1.6 g/cm³，然后在合成电炉进行装料。装料顺序是在炉底先铺上一层未反应料，然后添加新配料到一定高度（约炉芯到炉底的 1/2），在其上面铺一层非晶型料，然后继续加配料至炉芯水平。炉芯放在配料制成的底盘上，中间略凸起以适应在炉役过程中出现的塌陷。炉芯上部，铺放混好的配料，同时也放非晶质料或生产未反应料，炉子装好后形成中间高、两边低（与炉墙平）。炉子装好后即可通电烧成，以电流电压强度来控制反应过程，合成温度为 2 000～2 500 ℃。炉子长度为 7～17 m，宽度为 1.8～4 m，高度为 1.7～3 m。长方形电极块固定在两个端墙上，并要伸入到炉子内部。为了防止电极的氧化，在电极块上涂上涂料。炉芯是由焦炭块构成，粒度为 50～100 mm，是用以通电的。炉子功率一般为 750～2 500 kW，每 1 kgSiC 电耗为 7～9 kW·h，生产周期升温时间为 26～36 h，冷却 24 h 后可以浇水冷却，出炉后分层、分级拣选。破碎后用硫酸酸洗，除掉合成料中的铁、铝、钙、镁等杂质。

用合成好的碳化硅颗粒和细粉，部分石英、硅石细粉做结合剂，再加入 2%～4% 的增塑剂（纸浆废液、阿拉伯胶、甲基纤维素等），充分混合，混料后要困料 24 h，混料后进行第二次混料，混料时间为 10～15 min。成型前经过两次真空挤泥机挤压后，切成坯体再困料 48 h，最后用可塑成型法将制品制成需要的形状，采用可塑法成型可制成棒状、管状及其他形状的碳化硅制品。成型后由于坯体水分大，自然干燥后要用严格的缓慢加热方法进行坯体干燥，一般要 8～10 天。坯体干燥后的残余水分应小于 0.5%，才能入隧道窑烧成。制品在烧成时应以敞开码砖的方法烧成，在窑内用硅砖搭架子。在砖架子上边先撒上石英砂，在石英砂上面铺 2～3 mm 的石油焦粉，制品的烧成温度 1 350～1 400 ℃，升温速度见表 5.5。

表 5.5　制品烧成温度及升温速度

温区 / ℃	升温速率 / (℃·h^{-1})	累计时间 / h	温区 / ℃	升温速率 / (℃·h^{-1})	累计时间 / h
20～120	10	10	1 100～1 190	30	41
120～200	20	14	1 190～1 330	20	48
200～380	30	20	1 330～1 380	10	53
380～1 100	40	38	1 380	保温	5～7

停窑后要将观火孔、火箱孔进行封闭，冷却至1200 ℃后先提闸板至1/2高度，冷却至300 ℃提高闸板3/4，打开窑顶孔、打开第一层窑门，至100 ℃可以打开第二层窑门，冷却4～5天即可以出窑，同时进行成品拣选。

二氧化硅结合的碳化硅制品生产工艺流程为：

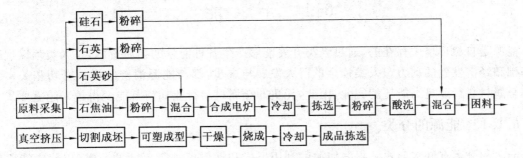

第6章 节能与环境保护

随着全世界的能源、环境危机的到来,国民经济中的各行各业都面临着新的挑战,传统无机非金属材料工业属高能耗、高污染行业,因此,如何节能、环境保护已经变成了无机非金属材料工业的重大课题,也是评价新工艺、新设备的重要因素,为此本章重点讨论无机非金属材料工艺的节能环保问题。

6.1 节　能

能源是自然环境中存在的,通过人类开发能够产生各种能量的物质资源,是人类赖以生存的基础和经济发展的动力。人类社会的巨大发展与进步,都与能源消费的增长密切相关。无机非金属材料行业是高能耗的行业,因此,无机非金属材料行业如何节能变得越来越重要。

6.1.1 能源的分类

能源的分类有许多形式。根据能源的利用形式和性质可进行不同的分类:以化学能或原子能形式贮存于物质中,通过燃烧或原子裂、聚变后释放出热能的自然资源称为燃料能源,如化石燃料、草木、沼气与核燃料;而以光能、机械能或热能形式存在,可以直接利用的能量资源称为非燃料能源,如太阳能、水能、风能与地热能。

根据能源的取得方式,能源还可分为一次性能源和二次性能源。自然界中不需进行加工,可直接应用的能源为一次能源,如煤、原油、天然气、水能、风能和太阳能等。一次能源又分为可再生能源和不可再生能源,其中在自然界的物质和能量循环中能够重复生产的能源,如太阳能、水能、风能、地热能、海洋能及其所产生的二次氢能等,能量的消耗速度可与再生速度持平,经久使用而不会枯竭,称为可再生能源;而矿物燃料和核燃料的生成速度极慢,而消费速度不断增长,最终会枯竭,称为不可再生能源。经由一次能源的处理和转换而得到的能源称为二次能源,如焦炭、重油、煤气、电力和蒸气等。

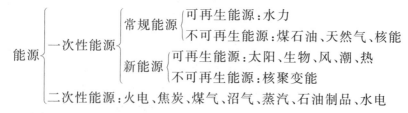

6.1.2 中国能源资源

(1) 一次能源资源丰富

中国的一次能源资源丰富,其中常规能源包括煤、油、气和水能,水能为可再生能源。中国常规能源探明剩余可采总储量为1392亿吨标准煤,约占世界总量的10.1%。能源探明总储量的结构为:原煤占 87.4%,原油占 2.8%,天然气占 0.3%,水能占 9.5%。

(2) 人均能源资源占有量低

中国能源资源总量列于世界前列,水能资源居世界第一,煤炭资源可采储量居世界第三。但按人口平均的能源资源占有量分析,中国 2000 年人均煤炭可采储量 90 t,人均石油剩余可采储量 3 t,人均天然气剩余可采储量 1 080 m³,分别是世界平均水平的 54.9%、11.0% 和 4.3%,是美国的 9.7%、23.1% 和 6.3%。

(3) 能源资源结构以煤为主

中国常规能源资源以煤炭为主的结构,决定了能源生产和消费结构以煤炭为主的特点。煤炭与其他能源相比,效率低,对环境污染大。因此,煤炭的清洁利用,适当增加清洁能源如油、气和水能的比例,以及把开发利用新能源和可再生能源列为能源可持续发展战略的重要组成部分,是提高中国能源效率,调整和优化能源结构,解决生态环境的根本出路。

(4) 能源资源地区分布不均衡

中国能源资源总体的地区分布是北多南少、西富东贫,能源品种的地区分布是北煤、南水和西油气,而中国经济发达、能源需求量大的地区是东部和东南沿海地区。

6.1.3 无机非金属材料工业节能途径

能源的利用过程,本质上都是能量的传递和转换过程。这两个过程在理论上和实践上都存在着限制,存在着一系列物理的、技术的和经济方向的限制因素。如热能的利用首先要受热力学第一定律(能量守恒)和第二定律(能量贬值)的制约。能量在传递和转换过程中由于热传导、对流和辐射,能量的数量要产生损失,能量的品质也要降低。因此能源有效利用的实质是,在热力学原则的指导下提高能量传递和转换效率;整体上使所需要消费能源的地方做到最经济、最合理地利用能源,充分发挥能源的利用效果。能源节约既要着眼于提高用能设备的效果,也要考虑整个用能系统的最优化。为了提高能源的有效利用,从技术方面讲可以从以下五个方面入手:

① 提高能量传递和转换设备的效率,减少转换的次数和传递的距离。

② 在热力学原则的指导下,从能量的数量和质量两方面分析,计算能量的需求和评价能源使用方案,按能量的品质合理使用能源,尽可能防止高品质能源降级使用。

③ 按系统工程的原理,实现整个企业或地区用能系统的热能、机械能、电能、余热和余压全面综合利用,使能源利用最优化。

④ 大力开发研究节能新技术,如高效清洁的燃烧技术、高温燃气透平、高效小温差换热设备、热泵技术、热管技术及低品质能源动力转换系统等。

⑤ 作为节约高品质化石燃料的一个有效途径,把太阳能、地热能、海洋能等低品质低密度替代能源纳入节能技术,因地制宜地加以开发和利用。

值得指出的是,节能是减少环境污染的一个重要方向。在一般情况下,大多数节能措施都会有效地减少污染,如提高锅炉热效率、回收余热、利用太阳能和地热等。但也有些节能技术措施,如处理不当,反而会造成污染,例如提高燃烧温度可以强化燃烧过程,但燃烧温度超过 1 600 ℃,就会形成大量 NO_x,从而污染环境。

1. 水泥工业

新型干法水泥生产线的节能技术主要包括烧成系统节能技术、粉磨系统节能技术、废弃物的处置和利用以及高效纯低温余热发电技术等。

(1) 烧成系统节能技术

对于水泥工业窑炉的研究,国内外主要研究机构均依据水泥熟料形成热、动力学机制,研究水泥窑炉工艺过程,并对各设备子系统工作机理和料气运动、换热规律进行探讨;通过建立单级和多级粉体悬浮热交换器热力学理论模型和分解炉系统热稳定性理论模型,建立全系统的热效率模型,系统研究悬浮预热器和分解炉的热效率及其影响因素、悬浮预热器系统特性组合流程、流场、温度场、浓度场的合理分布和碳酸盐分解及固液相反应动力学特性,并在此理论成果的指导下,开发出新型干法水泥熟料生产技术装备。

在烧成系统中可以通过以下途径实现节能:

① 采用优质煤与劣质煤混合燃烧,并采用大推力窑头燃烧器,提高劣质煤的利用率和煤粉燃烧率,如改装新型喷煤管成了回转窑现代化进程中的一个重要措施。生产实践表明,喷煤管不仅对优化窑的操作和稳定窑的运转起着重要的作用,而且对降低燃料消耗,提高熟料的产量和质量,以至减少环境污染等方面都有显著的影响。因此喷煤管尽管只是回转窑设备中的一个不大的部件,但是备受水泥工作者和燃烧器生产厂的重视。

② 采用第四代箅式冷却机(进行式稳流冷却机)替代第三代箅式冷却机(TC型充气梁高效箅冷机),提高熟料热回收效率、冷却效率、运转率,降低设备磨损。

③ 在窑头、窑尾采用袋收尘器,提高收尘效率,降低耗电量。

④ 利用窑头和窑尾废气作为原燃料的热源,提高热能利用率。窑头与窑尾气体余热利用也是水泥行业节能的主要措施,可将热气体用于原料、燃料及混合材等烘干工艺,可大大降低燃料消耗。提高冷却机冷却效率,降低出冷却机的熟料温度,也可减少热损失。

⑤ 另外窑体保温、窑炉漏风等情况对热效率影响亦显著。

(2) 粉磨系统节能技术

水泥粉磨(生料与水泥)电耗约占水泥综合电耗的60%以上,从我国的国情看,粉磨工艺落后是众多中小水泥企业的突出问题,传统球磨机虽然结构相对简单,操作和维护管理方便但其对电能的有效利用率还不足3%,绝大部分电能没有被利用。多年以来,国内外水泥科技工作者为之进行了大量的研究与创新,立式磨、挤压磨、筒辊磨、高效组合式选粉机、高效动态选粉机、变频电机等新型设备在水泥粉磨系统中的应用,大大降低了水泥生产的电耗,使得实现节能降耗的进程大为加快。

(3) 废弃物的处置和利用

从循环经济角度分析,水泥生产可以大量利用尾矿和工业废渣,采用先进的生产工艺不仅可降低环境污染,还可为企业带来一定的经济效益。水泥行业通过采用先进的生产技术,使用节能设备等各项措施,不仅大大减少水泥粉尘的排放量,同时也可降低能耗指标。

(4) 高效纯低温余热发电系统

水泥生产过程中一方面有大量的中、低品位余热被排放掉,另一方面又消耗大量的电能(每生产1 t水泥需90~100 kW·h电能)。将中、低品位余热转换为电能并回收用于水泥生产,从而进一步降低水泥生产能耗、节约能源,既保证企业在市场上更具有竞争力,又减少水泥厂对环境的热污染以及粉尘污染,降低二氧化碳的排放量,减少水泥窑废气对环境的影响。

2. 玻璃工业

目前我国自行设计的现代浮法玻璃熔窑热效率已由20世纪80年代的25%~30%提高

到40%左右,但离国外先进窑炉的热效率45%～55%尚有一定的差距。欲再进一步提高熔窑的热效率,必须降低烟气带走的热量和窑体的表面散热,以节约能源。目前主要新型节能技术有:

(1) 富氧燃烧技术

由于富氧本来就是浮法玻璃工厂生产过程中的副产物,如将其充分利用,可适当降低生产成本,提高熔化量。目前富氧燃烧方式主要有两种:一种是将富氧喷嘴安装在燃油喷枪的下方,将富氧以高速射流的形式喷入窑内,在射流的作用下将火焰拉近液面。因火焰下方的助燃介质中氧浓度比火焰上方高,火焰燃烧迅速,下方温度明显升高,这样火焰直接对配合料和液面的辐射传热相对加大,而碹顶温度则相应有所下降,窑体表面散热和烟气出口温度相应下降,从而熔窑的热效率得到相应提高。另一种是采用富氧喷枪将富氧空气作为雾化介质直接与燃料充分混合而燃烧,由于这种新型喷枪产生的火焰热穿透能力强、本身热效率高,从而达到节能降耗的作用。

第一种结构简单,投资少,但节能效果低,一般仅2%～4%,这与浮法生产的副产物富氧产生的量有关。第二种投资大,结构较第一种相对复杂,节能10%～15%,但目前国内尚未开发出这种燃烧器。

(2) 全氧燃烧技术

这种燃烧技术主要起源于欧美国家,为了降低空气中NO_x污染的需要从而开发和推广出这种新型燃烧技术。由于使用全氧替代助燃空气,气体中基本不含N_2,仅含极少量的NO_x,这样废气总体积可减少约80%,相应废气带走热量大大降低。同时由于使用全氧燃烧喷枪替代了传统小炉、蓄热室结构,节省了一次性投资。这种喷枪的特点是燃烧过程为分阶段全氧燃烧,外形呈矩形,可以增大燃料与氧气混合的接触面积和火焰覆盖率,并使喷枪产生更多的炭黑,从而火焰亮度增加,因此增加了黑体辐射的传热。火焰亮度的增加使更多的能量转变为更短波段的热辐射,而较短波段的热辐射在玻璃液中穿透得更深,因此传热的效率也提高。较大的火焰覆盖面积可以提高传热的均匀性。

据资料报道,使用全氧燃烧后熔窑的热效率可提高20%～30%,但采用全氧燃烧技术时,熔窑耐火材料的选择要注意,因烟气中水蒸气的浓度相应增加,同时生产过程中产生的碱性蒸气的浓度明显增大,均对相应的耐火材料的侵蚀加速,特别是碹顶硅砖。这样窑龄则相应受到影响,国外目前选择电熔$\alpha-\beta$砖或电熔AZS砖作碹顶,但电熔砖作碹顶,碹跨在一定程度上受到影响,从而影响到生产规模。目前国外报道最大生产规模为350 t/d的熔化量。

(3) 电助熔技术

通过在浮法玻璃熔窑内合理地安装电极,直接在玻璃液中产生焦耳效应,这样电能提供的热量直接被玻璃液有效利用,相应窑内空间温度得到显著地降低,电助熔的热效率最高为95%左右。电加热的功率主要分布在热点处,适当布于配合料区,通过在熔体中集中释放热量,以加强热点的热障作用,提高玻璃液的加权平均温度,从而提高窑炉热点与投料区之间的温度梯度。提高温度梯度能增加配合料下面玻璃液往后流动的平均速度,该回流液流强烈抑制表面成形流,即减少新熔玻璃液往成形方向流动的速度。

据有关文献报导,用电辅助加热玻璃液(达总热量的10%)可使窑炉熔化量提高20%左右,相应的能耗得到显著下降。

(4) 池底鼓泡技术

通过在熔窑的热泉处设置一排鼓泡管,向玻璃液中鼓泡以增强热障作用。由于热障作用的加强,玻璃液的对流加剧,熔池底层玻璃液温度明显提高,一方面起到稳定液流、促进配合料的熔化作用,另一方面还可适当降低窑内温度,提高熔化量,也相应的降低了能耗,如有条件还可在配合料区池底增设一至两排鼓泡管。该部位增设鼓泡可起到如下作用:有助于把成垄的配合料分离成小料堆,其在熔化带较全面的分布,加速石英颗粒的快速熔化。池底鼓泡技术除可提高产量 5% ~ 12%,还能改善玻璃液质量。

热点处的鼓泡间距一般为 400~500 mm,与侧池壁的间距为 500~600 mm,而配合料区域池底鼓泡间距均略比上述间距大 50~100 mm。据了解国外某浮法玻璃熔窑设置了电助熔技术和池底鼓泡技术,当不采用电助熔和池底鼓泡技术时熔化量为 500 t/d,采用后熔化量为 600 t/d。

3. 陶瓷工业

目前,陶瓷行业面临着巨大的压力,因能源、原材料和人力资源紧张,引起的电、水、油、煤、天然气、运输、工资等价格上涨,陶瓷企业必须从原材料到产品,从内部到外部,采取有效措施,力争降低材耗和能耗,减少环境污染,拓宽企业生存和发展空间。

(1) 开发新产品

陶瓷砖工厂要进行包括新材料、新工艺和新装备的三位一体的新产品开发。新产品应体现产品及生产过程的健康性、生态性、艺术性、发展性和创新性,特别是健康性和生态性。健康性主要指产品本身及其生产过程没有产生有害物质,是绿色的和健康的;生态性是指在陶瓷产品的生产过程中无污水、废气和废渣的产生或三废再生产过程中得到了有效净化控制并重新循环利用,从而达到了清洁生产的目的。

(2) 全过程的节能

新形势下的陶瓷产业要走资源节能型道路,且是全过程的。内部节能技术改造,要涵盖原材料、生产装备、工艺条件和工艺制度;开发的新产品必须是成本低、材料利用率高、能源节约的,同时还要考虑不同品种、不同规格的搭配,以及三废的利用。

目前陶瓷厂资源浪费最严重、最影响环境的设备是球磨机、喷雾干燥、窑炉和抛光机,围绕这些生产装备的技改内容有:

① 根据原料使用情况和市场情况合理布局料仓。要求:库存合理,流动资金占用量最小;原料稳定,均化合理,有应急措施;先到先用,保证原料风化陈腐期;做到量多近放、量少远放不转料,实现铲车少走、节油的目的。

② 改善球磨工艺。要求:缩短球磨配料、加料、加水、放浆时间,合理安排球磨机工作时间段,尽量错峰用电,达到节人、节时、节能和管理控制方便的目的;合理选配硬度、耐磨性、外形适合的球石和内衬,追求最佳球石级配和料球水比,达到球磨时间短、料浆含水率低且流动性的目的。

③ 改善喷雾干燥和泥浆搅拌工艺。喷雾干燥节能工艺途径主要是:提高入塔热风和泥浆的温度,降低入塔泥浆水分、出塔热风和粉料温度;延长热风与雾化泥浆热交换过程,提高混合流烘干效率。部分热源实现太阳能提供,如可利用太阳能空气集热器将热风炉的助燃冷空气加热到 60~80 ℃,以节约能源;热交换和保温可以提高热的利用率,即对进塔热风、热浆和工作机保温,对出塔粉料、热湿风和工作机进行热交换并将余热循环利用或他用;提高设计、安

装、维修等作业质量标准和控制好生产工艺参数以提升合格粉料的产出率；大胆技改尾气净化工艺，将尾气循环利用作为参冷风，或经过热交换后将具有压力、水分和细粉的尾气作为搅拌浆池的动力源，起到"三废"和能源的最佳利用以及尾气净化的双重作用。

④ 开发新原料，研发新工艺、新配方。薄砖工艺技术、一次快烧、肥料利用是开发方向；开发一次烧微晶玻璃复合板、一次烧釉面砖和一次烧抛光玉石等一次烧生产工艺；开发利用流延法生产内墙砖和干挂外墙砖新工艺；在硅灰石、透辉石、叶腊石和锂辉石等快烧原料日渐匮乏情况下，开发利用工业废渣和废液，如利用铬铁矿渣生产黑砖，利用电镀废液生产金属釉，利用陶瓷厂抛光渣和污水渣泥替代石粉和膨润土生产抛光砖以及其他产品。

(3) 引入新工艺、引进新设备

① 新工艺。球磨制浆：通过采用合理的球料比，选用高效减水剂、助磨剂和氧化铝衬，提高球磨效率、缩短球磨周期；选用大吨位的球磨机可减少电耗 10%～30%；选用连续球磨机，可节省能耗 10%～35%；选用变频球磨机，可缩短球磨周期 15%～25%，从而减少电耗。

浆池搅拌：采用间歇式搅拌，浆池电机上装时间继电器，搅拌 20～30 min，停 30～40 min，泥浆不会沉淀，可节电 50% 以上。

粉料制备：通过加入高效的减水剂，提高喷雾干燥塔泥浆的浓度可显著降低喷雾干燥热耗，如将喷雾干燥塔泥浆的浓度从 60% 提高到 65%，可节省单位热耗 21%，如浓度从 60% 提高到 68%，则可节省能耗的 33%。

干法造粒：将原料配比后直接用接卸方法破碎造粒的生产工艺，是降低能耗、减少成本的一个重要途径，有迅速发展的趋势，即原料－配料－干法粉碎－增湿(到湿度 10%)－造粒－干燥(到 6%)，与湿法相比，需要蒸发水量大大减少，其耗能(约 0.7 MJ/kg)比湿法耗能(1.8 MJ/kg)低得多，节能 60% 以上。

压釉一体：瓷砖的施釉和成型同时尽心，采用干釉粉的优点是取消传统的施釉线，增加釉的稠度，提高釉的抗磨损性。

② 新设备。粉料制备设备：制备粉料用的喷雾干燥塔向大型化、高产量的方向发展，大喜鞡喷雾干燥塔的单位电耗低。如意大利西蒂公司 7000 型喷雾干燥塔，蒸发能力已达到 7 000 kg/h；萨克米公司 ATM100 型喷雾干燥塔蒸发能力为 12 000 kg/h。

干粉造粒机：国际上已开发出第四代干粉造粒机及一系列可造大颗粉粒的设备，可满足生产仿大理石、瓷质砖的需要

大吨位压砖机：大吨位压砖机压力高，压制的砖质量好，合格率高，在同等产量的条件下，耗电少，节能效果明显(可节电 27%)。

压力注浆：卫生瓷高中压注浆可免除模具干燥和加热工作环境所需的热，并节省干燥热，有一定的节能效果，省综合热耗的 10% 以上。

真空注浆：是卫生瓷工业成型的另一种方法，其特点是脱胚后模具无需干燥，一天内能重复多次使用，由于免除磨具干燥而净节省的能量大约是 1 MJ/kg。

挤压成型节能：由于挤压的先进机械能准确提供在某一时刻的压力，优化挤压周期，可节约 55%～65% 的能耗。

陶瓷产业应不断完善生产工艺，挖掘工艺装备潜力、充分利用新工艺新设备，进行工艺改良和产品开发，全过程的降低材耗，减少环境污染，以达到节能、节材、环保的目的。

6.2 大气污染控制

随着世界人口爆炸式的增长,资源和能源的消费量也在迅速增加,从而生活和生产排放的种种化学物质,给自然净化作用造成了巨大的负担。这不仅是区域性环境问题的范围明显地扩大,而且由于氟利昂和二氧化碳等物质的大量排放到大气中,导致了臭氧层破坏、大气气温上升及酸沉降等全球性的大气环境问题。

6.2.1 大气污染

1. 大气组成

大气是指环绕地球的全部空气的总和;环境空气是指人类、植物、动物和建筑物暴露于其中的室外空气。从自然科学角度来看,大气和空气没有实质性的差别,常用作同义词,其区别仅在于大气的范围更广一些。

干洁大气的主要成分是氮、氧、氩、二氧化碳等,其容积含量占全部干洁空气的 99.99% 以上,其余还有少量的氢、氖、氦、氪、臭氧等。其主要成分和比例见表 6.1。

表 6.1 干洁大气成分表

气体	按容积百分比 /%	按质量百分比 /%	分子量 /%
氮	78.084	75.52	28.013 4
氧	20.948	23.15	31.998 8
氩	0.934	1.28	39.948
二氧化碳	0.033	0.05	44.009 9

由于大气中存在着空气运动和分子扩散作用,使不同高度、不同地区的空气得以进行交换和混合。在自然界大气的温度和压力条件下,干洁空气的所有成分都处于气态,不可能液化,因此可以看成是理想气体。

其中对人类活动及天气变化有影响的大气成分为:

① 氧气。是动植物生存、繁殖的必要条件。氧的主要来源是植物的光合作用,有机物的呼吸和腐烂、矿物燃料的燃烧需要消耗氧而放出二氧化碳。

② 氮气。性质很稳定,只有极少量的氮能被微生物固定在土壤和海洋里变成有机化合物。闪电能把大气中的氮氧化(变成二氧化氮),被雨水吸收落入土壤,成为植物所需的肥料。

③ 二氧化碳。二氧化碳含量随地点、时间而异。人烟稠密的工业区占大气质量的万分之五,农村大为减少。同一地区冬季多夏季少,夜间多白天少,阴天多晴天少,这是因为植物的光合作用需要消耗二氧化碳。

④ 臭氧。臭氧是分子氧吸收短于 $0.24~\mu m$ 的紫外线辐射后重新结合的产物。臭氧的产生必须有足够的气体分子密度,同时有紫外辐射,因此臭氧密度在 $22 \sim 35~km$ 处为最大。臭氧对太阳紫外辐射有强烈的吸收作用,加热了所在高度(平流层)的大气,对平流层温度场和流场起着决定作用,同时臭氧层阻挡了强紫外辐射,保护了地球上的生命。

大气中除了气体成分以外,还有很多的液体和固体杂质、微粒。大气中杂质、微粒聚集在一起,直接影响大气的能见度;但它能充当水汽凝结的核心,加速大气中成云致雨的过程;它能吸收部分太阳辐射,又能削弱太阳直接辐射和阻挡地面长波辐射,对地面和大气的温度变化产生了一定的影响。

2. 大气污染

(1) 大气污染的定义和分类

大气污染是指由于自然过程或人类活动,改变了大气中某些原有成分和向大气中排放污染物或由它转化成的二次污染物呈现出一定浓度,达到了一定的时间,以至使大气质量恶化,影响原来有力的生态平衡体系,严重威胁着人体健康和正常的工农业生产,以及对建筑物和设备财产等构成损失的现象。

大气污染按照范围来分,大致可以分为四类:第一类是局部地区污染,局限于小范围的大气污染,如受到某些烟囱排气的直接影响;第二类是地区性污染,涉及一个地区的大气污染,如工业区及其附近地区或整个城市大气受到污染;第三类是广域污染,涉及比一个地区或大城市更广泛地区的大气污染;第四类是全球性大气污染,涉及全球范围(或国际性)的大气污染。

(2) 大气污染的影响因素

影响大气污染的主要因素是:污染物的排放情况、大气的自净过程以及污染物在大气中的转化情况。

① 污染物的排放情况与排放量、污染源距离、排放高度有关。

② 大气的自净过程是指污染物进入大气后,大气能通过各种方式摆脱混入的污染物而恢复其自然组成。自净作用包括稀释作用和沉降作用。

③ 污染物在大气中的转化是十分复杂的。二氧化硫可转变为硫酸烟雾,氮氧化物及有机物质在阳光照射下,可变为臭氧、醛类、过乙酰硝酸酯等。转化后的生成物比原来污染物的危害更为严重。

3. 全球大气污染问题

(1) 酸沉降问题

酸沉降的科学概念包括"湿沉降"和"干沉降"。湿沉降通常是指 pH 值低于 5.6 的降水,包括雨、雪、霜、雹、雾和露等各种降水形式。干沉降是指大气中所有酸性物质转移到大地的过程。目前,人们对酸雨的研究较多,已将酸沉降与酸雨的概念等同起来。

大气酸雨的成分,主要有硫酸、硝酸和盐酸三种。自然界中有时也会降酸雨,如火山喷发后会降含硫酸或盐酸的雨,雷电可以使雨水中含硝酸等。但是,自然界造成的酸雨都是暂时的,只有人类活动造成的酸雨才会经常出现,以至酸性越来越强,造成重大灾害。

(2) 臭氧层破坏

大气中的臭氧绝大部分集中在平流层 $25\sim30$ km 范围内,称为臭氧层。实际上,在臭氧层内各地分布不均匀,而且大气中的臭氧总量非常少,不到大气全体的百万分之一(1 ppm)。

臭氧层能够阻止太阳光中 99% 的紫外线,有效地保护了地球生物的生存。臭氧层中臭氧含量的减少,导致太阳对地球紫外线辐射增强。大量紫外光照射进来,严重损害动植物的基本结构,降低生物产量,使气候和生态环境发生变异,特别对人类健康造成重大损害。紫外辐射增强,将打乱生态系统中复杂的食物链,导致一些主要生物物种灭绝。

(3) 温室效应

与臭氧不同,二氧化碳相当容易让来自太阳的短波长紫外线穿透,然而,它恰恰吸收并放射到地球及大气中的长波辐射,因此二氧化碳有如温室中的玻璃,它让来自太阳的短波辐射进入使地表增温,却制止了来自地表辐射热的逸出。大气中 CO_2 越多,限制辐射热逸出的效应则越显著。

通常认为,全球变暖现象与温室气体的增加有关。如果温室气体持续按指数增长,到2040 年大气中温室气体 CO_2 的浓度将是在工业化以前的 2 倍。美国国家研究院估计在 CO_2 浓度达到 2 倍时,全球温度上升 $1\sim5$ ℃。

4. 大气污染物的来源与分类

大气污染物产生于人类活动或自然过程,因此大气污染源为天然污染源与人工污染源两类。天然污染源是指自然界向大气排放有害物质的场所,如活动火山向大气的喷发等,排放污染物所造成的大气污染多为暂时的和局部的。人工污染源是指人类在从事各种活动中所形成的污染源,排放的污染物是造成大气污染的主要根源。

大气污染物主要来源于工业废气的排放,可以采用各种方法控制和治理废气。按废气来源分类可分为工艺生产尾气治理方法、燃料燃烧废气治理方法、汽车尾气治理方法等。按废气中污染物的物理形态可分为颗粒污染物治理(除尘)方法和气态污染物治理方法。

6.2.2 颗粒污染物治理

1. 粉尘的物理性质

粉尘的悬浮、沉降、凝聚和扩散等运动特性,皆与颗粒的尺寸和形状以及其他物理特性有关,为了进一步研究粉尘颗粒的分离和去除,有必要对粉尘的物理性质作一介绍。这些性质包括粉尘颗粒的尺寸和形状以及粉尘的密度、比表面积、安息角和滑动角、润湿性、荷电性和导电性、粘附性以及自燃性和爆炸性等。

(1) 粉尘的密度

单位体积粉尘的质量称为粉尘的密度,单位为 kg/m^3。粉尘在不同的产生情况和实验条件具有不同的密度值,因此粉尘的密度分为真密度和堆积密度。粉尘的真密度是指将吸附在粉尘粒子凹凸表面、内部空隙以及粒子之间的空气排除以后测得颗粒自身的密度,用符号 ρ_p 表示;堆积密度是指包括粉尘粒子内部空隙和粉体粒子之间气体空间在内的粉体密度,用符号 ρ_b 表示。粉尘的真密度与堆积密度之间存在如下关系

$$\rho_b = (1-\varepsilon)\rho_p \tag{6.1}$$

式中,ε 为空隙率,是指粉尘之间的空隙体积与包含空隙和粉体在内的总体积之比。

(2) 粉尘的安息角与滑动角

粉尘从漏斗连续落到水平向上,自然堆积成一个圆锥体,圆锥体母线与水平面的夹角称为粉尘的安息角,也称动安息角或堆积角等,一般为 $35°\sim55°$。粉尘的滑动角系指自然堆放在光滑平板上的粉尘,随平板做倾斜运动时,粉尘开始发生滑动时的平板倾斜角,也称静安息角,一般为 $40°\sim55°$。

粉尘的安息角与滑动角是评价粉尘流动特性的一个重要指标。安息角小的粉尘其流动性好;安息角大的粉尘,其流动性就差。粉尘的安息角与滑动角是设计除尘器灰斗(或粉料仓)的锥度及除尘管路或输灰管路倾斜度的主要依据。

影响粉尘安息角和滑动角的因素主要有:粉尘粒径、含水率、颗粒形状、颗粒表面光滑程度

及粉尘粘性等。对于一种粉尘,粒径越小,安息角越大,这是由于细颗粒之间粘附性增大的缘故;粉尘含水率增加,安息角增大;表面越光滑和越接近球形的颗粒,安息角越小。

(3) 粉尘的比表面积

粉状物料的许多理化性质,往往与其表面积大小有关,细颗粒表现出显著的物理、化学活性。例如,通过颗粒层的流体阻力,会因细颗粒表面积增大而增大;氧化、溶解、蒸发、吸附、催化及生理效应等,都因细颗粒表面积增大而被加速,有些粉尘的爆炸性和毒性,随粒径减小而增加。粉尘的比表面积是单位体积(或质量)粉尘所具有的表面积。

(4) 粉尘的含水率

粉尘中一般均含有一定的水分,它包括附着在颗粒表面上的和包含在凹坑处与细孔中的自由水分,以及紧密结合在颗粒内部的结合水分。化学结合的水分,如结晶水等是作为颗粒的组成部分,不能用干燥的方法除掉,否则将破坏物质本身的分子结构,因而不属于水分的范围。干燥作业时可以去除自由水分和一部分结合水分,其余部分作为平衡水分残留,其数量随干燥条件而变化。

粉尘中的水分含量,一般用含水率表示,是指粉尘中所含水分质量与粉尘总质量(包括干粉尘与水分)之比。粉尘含水率的大小,会影响到粉尘的其他物理性质,如导电性、粘附性、流动性等,所有这些在设计除尘装置时都必须加以考虑。

粉尘的含水率与粉尘的吸湿性,与粉尘从周围空气中吸收水分的能力有关,若尘粒能溶于水,则在潮湿气体小尘粒表面上会形成溶有该物质的饱和水溶液。如果溶液上方的水蒸气分压小于周围气体中的水蒸气分压,该物质将由气体中吸收水蒸气,这就形成了吸湿现象。对于不溶于水的尘粒,吸湿过程开始是尘粒表面对水分子的吸附,然后是在毛细力和扩散作用下逐渐增加对水分的吸收,一直继续到尘粒上方的水汽分压与周围气体中的水汽分压相平衡为止。气体的每一相对湿度,都相应于粉尘的一定的含水率,后者称为粉尘的平衡含水率。

(5) 粉尘的润湿性

粉尘颗粒与液体接触能否相互附着或附着难易程度的性质称为粉尘的润湿性。粉尘的润湿性与粉尘的种类、粒径和形状、生成条件、组分、温度、含水率、表面粗糙度及荷电性等性质有关。例如,水对飞灰的润湿性要比对滑石粉好得多;球形颗粒的润湿性要比形状不规则表面粗糙的颗粒差。粉尘越细,润湿性越差,如石英的润湿性虽好,但粉碎成粉末后润湿性将大为下降。粉尘的润湿性随压力的增大而增大,随温度的升高而下降。粉尘的润湿性还与液体的表面张力及粉尘与液体之间的黏附力和接触方式有关。例如酒精、煤油的表面张力小,对粉尘的润湿性就比水好;某些细粉尘,特别是粒径小于 $1\ \mu m$ 的尘粒,就难以被水润湿。这是由于细粉的比表面积大,对气体有很强的吸附作用,表面存在着一层气膜,只有当在尘粒与水滴之间以较高的相对速度运动而冲破气膜时,才会相互附着。

各种湿式技术中,粉尘的浸润性是选择除尘设备的主要依据之一。对于润湿性好的亲水性粉尘(中等亲水、强亲水),可以选用湿式除尘器净化,对于润湿性差的疏水性粉尘,不宜采用湿式除尘技术。

(6) 粉尘的荷电性和导电性

粉尘在其产生和运动过程中,因碰撞、摩擦、放射线照射、电晕放电以及接触带电体等原因带有一定的电荷称为粉尘的荷电性,其中有些粉尘带负电荷,有些带正电荷,还有一些不带电荷。粉尘荷电后,某些物理性质,如凝聚性、附着性及在气体中的稳定性等将发生改变,并增加对人体的危害。粉尘随着比表面积增大、含水量减少及温度升高,其荷电量增加。

粉尘的导电性能通常用比电阻来表现,其表示方法和金属导线相同,也用电阻率来表示,单位为 $\Omega \cdot cm$。粉尘的比电阻除取决于它的化学成分外,还与测定条件有关,如温度、湿度以及粉尘的粒度和松散度等,仅是一种可以相互比较的表观电阻率。粉尘的比电阻包括容积比电阻和表面比电阻,容积比电阻为粉尘依靠其内部的电子或离子进行的颗粒本体的容积导电;表面比电阻为粉尘依靠其表面因吸附水分或其他化学物质而形成的化学膜进行表面导电。对于电阻率高的粉尘,在较高温度(> 200 ℃)时,以容积导电为主;在较低温度(< 100 ℃)时,表面导电占主导地位;在中间温度范围内,粉尘的比电阻是两种比电阻的合成,其值最高。比电阻是粉尘的重要特性之一,对电除尘器性能有重要影响。

(7) 粉尘的黏附性

粉尘粒子附着在固体表面上或它们之间相互凝聚的可能性称为粉尘的黏附性。附着的强度,即克服附着现象所需要的力(垂直作用于颗粒重心上)称为黏附力。通常颗粒细小、表面粗糙且形状不规则、含水量高且润湿性好、含尘浓度高和荷电量大的粉尘,其黏附力增大。

就气体除尘而言,一些除尘器的捕捉机制是依靠施加捕集力以后粉尘在捕集表面上的黏附。如电除尘器和袋式除尘器的除尘过程,首先是尘粒在捕集力作用下沉降并附着到收尘极板或滤料表面上,然后靠振打力作用清除掉,因而它们的除尘效率在很大程度上取决于粉尘的沉降和附着能力以及锁喉的清除(即清灰)能力,这些皆决定于粉尘的粘附性。在含尘气流管道和净化设备中,又要防止尘粒在壁面上的黏附,以免造成管道和设备的堵塞。

粉尘之间的各种黏附力,归根结底皆与电性能有关,从微观上看,可将黏附力分为三种(不包括化学黏合力):分子力(范德华力)、毛细力和静电力(库仑力)。

(8) 粉尘的自燃性和爆炸性

粉尘的自燃是指粉尘在常温下存放过程中自然发热,此热量经长时间积累并达到该粉尘的燃点而引起燃烧的现象。当粉尘达到自燃温度时,在一定的条件下会转化为燃烧状态。如在封闭空间内,可燃性悬浮粉尘的剧烈氧化燃烧会在瞬间产生大量的热量和燃烧产物,当粉尘的放热反应速度超过系统的排热速度,将在空间内造成很高的压力和温度,形成化学爆炸。

影响粉尘自燃和爆炸的因素很多。一般颗粒细小、分散度高、惰性尘粒(不燃尘粒)少、湿度低以及含有挥发性可燃气体的粉尘,其自燃和爆炸的可能性增大。此外,有些粉尘(如镁粉、碳化钙粉尘)与水接触后会引起自燃爆炸,对于这种粉尘不能采用湿式除尘方法,还有一些粉尘互相接触或混合后(如溴与磷、锌粉与镁粉)也会发生爆炸。对于有爆炸和火灾危险的粉尘,在进行除尘设计时,必须充分考虑粉尘自燃和爆炸性能,并对爆炸危险性粉尘采取必要的防范措施。

2. 除尘机理

除尘过程的机理就是含尘气流在某种力的作用下使尘粒相对气流产生一定的位移,最终脱离气流沉降于捕集表面。粒子沉积过程受到外力、流动阻力和相互作用力的作用,后者一般忽略不计。外力一般包括重力、惯性力、离心力、静电力、磁力、热力等。主要分离机理有以下几种:

(1) 重力分离

在重力场作用下,粒子在静止流体中作自由沉降运动。越细小的粉尘,其沉降速度越小,则越难以分离;含尘气流的温度增高,其密度减小而黏度增加,沉降速度减小,也不易分离。

(2) 离心分离

离心分离是利用旋转含尘气流产生的离心力的作用使粒子与气体分离的一种简单而重要的分离方法。它可以产生比重力大得多的分离力，因此得到广泛的应用。此外，离心力对惯性分离和虑料拦截起着重要作用。在离心力的作用下，粒子将产生垂直于切向的径向运动，最终到达壁面而从气流中分离出来。

(3) 惯性分离

惯性分离是使含尘气流冲击在障碍物（如挡板）上，让气流方向突然转变，尘粒则受惯性力作用与气流分离。增加粒子直径（或质量）和切线速度（即初速），减小气流的旋转半径（或圆形捕尘体直径），离心分离作用增大，使惯性分离效果增强。

(4) 截留分离

质量很小的粒子，如果没有离开流线而绕过捕尘体（如液滴、纤维等）运动时，这时只要粒子的中心处于距捕尘体不超过 $d_p/2$ 的流线上，就会与捕尘体接触而被截留分离。而尺寸和质量较大的粒子，由于惯性作用而离开气流流线直接碰撞到捕尘体上而被捕集则为上述的惯性碰撞分离。

(5) 静电分离

静电分离是利用静电力，使粉尘从气体中分离而得到净化的方法，可用于分离 $0.1\sim1.0\ \mu m$ 的低速粒子。

粒子的静电分离有两种形式：一种是自身带电粒子在捕尘体上发生的电力沉降，如粉尘粒子在机械加工、粉碎、筛分、输送等过程常带上电荷，当粉尘与捕尘体双方所带电荷相反，其强度足以使粒子离开其流动路线时，则有可能使它被附近的捕尘体吸引捕获。这种分离方式主要发生在洗涤器和过滤式除尘器中，液体雾化过程及滤料常带有电荷。但是，粒子或捕尘体自身所带电荷是有限的。另一种则是含尘气流通过电晕放电的高压电场时，颗粒荷电，从而在电场力（库仑力）作用下，使荷电粒子在集尘电极上发生的电力沉降。这种分离方式主要用于电力除尘器，其除尘

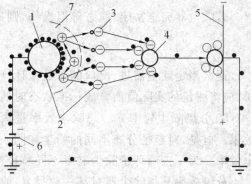

图 6.1　静电分离机理
1—电晕极；2—电子；3—离子；4—粒子；
5—集尘极；6—电源；7—电晕区

机理如图 6.1 所示。静电分离是在针状电极和平板状电极（圆筒形）之间通过较高的直流电压，使之产生电场和发生电晕放电。

荷电量为 $q(C)$ 的带电尘粒，在场强为 $E(V/m)$ 的电场中受到的库仑力 F_e 为

$$F_e = qE \tag{6.2}$$

粒子运动时受到流体的阻力 F_d 可按斯托克斯公式计算，当 $F_e = F_d$ 时，荷电粒子便达到终末沉降速度，即驱进速度 v_{es}：

$$v_{es} = \frac{qE}{3\pi\mu d_p} \tag{6.3}$$

v_{es} 方向与电场方向一致，垂直于集尘极表面。可见，荷电粒子的荷电量越多，电场强度越大，以及气体黏度越小，尘粒的驱进速度越大。由于电场中各点的场强不同，且粉尘的荷电量

也只能得到近似的计算值,按式(6.3)计算的驱进速度,仅是粒子平均驱进速度的近似值。

实际的除尘器中,通常结合多种除尘机理。

3. 除尘装置

(1) 除尘装置的性能

作为除尘系统中的主要组成部分,除尘器的性能直接影响整个系统的运行效果。表示除尘装置性能的主要指标有:含尘气体的处理量、除尘效率、压力损失、设备投资及运行费用、占地面积及设备可靠性和使用寿命等。其中,前两项属于技术指标,后 4 项属于经济指标。设计或选用除尘器时,要综合这些指标。

① 含尘气体的处理量。为处理含尘气体能力大小的指标,一般用通过除尘器的气体体积流量 Q 表示,单位为 m^3/s 或 m^3/h,通常为给定量。

② 除尘效率。包括总除尘效率,分级除尘效率、通过率等。

③ 总除尘效率 η。设除尘器进口处的气体流量为 Q_i(m^3/s),粉尘流量为 M_i(g/s),气体含尘浓度为 C_i(g/m^3),相应出口处的参数分别为 Q_o、M_o、C_o,除尘器中捕集的粉尘流量为 M_c(g/s)。对粉尘流量有 $M_i = M_o + M_c$,$M = CQ$。则同一时间内除尘器捕集的粉尘质量与进入的粉尘质量之比的质量分数即为总除尘效率 η:

$$\eta/\% = \frac{M_c}{M_i} \times 100 = \left(1 - \frac{M_o}{M_i}\right) \times 100 = \left(1 - \frac{C_o Q_o}{C_i Q_i}\right) \times 100 \tag{6.4}$$

若除尘器完全密闭,稳态等温操作,则进出除尘器的气体量不变,则上式可变为:

$$\eta/\% = \left(1 - \frac{C_o}{C_i}\right) \times 100 \tag{6.5}$$

通常测定除尘器进、出口的参数来计算总除尘效率。当除尘器漏气量大于进口量的 20% 时,应将测定的实际值换算成标准状态时的参数(0 ℃,1.013×10^5 Pa)。

④ 分级除尘效率 η_d。总除尘效率是除尘器在一定运行工况下对某种特性粉尘的总捕集效果。但是,对粒径分布不同的粉尘和同一特性粉尘中不同粒径的粒子,除尘器具有不同的除尘效率。为了正确评价除尘器对不同粒径粉尘的捕集效果,采用分级除尘效率的概念。

分级效率是指除尘器对某一粒径 d_p 或某一粒径范围 Δd_p 的粉尘的捕集效果。假设进入除尘器的粉尘总量 M_i 中,粒径 d_p 或某一粒径范围 Δd_p 的粉尘 M_{id} 的频率分布为 $\omega_{id} = \Delta M_{id}/M_i$;在被捕集的粉尘总量 M_c 中,粒径 d_p 或某一粒径范围 Δd_p 的粉尘 ΔM_{cd} 的频率分布 $\omega_{cd} = \Delta M_{cd}/M_c$,则除尘器对粒径 d_p 或某一粒径范围 Δd_p 的粉尘的分级效率 η_d 为

$$\eta_d = \frac{\Delta M_{cd}}{\Delta M_{id}} \times 100 = \frac{M_c \omega_{cd}}{M_i \omega_{id}} \times 100 = \eta \frac{\omega_{cd}}{\omega_{id}} \tag{6.6}$$

根据测定的除尘器总效率,分析出的除尘器入口和捕集的粉尘粒径频率分布 ω_{id} 和 ω_{cd},即可按上式计算出分级效率。

⑤ 通过率 P。一些除尘器的除尘效率非常高,可达 99% 以上,总效率的变化难以判断除尘效果及排放对环境效应的影响,有时用从除尘器中逃逸的粉尘质量与进入的粉尘质量之比的质量分数,即通过率 P 来表示:

$$P = \frac{M_o}{M_i} \times 100 = 100 - \eta \tag{6.7}$$

如两台除尘器的除尘效率分别为 99.9% 和 99.0%,则前者 $P = 0.1\%$,后者 $P = 1.0\%$,后

者的通过率为前者的 10 倍。

设 $\eta_1, \eta_2, \cdots, \eta_n$ 分别为第 $1, 2, \cdots, n$ 级除尘器的除尘效率，则 n 级除尘器串联后的总除尘效率为

$$\eta = 100 - (100 - \eta_1)(100 - \eta_2) \cdots (100 - \eta_n) \tag{6.8}$$

⑥ 除尘器阻力。阻力气体流经除尘器的压力损失称为除尘器阻力，是代表装置消耗能量大小的一项重要技术经济指标。通风机所耗功率与除尘器的压力损失成正比，阻力越大，风机能耗越高。除尘器的压力损失为除尘器进、出口断面上气流平均全压之差 Δp，一般表示为

$$\Delta p = \zeta \frac{\rho w_0^2}{2} Pa \tag{6.9}$$

式中　ζ——阻力系数；
　　　ρ——气体密度，kg/m^3；
　　　w_0——除尘器进口气体平均流速，m/s。

除尘器的阻力主要与除尘器的结构形式、流体性质和流体速度等因素有关。

(2) 除尘装置的分类

除尘器按照除尘的主要机理，可分为机械式除尘器、过滤式除尘器、电除尘器、湿式除尘器四类。

以上是按除尘器的主要除尘机理进行分类，但在实际的除尘器中，为了提高除尘效率，往往采用多种除尘机理。此外，还按除尘器是否用水而分为干式除尘器与湿式除尘器两类。

6.2.3　主要除尘设备

1. 机械式除尘器

它是在质量力(重力、惯性力、离心力)的作用下，使粉尘与气流分离沉降的装置，如重力沉降室、惯性除尘器、旋风除尘器等。其特点是除尘效率不是很高，但结构简单、成本低廉、运行维修方便，在多级除尘系统中作为前级预除尘。

(1) 重力沉降室

重力沉降室是利用重力沉降作用使粉尘从气流中分离的装置，如图 6.2 所示，图中 L、H、B 分别为沉降室的长、高、宽。当含尘气流进入后，由于流通面积扩大，流速下降，尘粒借本身重力作用以沉降速度 v_s 向底部缓慢沉降，同时以气流在沉降室内的水平速度 v_0 继续向前运动。如果气流通过沉降室的时间大于或等于尘粒从顶部沉降到底部所需的时间，即 $L/v_0 \geqslant H/v_s$，则具有沉降速度为 v_s 的尘粒能够全部沉降。

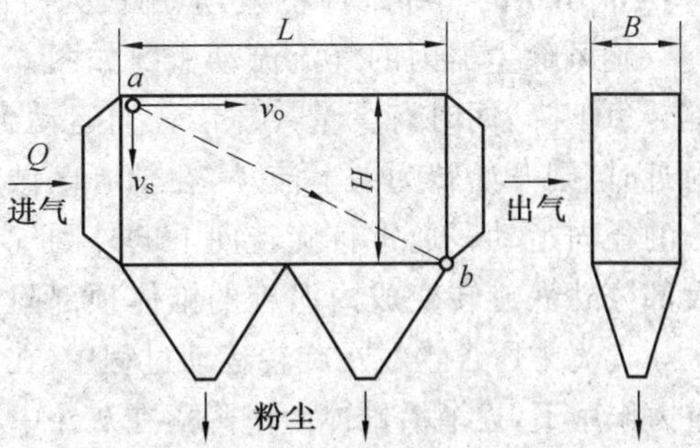

图 6.2　单层重力沉降室

当沉降室的结构尺寸、含尘气体的性质和流量 Q 一定时确定后，如果粒子沉降运动处于层流区时，则可用斯托克斯式求得沉降室能 100% 捕集的最小尘粒的粒径 d_{min} 为

$$d_{min} = \sqrt{\frac{18\mu v_0 H}{(\rho_p - \rho) gL}} = \sqrt{\frac{18\mu Q}{(\rho_p - \rho) gBL}} \tag{6.10}$$

上式为理论计算式,但实际由于气流运动状况、粒子形状及浓度分布等影响,沉降效率会有所降低。显然,d_{min} 越小,除尘效率越高。降低沉降室内气流速度 v_0,减小沉降室的高度 H 和增加沉降室长度 L,均能提高重力沉降室的除尘效率。但是 v_0 过小或 L 过长,都会使沉降体积庞大,一般取 $v_0=0.2\sim2.0$ m/s。降低 H 的多层重力沉降室,在室内沿水平方向设置 n 层隔板,其沉降高度就降为 $H/(n+1)$。

重力沉降室的设计步骤是:首先根据粉尘的真密度和该沉降室应能捕集的最小尘粒的粒径计算出沉降速度 v_s,再选取室内气速 v_0 和沉降高度 H(或宽度 B),最后确定沉降室的长度 L 和宽度 B(或高度 H)。

重力沉降室一般能捕集 $40\sim50$ μm 而不宜捕集 20 μm 以下的尘粒。它的除尘效率低,一般仅为 $40\%\sim70\%$,且设备庞大。但阻力损失小,$\Delta p=50\sim150$ Pa,且结构简单,投资少,使用方便,维护管理容易,适用于颗粒粗、净化密度大、磨损强的粉尘。一般作为多级净化系统的预处理。

(2) 惯性除尘器

惯性除尘器是利用惯性力作用使粉尘从气流中分离的装置,其工作原理是以惯性分离为主,同时还有重力和离心力的作用。惯性除尘器一般分为回转式和碰撞式两类,阻挡物用挡板、槽形条等,其原理都是因含尘气流发生回转,尘粒靠惯性力作用后直接进入下部灰斗中。含尘气流的流速越高,方向转变角度越大,转弯次数越多,惯性除尘器的除尘效率越高。但流动阻力也相应增大,一般为 $300\sim1\ 000$ Pa。由于气流转弯次数有限,并且考虑压力损失不宜过高,一般除尘效率不高。如果采用湿式惯性除尘器,即在挡板上淋水形成水膜,可以提高除尘效率。

惯性除尘器适用于非粘结性和非纤维性粉尘的去除,以免堵塞,宜用于净化密度和颗粒直径较大的金属或矿物粉尘。常用于除尘系统的第一级,捕集 $10\sim20$ μm 以上的粗尘粒。

(3) 旋风除尘器

旋风除尘器是利用旋转气流的离心力使粉尘从含尘气流中分离的装置。旋风除尘器的结构简单,运行方便,效率适中($80\%\sim90\%$),阻力约为 1 000 Pa,适于净化密度较大、粒度较粗(>10 μm)的非纤维性粉尘,应用最为广泛。

旋风除尘器内的气流流动概况如图 6.3 所示,进入旋风除尘器的含尘气流沿筒体内壁边旋转边下降,同时有少量气体沿径向运动到轴心区域中。当旋转气流的大部分到达锥体顶部附近时,则开始转为向上流动,在轴心区域边旋转边上升,最后由出口管排出,同时也存在着离心的径向运动。通常将旋转向下的外圈气流称为外涡旋,旋转向上的轴心气流称为内涡旋,使大部分外涡旋转变成内涡旋的锥体顶部附近的区域称为回流区或混流区。

气流中所含尘粒在旋转运动过程中,在离心力的作用逐步沉降到内壁上,在外涡旋的推动和重力作用下,逐渐沿锥体内壁降落在灰斗中。此外,进口气流中的少部分气流沿筒体内壁旋转向上,达到上顶盖时又继续沿出口管外壁旋转下降,最后到达出口管下端附近被上升的内涡旋带走。通常把这部分气流称为上涡旋。随着上涡旋将有微量粉尘被带走。同样,在混流区也会有少量细尘被内涡旋带向上,并部分被带走。

由于实际气体具有黏性,旋转气流与尘粒之间粗在着摩擦损失,所以外涡旋不是纯自由涡旋而是准自由涡旋,内涡旋类同于缸体的转动,称为强制涡旋。简言之,外涡旋是旋转向下的准自由涡旋,同时有向心的径向运动;内涡旋是旋转向上的强制涡旋,同时有离心的径向运动。

旋风除尘器的颗粒分离机理有多种解释：① 假想圆筒理论，认为内、外旋流的分界面附近有一假想圆筒，内旋流中的粒子易被排出气流带走，外旋流中的粒子易被捕集；② 转圈理论，认为粒子在随气流旋转下降到底部前，如果能碰到筒壁，则认为粒子能被分离；③ 湍流径向返混理论，认为气体的湍流混合、对粒子的阻力、粒子反弹及二次飞扬等作用，使旋风除尘器的任一水平横截面上，未捕集的粒子迅速处于连续均匀分布。

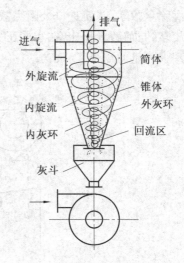

图 6.3　旋风除尘器示意

旋转气流中的粒子受到方向相反的两个力——离心力 F_c 和阻力 F_d 的共同作用。在内外旋流的分界面上，外旋流的切向速度 v_θ 最大，粒子在此处所受离心力 F_c 也最大，当 $F_c > F_d$，粒子移向外旋流而被捕集；$F_c < F_d$，则粒子向内旋流移动而被气流带走。如果 $F_c = F_d$，理论上粒子应滞留在分界面上旋转。实际上由于气流处于紊流状态，假想圆筒理论从概率统计观点认为，处在这种状态的粒子有 50% 可能进入内旋流，另 50% 则可能向外壁移动，粒径为 d_{pc} 的粒子群的分级除尘效率为 50%，d_{pc} 称为分割粒径：

$$d_{pc} = \sqrt{\frac{18\mu v_{rc} r_c}{(\rho_p - \rho) v_{\theta c}^2}} \tag{6.11}$$

分割粒径 d_{pc} 表示旋风除尘器达到一定效率时能分离的最小粒径，显然，减小 d_{pc} 可以提高除尘效率。由上式可见，切向速度 $v_{\theta c}$ 越高，粒子密度 ρ_p 越大，内旋流半径 r_c 越小，则分割粒径 d_{pc} 越小。影响除尘效率的主要因素有：

① 入口气流速度。入口气速增加，切向速度 $v_{\theta c}$ 也相应增加，d_{pc} 减小，除尘效率提高。但流速过高使得筒体内的气流运动过强，会把有些已分离下来的粉尘重新卷吸带走，除尘效率反而下降，同时除尘器的阻力会急剧上升。进口气速一般控制在 12～20 m/s。

② 含尘气流性质。粉尘粒径与密度 ρ_p 增大，效率明显提高。气体温度升高，气体黏度将增大，除尘效率降低。

③ 除尘器的几何尺寸。减小筒体和排气管直径，前者使尘粒受到的离心力 F_c 增大，后者使内旋流半径 r_c 减小，均能提高除尘效率。锥体长度适当增加，对提高效率有利，但是筒体高度的变化对效率影响不明显。

④ 灰斗的气密性。除尘器内旋转气流形成的涡流场使静压由筒体壁向中心逐渐下降，即使除尘器在正压下工作，锥体底部也会处于负压状态。当除尘器下部气密性差而有空气渗入，将把灰斗内的粉尘再次扬起带走，除尘效率显著下降。

旋风除尘器的阻力与其结构、气体温度和流速等因素有关，其中，阻力系数 ζ 一般由实验测定，也可进行估算，其值可查阅有关资料。国产主要系列型号旋风除尘器的阻力为 500～1 400 Pa。国产主要系列型号旋风除尘器的阻力为 500～1 400 Pa。

旋风除尘器的种类繁多，结构各异，下面简单介绍一些基本形式。按含尘气流的导入方式分为切向式、蜗壳式和轴流式三种（见图 6.4）。切向式入口管外壁与筒体相切，阻力为 1 000 Pa 左右，蜗壳式则是入口管内壁与筒体相切，后者的入口气流距筒体外壁更近，有利于提高除尘效率,并使进口处阻力减小,但除尘器体积有所增大。轴流式入口装有导流叶片使气流旋转,与前两者相比,在相同压力损失下,能处理约 3 倍的气体量,适用于多管旋风除尘器或处理大气量的场合。

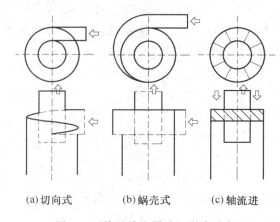

图 6.4　旋风除尘器进口形式示意

按气流通过旋风除尘器的方式,可分为回流式、平流式、直流式三种。回流式广泛使用的旋风除尘器。平流式中的排气管竖直方向上开有一狭缝,气流切向进入筒体,绕排气管旋转一周后由狭缝排出除尘器。直流式中用一稳流芯棒代替平流式中的排气管,气流从上端进入,由下端排出,其内部流场无逆向内旋流,减少了尘粒的返混或再次飞扬。后两种除尘器阻力小,但效率低。

为了避免聚积在筒体顶部的细小粉尘被吸入内旋流,可在除尘器在筒体上开设旁路分离室(见图 6.5(a)),使在顶盖形成的上灰环从螺旋形旁室引至锥体部分,从而提高了分离效率。旋风除尘器的长锥体由于旋转半径逐渐减小,有利于粉尘分离,但底部的尘粒也易被上升的内旋流吸引携带。采用锥体倒置,锥体下部设置一圆锥形反射屏,以防止下灰环形成和灰粒飞场(见图 6.5(b))。大部分外旋流在反射屏上部转为内旋流,少量下旋气体和分离下来的粉尘落入灰斗,气体从屏中心孔排出。

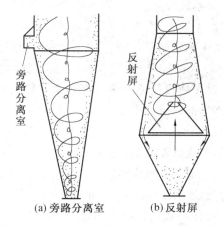

图 6.5　旋风除尘器旁路分离室与反射屏

多个旋风除尘器可以组合起来使用。串联组合的目的是提高除尘效率,并联组合使用可增大气体的处理量。除了单体并联使用以外,还可将许多小型旋风除尘器(称为旋风子,筒体直径为 100～250 mm)组合在一个壳体内并联使用,称多管除尘器。旋风子气流进口均为轴流式。多管除尘器的特点为布置紧凑,效率高,处理气体量更大。还可采用旋风水膜除尘器提高除尘效率。用麻石或瓷砖构筑筒体,从上部喷水,使壁面上形成一层水膜,以粘附离心分离的灰粒并流入灰斗。此除尘器效率高、阻力小,但耗水量大、污水难处理,易形成二次污染。

2. 过滤式除尘器

过滤式除尘器是利用含尘气流体通过多孔滤料层或网眼物体进行分离的装置,包括颗粒层过滤器、袋式过滤器。这类除尘器的特点是除尘效率很高,袋式除尘器的效率可高达99.9%以上,但流动阻力也很大,能耗高。

袋式除尘器是过滤式除尘器中的主要形式。它是将织物制成滤袋,当含尘气流体有穿过滤料孔隙时粉尘被拦截下来。沉积在滤袋上的粉尘通过机械振动,从滤料表面脱下来,降至在灰斗中。一般滤料网孔径为 $20\sim 50\ \mu m$,表面起绒的滤料网孔径为 $5\sim 10\ \mu m$,若用新滤袋则除尘效率较低。滤袋使用一段时间后,少量尘粒被筛滤拦截,在网孔之间产生"搭桥"现象并在滤袋表面形成粉尘层后,除尘效率逐渐提高,阻力也相应增大。滤袋具有多种除尘机理,除前述的重力沉降、惯性碰撞、截留分离及带电荷粉尘的外静电作用,还有扩散作用,即小于 $1\ \mu m$ 的尘粒在气体分子的撞击下脱离流线,像气体分子一样向滤袋纤维作布朗运动,以及粉尘粒径大于滤层孔隙被拦截下来的筛滤作用。大于 $1\ \mu m$ 的尘粒,主要靠惯性碰撞,小于 $1\ \mu m$ 的尘粒,主要靠扩散作用。

袋式除尘器随滤料、结构的不同,除尘效率为 $95\%\sim 99\%$,阻力为 $800\sim 1\ 500\ Pa$,其主要组成部分如图6.6所示。滤袋多为柱状,并用构架支撑。气体由袋内流向袋外,称为正压袋;气体由袋外流入袋内,称为负压袋。滤料的性能对袋式除尘器的工作影响极大,应具有容尘量大(如表面起毛的羊毛毡)、阻力和吸湿性小、抗皱防磨、耐温耐腐、成本低及使用寿命长等特点。常用滤料分为天然滤料(棉、羊毛等)、合成纤维(涤纶、奥纶、尼龙等)和无机纤维(玻璃纤维等)三类,结构可分为编织物(平纹、斜纹和缎纹)和非编织物(毛毡)两类,应根据具体使用条件进行选择。

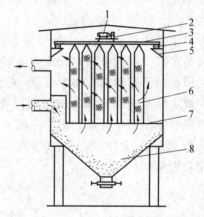

图 6.6 机械清灰袋式除尘器
1— 电机;2— 偏心;3— 振动架;4— 橡胶垫;
5— 支座;6— 滤袋;7— 花板;8— 灰斗

清灰是袋式除尘器运行的重要环节,因为随着沉积层逐渐加厚,阻力越来越大。清灰时不应破坏粉尘初层,以免效率太低。清灰方式主要机械清灰和气流清灰两种。机械清灰是利用机械传动使滤袋振动,抖落沉积在滤布上的粉尘,包括扭转抖动、水平摆动及垂直振荡等;气流清灰是利用反吹气流使滤袋迅速膨胀、收缩,使灰尘脱落,包括气环反吹、逆气流反吹及持续时间为 $0.1\sim 0.2\ s$,周期为 $60\ s$ 的脉冲喷吹等,如图6.7所示。机械清灰的滤袋受机械力易损坏,气流清灰的滤袋磨损轻,运行可靠,适于处理高浓度含尘气体。

3. 电除尘器

电除尘器是利用静电分离原理使粉尘从气体中分离的装置,利用高压电场使尘粒荷电,在电场力的作用下使粉尘与气流分离的装置。有干法清灰和湿法清灰两种形式。其特点是除尘效率高,流动阻力小,能耗低,但消耗钢材多,投资高。

它能分离粒径为 $1\ \mu m$ 左右的细尘粒,除尘效率高($>99\%$),阻力小($200\sim 500\ Pa$),处理烟气量大($30\sim 300\ m^3/s$),适用于高温或腐蚀性气体,所以广泛地应用在各种工业部门。电

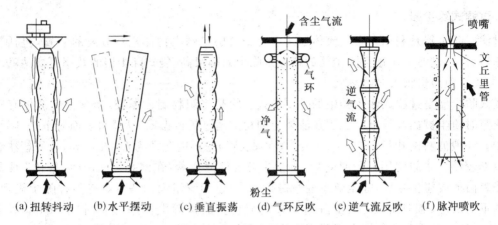

(a) 扭转抖动　(b) 水平摆动　(c) 垂直振荡　(d) 气环反吹　(e) 逆气流反吹　(f) 脉冲喷吹

图 6.7　袋式除尘器的清灰方式

除尘器的除尘过程分为高压电场的电晕放电，尘粒与电子和自由碰撞后的粒子荷电，粒子在电场力的作用下向集尘极运动的粒子沉降，以及粒子清除 4 个阶段，其分离机理已经讨论过，不再叙述。

按集尘极的形状，电除尘器可分为管式和板式两种，如图 6.8 所示。管式电除尘器的集尘极一般为多根并列的金属圆管或六角形管，适用于气体量较小的情况。板式电除尘器采用各种断面形状的平行钢板作集尘极，可从几平方米到几百平方米，极间均布电晕线，处理气体量很大。根据粒子荷电和集尘的空间位置，电除尘器有单区和双区两种布置方式，如图 6.9 所示。单区电除尘器是荷电和集尘在同一空间区域，多用于锅炉及其他工业除尘；双区电除尘器则是荷电和集尘先后在两个电场空间内进行，常用于空气调节等粉尘浓度很低的空气净化，而且使用阳极电晕。

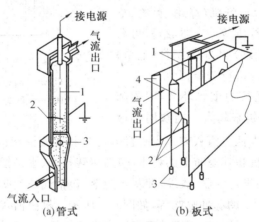

(a) 管式　　　(b) 板式

图 6.8　管式和板式电除尘器

电除尘器主要由放电极、集尘极、气流分布装置、清灰装置、供电设备等组成。放电极应有起晕电压低、电晕电流大等良好的放电性能，足够的机械强度和耐腐蚀性，且容易清灰。电晕线有多种形状，常见的有圆形、星形、芒刺形等，如图 6.10 所示。集尘极要有利于尘粒沉积，清灰方便，振打时再次飞扬少，有足够的刚性，金属消耗低（占金属总消耗量的 30%～50%），制造方便等。板式集尘极的形式如图 6.11 所示，一般有平板式、箱式和型板式，平板式刚度较差，清灰时二次飞扬严重；箱式目前已很少采用；型板两侧设有沟槽或挡板以增大刚度，同时避免直接冲刷板面,防止二次扬尘,目前应用最多。极板的厚度为 1.2～2.0 mm,板间距为 220～300 mm。

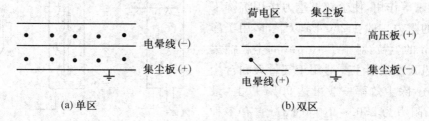

图 6.9　单区和双区电除尘器

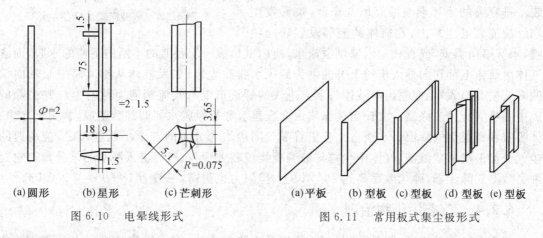

图 6.10　电晕线形式　　　　　　图 6.11　常用板式集尘极形式

为了提高除尘效率,要求气流均匀进入除尘器电场。一般在除尘器电场之前设置 1～3 块开有圆孔或方孔的气流分布孔板,也可采用格栅式分布板等。

电极清灰装置是为了避免极板上粉尘沉积较厚时电晕电流的减小,使除尘效率降低。清灰方式有干式和湿式两种。板式电除尘器常采用干式清灰,清灰是用机械撞击(跌落振打或锤击振打)或电极振动使灰尘脱离极板,振打时存在二次扬尘等问题。振打要有合适的振打强度和频率,通常在运行中调节确定。管式电除尘器常采用湿式清灰,它是利用喷雾或溢流水等方式在集尘极表面保持一层水膜,粉尘随水膜流动而冲走,避免了二次飞扬,提高除尘效率。但存在极板腐蚀和污水、污泥处理问题。

电除尘器的供电设备应能提供足够高的电压并具有足够的功率,操作稳定。目前多采用可控硅控制和火花跟踪自动调压的高压硅整流设备,可以把除尘器的功率输入稳定在可能达到的最大值,从而保持高的除尘效率。

4. 湿式除尘器

它是利用含尘气流与液滴或液膜接触,使粉尘与气流分离的装置,也称湿式洗涤器,包括各种喷雾洗涤器、旋风水膜除尘器和文丘里洗涤器等。它既可用于除尘,也可用于气态污染物的吸收净化。其特点是除尘效率高,特别是对微细粉尘的捕集效果显著,但会产生污水形成二次污染,需要进行处理。

惯性碰撞和拦截是湿式除尘器捕获尘粒的主要机理,其次是扩散和静电作用等。根据除尘器的不同类型,液体捕捉尘粒的形式主要有液滴、液膜及液层等。典型湿式洗涤器的形式如

图 6.12 所示。重力喷雾洗涤器最简单的一种,通过塔内的尘粒与喷淋液体所形成的液滴之间的碰撞、拦截和凝聚等作用,使尘粒靠重力作用沉降下来。喷雾塔的阻力一般在 250 Pa 以下,多用于净化大于 50 μm 的尘粒,对小于 10 μm 的尘粒捕集效率低。旋风式洗涤器主要适用于气量大和含尘浓度高的烟气,除尘效率一般可达 90% 以上,最高可达 98%,阻力为 250～1 000 Pa。它有多种喷雾方式,在干式旋风分离器内部以环形方式安装一排喷嘴的为环形喷液旋风洗涤器,喷雾发生在外旋流处的尘粒上;在筒体的上部设置切向喷

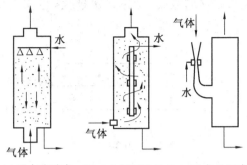

(a)重力喷雾式　(b)中心喷雾旋风式　(c)文丘里式

图 6.12　典型湿式洗涤器示意

嘴,水雾喷向器壁,或直接向内壁供溢流水,使内壁形成一层很薄的不断向下流的水膜,而含尘气体由筒体下部切向导入旋转上升的则为旋风水膜除尘器;如果液体从旋风筒中心轴向安装的多头喷嘴喷入,径向喷出的液体与下方进入的螺旋形上升气流相遇而粘附尘粒并去除的形成中心喷雾旋风洗涤器。文丘里洗涤器由文丘里管和旋风脱水器两部分组成,常用于除尘、气体吸收和高温烟气降温。水通过文丘里管喉口周边均匀分布的若干小孔进入后,被高速的含尘气流撞击成雾状液滴,气体中尘粒与液滴凝聚成较大颗粒,然后进入脱水器被分离。它是一种高效湿式除尘器,除尘效率高达 99% 以上,但阻力也很高,一般为 1 250～9 000 Pa。

6.2.4　气态污染物治理

气态污染物的治理,就是利用化学、物理及生物等方法,将污染物从废气中分离或转化。气态污染物的净化有多种方法,广泛采用的吸收法、吸附法、燃烧及催化转化法,其他的方法还有冷凝、生物净化、膜分离及电子辐射－化学净化等。其中,吸收法是通过扩散方式将废气中气态污染物转移到液相,形成溶解的水合物或某种新化合物;吸附法是通过分子力作用使废气中某些组分向多孔固体介质(吸附剂)的表面聚集,以达到分离的目的;燃烧法是通过燃烧将可燃性气态污染物转变为无害物质;催化转化法是在催化剂的作用下,将废气中气态污染物化为非污染物或其他易于清除的物质;冷凝法是利用气体沸点不同,通过冷凝将气态污染物分离;生物法主要依靠微生物的生化降解作用分解污染物;膜分离法利用不同气体透过特殊薄膜的不同速度,使某种气体组分得以分离;电子辐射－化学净化法则是利用高能电子射线激活、电离、裂解废气中的各组分,从而发生氧化等一系列化学反应,将污染物转化为非污染物。

气态污染物的净化可采用一种净化方法,或多种方法联合使用。下面介绍几种主要的净化方法。

1. 气态污染物的吸收净化方法

吸收是利用气态污染物对某种液体的可溶性,将气态污染物(溶质)溶入液相(吸收剂或溶剂),又称湿式净化。吸收分为物理吸收和化学吸收,前者是简单的物理溶解过程,后者在吸收过程中气体组分与吸收剂还发生化学反应。由于工业废气往往是气量大、气态污染物含量低、净化要求高,物理吸收难于满足要求,化学吸收常常成为首选的方案。

吸收装置主要是塔式容器,应满足下列基本要求:① 气液接触面大,接触时间长;② 气液之间扰动强烈,吸收效率高;③ 流动阻力小,工作稳定;④ 结构简单,维修方便,投资和运行维

修费用低;⑤ 具有抗腐蚀和防堵塞能力。常用的吸收装置有填料塔、湍流塔、板式塔、喷淋塔、和文丘里吸收器等。

2. 气态污染物的吸附净化方法

吸附净化是利用多孔固体表面的微孔捕集废气中的气态污染物,可用于分离水分、有机蒸气(如甲苯蒸气、氯乙烯、含汞蒸气等)、恶臭、HF、SO_2、NO_x 等,尤其能有效地捕集浓度很低的气态污染物。这是因为固体表面上的分子力处于不平衡状态,表面具有过剩的力,根据热力学第二定律,凡是能够降低界面能的过程都可以自发进行,因此固体表面这种过剩的力可以捕捉、滞留周围的物质,在其表面富集。

吸附现象也分为物理吸附和化学吸附两种。物理吸附是由固体吸附剂分子与气体分子间的静电力或范德华力引起的,两者之间不发生化学作用,是一种可逆过程。化学吸附是由于固体表面与被吸附分子间的化学键力所引起,两者之间结合牢固,不易脱附。该吸附需要一定的活化能,故又称活化吸附。

物理吸附与化学吸附往往同时发生,但以某一种吸附为主。如在低温下,主要是物理吸附,而在较高的温度下,就可能转为化学吸附为主。

工业吸附剂应具备的条件为:① 具有巨大内表面积、较大的吸附容量的多孔性物质;② 对不同的气体分子具有很强的吸附选择性;③ 吸附快且再生特性良好;④ 具有足够的机械强度,对酸、碱、水、高温的适应性;用于物理吸附时要有化学稳定性。⑤ 价格低廉,来源广泛。

工业上常用的吸附剂有活性炭、硅胶、活性氧化铝、分子筛、沸石等。

① 活性炭。由于它的疏水性,主要用于吸附湿空气中的有机溶剂、恶臭物质,以及烟气中的 SO_2、NO_x 或其他有害气体。活性炭是由煤、石油焦、木材、果壳等各种含碳物质,在低于 773 K 温度下炭化后再用水蒸气进行活化处理得到。它的颗粒形状有柱状、球状、粉末状等,具有比表面积大、吸附及脱附快、性能稳定、耐腐蚀等优点,但具有可燃性,使用温度一般不超过 200 ℃。

② 硅胶。硅胶具有很强的亲水性,它吸附的水分量可达自身质量的 50%,吸湿后吸附能力下降,因此常用于含湿量较高气体的干燥脱水、烃类气体回收,以及吸附干燥后的有害废气。硅胶是将硅酸钠溶液(水玻璃)用酸处理后得到硅酸凝胶,再经水洗、干燥脱水制得的坚硬多孔的粒状无晶形氧化硅。

③ 活性氧化铝。活性氧化铝可用于气体和液体的干燥、石油气的浓缩、脱硫、脱氢,以及含氟废气的治理。含水氧化铝在严格控制的升温条件下,加热脱水便制成多孔结构的活性氧化铝,具有良好的机械强度。

④ 分子筛。分子筛被广用于废气治理中的脱硫、脱氮、含汞蒸气净化及其他有害气体的吸附。它是一种人工合成沸石,具有立方晶体的硅酸盐,属于离子型吸附剂。因其孔径整齐均匀,能选择性地吸附直径小于某个尺寸的分子,故有很强的吸附选择性。由于分子筛内表面积大,因此吸附能力较强。

通常,污染物分子较小的选用分子筛,分子较大应选用活性炭或硅胶;对无机污染物宜用活性氧化铝或硅胶,对有机蒸气或非极性分子则用活性炭。

3. 气态污染物的催化净化方法

催化净化是在催化剂作用下,将废气中气态污染物转化为无害物质排放,或者转化成其他更易除去的物质的净化方法。催化转化有催化氧化和催化还原两种。催化氧化法,如废气中的SO_2在催化剂(V_2O_5)作用下可氧化为SO_3,用水吸收变成硫酸而回收,再如各种含烃类、恶臭物的有机化合物的废气均可通过催化燃烧的氧化过程分解为H_2O与CO_2向外排放。催化还原法,如废气中的NO_x在催化剂(铜铬)作用下与NH_3反应生成无害气体N_2。

6.2.5 水泥行业大气污染治理

中国水泥生产总量连续多年保持世界产量第一。作为重污染行业,水泥生产的污染物排放量也在不断增加,水泥生产过程中不仅产生大量烟尘、粉尘,还生成二氧化硫(SO_2)、氮氧化物(NO_x)、氟化物、二氧化碳(CO_2)、一氧化碳(CO)等有害气体而污染大气。2000年全国水泥企业的粉尘排放量就达到了768万吨,占全国粉尘排放总量的70.13%,SO_2排放占全国排放总量的5%~6%,NO_x排放占全国排放总量的12%~15%。

1. 水泥行业粉尘治理

水泥、钢铁、火力发电是目前我国粉尘污染较为严重的三大行业,而水泥行业的排尘量则位居三行业之首,占三行业总排放量的60%,堪称粉尘排放大户。寻求有效的治理技术及科学的环境管理方法,已经成为水泥行业实施可持续发展的重要途径。

水泥行业最突出的环境问题是粉尘污染,粉尘治理的好坏,反映了其污染治理水平的高低。水泥行业既是中国的支柱产业,也是重污染行业。

(1)水泥生产的产污量分析

① 原料的开采和加工。石料作为生产原料,必须经过两级破碎、保证粒径在20 mm的范围内,以达到粉磨要求。开采和一级破碎时约有20%的粉尘扬散到大气中,而在二级破碎时扬散率达40%。

② 生产配料和输送。在水泥原料的过筛、输送、处理和贮存、包装等环节,产生大量的无组织粉尘排放,排放量约占总产量的0.1%左右,即1 kg/(t 物料)(见表6.2)。

③ 生料粉磨。生料粉磨是将一定比例的石灰石、粘土等进行混合和研磨的过程。生料粉磨产生粉尘,而粉磨过程中使用热风炉产生燃烧废气。

表6.2 石料处理过程中颗粒物的排放量

加工类型	无控制总量 /(kg·t^{-1})	降落于厂内 /%	粉尘排放 /(kg·t^{-1})
干破碎操作			
开采和一级破碎	0.25	80	0.05
二级破碎和过筛 (20×20mm粒径)	0.75	60	0.3
三级破碎和过筛	3	40	1.8
细研磨			2.25
过筛、输送和处理、贮存			1

(2)粉尘排放

生料粉磨的产污强度取决于磨的转速、排风速率、配比原料的粒径大小和强度等,生料磨的产尘强度为4~35 kg/(t 物料),见表6.3。

表 6.3 水泥厂主要设备含尘气体排放情况

设备名称	排气[M³(N)·kg⁻¹]	含尘浓度/(g·m⁻³(N))	粉尘排/(kg·t⁻¹)
生料磨(自然排风)	0.4~1.5	10~20	4~35
立窑	2~3.5	1~10	2~35
水泥磨(机械排风)	0.4~1.5	40~80	16~120

(3) 燃烧废气

生料磨的烘干分为磨内烘干和磨外烘干两类。水泥企业大多采用磨外烘干的管式粉磨机,并在磨机的机头配套使用1台热风炉以加热原料并除去一定的水分。热风炉采用手工加煤,耗煤量为 0.13~0.15 吨/(天·台)。生产 1 t 物料需耗煤约 117 kg。

另外,少部分水泥厂使用带有磨内烘干功能的生料磨,对这类生料磨,应当结合磨机的实际能耗量进行排污量核定。

(4) 烘干

烘干机能源消耗量大,中小型水泥厂均尽量外购干物料以减少烘干机的使用。但对于含水量较大的粘土、水渣等物料必需使用烘干机。

① 烘干的工艺尾气排放,见表 6.4。

表 6.4 部分物料烘干的粉尘排放情况

被烘干物料名称	排气量/[M³(N)·kg⁻¹]	含尘浓度/(g·m⁻³(N))	粉尘排放/(kg·t⁻¹)
粘土	1 200	10~40	12~48
矿渣	1 500	10~40	15~60

② 燃烧废气排放。物料烘干一般采用烟煤作燃料。烘干机的燃料消耗与物料的含水率和物料的硬度有关。据统计,一般烘干 1 t 物料需要耗煤 22~25 kg。

(5) 煅烧

煅烧工艺的特点是煅烧过程中,产生大量的粉尘、SO_2、NO_x、F^- 等污染物质。

(6) 水泥粉磨

因粉磨工序加入的物料硬度和粒径较小,所以粉尘排放量较大。水泥粉磨的产尘强度达 16~120 kg/(t 水泥)(见表 6.3)。

2. 水泥行业有害气体的危害及其防治

(1) 主要有害气体与危害

① 二氧化硫(SO_2)。水泥工业废气中的 SO_2,主要来源于水泥原料或燃料中的含硫化合物,及在高温氧化条件下生成的硫氧化物。对于新型干法生产来说,硫和钾、钠、氯一样,是引起预热器、分解炉结皮堵塞的重要因素之一,是一种对生产有害、需要加以限制的一种组分。由于在水泥回转窑内存在充足的钙和一定量的钾钠,所形成的硫酸盐挥发性较差、有 80% 以上残留在熟料中,因而在废气中排放的 SO_2,和其他工业窑炉(如电力锅炉)相比要少许多。而对于干法中空窑、立窑和湿法水泥生产工艺而言,所排放的 SO_2 量相对要比新型干法生产大得多。

② 氮氧化物(NO_x)。在水泥生产过程中排放的 NO_x,主要来源于燃料高温燃烧时,燃烧

空气中的 N_2 在高温状态下与氧化合生成。其生成量取决于燃烧火焰温度,火焰温度越高,N_2 被氧化生成的 NO_x 量越多。在新型干法生产系统中,由于 50%～60% 的燃料是在温度较低的分解炉中燃烧的,因此从新型干法生产系统中排放的 NO_x 远低于传统生产方法。据估计,我国水泥工业每年排放的 NO_x 约为 100 万 t。氮氧化物中,NO 和 NO_2 是两种最重要的大气污染物。

③ 氟化物。熟料烧成过程产生的氟化物来自于原燃料。有些粘土中含有氟,特别是目前我国部分立窑厂出于降低热耗的目的,以含氟矿物(萤石)掺入生料中,在烧成中虽然大部分氟化物和 CaO、Al_2O_3 形成氟铝酸钙熔于熟料中,但仍有少部分在高温下会产生一种或多种挥发性含氟的无机化合物排放到大气。若存在硅酸盐化合物,则会形成 SiF_4 排入大气,SiF_4 进一步水解,生成氟化氢(HF)有毒气体。防治氟化物污染的可靠办法就是不用含氟化物高的物质作为原料,更不用萤石来降低烧成温度。

④ 一氧化碳(CO)。水泥煅烧过程中由于碳的不完全燃烧会产生少量 CO,属易燃物质;使用电除尘器处理窑尾废气时,常因废气中 CO 浓度过高而引起爆炸。在立窑窑面或检修除尘器时,不时发生 CO 中毒事件。

⑤ 二氧化碳(CO_2)。水泥生产过程产生的 CO_2 气体主要由水泥熟料煅烧窑炉及烘干设备排放。其中,在水泥煅烧窑中排放的 CO_2,主要来源于水泥原料中碳酸盐分解和燃料燃烧。当前,生产水泥熟料的主要原料为石灰石,普通硅酸盐水泥熟料氧化钙质量分数为 65% 左右,根据化学反应方程式($CaCO_3 \rightleftharpoons CaO + CO_2$)算出:每生产 1 t 水泥熟料,仅石灰石分解一项就要生成 0.511 t 的 CO_2。至于由燃料燃烧所产生的 CO_2,则与耗用燃料的发热量及数量有关。若水泥厂用的燃料煤发热量为 22 000 kJ/kg 时,约含有 65% 的固定碳,则根据化学反应方程式($C + O_2 \rightleftharpoons CO_2$)可知,碳完全燃烧时,每吨煤将产生 2.38 t 的 CO_2。水泥生产过程所用燃料分为熟料烧成用燃料和原燃料烘干用燃料,熟料烧成用燃料的多少与生产水泥熟料的生产工艺及规模有关,现行我国各水泥生产工艺、规模和热耗的关系见表 6.5。烘干用燃料的多少与对余热的利用程度和原燃料的自然水分有关,不考虑烘干物料对余热的利用,按原燃料的自然水分为 18%、生产 1 t 熟料需烘干 0.5 t 左右原燃料计算,烘干用煤约为 0.02 t。

表 6.5 不同水泥生产工艺、规模对应的熟料单位热耗

工艺及规模	普通机立窑	立波尔窑	湿法窑	中立窑	预热器窑	中小预分解窑	大型分解窑
每吨熟料热耗 /kJ	4 400	3 762	6 072	5 280	3 762	3 400	3 100
每吨熟料烧成用煤 /t	0.200	0.171	0.276	0.24	0.171	0.155	0.141

注:煤的低位热值以 22 000 kJ/kg 计算。

从表 6.5 可见,随生产工艺的不同,生产 1 t 熟料需 0.141～0.276 t 煤,即生产 1 t 熟料由烧成和物料烘干因煤燃烧产生的 CO_2 为 0.383～0.704 t。以上两项相加,每生产 1 t 水泥熟料要排放 0.894～1.215 t 的 CO_2。按我国目前水泥生产平均水平估算,每生产 1 t 水泥熟料,约排放 1 t 的 CO_2。另外,水泥生产过程中每生产 1 t 水泥平均消耗 100 kW·h 电能,若把由煤燃烧产生电能排放的 CO_2 计算到水泥生产上,生产 1 t 水泥因电能消耗排放的 CO_2 为 0.12 t。2007 年中国生产水泥 13.5 亿吨,其中水泥熟料约 9.72 亿吨(按 1 t 水泥 0.72 t 熟料估算),据此计算,我国 2007 年因水泥生产排入大气中的 CO_2 约 11.34 亿吨。数量之大,令人瞠目。

(2) 主要有害气体的防治

① 二氧化硫污染治理技术。水泥生产中减少 SO_2 排放有下列几种措施：更换原料，在生料磨内吸收，加消石灰 $Ca(OH)_2$，设 D—SOX 旋风筒，设水洗塔等。目前我国水泥工业采用的只是在生产过程中尽量减少 SO_2 产生的一些方法，其中最简单有效的方法就是新型干法生产线选择合适的硫碱比，同时采用窑磨一体机运行和袋式除尘器除尘。采用窑磨一体的废气处理方式，把窑尾废气引入生料粉磨系统。在生料磨内，由于物料受到外力的作用，产生大量的新生界面，具有新生界面的 $CaCO_3$ 有很高的活性，在较低的温度下，能够吸收窑尾废气中的 SO_2；同时生料磨中，由于原料中水分的蒸发，有大量水蒸气存在，加速了 $CaCO_3$ 吸收 SO_2 的过程，把 SO_2 转变成 $CaSO_4$，使窑尾废气中的 20%～70% 的 SO_2 固定在物料中。由于袋除尘器的滤袋表面捕集的碱性物质与试图通过滤袋的 SO_2，NO_2 酸性物质能结合成盐类，从而使酸性气体的浓度可削减 30%～60%。

② 氮氧化物的污染防治。防治 NO_x 的首要措施就是优化窑和分解炉的燃烧制度，保持适宜的火焰温度和形状，控制过剩空气量，确保喂料量和喂煤量均匀稳定，保障篦式冷却机运行良好，采用低 NO_x 的喷煤管等。采取这些措施后，可使 NO_x 降到 1 000 mg/m³ 以下是可能的。但是要执行修订后的新排放标准(GB4915—2004)，同时考虑窑操作不正常情况，还需设置专门的脱氮措施。下面简单介绍一下氨还原脱氮法。氨还原脱氮法是用 NH_3 非接触性地消除废气中的 NO，此法是由美国 Exxon 研究和工程公司开发的，并于 1974 年在原联邦德国获得专利，此后得到了进一步发展。该方法的主要原理是：NH_3 首先和 OH 反应生成 NH_2 和 H_2O，NH_2 再与 NO 反应生成各种中间产物和分子氮、水等化合物，从而消除 NO。其反应式如下：

$$NH_3 + OH \longrightarrow NH_2 + H_2O$$
$$NH_2 + NO \longrightarrow N_2 + H_2O$$

此外，在还原性气氛条件下，由于存在 CO、H_2 等还原性气体，在生料中存的 Fe_2O_3 和 Al_2O_3 的催化作用下，可以将已被氧化生成的 NO_x 还原成为无害的 N_2，从而大大降低了 NO_x 排放。NO_x 的这一反应机理，为水泥窑降低 NO_x 排放的措施指出了努力方向。

③ 二氧化碳减排。

i. 减排途径。用大、中型新型干法水泥生产线代替其他高热耗水泥工艺生产线。此种窑生产每吨熟料烧成用煤的 CO_2 排放量分别是普通机立窑、立波尔窑、湿法窑、中空窑、预热器窑、小型预分解窑的 68.2%，79.8%，49.9%，56.8%，68.2%，88%。据测算，若把单位熟料热耗大于 3 400 kJ/kg 的生产线全部改造成热耗小于 3 400 kJ/kg 的大、中型新型干法生产线，则熟料烧成煤耗的降低将减排相应 9% 的二氧化碳温室气体。

ii. 余热利用，减排 CO_2 排放量。一是用废气的余热烘干原燃料可省去烘干用煤，生产每吨水泥熟料可省去烘干用煤 0.02 t，减少 0.047 6 t 的 CO_2 排放；二是低温余热发电，目前窑、磨一体化的新型干法水泥生产工艺，一般生料磨仅用窑尾废气的 70%，其余用于余热发电，窑头冷却熟料的废气可全部用于余热发电。一些水泥厂低温余热发电的平均数据证实：生产 1 t 水泥熟料可发电 30 kWh。据测算一条年产 150 万 t(5 000 t/d)水泥熟料的新型干法生产线配套余热发电系统，每年可减排二氧化碳 5 万多吨。

iii 采用替代燃料减排 CO_2。用城市生活垃圾等可燃性废弃物替代煤煅烧水泥熟料，在提供同样热量的情况下，用可燃性废弃物中含有碳的总量少于煤，燃烧后排出的 CO_2 总量也少于煤。据近年来英、美等国水泥行业利用可燃废料的经验表明,在相同单位热耗的情况下,其生产 1t 熟料所产生的温室气体 CO_2 的数量,一般只有烧煤时的一半左右。

iv. 改变原料或熟料化学成分减排 CO_2。这可从下面两方面着手进行,第一,用不产生 CO_2 且含有 CaO 的物质。如用化工行业的电石渣(其主要成分为 $Ca(OH)_2$,1t 无水电石渣含 0.54 t 的 CaO)作为水泥生产原料就不会排出 CO_2。与用石灰石生产相比,每利用 1 t 无水电石渣相当于减排 0.424 t 的 CO_2。又如经高温煅烧的废渣——高炉矿渣、粉煤灰、炉渣中,都含有比黏土中更多的 CaO,用这些工业废渣配料生产能减少配料中石灰石的比例,由此可降低石灰石分解 CO_2 的排放量;这些废渣每提供 1 t 的 CaO,就可减排 0.785 7 t 的 CO_2。若全用电石渣提供水泥熟料中的 CaO,生产每吨水泥熟料减排 0.511 t 的 CO_2。以一条 2 000 t/d 新型干法生产线全部用电石渣替代石灰石生产计算,一年就可减排 30.66 万吨的 CO_2。另外,上述废渣作为原料生产水泥还能降低熟料烧成温度,从而降低煤耗,也减排 CO_2。第二,降低水泥熟料中 CaO 的含量。目前,国内外进行低钙水泥熟料体系的研究和开发,即降低熟料组成中 CaO 的含量,相应增加低钙贝利特矿物的含量,或引入新的水泥熟料矿物,可有效降低熟料烧成温度,减少生料石灰石的用量,降低熟料烧成热耗。低钙高贝利特水泥可把熟料中 CaO 质量分数降到 45%,比现行硅酸盐水泥熟料少排 10% 左右(约 0.16 t)的 CO_2。

v. 提高熟料强度和减少水泥中熟料含量。第一,大力发展绿色高性能混凝土代替常规混凝土。1994 年吴中伟院士提出了绿色高性能混凝土(GHPC)的概念,GHPC 具有以下特点:大量使用工业废渣为主的细掺料、复合细掺料和复合外加剂代替部分熟料,从而使原料、能源消耗及 CO_2 排放量大大减少。国外已成功地用磨细矿渣和优质粉煤灰替代 50% 以上熟料制作 GHPC;由于 GHPC 的高强度和综合性能优,因而在保持足够承重的前提下,可减小结构截面面积或结构体积,从而能减少混凝土用量和减少混凝土中的水泥用量,因而能实现 CO_2 的减排。第二,减少水泥熟料用量。一是在保证水泥性能的前提下,磨制水泥时多加混合材;二是在拌制混凝土时使用水泥替代材料。例如:国内用磨细高炉矿渣替代水泥已达 40% 左右,国外某研究单位的替代量已到 80% 以上;我国进行的高掺量粉煤灰水泥研究,也为水泥工业减排 CO_2 提供了技术途径。此外,可提高建筑质量标准,扩大高质量、高标号水泥的生产和应用,也是水泥工业减排 CO_2 的一条技术途径。

vi. 引进、开发更为先进的烧成技术。熟料的理论热耗约为 1 759 kJ/kg,自 20 世纪 70 年代发明预分解技术及其后来进行的一系列技术研究与技术改进,目前熟料热耗已降到 2 929 kJ/kg,热效率已达 60%。但要进一步降低熟料热耗,必须研制开发更新的窑型(如日本研制的沸腾层煅烧流态化窑等);同时采取其他一系列辅助措施,如改进预热器系统、提高换热效率、降低阻力损失等。其中沸腾煅烧工艺被认为是目前煅烧水泥熟料的最先进技术,其主要特征是取消回转窑,在传热效率更高的流化床中完成水泥的煅烧;且占地面积小、热效率高,NO_x 和 CO_2 的排放量也随之减少。

6.2.6 玻璃行业大气污染治理

从玻璃熔炉中排出的烟尘、粉尘成分与数量主要由生产玻璃的种类、熔炉的大小、热回收装置等决定的。玻璃制造过程中产生的大气污染物有粉尘、SO_x、NO_x 等。

粉尘主要来源于原料的贮藏、粉碎、筛分、搬运、混合工序中的原料飞散,还有一部分是由于原料在炉内燃烧产生的。为消除污染,常用的除尘设施有电除尘器、布袋除尘器、文丘里除尘器、旋风除尘器等。

玻璃熔炉排出废气中的 SO_x，主要来自燃料中的含硫成分。另外，有一少部分来源于用作钠钙玻璃澄清剂的芒硝分解产生的。减少硫化物的大气污染可采取使用低硫燃料、采用高烟囱和安装排烟脱硫装置等方法。

玻璃熔炉中的 NO_x 是燃料燃烧以及玻璃原料中添加的少量硝酸盐分解后产生的，但是很多熔炉并不使用硝酸盐，所以后者并不具有普遍性。

由燃料燃烧产生的 NO_x，分为燃料 NO_x 和热 NO_x 两种。但由于玻璃熔炉是在高温条件下作业，所以从 NO_x 量上来看，几乎都是热 NO_x。另外，使用硝酸盐的熔炉，在硝酸盐分解后产生的 NO_x，一旦混入高温废气中，几乎全部变成了 NO 的形态。因此，玻璃熔炉排出的废气中所含的 NO_x，约 95% 为 NO，NO_2 仅占 5% 左右。

(1) 粉尘消减法

玻璃熔炉排出的废气中，既有由燃料的燃烧或原料的分解产生的硫氧化物(SO_x)，又有由燃料燃烧或原料的飞散、挥发而产生的粉尘和一些有害物；还有，由于在燃烧过程中空气中的氮和氧在高温下反应而产生的氮氧化物(NO_x)。其中，在原料的贮藏、调和、输送投入等工序中产生的粉尘，通常粒度为 $10 \sim 100~\mu m$，我们将废气中的粉尘作特别处理。具有代表性的是钠钙玻璃熔炉中产生的废气和粉尘，见表 6.6。

表 6.6 钠钙玻璃熔炉的废气性质状态

废气（温度 400～600 ℃）		粉尘		
O_2	8%～9%	主要成分	$NaHSO_4$	Na_2SO_4
CO_2	10%	含尘浓度	$0.2\sim0.4~g/m^3$	—
H_2O	10%		$0.5~\mu m$	25%
SO_x	$(500\sim1~500)\times10^{-6}$	粒度	$0.5\sim0.3~\mu m$	50%
	(其中 $SO_3(100\sim300)\times10^{-6}$)		$0.3\sim0.1~\mu m$	20%
NO_x	$(400\sim600)\times10^{-6}$		$0.1~\mu m$	5%

玻璃熔炉产生的粉尘，是由燃料燃烧时产生的烟尘、燃料中原有的含灰量、重金属、还有玻璃原料炉中产生的飞灰、蒸发物凝结的蒸汽等组成的。

首先，燃料经过燃烧，废气中的烟尘量，按气体燃料、液体燃料、固体燃料的顺序增多。燃料中的含灰量也是按着这个顺序依次增多，但是为了防止烟尘的产生，如果再按着这个次序，与所需燃烧空气进行均匀地混合，就很困难。因此，只有实现从固体、液体燃料向气体燃料的转换，才能降低烟尘。

液体燃料中，从汽油、轻油类轻质油易产生烟尘。特别是喷雾油滴附着壁面，或是火焰烧向低温壁面，都容易产生烟尘。控制烟尘产生的办法有：① 保持燃烧器良好雾化状态；② 留意燃烧用空气的供给情况；③ 炉（宽度、高度）与火焰的形状保持适当关系。此外，还要保证适当的热负荷，如果超过熔化能力以上，过度燃烧燃料，就会产生烟尘。同时还要留意燃料的使用效果。

其次，玻璃炉内由玻璃原料（配合料）表层随火焰飞出的飞散物卷入废气中而产生的飞灰。飞灰量的多少主要取决于原料的状况和投入方法。减少飞灰可以从调湿配合料和粒度方面考虑，并且还需留意燃烧火焰的方向。最好的方法是将火焰调整至不直接喷到配合料的表面。

(2) SO_x 削减法

玻璃熔炉废气中产生 SO_x 的原因通常有以下两种：①C 重油等燃料中硫分燃烧；② 玻璃原料中的芒硝（Na_2SO_4）等硫酸盐分解而产生。

芒硝或石膏不是作为主原料，而是作为控制澄清或熔化的辅助原料，代替一部分纯碱（Na_2CO_3）或碳酸钙（Ca_2CO_3）使用，使用量较少。削减 SO_x 的办法是使用含硫量少的燃料，降低原料中的硫酸盐的使用量。然而，现在的平板玻璃熔炉大量使用重油，一般都安装排烟脱硫设备。

(3) NO_x 削减法

玻璃熔炉产生 NO_x 的原因，是由燃料的燃烧和原料中有少量的氧化澄清剂——硝酸盐分解后产生的（不使用硝酸盐的熔炉也很多）。

燃料在燃烧时产生的 NO_x，分为两种，一种是燃料中的 N_2 经过氧化生成的原料 NO_x，另一种是燃烧空气中的 N_2 与 O_2 在高温下剧烈反应生成的热 NO_x。玻璃熔炉一般都是在高温下运行，所以热 NO_x 占大部分。

减少玻璃熔炉的 NO_x，有以下几个问题：① 通常从原料表面加热，为保证熔化玻璃的品质，炉内温度必须保持 1 400～1 600 ℃ 的高温。并且为达到热效率点，要求具有高辉度的燃烧火焰；② 由于熔化玻璃需着色或澄清，所以炉内的氧化还原程度受到限制。炉内气氛大多在偏氧状态下运行；③ 不论液体还是气体，由于与二次空气的混合不均匀，火焰的湿度分布也不一样，因此实时把握火焰各点的温度、氧的分压、残留碳、流速等情况非常困难。

6.3 水污染控制

人类习惯于把水看做取之不尽、用之不竭的最廉价的自然资源，但随着人口的膨胀和经济的快速发展，水资源短缺的现象正在很多地区相继出现，水污染及其所带来的危害更加剧了水资源的紧张，并严重破坏了自然界的生态平衡，对人类自身的生存和进一步发展也构成了严重威胁，因此，切实防治水污染、保护水资源已成为当今人类的迫切任务。

6.3.1 水循环

1. 水的自然循环

自然界中的水并不是静止不动的，在太阳辐射及地球引力的作用下，水的形态不断发生液态－气态－液态的循环变化，并在海洋、大气和陆地之间不停息地运动，从而形成了水的自然循环。例如，海水蒸发为云，随气流迁移到内陆，与冷气流相遇，凝为雨雪而降落，称为降水。一部分降水沿地表流动，汇于江河湖泊；另一部分渗于地下，形成地下水流。在流动过程中，两种水流不时地相互转化或补给，最后又复归大海。这种发生在海洋与陆地之间全球范围的水分运动，称为大循环或海陆循环，它是陆地水资源形成和赋存的基本条件，是海洋向陆地输送水分的主要作用。那些仅发生在海洋或陆地范围内的水分运动，称为小循环。不论何种循环，使水蒸发的基本动力是太阳热能，使云气运动的动力是密度差。自然界水分的循环和运动是陆地淡水资源形成、存在和永续利用的基本条件。水的自然循环如图 6.13 所示。

2. 水的社会循环

水的社会循环是指人类为了满足生活和生产的需求，不断取用天然水体中的水，经过使

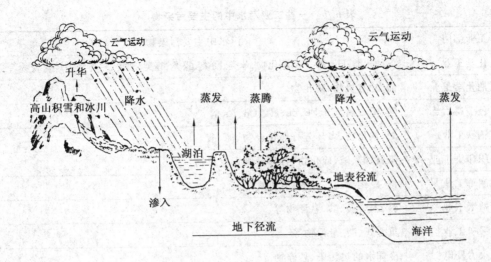

图 6.13 水的自然循环示意图

用,一部分天然水被消耗,但绝大部分却变成生活污水和生产污水排放,重新进入天然水体。

与水的自然循环不同,在水的社会循环中,水的性质在不断地发生变化。工业生产用水量很大,除了用一部分水作为工业原料外,大部分是用于冷却、洗涤或其他目的,使用后水质也发生显著变化,其污染程度随工业性质、用水性质及方式等因素而变。在水的社会循环中,生活污水和工农业生产污水的排放,是形成自然界水污染的主要根源,也是水污染防治的主要对象。

6.3.2 我国水资源的特点

我国的水资源总量并不贫乏,约为 28 124.4 亿立方米,其降水量为 60 000 亿立方米左右,相当于全球陆地总降水量的 5%,占世界第三位。多年平均地表径流量为 27 115 亿立方米,仅少于巴西、苏联、加拿大、美国和印尼,居世界第六位。年均地下水资源量为 8 288 亿立方米。但由于我国人口众多,按人均年径流量计,仅为每人每年 2 400 m^3,相当于世界人均占有量的 1/4,位于世界各国的第 88 位,因此,我国水资源相当贫乏。

在水资源开发利用过程中,出于对需水量的快速增长,人类凭借日益先进的科学技术手段,几近掠夺式地索取水资源,从而导致江河断流,地下水位持续下降,甚至地面下沉,海水倒灌。同时,大量人类生活、生产过程中产生的废弃物和污水被排放到水体中,造成了严重的污染,进一步加剧了可用水资源的短缺,对社会经济的发展以及人类健康产生了多方面的不利影响。

由于工业的迅速发展,工业污水的水量及水质污染量很大,它是最重要的污染源,工业污水主要有采矿及选矿污水、金属冶炼污水、炼焦煤气污水、机械加工污水、石油工业污水、化工污水、造纸污水、纺织印染污水、制革污水、食品工业污水等来源。

一些工业污水中所含的主要污染物见表 6.7。

表 6.7　一些工业污水中的主要污染物

工业部门	污水中主要污染物
化学工业	各种盐类、Hg、As、Cd、氰化物、苯类、酚类、醛类、醇类、油类、多环芳香烃化合物等
石油化学工业	油类、有机物、硫化物
有色金属冶炼	酸、重金属、Cu、Pb、Zn、Hg、Cd、As 等
钢铁工业	酚、氰化物、多环芳香烃化合物、油、酸
纺织印染工业	染料、酸、碱、硫化物、各种纤维素悬浮物
制革工业	铬、硫化物、盐、硫酸、有机物
造纸工业	碱、木质素、酸、悬浮物等
采矿工业	重金属、酸、悬浮物等
火力发电	冷却水的热污染、悬浮物
核电站	放射性物质、热污染
建材工业	悬浮物
食品加工工业	有机物、细菌、病毒
机械制造工业	酸、重金属 Cr、Cd、Ni、Cu、Zn 等、油类
电子及仪器仪表工业	酸、重金属

工业污水具有排放量大、污染范围广、排放方式复杂、种类繁多、浓度波动幅度大、污染物质毒性强危害大、恢复比较困难的特点。

6.3.3　污水处理

按处理过程中发生的变化分类,污水处理方法可分为物理处理法、化学处理法、物理化学法和生物处理法。

1. 污水的物理处理方法

物理处理方法是利用物理作用来分离水中的悬浮物,处理过程中只发生物理变化,主要用于分离污水中的悬浮物质,常用的方法有重力分离法、离心分离法、过滤法以及蒸发结晶法等。该方法最大的优点是简单、易行,并且十分经济。

(1) 格栅和筛网

筛滤是去除污水中粗大的悬浮物和杂物,以保护后续处理设施能正常运行的一种预处理方法。筛滤的构件包括平行的棒、条、金属网、格网或穿孔板,其中由平行的棒和条构成的称为格栅;由金属丝织物或穿孔板构成的称为筛网。格栅去除的是那些可能堵塞水泵机组及管道阀门的较粗大的悬浮物;而筛网去除的是用格栅难以去除的呈悬浮状的细小纤维。

根据清洗方法,格栅和筛网都可设计成人工清渣或机械清渣两类。当污染物量大时,一般应采用机械清渣,以减少工人劳动量。

格栅是由一组平行的金属栅条制成的框架,斜置在污水流经的管道上或泵站集水池的进口处,或取水口进口端部,用以截留水中粗大的悬浮物和漂浮物,以免堵塞水泵及沉淀池的排泥管。格栅通常是污水处理流程的第一道设施。

格栅本身的水流阻力并不大,水头损失只有几厘米,阻力主要产生于筛余物堵塞栅条。一般当格栅的水头损失达到 10～15 cm 时就该清洗。截留在格栅上的污染物,可用手工清除或机械清除。目前许多污水处理厂,为了消除卫生条件恶劣的人工劳动,一般都改用机械自动清除式格栅。

格栅按形状可分为平面格栅和曲面格栅两种,按格栅栅条的间隙,可分为粗格栅(50～100 mm)、中格栅(10～40 mm)、细格栅(3～10 mm)三种。

新设计的污水处理厂一般都采用粗、中两道格栅,甚至采用粗、中、细三道格栅。我国目前采用的机械格栅的栅条间距大都在 20 mm 以上,多采用 50 mm 左右。机械格栅的间距过小则易使耙齿卡在格栅间。机械格栅的倾斜度较人工格栅的大,一般为 60°～70°,采用电力系统或液压系统传动。齿耙用链条或钢丝绳拉动,移动速度一般为 2 m/min 左右。

筛网主要用于截留尺寸在数毫米至数十毫米的细碎悬浮态杂物,尤其适用于分离和回收污水中的纤维类悬浮物和动植物残体碎屑。这类污染物容易堵塞管道、孔洞或缠绕于水泵叶轮。用筛网分离具有简单、高效、运行费用低廉等优点。

筛网过滤装置很多,有振动筛网、水力筛网、转鼓式筛网、转盘式筛网、微滤机等。不论何种形式,其结构既要截留污物,又要便于卸料及清理筛面。

可将收集的筛余物运至处置区填埋或与城市垃圾一起处理;当有回收利用价值时,可送至粉碎机或破碎机磨碎后再用;对于大型系统,也可采用焚烧的方法彻底处理。

(2) 沉淀与上浮

沉淀与上浮是利用水中悬浮颗粒与水的密度差进行分离的基本方法。当悬浮物的密度大于水时,在重力作用下,悬浮物下沉形成沉淀物;当悬浮物的密度小于水时,则上浮至水面形成浮渣(油)。通过收集沉淀物和浮渣可使水获得净化。沉淀法可以去除水中的砂粒、化学沉淀物、混凝处理所形成的絮体和生物处理的污泥,也可用于沉淀污泥的浓缩。上浮法主要用于分离水中轻质悬浮物,如油、苯等,也可以让悬浮物粘附气泡,使其视密度小于水,再用上浮法除去。

① 沉淀。沉淀是水处理中广泛应用的一种方法,主要用于去除粒径在 20～100 μm 以上的可沉固体颗粒。对胶体粒子(粒径为 1～100 nm)和粒径为 100～10 000 nm 的细微悬浮物来说,由于布朗运动、水合作用,尤其是微粒间的静电斥力等原因,它们能在水中长期保持悬浮状态,因此不能直接用重力沉降法分离,而必须首先投加混凝剂来破坏它们的稳定性,使其相互聚集为数百微米以至数毫米的絮凝体,才能用沉降、过滤和气浮等常规固液分离法予以去除。

大部分工业污水含有的无机或有机悬浮物,可通过沉淀池实现沉淀。对沉淀池的要求是能最大限度地除去污水中的悬浮物,以减轻其他净化设备的负担。沉淀池的工作原理是让污水在池中缓慢地流动,使悬浮物在重力作用下沉降。根据其功能和结构的不同,可以建造出不同类型的沉淀池。根据污水在池中的流动方向,可将沉淀池分为平流式、竖流式、辐流式和旋流式四种基本形式,它们各具特点,可适用于不同的场合。如平流式池,构造简单,沉淀效果较好,但占地面积较大,排泥存在的问题较多,目前大、中、小型污水处理厂均有采用;竖流式池,占地面积小,排泥较方便,且便于管理,然而池深过大,施工困难,使池的直径受到了限制,因此一般仅适用于中小型污水处理厂使用。

污水经过沉淀池处理以后得到了一定程度的净化,但同时却产生了污泥或沉渣,因此,从控制污染的需要出发,尚须对这些污泥或沉渣进行妥善的处理或处置。

② 上浮与气浮法。在工业中排放含油和低密度固体的污水治理中,常利用密度差以上浮或气浮法分离污水中低密度的固体或油类污染物。此法可以去除污水中 60 μm 以上的油粒,以及大部分固体颗粒污染物。

污水中的油类污染物质,除重质焦油的比重大于 1.1 外,其余的油类物质的比重均小于 1,并以四种状态存在于水中。直径大于 60 μm 的分散性颗粒,是易从污水中分离出来的可浮油,漂浮在水面而被除去,石油类污水中这种状态的油含量约占 60%~80%;细分散的油和乳化油,粒径约为 10~60 μm,不易上浮,且难以从污水中除去,通常采用强制气浮的办法除去;溶解油,一般油品的溶解度都很小,约为 5~15 mg/L,难于用物理法分离出来。

气浮法就是在污水中通入细小而均匀的气泡使难沉降的固体颗粒或细小的油粒等乳状物粘附上许多气泡,成为一种絮凝体,借气泡上浮之力带到水面上来,形成浮渣或浮油而被除去。气浮法可以从污水中分离出脂肪、油类、纤维和其他低密度的固体污染物,可用于浓缩活性污泥处理法排出的污泥以及化学混凝处理过程中产生的絮状化学污泥等。

气浮法按气泡产生的不同方式,分为鼓气气浮、加压气浮和电解气浮。产生气泡的方法一般分两种:一是溶气法,将气体压入盛有污水的溶气罐中,在水-气充分接触下,使气在水中溶解并达到饱和,故又称加压溶气气浮。此种气泡的直径一般小于 80 μm;二是散气法,主要采用多孔的扩散板曝气和叶轮搅拌产生气泡,因此气泡直径较大,约为 1 000 μm。试验表明,气泡的直径越小,能除去的污染物颗粒就越细,净化效率也越高,故目前工业污水处理中,多采用溶气法。

对于含油类物质的工业污水,常先采用隔油池去除可浮油,再采用气浮法除去乳化油,然后根据需要再采取其他处理方法,使其进一步净化。

(3) 过滤

过滤是去除悬浮物,特别是去除浓度比较低的悬浊液微小颗粒的一种有效方法。过滤时,含悬浮物的水流过具有一定孔隙率的过滤介质,水中的悬浮物被截留在介质表面或内部而除去。

滤料的种类、性质、形状和级配等是决定油层截留杂质能力的重要因素。滤料的选择应满足以下要求:

① 滤料必须具有足够的机械强度,以免在反冲洗过程中很快地磨损和破碎。一般磨损率应小于 4%,破碎率应小于 1%,磨损破碎率之和小于 5%。

② 滤料化学稳定性要好,不少国家对滤料盐酸可溶率上限值有所规定,如日本规定不大于 3.5%,法国规定不大于 2%,并且对不同滤料,其值有所不同。

③ 滤料应不含有对人体健康有害及有毒物质,不含对生产有害、影响生产的物质。

④ 滤料的选择应尽量采用吸附能力强、截污能力大、产水量高、过滤出水水质好的滤料,以利于提高水处理厂的技术经济效益。

此外,滤料宜价廉、货源充足和就地取材,具有足够的机械强度、化学稳定性好和对人体无害的分散颗粒材料均可作为水处理滤料,如石英砂、无烟煤粒、矿石粒以及人工生产的陶粒滤料、瓷料、纤维球、塑料颗粒、聚苯乙烯泡沫珠等,目前应用最为广泛的是石英砂和无烟煤。

2. 污水的化学处理方法

污水的化学处理是利用化学反应的原理及方法来分离回收污水中的污染物,或是改变它们的性质,使其无害化的一种处理方法。化学法处理的对象主要是污水中可溶解的无机物和难以生物降解的有机物或胶体物质。

(1) 混凝法

化学混凝法简称混凝法,在污水处理中可以用于预处理、中间处理和深度处理的各个阶段。它除了除浊、除色之外,对高分子化合物、动植物纤维物质、部分有机物质、油类物质、微生物、某些表面活性物质、农药、汞、镉、铅等重金属都有一定的清除作用,所以它在污水处理中的应用十分广泛。

污水中的微小悬浮物和胶体粒子很难用沉淀方法除去,它们在水中能够长期保持分散的悬浮状态而不自然沉降,具有一定的稳定性。混凝法就是向水中加入混凝剂来破坏这些细小粒子的稳定性,首先使其互相接触而聚集在一起,然后形成絮状物并下沉分离的处理方法。前者称为凝聚,后者称为絮凝,一般将这两个过程通称为混凝。具体地说,凝聚是指使胶体脱稳并聚集为微小絮粒的过程,而絮凝则是使微絮粒通过吸附、卷带和架桥而形成更大的聚体的过程。

混凝剂的选择及使用量要根据污水的具体性质而定,总的原则是所用的混凝剂必须价廉、易得、使用量少、效率高,生成的混凝物易沉降分离。使用无机混凝剂时要注意其适用的 pH 值范围,一般在投加无机盐混凝剂后再添加 pH 值调节剂。对高分子混凝剂,为了充分发挥其在水中的化学架桥作用,应选用能在水中均匀分散、溶解、具有吸附活性基因(非离子型、阳离子型和阴离子型三类)的高分子化合物、水溶性高分子化合物。为了使其在水中处于较大的分散状态,一般先用纯水或软水溶解配成一定浓度的溶液,然后再加到待处理污水中去。因为这些高分子化合物往往会受到水质(如含有钙、铁盐和氧化剂的污水)的影响,使分子的扩散和离子基的离解受到抑制,处理效果下降。

常用的混凝剂有铁盐混凝剂(硫酸亚铁 $FeSO_4 \cdot 7H_2O$、三氯化铁 $FeCl_3 \cdot 6H_2O$)、铝盐混凝剂(硫酸铝 $Al_2(SO_4)_3 \cdot 18H_2O$、明矾 $Al_2(SO_4)_3 \cdot K_2SO_4 \cdot 18H_2O$、碱式氯化铝 PAC)、合成高分子絮凝剂(聚丙烯酰胺 PAM)等。

有时当单用混凝剂不能取得较好的效果时,可以投加某种称为助凝剂的辅助药剂来调节、改善混凝条件,提高处理效果。助凝剂主要起以下几个作用:① 通过投加酸性或碱性物质来调整 pH 值;② 投加活化硅胶、骨胶、PAM 等改善絮凝体结构,利用高分子助凝剂的吸附架桥作用以增强絮凝体的密实性和沉降性能。② 投加氯、臭氧等氧化剂,在采用 $FeSO_4$ 时,可将 Fe^{2+} 氧化为 Fe^{3+},当污水中有机物过高时,也可使其氧化分解,破坏其干扰或使胶体脱稳,以提高混凝效果。

常用的助凝剂有 PAM、活化硅胶、骨胶、海藻酸钠、氯气、氧化钙等。

(2) 氧化还原法

通过化学药剂与污水中的污染物进行氧化还原反应,从而将污水中的有毒有害污染物转化为无毒或者低毒物质的方法称为氧化还原法。

根据有毒有害物质在氧化还原反应中被氧化或还原的不同,污水中的氧化还原法又可分为药剂氧化法和药剂还原法两大类。在污水处理中常采用的氧化剂有空气中的氧、纯氧、臭氧、氯气、漂白粉、次氯酸钠、三氯化铁等,常用的还原剂有硫酸亚铁、氯化亚铁、铁屑、锌粉、二氧化硫等。

药剂氧化法中常用的方法有臭氧氧化法、氯氧化法、高锰酸钾氧化法等。

(3) 化学中和法

中和法就是使污水进行酸碱的中和反应，调节污水的酸碱度（pH 值），使其呈中性或接近中性或适宜于下步处理的 pH 值范围。以生物处理而言，需将处理系统中污水的 pH 值维持在 6.5～8.5，以便确保最佳的生物活力。

酸碱污水的来源很广，化工厂、化学纤维厂、金属酸洗与电镀厂等及制酸或用酸过程中，都排出大量的酸性污水。有的含无机酸如硫酸、盐酸等；有的含有机酸如醋酸等；也有的是几种酸并存的情况。酸具有强腐蚀性，碱危害程度较小，但在排至水体或进入其他处理设施前，均须对酸碱废液先进行必要的回收，再对低浓度的酸碱污水进行适当地中和处理。通常污水中除含有酸或碱以外，往往还含有悬浮物、金属盐类、有机物等杂质，影响了酸、碱污水的回收与处理。

通常采用的污水中和方法有均衡法和 pH 值直接控制法。

① 均衡法。以酸性污水和碱性污水混合中和为目的，即在均衡池中将酸性和碱性污水相混合。由于工业污水的水量和水质一般是不均衡的，往往随生产的变化而变化。为了进行水量的调节和水质的均和，减小高峰流量和高浓度污水的影响，需设置足够容积的均衡池作为预处理的一种设施或中和设备。若污水中和后达不到规定的 pH 值时，还需稍加废酸或废碱进行适当的调节。

② pH 值直接控制法。常用的方法有酸碱污水相互中和法、投药中和法和过滤中和法等。对于酸性污水，常用药剂法和过滤法进行中和。

投药中和法采用的药剂有石灰、废碱、石灰石和电石渣等，但最常用的是将石灰制成乳液湿投，石灰石粉碎成细粒后干投。处理流程中包括污水调节池、石灰乳配制槽或石灰石粉碎机、投药装置、混合反应池、沉淀池以及污泥干化床等。在混合反应池中，应进行必要的搅拌，防止石灰渣的沉淀。同时，污水在其中的停留时间一般不大于 5 min。沉淀池中的污水，可停留 1～2 h，产生的沉渣容积约为污水量的 10%～15%，沉渣含水率为 90%～95%，故应在干化床上脱水干化。投药中和法，因其劳动条件较差、处理成本高、污泥较多、脱水麻烦等原因，故只在酸性污水中含有重金属盐类、有机物或有廉价的中和剂时方才采用。

过滤中和法常以粒状的石灰石、大理石、白云石或电石渣等作为中和的滤料，酸性污水通过滤料进行中和过滤。中和硫酸污水时，宜采用白云石滤料。主要设备有：普通中和滤池，有升流式和降流式两种，滤层厚 1.0～1.5 m，滤料粒径 3～8 cm；等速升流式膨胀中和滤池，石灰石滤料及污水分别从池的顶部和底部进入，滤料粒径为 0.5～3 mm；高滤速（60～70 m/h）或高速变速升流膨胀中和滤池，滤料粒径为 0.5～6 mm，可以做到大颗粒不结垢，小颗粒不流失，加之污水升流式流动与产生二氧化碳气体的作用，使滤料膨胀，并互相碰撞及磨擦表面的不断更新，对酸性污水处理的效果很好；滚筒式中和器，石灰石滤料置于旋转滚筒中与酸性污水进行中和。

3. 污水的物理化学处理方法

物理化学法是运用物理和化学的综合作用使污水得到净化的方法，既可以是独立的处理系统，也可以是与其他方法组合在一起使用。其工艺的选择取决于污水的水质，排放成回收利用的水质要求、处理费用等。

(1) 离子交换

离子交换法是水质软化和去除水中盐的主要方法，在污水处理中用来去除金属离子和一些非金属离子,如可去除污水中的钙、镁、钾、钠离子以及氯离子、硫酸根离子等。这种方法的实质是利用不可溶解的离子化合物(称为离子交换树脂)上的可交换离子或基团与水中其他同性离子进行离子交换反应,类似化学中的置换反应。这种离子交换过程是可逆的。当离子交换树脂工作一段时间后,树脂被污水中的离子所饱和,不能继续交换时,可利用树脂交换过程可逆的性质,对树脂进行再生以恢复交换的能力。

离子交换树脂是采用高分子聚合物制成的,外观呈不透明或半透明的多孔状小球颗粒。其颜色有乳白、淡黄或棕褐色,树脂粒径一般为 $0.3\sim1.2~\text{mm}$。离子交换树脂含有大量可以离解的活性基团,在水中这些活性基团离解后可与水中的其他离子进行等当量的交换。离子交换树脂根据活性基团的性质可分为阳离子交换树脂和阴离子交换树脂两大类。

离子交换法的主要设备是离子交换柱,它是用耐腐蚀的金属材料制造的密闭容器,离子交换柱中放有离子交换树脂。

目前离子交换法广泛地用于去除污水中的有害离子,如水质软化中就用钠型阳离子交换柱来去除水中的钙、镁离子。当要求既去除污水中的阳离子又去除污水中的阴离子时,则要用阳离子交换柱和阴离子交换柱串联工艺。

(2) 吸附

多数吸附过程是一个可逆过程,吸附和解吸同时进行,直到吸附和解吸的速度相等,达到动态平衡为止。

利用吸附作用进行物质分离已有漫长的历史。在水处理领域,吸附法主要用以脱除水中的微量污染物,应用范围包括脱色,除臭味,脱除重金属、各种溶解性有机物、放射性元素等。在处理流程中,吸附法可作为离子交换、膜分离等方法的预处理,以去除有机物、胶体物及余氯等;也可以作为二级处理后的深度处理手段,以保证回用水的质量。

利用吸附法进行水处理,具有适应范围广、处理效果好、可回收有用物料、吸附剂可重复使用等优点,但对进水预处理要求较高,运转费用较高,系统庞大,操作较麻烦。

4. 污水的生物处理方法

污水生物处理是 19 世纪末出现的治理污水的技术,发展至今已成为世界各国处理城市生活污水和工业污水的主要手段。目前,国内已有近万座污水生物处理厂(站)投入运行。

生物化学处理法简称生化法,是利用自然环境中的微生物,并通过微生物体内的生物化学作用来分解污水中的有机物和某些无机毒物(如氰化物、硫化物),使之转化为稳定、无害物质的一种水处理方法。属于生化处理法的有活性污泥法、生物过滤法、生物膜法、生物塘法和厌氧生物法等。

由于生化法处理污水效率高、成本低、投资省、操作简单,因此在城市污水和工业污水的处理中都得到广泛的应用。生化法的缺点是有时会产生污泥膨胀和上浮,影响处理效果;该法对要处理水的水质也有一定要求,如污水成分、pH 值、水温等,因而限制了它的使用范围,另外,生化法占地面积也较大。

6.3.4 无机非金属材料工业水污染控制

水泥等生产企业生产用水主要用于设备冷却,除因蒸发、渗漏等损失外其他大部分进入循环水系统加以循环利用,一般来说,循环利用率为 70%～80%。由于目前国内水资源贫乏,如遇枯水期,往往出现供水不足,影响生产和生活,如果将每天排放的污水加以处理,并用于生产和绿化,将大大减轻供水压力。

根据对水泥生产企业抽样水质检测发现:污水中主要污染物为COD(化学需氧量)、BOD(生物化学需氧量)、SS(悬浮固体)和大肠菌群,污染物成分简单,主要以有机污染物为主,污水的可生化性较好,另雨水的混入增加了污水的泥砂量和浊度。

由于污水中污染物以有机物为主,因此处理工艺应选用生物处理工艺;由于污水中有机污染物以悬浮状态存在,同时由雨水的混入增加了污水的泥砂量和浊度,在进行生化处理前必须进行物化处理;由于污水中含有细菌和大肠菌群,需对出水进行消毒处理。总之,采用"物化＋生化＋消毒＋循环回用"处理工艺,保证处理后达到循环回用要求,因此,必须对污水处理工艺技术进行选择。

6.4 固体废弃物处置

6.4.1 固体废弃物的定义

固体废弃物亦称废弃物,是指人类在生产、加工、流通、消费以及生活等过程中提取所需目的成分之后,所丢弃的固态或泥浆状的物质。其实,一种过程的废弃物随着时空条件的变化,往往可以成为另一过程的原料,废与不废是相对的,它与技术水平和经济条件密切相关。所以,废弃物也有"放在错误地点的原料"之称。

6.4.2 固体废弃物的来源和分类

固体废弃物的来源大体上可以分为两类:一类是生产过程中产生的废弃物(不包括废气、污水);另一类是产品在流通过程和消费使用后产生的固体废弃物。

固体废弃物分类方法很多,可以根据其性质、状态和来源等进行分类。如按其化学性质可分为有机废弃物和无机废弃物;按其形状可分为固体废弃物(粉状、粒状、块状)和泥状废弃物(污泥);按其危害状况可分为有害废弃物(指有易燃性、易爆性、腐蚀性、毒性、传染性、放射性等废弃物)和一般废弃物。应用较多的是按其来源进行分类,分为工业固体废弃物、矿业固体废弃物、农业固体废弃物、城市垃圾和有害废弃物五类,见表6.8。

我国从固体废弃物管理的角度出发,将其分为工业固体废弃物、危险废弃物和城市垃圾。

1. 工业固体废弃物

工业固体废弃物是指在工业生产、加工过程中产生的废渣、粉尘、碎屑、污泥,以及在采矿过程中产生的废石、尾砂等。

2. 危险废弃物

危险废弃物是指对人类、动植物现在和将来会构成危害的,没有特殊的预防措施不能进行处理或处置的废弃物,它具有毒性(如含重金属的废弃物)、爆炸性(如含硝酸铵、氯化铵等的废弃物)、易燃性(如废油和废溶剂等)、腐蚀性(如废酸和废碱)、化学反应性(如含铬废弃物)、传染性(如医院临床废弃物)、放射性(如核反应废弃物)等一种或几种以上的危害特性。

3. 城市垃圾

城市垃圾是指来自居民的生活消费、商业活动、市政建设和维护、机关办公等过程中产生的固体废弃物，包括生活垃圾、城建渣土、商业固体废弃物、粪便等。

表 6.8 固体废弃物的分类、来源和主要组成物

分类	来源	主要组成物
矿业固体废弃物	矿山、选冶	废石、尾砂、金属、砖瓦灰石、水泥等
工业固体废物	冶金、交通、机械、金属结构等工业	金属、矿渣、砂石、模型、芯、陶瓷、边角料、涂料、管道、绝热和绝缘材料、黏结剂、废木、塑料、橡胶、烟尘、各种废旧建材等
	煤炭业	矿石、木料、金属、煤矸石等
	食品加工业	肉类、谷物、果类、蔬菜、烟草等
	橡胶、皮革、塑料等工业	橡胶、皮革、塑料、布、线、纤维、染料、金属等
	造纸、木材、印刷等工业	刨花、锯末、碎木、化学药剂、金属填料、塑料等
	石油化工	化学药剂、金属、塑料、橡胶、陶瓷、沥青、油毡、石棉、涂料等
	电器、仪器仪表等工业	金属、玻璃、木材、橡胶、塑料、化学药剂、研磨料、陶瓷、绝缘材料等
	纺织服装业	布头、纤维、橡胶、塑料、金属等
	建筑材料业	金属、水泥、粘土、陶瓷、石膏、石棉、砂石、纸、纤维等
	电力工业	炉渣、粉煤灰、烟尘等
城市垃圾	居民生活	食物垃圾、纸屑、布料、木料、金属、玻璃、塑料、陶瓷、庭院植物修剪物、燃料、灰渣、碎砖瓦、废器具、粪便、杂品等
	商业、机关	管道、碎砌体、沥青及其他建筑材料，废汽车、废电器、废器具，含有易燃、易爆、腐蚀性、放射性的废弃物，以及类似居民生活栏内的各种废弃物
	市政维护、管理部门	碎砖瓦、树叶、死禽畜、金属、锅炉灰渣、污泥、脏土等
农业废弃物	农林	稻草、秸秆、蔬菜、水果、果树枝条、糠秕、落叶、废塑料、人畜粪便、农药等
	水产	腥臭死禽畜，腐烂鱼、虾、贝壳，水产加工污水、污泥等
有害废弃物	核工业、核电站、放射性医疗单位、科研单位	含有放射性的金属、废渣、粉尘、污泥、器具、劳保用品、建筑材料等
	其他有关单位	含有易燃性、易爆性、腐蚀性、反应性、有毒性、传染性的固体废弃物

6.4.3 固体废弃物的危害及处理

1. 固体废弃物对环境的危害

固体废弃物对人类环境的危害很大。一方面,固体废弃物是各种污染物的终态,特别是从污染控制设施排出的固体废弃物,浓集了许多污染物成分,而人们对这类污染物往往产生一种稳定、污染慢的错觉;另一方面,在自然条件影响下,固体废弃物中的一些有害成分会转入大气、水体和土壤,参与生态系统的物质循环,具有潜在的、长期的危害性。因此,对固体废弃物,特别是有害固体废弃物处理、处置不当,会严重危害人体健康。固体废弃物对环境的危害主要表现在以下方面:

(1) 侵占土地

固体废弃物不加利用时,需占地堆放,堆积量越大,占地越多。据估算,每堆积1万吨废弃物,占地约需666.7 m^2。随着我国国民经济的快速发展和人民生活水平的很大提高,矿山废弃物和城市垃圾占地与人类生存和发展的矛盾日益突出,例如,根据对北京市高空远红外探测的结果显示,北京市区几乎被环状的垃圾堆群所包围。

(2) 污染土壤

废弃物堆放和没有采取适当防渗措施的垃圾填埋,经过风化、雨雪淋溶、地表径流的侵蚀,其中的有害成分很容易产生高温和有毒液体并渗入土壤,杀灭土壤中的微生物,破坏微生物与周围环境构成的生态系统,甚至导致草木不生。其有害成分若渗流入水体,则可能进一步危害人的健康。

(3) 污染水体

固体废弃物若随天然降水或地表径流进入河流、湖泊,或随风飘迁落入水体,则使地面水受到污染;若随渗沥水进入土壤,则使地下水受到污染;若直接排入河流、湖泊或海洋,则会造成更大的水体污染,不仅减少水体面积,而且还妨害水生生物的生存和水资源的利用。例如,德国莱茵河地区的地下水因受废渣渗沥水污染,导致当地自来水厂有的关闭,有的减产。

(4) 污染大气

固体废弃物一般通过如下途径污染大气:以细粒状存在的废渣和垃圾,在大风吹动下会随风飘逸,扩散到远处;运输过程中会产生有害的气体和粉尘;一些有机固体废弃物在适宜的温度和湿度下会被微生物分解,释放出有害气体;固体废弃物本身以及在对其处理(如焚烧)时散发的毒气和臭气等。典型的例子是曾在我国各地煤矿多次发生的煤矸石的自燃,散发出大量的 SO_2、CO_2、NH_3 等气体,造成了严重的大气污染。

(5) 影响环境卫生

城市的生活垃圾、粪便等若清运不及时,就会产生堆存,严重影响人们居住环境的卫生状况,对人们的健康构成潜在的威胁。

2. 固体废弃物的处理

固体废弃物处理是指通过物理、化学、生物等不同方法,使固体废弃物转化成适于运输、贮存、资源化利用以及最终处置的一种过程。按其处理过程可分为预处理和资源化两个阶段,按其处理方法可分为物理处理、化学处理和生物处理等。固体废弃物预处理又称前处理,是资源化前的预处理,主要包括收集、运输、压实、破碎、分选等工艺过程。预处理常涉及固体废弃物中某些组分的分离与浓集,因而往往又是一种回收材料的过程。

随着对环境保护的日益重视以及正在出现的全球性的资源危机,工业发达国家开始从固体废弃物中回收资源和能源,并且将再生资源的开发利用视为"第二矿业",给予高度重视。我国于20世纪80年代中期提出了"无害化"、"减量化"、"资源化"的控制固体废弃物污染的技术政策,今后的趋势也是从无害化走向资源化。

(1)"无害化"

固体废弃物"无害化"处理是指将固体废弃物通过工程处理,达到不损害人体健康、不污染周围自然环境的目的。目前,固废"无害化"处理技术有:垃圾焚烧、卫生填埋、堆肥、粪便的厌氧发酵、有害废弃物的热处理和解毒处理等。其中"高温快速堆肥处理工艺"、"高温厌氧发酵处理工艺",在我国都已达到实用程度,"厌氧发酵工艺"用于废弃物"无害化"处理的理论已经成熟,具有我国特点的"粪便高温厌氧发酵处理工艺"在国际上一直处于领先地位。

(2)"减量化"

固体废弃物的"减量化"是指通过适宜的手段减少和减小固体废弃物的数量和容积。这需要从两方面着手,一是减少固体废弃物的产生,二是对固体废弃物进行处理利用。

(3)"资源化"

固体废弃物"资源化"是指采取适当的工艺技术,从固体废弃物中回收有用的物质和能源。近40年来,随着工业文明的高速发展,固体废弃物的数量以惊人的速度不断增长,而另一方面世界资源也正以惊人的速度被开发和消耗,维持工业发展命脉的石油和煤炭等不可再生资源已经濒于枯竭。在这种形势下,欧美及日本等许多国家纷纷把固体废弃物资源化列为国家的重要经济政策。

固体废弃物资源化的优势很突出,主要有以下几个方面:① 生产成本低,例如用废铝炼铝比用铝矾土炼铝可减少资源90%～97%,减少空气污染95%,减少水质污染97%;② 能耗少,例如用废钢炼钢比用铁矿石炼钢可节约能耗74%;③ 生产效率高,例如用铁矿石炼1 t钢需8个工时,而用废铁炼1 t电炉钢只需2～3个工时;④ 环境效益好,可除去有毒、有害物质,减少废弃物堆置场地,减少环境污染。

6.4.4　固体废弃物的综合利用

固体废弃物经过一定的处理或加工,可使其中所含的有用物质提取出来,继续在工、农业生产过程中发挥作用,也可使有些固体废弃物改变形式成为新的能源或资源。这种由固体废弃物到有用物质的转化称为固体废弃物的综合利用,或称为固体废弃物的资源化。

固体废弃物综合利用的原则:首先是综合利用技术应是可行的;其次是固体废弃物综合利用要有较大的经济效益,要尽可能在排出源就近利用,以便节省废弃物收贮和运输等过程的投资,提高综合利用的经济效益;最后,固体废弃物综合利用生产的产品应当符合国家相应产品的质量标准,具有与用相应的原材料所制的产品相竞争的能力。

固体废弃物综合利用的范围很宽,主要包括建材利用、农业利用、化工利用以及固体废弃物能的利用等方面。

1. 建筑材料工业固体废弃物及其资源化处理

建筑物是由多种建筑材料用各种方法"堆"、"砌"组合而成,在这种"堆"、"砌"组合的过程中,建筑材料的损耗和浪费形成了建筑废渣。长期以来,建筑废渣往往被当作建筑垃圾清运出施工现场予以丢弃或填埋,这不仅增加了建筑工程施工成本的投入,更造成了对环境的污染和地球有限资源的浪费。充分开发利用好这一资源,将变废为宝,给我们带来良好的经济效益和环境效益。

在建筑工程的各项费用中,材料费所占的比例最大,占工程总造价的65%左右。在实际施工中,据测算,材料实际耗用量比理论计划用量多出2%～5%。这表明,建筑材料的实际有效利用率仅达95%～98%,余下的部分大多成了建筑废渣。多年来,经对施工现场的建筑废渣进行调查,取样,分析得知:砖混结构施工时形成的废渣主要有落地灰、碎砖头、混凝土块(包括混凝土熟料散落物)、废钢筋、铁丝、木材及其他少量杂物等,而落地灰、碎砖头、混凝土块在废渣中占90%以上。通常,砖混结构的住宅,按建筑面积计算,每进行1 000 m²建筑的施工,平均生成的废渣量在30 m³左右,10 000 m²建筑物的施工,平均生成的废渣量达300 m³。

对建筑废渣进行收集后,运送到加工点堆放(见图6.14),然后进行翻晒晾干,废渣湿度过大,不利于筛拣和破碎。故干透率要求达95%以上,过筛分拣主要是将废渣中的废钢筋、铁丝、木材及其他杂物拣出,同时,对废渣中的碎砖块也分拣出来分别堆放,以便加工出不同的再生砂。破碎采用锤式破碎机,破碎细度可在0～20 mm范围内自由选择,根据工程用料需要确定。投料破碎时,碎砖块与混合料分别破碎,碎砖块破碎出纯砖砂,混合料破碎出混合砂。

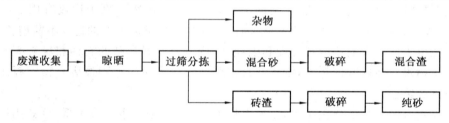

图6.14　建筑废渣加工工艺

再生砂的化学成分全部是非金属无机物。取按普通中砂标准打制成的再生砂作筛分试验,其细度模数为213～310,级配区在3区,为偏细中砂。用其代替普通中砂配制水泥石灰砂浆,7 d龄期的试验室标养强度试压结果为:用混合砂配制的水泥石灰砂浆强度比用普通砂配制的水泥石灰砂浆强度高10%左右;用纯砖砂配制的水泥石灰砂浆强度比用普通砂配制的水泥石灰砂浆强度高4%左右。砂浆的和易性比较:用混合砂配制的砂浆比用纯砖砂配制的砂浆和易性好,用纯砖砂配制的砂浆比用普通砂配制的砂浆和易性好。对用再生砂配制的砂浆进行稳定性、粘聚性、自然干燥收缩测试。结果表明,混合砂的该三项指标均优于普通砂,纯砖砂的前两项指标优于普通砂,自然干燥收缩比略大于普通砂。由此可见,再生砂完全可以代替普通砂用于配制普通抹灰砂浆。

2. 能源与冶金工业固体废弃物的资源化处理

能源是人类赖以生存和发展的基础。化石燃料,即煤、石油、天然气等由地壳内动植物遗体经过漫长的地质年代转化形成的矿物燃料,是人类目前消耗的主要能源,也是造成环境污染的主要来源。尤其是我国的能源结构,今后十年乃至几十年内,煤炭仍将是主要能源之一。煤炭的采挖及燃煤发电过程都会产生大量的固体废弃物,如矿石、煤矸石、炉渣、粉煤灰等,对这些废弃物的综合利用,既可以减少对这些宝贵而又有限的能源的消耗,还可以减轻对环境的危害和污染。

冶金工业固体废弃物是指金属(钢铁等)生产过程中产生的固体、半固体或泥浆状废弃物,主要包括采矿废石、矿石洗选过程中排出的尾砂、矿泥,以及冶炼过程中产生的各种冶炼渣等。随着我国经济的迅速发展,冶金工业特别是黑色金属工业——钢铁业也得到迅猛发展,各种固体废弃物的产出量相应增加,不仅占用大量土地、严重污染环境,而且造成资源浪费。

以下主要介绍煤矸石、粉煤灰、高炉渣和钢渣的综合利用。

(1) 煤矸石的综合利用

煤矸石是煤矿开采过程中产生的废渣,由有机物(含碳物)和无机物(岩石物质)组成,其中的 C、H、O 是燃烧时能产生热量的元素。煤矸石的矿物组成主要有高岭土、石英、蒙脱石、长石、伊利石、石灰石、硫化铁、氧化铝。煤矸石中的金属组分含量偏低,一般不具回收价值。表 6.9 出了国内几种煤矸石的主要化学成分。

表 6.9　煤矸石的主要化学成分(质量分数)　　%

序号	SiO_2	Al_2O_3	Fe_2O_3	CaO	MgO	SO_3	可燃物
1	59.5	22.4	3.22	0.46	0.76	0.12	10.49
2	57.24	25.14	1.86	0.96	0.53	1.78	12.75
3	52.47	15.28	5.94	7.07	3.51	1.99	13.27

煤矸石的综合利用是尽量将其资源化,以减少环境污染。含碳量较高的煤矸石可作燃料;含碳量较低的和自燃后的煤矸石可生产砖瓦、水泥和轻骨料;含碳量很少的煤矸石可用于填坑造地、回填露天矿和用作路基材料。一些煤矸石粉还可用来改良土壤或作肥料。

① 用煤矸石作燃料。由于煤矸石含有一定数量的固定炭和挥发分,其发热量一般为 1 000～3 000 kcal/kg(1 cal = 4.186 8 J),因此当可燃组分较高时,煤矸石可用来代替燃料。如铸造时,可用焦炭和煤矸石的混合物作燃料来化铁;可用煤矸石代替煤炭烧石灰,亦可用作生活炉灶燃料等。四川永荣矿务局发电厂用煤矸石掺入发电,五年间利用煤矸石 22.4×10^4 t,相当于节约原煤 17×10^4 t。近 10 年来,煤矸石被用于代替燃料的比例相当大,一些矿山的矸石山甚至消失。

② 用煤矸石生产砖、瓦。煤矸石经过配料、粉碎、成型、干燥和焙烧等工序可制成砖和瓦。除煤矸石必须破碎外,其他工艺与普通粘土砖、瓦的生产工艺基本相同,但由于可利用煤矸石自身的发热量,这种砖瓦可比一般砖瓦节约用煤量 50%～60%。黑龙江鹤岗等八个企业用煤矸石生产矸石砖、空心砖、矸石水泥瓦、陶粒、水泥等产品,使煤矸石的处理利用率达 87% 以上,经济效益十分明显。

③ 用煤矸石生产水泥。煤矸石中二氧化硅、氧化铝及氧化铁的总含量一般在 80% 以上,它是一种天然粘土质原料,可代替粘土配料烧制普通硅酸盐水泥、快硬硅酸盐水泥、煤矸石炉渣水泥等。

④ 用煤矸石生产预制构件。利用煤矸石中所含的可燃物,经 800 ℃ 煅烧后成为熟煤矸石,再加入适量磨细的生石灰、石膏,经轮辗、蒸气养护可生产矿井支架、水沟盖板等水泥预制构件,其强度可达 200～400 kg/cm²。这种水泥预制的灰浆参考配比为:熟煤矸石 85%～90%,生石灰 8%～10%,石膏 1%～2%,外加水 18%～20%。

⑤ 用煤矸石生产空心砌块。煤矸石空心砌块是以煤矸石无熟料水泥作胶结料、自然煤矸石作粗细骨料、加水搅拌配制成半干硬性混凝土,经振动成型,再经蒸气养护而成的一种新型墙体材料。

⑥ 用煤矸石生产轻骨料。轻骨料是为了减少混凝土的比重而选用的一类多孔骨料，轻骨料应比一般卵石、碎石的密度小得多，有些轻骨料甚至可以浮在水上。用煤矸石烧制轻骨料的原料最好是碳质页岩或洗煤厂排出的矸石，将其破碎成块或磨细后加水制成球，用烧结机或回转窑煅烧，使矸石球膨胀，冷却后即成轻骨料。

煤矸石除作以上用途外，自燃后的煤矸石可用作公路路基和堤坝材料；用煤矸石（含氧化铝较高的一种）还可生产耐火砖等。

(2) 粉煤灰的综合利用

粉煤灰是煤粉经高温燃烧后形成的一种似火山灰质混合材料，它是燃煤电厂将煤磨细成 100 μm 以下的煤粉，用预热空气喷入 1 300～1 500 ℃ 的炉膛内，在其悬浮燃烧后形成的固体废弃物。产生的高温烟气，经收尘装置捕集就得到粉煤灰（或称飞灰）。少数煤粉在燃烧时因互相碰撞而粘结成块，沉积于炉底成为底灰。飞灰约占灰渣总量的 80%～90%，底灰占其总量的 10%～20%。

粉煤灰收集包括烟气除尘和底灰除渣两个系统，粉煤灰的排输分干法和湿法两种方法。干排是将收集到的飞灰直接输入灰仓。湿排是通过管道和灰浆泵，利用高压水力把粉煤灰输送到贮灰场或江、河、湖、海。湿排又分灰渣分排和混排。目前我国大多数电厂采用湿排。

粉煤灰的化学组成与煤的矿物成分、煤粉细度和燃烧方式有关，其主要成分为 SiO_2、Al_2O_3、Fe_2O_3、CaO 和未燃炭，另含有少量 K、P、S、Mg 等化合物和 As、Cu、Zn 等微量元素。表 6.10 我国一般低钙粉煤灰的化学成分，其成分与粘土类似。

表 6.10　我国一般低钙粉煤灰的化学成分

成分	SiO_2	Al_2O_3	Fe_2O_3	CaO	MgO	SO_3	Na_2O_3 及 K_2O	烧失量
质量分数 /%	40～60	17～35	2～15	1～10	0.5～2	0.1～2	0.5～4	1～26

粉煤灰的化学成分是评价粉煤灰质量优劣的重要技术参数。根据粉煤灰中 CaO 含量的高低，将其分为高钙灰和低钙灰。CaO 含量在 20% 以上的称高钙灰，其质量优于低钙灰。另外，粉煤灰的烧失量可以反映锅炉燃烧状况，烧失量越高造成的能源浪费越大，粉煤灰质量越差。

粉煤灰有着良好的物理、化学性能和利用的价值，因而成为一种"二次资源"。粉煤灰中的 C、Fe、Al 及稀有金属可以回收，CaO、SiO_2 等活性物质可广泛用作建材和工业原料，Si、P、K、S 等组分可用于制作农业肥料与土壤改良剂，其良好的物化性能可用于环境保护及治理。因此，粉煤灰资源化具有广阔的应用和开发前景。

① 粉煤灰作建筑材料。是我国大量利用粉煤灰的途径之一，它包括配制粉煤灰水泥、粉煤灰混凝土、粉煤灰烧结砖与蒸养砖、粉煤灰砌块、粉煤灰陶粒等。

② 粉煤灰作土建原材料和作填充土。粉煤灰能代替砂石、粘土用于高等级公路路基和修筑堤坝。其用作路坝基层材料时，掺和量高、吃灰量大，且能提高基层的板体性和水稳定性。目前我国公路尤其是高速公路常采用粉煤灰、粘土和石灰掺合作公路路基材料。我国三门峡、刘家峡、亭下水库等水利工程，秦山核电站、北京亚运工程等，以及国内一些大的地下、水上及铁路的隧道工程等，均大量掺用了粉煤灰，一般掺用量 25%～40%，不仅节约大量水泥，并提高了工程质量。利用粉煤灰对煤矿区的煤坑、洼地、塌陷区进行回填，既降低了塌陷程度，吃掉了大量灰渣，还复垦造田，减少了农户搬迁，改善了矿区生态，是一举多得的事情。

③ 用粉煤灰作环保材料。利用粉煤灰制造人造沸石和分子筛,不但节约原材料,而且工艺简单,生产产品质量达到甚至优于化工合成的分子筛;制造絮凝剂,具有强大的凝聚功能和净水效果;作吸附材料,浮选回收的精煤具有活化性能;还可制作活性炭或直接作吸附剂,直接用于印染、造纸、电镀等各行各业工业污水和有害废气的净化、脱色、吸附重金属离子,以及航天航空火箭燃料剂的污水处理,吸附饱和后的活化煤不需再生,可直接燃烧。

(3) 高炉渣的综合利用

高炉渣是冶金工业中数量最多的一种渣,是高炉炼铁的废弃物。炼铁的原料是铁矿石、焦炭、助熔剂(石灰石或白云石)烧结矿和球团矿等。在高炉冶炼过程中,由于大部分铁矿石中的脉石主要由酸性氧化物 SiO_2、Al_2O_3 等组成,当炉内温度达到 1 300～1 500 ℃时,炉料熔融,矿石中的脉石,焦炭中的灰分和助熔剂等非挥发组分形成以硅酸盐和铝酸盐为主、浮在铁水上面的熔渣,这就是高炉渣。

高炉渣的产生量与矿石品位的高低、焦炭中的灰分含量及石灰石、白云石的质量等有关,也和冶炼工艺有关。通常每炼 1 t 生铁产渣 300～900 kg。

我国高炉渣的应用主要是把热熔渣制成水渣,用于生产水泥和混凝土,其次是开采老渣山,生产矿渣骨料,少量高炉渣用于生产膨珠和矿渣棉。图 6.15 是我国高炉渣的主要处理工艺和综合利用途径。

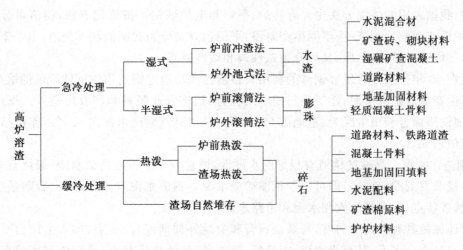

图 6.15　我国高炉渣的主要处理工艺和综合利用途径

① 用水淬渣作建材。我国高炉水渣主要用于生产水泥和混凝土。目前,我国约有 75% 的水泥中掺有粒状高炉渣。湿碾矿渣混凝土,是以水淬渣为原料,配以水泥熟料、石灰、石膏等,放入轮碾机中加水碾磨与骨料拌和而成,其物理性能与普通混凝土相似。

② 用膨珠作轻骨。膨珠全称膨胀矿渣珠,是在适量水冲击和成珠设备的配合作用下,被甩到空气中使水蒸发成蒸汽并在内部形成空隙,再经空气冷却形成的珠状矿渣。膨珠质轻、面光、自然级配好,吸音、隔热性能好,以它作骨料配制的轻质混凝土,性能良好,广泛应用于建筑业。

③ 用重矿渣作骨料和道渣。矿渣碎石的物理性能与天然岩石相近,其稳定性、坚固性、撞击强度以及耐磨性、韧度均满足工程要求。安定性好的重矿渣,经破碎、分级,可以代替碎石用作骨料配制混凝土和在公路、铁路、机场道路建设中作道渣。

④ 用高炉渣生产矿渣棉。矿渣棉是以高炉渣为主要原料，加入白云石、玄武岩等成分及燃料一起加热熔化后，采用高速离心法或喷吹法制成的一种棉丝状矿物纤维。矿渣棉具有质轻、保温、隔声、隔热、防震等性能，可以加工成各种板、毡、管壳等制品。许多国家都用高炉渣生产矿渣棉。

⑤ 利用高钛矿渣作护炉材料。高钛矿渣的主要矿物成分是钙钛矿、安诺石、钛辉矿及 TiC、TiN 等。利用高钛矿渣钛的低价氧化物在高温冶炼过程中溶解，并在低温时自动析出沉积于炉缸、炉底的侵蚀严重部位的特点，可减缓渣铁的侵蚀作用，从而达到护炉的作用。我国首钢、鞍钢、包钢等均采用高钛矿渣作护炉材料。

除上述主要用途外，高炉渣还可以用来生产微晶玻璃、陶瓷、铸石等，并能加工成硅钙肥，作为肥料用于农业。

(4) 钢渣的综合利用

炼钢的基本原理与炼铁相反，它是利用空气或氧气去氧化炉料（主要是生铁）中所含的碳、硅、锰、磷等元素，并在高温下与熔剂（主要是石灰石）起反应，形成熔渣。钢渣就是炼钢过程排出的熔渣。钢渣的主要化学成分是 CaO、SiO_2、Al_2O_3、FeO、Fe_2O_3、MgO、MnO、P_2O_5，有的还含有 V_2O_5 和 TiO_2。钢渣与高炉渣的主要区别是：钢渣中铁的氧化物以 FeO 为主，含量在 25% 以下，而高炉渣中铁的氧化物以 Fe_2O_3 形式存在，一般含量在 5% 以下。

当前，我国采用的炼钢方法主要有转炉、平炉和电炉炼钢。按炼钢方法，钢渣可分为转炉钢渣、平炉钢渣和电炉钢渣；按不同生产阶段，平炉钢渣又分为初期渣和末期渣，电炉钢渣分为氧化渣和还原渣；按钢渣性质，又可分为碱性渣和酸性渣等。

我国在 50 年代就开始研究钢渣的利用。目前已成功地把钢渣用作钢铁冶炼的熔剂、水泥混合材或生产钢渣矿渣水泥、作筑路与回填工程材料、作农业肥料和回收废钢等。据 1986 年调查，我国钢渣综合利用情况为：造地占 60%，筑路占 23%，生产水泥占 6.4%，作烧结熔剂占 5.8%，其他占 4.8%。

① 钢渣作水泥。高碱度钢渣有很好的水硬性，把它与一定量的高炉水渣、煅烧石膏、水泥熟料及少量激发剂配合球磨，即可生产钢渣矿渣水泥。钢渣水泥具水化热低、后期强度高、抗腐蚀、耐磨等特点，是理想的大坝水泥和道路水泥。

电炉还原渣具有很高的白度，与煅烧石膏和少量外加剂混合、研磨，即可生产白水泥。利用电炉还原渣作白水泥，具有投资少，能耗低、效益高、见效快等特点，是钢渣利用的有效途径之一。

② 作筑路与回填工程材料。钢渣碎石具有密度大、强度高、表面粗糙、稳定性好、耐磨与耐久性好、与沥青结合牢固等特点，因而广泛用于铁路、公路、工程回填。由于钢渣具有活性，能板结成大块，特别适于沼泽、海滩筑路造地。钢渣作公路碎石，用量大并具有良好的渗水与排水性能，其用于沥青混凝土路面，耐磨防滑。钢渣作铁路道渣，除了前述优点外，还具有导电性小、不会干扰铁路系统的电讯工作等优点。

钢渣替代碎石存在体积膨胀这一技术问题，国外一般是洒水堆放半年后才能使用，以防钢渣体积膨胀，碎裂粉化。我国用钢渣作工程材料的基本要求是：钢渣必须陈化，粉化率不能高于 5%，要有合适级配，最大块直径不能超过 300 mm，最好与适量粉煤灰、炉渣或粘土混合使用，严禁将钢渣碎石作混凝土骨料使用。

6.5 噪声污染及其防治

噪声通常定义为"不需要的声音",是一种环境现象,噪声也是一种由人类各种活动产生的环境污染物。

但是噪声有不同于其他污染物像空气污染物、水污染物的特点:① 把噪声定义为"不需要的声音"是很主观的,被某人认为是噪声的声音,却可能被另外的人喜爱;② 噪声衰退的时间短,不像空气污染物、水污染物等那样长期存在于环境中,因此当人们设法去降低、控制或抱怨环境噪声时,该噪声可能已不再存在;③ 噪声对人们生理和心理的影响很难评价,其影响经常是错综复杂的、隐伏的,其影响结果的出现是渐近的,以至于很难将原因和结果联系在一起。实际上,一些听觉可能已经受到噪声损害的人,却并不认为自己有什么问题。

6.5.1 噪声的来源与危害

噪声是声的一种,它具有声波的一切特性,主要来源于物体(固体、液体、气体)的振动。通常我们把能够发声的物体称为声源,产生噪声的物体或机械设备称为噪声源,能够传播声音的物质称之为传声介质。人对噪声有吵闹的感觉,同噪声的强度和频率有关,频率低于 20 Hz 的声波称为次声,超过 20 kHz 的称之为超声,次声和超声都是人耳听不到的声波。人耳能够感觉到的声音(可听声)频率为 20 ~ 20 000 Hz。物理学上通常用频率、波长、声速、声压、声强、声功率级及声压级等概念和量值来描述声的一般特性。

1. 噪声的来源与分类

噪声因其产生的条件不同而分为很多种类,既有来源于自然界的(如火山爆发、地震、潮汐和刮风等自然现象所产生的空气声、地声、水声和风声等),又有来源于人为活动的(如交通运输、工业生产、建筑施工、社会活动等)。生活中噪声主要有过响声、妨碍声、不愉快声、无影响声等。过响声是指很响的声音,如喷气发动机排气声、大炮轰鸣声等;妨碍声是指一些声音虽不太响,但妨碍人们的交谈、思考、学习和睡眠;摩擦声、刹车声、吵闹声等称不愉快声;人们生活中习以为常的室外风声、雨声、虫鸣声等称无影响声。

环境中出现的噪声,按辐射噪声能量随时间的变化可分为稳定噪声、非稳定噪声和脉冲噪声。按噪声的频率特性可分为高频噪声、低频噪声、宽带噪声、窄带噪声等。

工业噪声按其产生的机理可分为气体动力性噪声、机械噪声、电磁性噪声。气体动力性噪声是由于叶片高速旋转或高速气流通过叶片,叶片两侧的空气发生压力突变,激发声波,如通风机、鼓风机、压缩机、发动机迫使气体通过进、排气口时传出的声音,此为气体动力性噪声。机械噪声是由固体结构物振动产生的,物体间的撞击、摩擦、交变机械力作用下的金属扳、旋转机件的动力不平衡,以及运转的机械零件轴承、齿轮等都会产生机械噪声,如锻锤、织机、机床、机车等的噪声。电磁性噪声是由电磁振动、电机等的交变力相互作用产生的噪声,如电流和磁场的相互作用产生的噪声,发动机、变压器的噪声。

工厂噪声不仅直接危害生产工人,也影响附近的居民。工业噪声中,电子工业和轻工业噪声在 90 dB(A) 以下;纺织厂噪声为 90 ~ 110 dB(A);机械工业噪声为 80 ~ 120 ds(A),凿岩机、大型球磨机达 120 dB(A),风铲、风铆、大型鼓风机在 130 dB(A) 以上。

2. 噪声的危害

噪声的危害主要表现在它对环境和人体健康方面的影响。

(1) 对睡眠、工作、交谈、收听和思考的影响

噪声影响睡眠的数量和质量。通常,人的睡眠分为瞌睡、入睡、睡着和熟睡四个阶段,熟睡阶段越长睡眠质量越好。研究表明,在40~50 dB噪声作用下,会干扰正常的睡眠。突然的噪声在40 dB时,可使10%的人惊醒,60 dB时则使70%的人惊醒。当连续噪声级达到70 dB时,会对50%的人睡觉产生影响。噪声分散人的注意力,容易使人疲劳,心情烦躁,反应迟钝,降低工作效率。当噪声为60~80 dB时,工作效率开始降低,到90 dB以上时,差错率大大增加,甚至造成工伤事故。噪声干扰语言交谈与收听,当房间内的噪声级达55 dB以上时,50%住户的谈话和收听受到影响,若噪声达到65 dB以上,则必须高声才能交谈,如噪声达到90 dB以上,则无法交谈。噪声对思考也有影响,突然的噪声干扰要丧失4 s的思想集中。

(2) 对听觉器官的影响

噪声会造成人的听觉器官损伤。在强噪声环境下,人会感到刺耳难受、疼痛、听力下降、耳鸣,甚至引起不能复原的器质性病变,即噪声性耳聋。噪声性耳聋是指500 Hz、1 000 Hz、2 000 Hz三个频率的平均听力损失超过25 dB。若在噪声为85 dB条件下长期暴露15年和30年,噪声性耳聋发病率分别为5%和8%;而在噪声为90 dB条件下长期暴露15年和30年,噪声性耳聋发病率提高为14%和18%。目前,一般国家确定的听力保护标准为85~90 dB。

(3) 对人体健康的影响

噪声作用于中枢神经系统,使大脑皮层功能受到抑制,出现头疼、头浑脑涨、记忆力减退等症状;会使人食欲不振、恶心、肠胃蠕动和胃液分泌功能降低,引起消化系统紊乱;会使交感神经紧张,从而出现心跳加快、心律不齐,引起高血压、心脏病、动脉硬化等心血管疾病;还会使视网膜轴体细胞光受性和视力清晰度降低,并且常常伴有视力减退、眼花、瞳孔扩大等视觉器官的损伤。

6.5.2 噪声防治

人类的生活不能没有声音,一个人在绝对无声的环境中呆3~4 h就会失去理智,但过强的噪声又会对人们的正常生活和身体健康造成严重影响和危害,因此必须对噪声加以适当的控制。确定噪声控制措施时,应从噪声形成的三个环节考虑:第一,从声源根治噪声;第二,在噪声传播途径上采取控制措施;第三,在接受处采取防护措施。

1. 吸声处理技术

在没有进行声学处理的房间里,人们听到的声音,除了由声源直接通过空气传来的直达声之外,还有由房间的墙面、顶棚、地面以及其他设备经多次反射而来的反射声,即混响声。由于混响声的叠加作用,往往能使声音强度提高10 dB以上。如在房间的内壁及空间装设吸声结构,则当声波投射到这些结构表面后,部分声能即被吸收,这样就能使反射声减少,总的声音强度也就降低。这种利用吸声材料和吸声结构来降低室内噪声的降噪技术,称为吸声。

(1) 吸声材料

材料的吸声性能常用吸声系数来表示。声波入射到材料表面时,被材料吸收的声能与入射声能之比称为吸声系数,用α表示。一般材料的吸声系数为0.01~1.00。其值越大,表明

材料的吸声效果越好。材料的吸声系数大小与材料的物理性质、声波频率及声波入射角度等有关。

通常把吸声系数 $\alpha > 0.2$ 的材料,称为吸声材料。吸声材料不仅是吸声减噪必用的材料,而且也是制造隔声罩、阻性消声器或阻抗复合式消声器所不可缺少的。多孔吸声材料的吸声效果较好,是应用最普遍的吸声材料,它分纤维型、泡沫型和颗粒型三种类型。纤维型多孔吸声材料有玻璃纤维、矿渣棉、毛毡、苷蔗纤维、木丝板等。泡沫型吸声材料有聚氨基甲醋酸泡沫塑料等。颗粒型吸声材料有膨胀珍珠岩和微孔吸声砖等。

(2) 吸声结构

如前所述,多孔吸声材料对于高频声有较好的吸声能力,但对低频声的吸声能力较差。为了解决低频声的吸收问题,在实践中人们利用共振原理制成了一些吸声结构。常用的吸声结构有薄板共振吸声结构、穿孔板共振吸声结构和微穿孔板吸声结构。

① 薄板共振吸声结构。把不穿孔的薄板(如金属板、胶合板、塑料板等)周边固定在框架上,背后留有一定厚度的空气层,这就构成了薄板共振吸声结构。它对低频的声音有良好的吸收性能。薄板相当于质量块,板后的空气层相当于弹簧。当声波作用于薄板表面时,在声压的交变作用下引起薄板的弯曲振动。由于薄板和固定支点之间的摩擦和薄板内部引起的内摩擦损耗,使振动的动能转化为热能而使声能得到衰减。当入射声波的频率与振动系统的固有频率一致时,振动系统就会发生共振现象,声能将获得最大的吸收。

② 穿孔板共振吸声结构。穿孔板共振吸声结构可以看作许多个单孔共振腔并联而成,它是由腔体和颈口组成的共振结构,称为亥姆霍兹共振器。腔体通过颈部与大气相通,在声波的作用下,孔颈中的空气柱就像活塞一样作往复运动,由于颈壁对空气的阻尼作用,使部分声能转化为热能。当入射声波的频率与共振器的固有频率一致时,即会产生共振现象,此时孔颈中的空气柱运动速度最大,因而阻尼作用最大,声能在此情况下将得到最大的吸收。

这种吸声结构的缺点是对频率的选择性很强,在共振频率时具有最大的吸声性能,偏离共振频率时则吸声效果较差。它吸收声音的频带比较窄,一般只有几十到 200 Hz 的范围。为了使其吸收声音的频带加宽,可在穿孔板后蒙上一层织物或填放多孔吸声材料。

③ 微穿孔板吸声结构。微穿孔板吸声结构是在普通穿孔板吸声结构的基础上发展起来的。微穿孔板吸声结构是一种板厚及孔径均为 1 mm 以下,穿孔率为 1%～3% 的金属穿孔板与板后的空腔组成的吸声结构。这是一种新型共振吸声结构,有较宽的吸声频带,并且不必填放多孔材料和织物,同样也能达到较高的吸声能力。

微穿孔板吸声结构具有美观、轻便的优点,特别适用于高温、潮湿和易腐蚀的场合。由于它阻力损失小,所以在动力机械中,为控制气流噪声提供较好的吸声结构。但微穿孔板吸声结构制造工艺复杂,成本较高,用于油污气体中容易堵塞,因此在工程技术中应根据实际情况合理使用。

应当指出,利用吸声材料来降低噪声,其效果是有一定条件的。吸声材料只是吸收反射声,对声源直接发出的直达声是毫无作用的。也就是说,吸声处理的最大可能是将声源在房间的反射声全部吸收。故在一般情况下用吸声材料来降低房间的噪声其数值不超过 10 dB(A),在极特殊的条件下也不会超过 15 dB(A)。而且,吸声处理的方法只是在房间不大或原来吸声效果较差的场合下才能更好地发挥它的降噪作用。

2. 隔声技术

利用木板、金属板、墙体、隔声罩等隔声构件将噪声源与接收者分隔开来，使噪声在传播途径中受到阻挡以减弱噪声的传递，这种方法称为隔声。

噪声按传递方式可分为空气传声（简称为空气声）和固体传声（简称为固体声）两种。空气传声是指声源直接激发空气振动而产生的声波，并借助于空气介质直接传入人耳的。例如汽车的喇叭声以及机器表面向空间辐射的声音。固体传声是指声源直接激发固体构件（如建筑结构）振动后所产生的声音。固体构件的振动（如锤击地面）以弹性波的形式在墙壁及楼板等构件中传播，在传播中向周围空气辐射出声波。

实际上，任何接受位置上均包含了两种传声的结果。辨明两种传声中哪一种是主要的，将有助于有效地采取隔声措施。对于前者，通常用重而密实的构件隔离；而对于后者，则通常采用隔振措施，例如通过弹簧、橡胶或其他弹性垫层予以隔离。

在隔声设计中还可以充分利用有空气层相隔的双层墙板的隔声结构，它可使隔声量大大提高，这主要是因为夹层中空气的弹性作用，使声能得到衰减的缘故。如果隔声效果相同，夹层结构比单层结构的重量将减轻 2/3～3/4。

隔声罩是一种可取的有效降噪措施，它把噪声较大的装置封闭起来，可以有效地阻隔噪声的外传，减少噪声对环境的影响，但会给维修、监视、管路布置等带来不便，并且不利于所罩装置的散热，有时需要通风以冷却罩内的空气。

3. 消声器

消声器是一种阻止声音传播而允许气流通过的器件，是降低空气动力性噪声的常用装置。评价消声性能的指标是消声量。消声器的形式很多，主要有阻性和抗性、阻抗复合型以及喷注耗散型等。

（1）阻性消声器

阻性消声器亦称吸收消声器，是利用吸声材料的吸声作用，使沿通道传播的噪声不断被吸收而逐渐衰减的装置。其消声原理是：当声波进入消声器，便引起阻性消声器内多孔材料中的空气和纤维振动，由于摩擦阻力和粘滞阻力，使一部分声能转化为热能而散失掉，起到消声作用。

阻性消声器对中高频范围的噪声具有较好的消声效果，应用范围很广。它的形式有直管式、片式、蜂窝式、折板式、声流式、弯管式和迷宫式等多种。

（2）抗性消声器

抗性消声器亦称反应消声器，是由声抗性元件组成的消声器。声抗性元件类似于交流电路中的电抗性元件电容或电感，是对声压的变化、声振速度变化起反抗作用的元件，它们不消耗声能，但可储蓄与反射声能。抗性消声器的特点是：它不使用吸声材料，而是在管道上连接截面突变的管段或旁接共振腔，利用声阻抗失配，使某些频率的声波在声阻抗突变的界面处发生反射、干涉等现象，从而达到消声的目的。抗性消声器对低中频范围的噪声具有较好的消声效果，它的形式有扩张室式、共振腔式、微穿孔板式和干涉型等多种。

（3）阻抗复合型消声器

阻抗复合型消声器，就是将阻性消声部分与抗性消声部分串联组合而形成。一般阻抗复合型消声器的抗性在前，阻性在后，即先消低频声，然后消高频声，总消声量可以认为是两者之和。但由于声波在传播过程中具有反射、绕射、折射、干涉等特性,其消声量并不是简单的叠加关系。阻抗复合型消声器兼有阻性和抗性消声器的特点,可以在低、中、高的宽广频率范围获得较好的消声效果。

(4) 喷注耗散型消声器

喷注耗散型消声器用于控制喷注噪声(也即排气放空噪声),它是从声源上降低噪声的,常用的耗散型消声器有小孔喷注消声器、节流降压消声器与多孔扩散消声器等形式。

4. 噪声与振动控制技术展望

噪声与振动控制是环境保护的一个重要方面。为了有效地遏制和减少噪声与振动的影响,首先必须在法律上确定其地位,为此我国先后制定和颁布了中华人民共和国环境噪声污染防治法及噪声与振动方面的标准,这些法律和标准对于防治噪声污染与振动危害,保护人民的身心健康起到了非常重要的作用。另外,我们还要更加广泛、深入地进行噪声控制、声环境和人的身心健康、生活、工作关系的基础研究,注重噪声控制和工业发展、军事国防关系的研究。例如研究噪声对医院病人的影响,次声、军事噪声等的危害,以及交通运载工具的噪声与振动控制措施。

随着人民生活水平的提高,"以人为本"的环境保护意识不断增强,对噪声与振动控制的技术和研究也提出了更高的要求。展望我国噪声与振动控制技术的今后发展动向,可能有如下特点:

① 开发新的声学测量仪器。注重开发智能化、多功能化声学测量仪器,建立声学测量工作站,和国际发达国家在声学测量系统的研究接轨,实现"将实验室拎着走"的愿望。

② 注重吸声、隔声材料及产品的研究和开发。要大力发展噪声控制技术,其中吸声材料是噪声控制中的基本材料。长期以来,人们大量使用纤维性吸声材料,有的材料因纤维被呼吸到肺中,对人体有害;有些场合(如食品、医药工业)则根本不能用;有的材料则不具备防火性能,或虽阻燃,但遇火会散发有害气体。因此,社会需要环保型、安全型的吸声材料,或者称之为无二次污染材料、非纤维吸声材料。

微孔板是理想的环保型、安全型吸声材料,应继续从理论、微孔板材料、结构、加工工艺,及具体应用等多个方面进行分析研究。除此之外,还可以对在其他行业应用的一些材料加以改进,使其成为环保型、安全型吸声材料,如将不锈钢纤维、毡和刚性烧结金属丝网多孔材料开发为吸声材料等。

③ 制订规划、加强管理。为遏制和减少噪声的影响,将更加注重制订科学规划、加强科学的管理。例如通过制定"工业企业职工的听力保护规定",并使企业认真贯彻执行"听力保护规定",则可以卓有成效地对职工听力和身心健康进行保护。对于交通噪声,则可以通过合理制定城市规划,在汽车行驶路线、行车时间等方面制定科学的政策,事半功倍地遏制交通噪声。

④ 提高消声器的性能。为保证使用集中式空调时不污染声环境,就必须安装消声器。因此,改进传统空调消声器的材料和结构,进一步提高其消声性能,是摆在噪声与振动控制行业面前的又一新任务。

⑤ 高隔声性能轻质隔墙的研制。传统住宅的内墙是采用砖墙,隔声性能较好。近年来,由于砖墙的禁止使用,不得不用轻质隔墙代替,可是其隔声性能总不尽人意。噪声与振动控制行业要从开发新材料、新型隔声结构入手,尽快解决这一问题。

⑥ 控制高层建筑配套设备的噪声和振动。现有住宅内,特别是高层住宅内,一般均配有

水泵、冷冻机和电梯等设备,对住宅内的住户可能造成噪声和振动污染,需进行控制技术的研究。

⑦ 超低噪声冷却塔的研制和生产。冷却塔的噪声在各方面的努力下,有一定程度的降低。然而离实际使用的要求尚有相当距离,这是需要进一步努力的目标。

⑧ 开发低噪声产品。我国的低噪声产品与国外相比差距还较大,采用新技术、新工艺、新材料,开发质量好、能耗低、价格合理的低噪声产品是努力的方向。

⑨ 有源噪声和振动控制前景广阔。有源噪声和振动控制技术采用现代自适应理论、数字信号处理和大规模集成芯片,可以针对各类噪声和振动的特殊条件和专门要求,提供新的有效控制方法,特别适于解决低频噪声和振动的控制难题。

6.5.3 无机非金属材料工业噪声控制

随着科学技术的发展和节能降耗、提高经济效益的要求,无机材料行业规模化、设备大型化已成趋势,因此带来的噪声污染及污染治理问题,其复杂性和难度都给企业带来更大程度上的困扰。噪声源主要有各类破碎机、磨机及众多类型的风机。虽然,噪声随传播的距离增加而降低,但这些噪声经过 300 m 距离后才衰减约 30 dB(A),所以未进行噪声控制的厂界处的噪声一般都达不到国家环保标准的要求。

噪声的控制应从两个方面着手,一是设备的选用,应优先采用低噪声的设备,如粉磨设备中立式辊磨和辊压机替代球磨,离心风机采用低噪声型的和低转速的,罗茨风机优先采用低噪音的三叶罗茨鼓风机,空气压缩机优先采用螺杆式压缩机;二是进行消声和隔离,如高压离心风机和罗茨风机安装消声器,发出噪声的设备均应放在厂房内或在外面加隔声罩或加隔音墙;厂房的墙、门窗等应具有隔音性能。根据设备噪声的强弱,在考虑隔音的同时,对风机房还需要考虑通风或空气的过滤。

破碎机和球磨机等重型设备因体积较大和检修要求,一般放在厂房内,采用具有良好隔音性能的墙、门窗等措施来降低噪声。

风机噪声在噪声中是主要的噪声源之一。大量的研究证实,降低风机噪声的方法应首先从空气动力噪声入手;其次,应分析整台风机机组产生的机械结构噪声,尤其是壳体的声辐射。如果风机安装得好,进出风管顺畅,可降低噪声,反之,会放大噪声。

管道系统中消声器内通常采用矿渣棉或者玻璃纤维毡作为消声材料。消声和气体动力学的性能是由消声隔板内部长度、形状和尺寸决定的。较长和较宽的隔板吸音效果比短而窄的好。消声装置效果好的代价是压力损失大,较高的气流速度又产生新的噪声。消声器距风机近,将增加空气的紊乱,导致较高的压力损失和产生自身新的噪声。

加大厂区绿化带,可使部分噪声消声在绿色中。

附录：常用无机非金属材料产品及工艺标准（规范）

表1 水泥

标准（规范）名称	代号、编号
通用硅酸盐水泥	GB 175—2007
白色硅酸盐水泥	GB/T 2015—2005
砌筑水泥	GB/T 3183—2003
道路硅酸盐水泥	GB 13693—2005
硅酸盐水泥熟料	GB/T 21372—2008
用于水泥和混凝土中的粉煤灰	GB/T 1596—2005
用于水泥中的火山灰质混合材料	GB/T 2847—2005
水泥回转窑用煤技术条件	GB/T 7563—2000
水泥包装袋	GB 9774—2002
用于水泥和混凝土中的粒化高炉矿渣粉	GB/T 18046—2008
用于水泥中的工业副产石膏	GB/T 21371—2008
水泥助磨剂	JC/T 667—2004
水泥化学分析方法	GB/T 176—1996
水泥密度测定方法	GB/T 208—1994
煤的工业分析方法	GB/T 212—2001
煤的发热量测定方法	GB/T 213—2003
化学试剂 标准滴定溶液的制备	GB/T 601—2002
水泥压蒸安定性试验方法	GB/T 750—1992
水泥细度检验方法 筛析法	GB/T 1345—2005
水泥标准稠度用水量、凝结时间、安定性检验方法	GB/T 1346—2001
水泥胶砂流动度测定方法	GB/T 2419—2005
石膏化学分析方法	GB/T 5484—2000
建材用石灰石化学分析方法	GB/T 5762—2000

续表 1

标准（规范）名称	代号、编号
水泥比表面积测定方法　勃氏法	GB/T 8074—2008
用于水泥混合材的工业废渣活性试验方法	GB/T 12957—2005
水泥组分的定量测定	GB/T 12960—2007
水泥胶砂强度检验方法（ISO法）	GB/T 17671—1999
水泥 X 射线荧光分析通则	GB/T 19140—2003
水泥胶砂耐磨性试验方法	JC/T 421—2004
水泥颗粒级配测定方法　激光法	JC/T 721—2006
水泥强度快速检验方法	JC/T 738—2004
水泥砂浆抗裂性能试验方法	JC/T 951—2005
行星式水泥胶砂搅拌机	JC/T 681—2005
水泥胶砂试体成型振实台	JC/T 682—2005
40mm×40mm 水泥抗压夹具	JC/T 683—2005
水泥胶砂振动台	JC/T 723—2005
水泥胶砂电动抗折试验机	JC/T 724—2005
水泥胶砂试模	JC/T 726—2005
水泥净浆标准稠度与凝结时间测定仪	JC/T 727—2005
水泥标准筛和筛析仪	JC/T 728—2005
水泥净浆搅拌机	JC/T 729—2005
水泥安定性试验用雷氏夹	JC/T 954—2005
水泥安定性试验用沸煮箱	JC/T 955—2005
勃氏透气仪	JC/T 956—2005
水泥胶砂流动度测定仪（跳桌）	JC/T 958—2005
水泥胶砂试体养护箱	JC/T 959—2005
水泥胶砂强度自动压力试验机	JC/T 960—2005
水泥胶砂耐磨性试验机	JC/T 961—2005
雷氏夹膨胀测定仪	JC/T 962—2005
通用水泥质量等级	JC/T 452—2002
水泥工业大气污染物排放标准	GB 4915—2004
建筑材料放射性核素限量	GB 6566—2001
铝酸盐水泥	GB 201—2000
硫铝酸盐水泥	GB 20472—2006

表 2　混凝土及制品

标准（规范）名称	代号、编号
混凝土外加剂	GB 8076—2008
混凝土外加剂定义、分类、命名与术语	GB/T 8075—2005
混凝土外加剂匀质性试验方法	GB/T 8077—2000
聚羧酸系高性能减水剂	JGT 223—2007
混凝土膨胀剂	GB 23439—2009
高强高性能混凝土用矿物外加剂	GB/T 18736—2002
混凝土和砂浆用天然沸石粉	JGT 3048—1998
普通混凝土配合比设计规程	JGJ 55—2000
预拌混凝土	GB/T 14902—2003
钢纤维混凝土	JGT 3064—1999
普通混凝土拌和物性能试验方法标准	GB/T 50080—2002
普通混凝土力学性能试验方法标准	GB/T 50081—2002
混凝土质量控制标准	GB 50164—92
混凝土用水标准	JGJ 63—2006
普通混凝土用砂、石质量及检验方法标准	JGJ 52—2006
早期推定混凝土强度试验方法标准	JGJT 15—2008
砌筑砂浆增塑剂	JGT 164—2004
建筑砂浆基本性能试验方法	JGJ 70—2009
砌筑砂浆配合比设计规程	JGJ 98—2000
干混砂浆散装移动筒仓	SB/T 10461—2008
预拌砂浆	JG/T 230—2007
环形混凝土电杆	GB/T 4623—2006
石棉水泥输水管及其接头	GB/T 3039—1994
自应力混凝土输水管	GB 4084—1999
预应力混凝土输水管（震动挤压工艺）	GB 5695—1994
预应力混凝土输水管（管芯缠丝工艺）	GB 5696—1994
预应力混凝土管	GB 5696—2006
预应力钢筒混凝土管	GBT 19685—2005
混凝土和钢筋混凝土排水管	GB/T 11836—1999
混凝土输水管试验方法	GB/T 15345—2003
先张法预应力混凝土管桩	GB 13476—2009

续表 2

标准(规范)名称	代号、编号
预应力混凝土空心板	GB/T 14040—2007
普通混凝土小型空心砌块	GB 8239—1997
石棉水泥波瓦及其脊瓦	GB/T 9772—1996
蒸压加气混凝土砌块	GB/T 11968—1997
农房用混凝土圆孔板	GB 12987—1997
砖和砌块名词术语	GB 5348—85
轻集料混凝土小型空心砌块	GB/T 15229—2002
烧结空心砖和空心砌块	GB 13545—2003
蒸压加气混凝土砌块	GB 11968—2006
农房混凝土配套构件	GB 15230—1994
蒸压加气混凝土板	GB 15762—2008
钢丝网水泥板	GB 16308—1996
加气混凝土用铝粉膏	JC/T 407—2000
水泥花砖	JC/T 410—1991(1996)
水泥木屑板	JC/T 411—1991(1996)
建筑用石棉水泥平板	JC/T 412—1991(1996)
非烧结普通粘土砖	JC/T 422—1991(1996)
电工用石棉水泥压力板	JC 434—1991(1996)
混凝土路面砖	JC/T 446—2000
钢丝网石棉水泥中波瓦	JC/T 447—1991(1996)
钢筋混凝土井管	JC/T 448—1991(1996)
混凝土泵送剂	JC 473—2001
砂浆、混凝土防水剂	JC 474—1999
混凝土防冻剂	JC 475—1992(1996)
喷射混凝土用速凝剂	JC 477—1992(1996)
无声破碎剂	JC 506—1992
建筑水磨石制品	JC 507—1993
石棉水泥电缆管及其接头	JC 537—1994
石棉水泥落水管、排污管及其接头	JC 538—1994
纤维增强硅酸钙板	JC/T 564—2000
电力电缆用承插式混凝土预制导管	JC 565—1994

续表 2

标准(规范)名称	代号、编号
吸声用穿孔纤维水泥板	JC/T 566—1994
玻璃纤维增强水泥波瓦及其脊瓦	JC/T 567—1994
氯氧镁水泥板块	JC/T 568—1994
钢丝网架水泥聚苯乙烯夹芯板	JC 623—1996
预应力钢筒混凝土管	JC 625—1996
纤维增强低碱度水泥建筑平板	JC/T 626—1996
非对称截面石棉水泥半波板	JC/T 627—1996
石棉水泥井管	JC/T 628—1996
农房用预应力混凝土矩形檩条	JC/T 629—1996
顶进施工法用钢筋混凝土排水管	JC/T 640—1996
装饰混凝土砌块	JC/T 641—1996
玻璃纤维氯氧镁水泥通风管道	JC/T 646—1996
玻璃纤维增强水泥轻质多孔隔墙条板	JC 666—1997
维纶纤维增强水泥平板	JC/T 671—1997
硅镁加气混凝土空心轻质隔墙板	JC 680—1997
玻镁平板	JC 688—1998
石棉水泥输煤气管(原 GB 3040—82)	JC 703—1982(1996)
石棉水泥输盐卤管(原 GB 4126—84)	JC 704—1984(1996)
混凝土瓦	JC 746—1999
玻纤镁质胶凝材料波瓦及脊瓦	JC/T 747—2002
钢丝网石棉水泥小波瓦	JC/T 851—1999
玻璃纤维增强水泥通风管道	JC 854—1999
混凝土小型空心砌块砌筑砂浆	JC 860—2000
混凝土小型空心砌块灌孔混凝土	JC 861—2000
粉煤灰小型空心砌块	JC 862—2000
先张法预应力混凝土薄壁管桩	JC 888—2001
钢纤维混凝土检查井盖	JC 889—2001
蒸压加气混凝土用砌筑砂浆与抹面砂浆	JC 890—2001
玻璃纤维增强水泥(GRC)外墙内保温板	JC/T 893—2001
混凝土路缘石	JC 899—2002
无机防水堵漏材料	JC 900—2002

续表 2

标准（规范）名称	代号、编号
水泥混凝土养护剂	JC 901—2002
混凝土地面用水泥基耐磨材料	JC/T 906—2002
混凝土界面处理剂	JC/T 907—2002
混凝土低压排水管	JC/T 923—2003
混凝土搅拌运输车	JGT 5094—1997
混凝土泵送施工技术规程	JGJ/T 10—95
混凝土搅拌机性能试验方法	GB 4477—84
混凝土泵	GB/T 13333—2004
混凝土搅拌站楼技术条件	GB 10172—88
锚杆喷射混凝土支护技术规范	GB 50086—2001
建筑工程大模板技术规程	JGJ 74—2003
水工建筑物滑动模板施工技术规范	DLT 5400—2007
公路水泥混凝土路面滑模施工技术规程	JTJ/T 037.1—2000
钢筋混凝土升板结构技术规范	GBJ 130—90
液压滑动模板施工技术规范	GBJ 113—1987
机械喷涂抹灰施工规程	JGJT 105—96

表 3　建筑钢材

标准（规范）名称	代号、编号
钢筋混凝土用钢 第 1 部分：热轧光圆钢筋	GB 1499.1—2008
钢筋混凝土用钢 第 2 部分：热轧带肋钢筋	GB 1499.2—2007
冷轧带肋钢筋	GB 13788—2008
冷轧扭钢筋	JG 190—2006
预应力混凝土用热处理钢筋	GB 4463—84
钢筋混凝土用余热处理钢筋	GB 13014—91
预应力混凝土用钢丝	GB 5223—2002
预应力混凝土用钢绞线	GB/T 5224—2003
混凝土结构设计规范	GB 50010—2002
钢筋焊接及验收规程	JGJ 18—2003
钢筋机械连接通用技术规程	JGJ 107—2003
预应力混凝土用螺纹钢筋	GB/T 20065—2006
预应力混凝土用钢棒	GB/T 5223.3—2005

续表 3

标准（规范）名称	代号、编号
钢拉杆	GB/T 20934—2007
预应力筋用锚具、夹具和连接器	GB/T 14370—2007
预应力钢丝及钢绞线用热轧盘条	YB/T 146—1998
高强度低松弛预应力热镀锌钢绞线	YB/T 152—1999

表 4 玻璃

标准（规范）名称	代号、编号
浮法玻璃	GB 11614—1999
玻璃马赛克	GB/T 7697—1996
钢化玻璃	GB/T 9963—1998
化学钢化玻璃	JC/T 977—2005
夹层玻璃	GB 9962—1999
中空玻璃	GB 11944—2002
镀膜玻璃 第1部分阳光控制镀膜玻璃	GB/T 18915.1—2002
镀膜玻璃 第2部分低辐射镀膜玻璃	GB/T 18915.2—2002
建筑装饰用微晶玻璃	JC/T 872—2000

表 5 建筑陶瓷

标准（规范）名称	代号、编号
陶瓷砖	GBT 4100—2006
普通磨料 白刚玉	GB/T 2479—1996
固结磨具用磨料 粒度组成的检测和标记 第1部分：粗磨粒 F4—F220	GB/T 248.1—1998
陶瓷制品 45°镜向光泽度试验方法	GB/T 3295—1996
陶瓷砖试验方法 第1部分：抽样和接收条件	GB/T 3810.1—2006
陶瓷砖试验方法 第2部分：尺寸和表面质量的检验	GB/T 3810.2—2006
陶瓷砖试验方法 第3部分：吸水率、显气孔率、表观相对密度和容重的测定	GB/T 3810.3—2006
陶瓷砖试验方法 第4部分：断裂模数和破坏强度的测定	GB/T 3810.4—2006
陶瓷砖试验方法 第5部分：用恢复系数确定砖的抗冲击性	GB/T 3810.5—2006
陶瓷砖试验方法 第6部分：无釉砖耐磨深度的测定	GB/T 3810.6—2006
陶瓷砖试验方法 第7部分：有釉砖表面耐磨性的测定	GB/T 3810.7—2006
陶瓷砖试验方法 第8部分：线性热膨胀的测定	GB/T 3810.8—2006
陶瓷砖试验方法 第9部分：抗热震性的测定	GB/T 3810.9—2006
陶瓷砖试验方法 第10部分：湿膨胀的测定	GB/T 3810.10—2006

续表5

标准(规范)名称	代号、编号
陶瓷砖试验方法 第11部分:有釉砖抗釉裂性的测定	GB/T 3810.11—2006
陶瓷砖试验方法 第12部分:抗冻性的测定	GB/T 3810.12—2006
陶瓷砖试验方法 第13部分:耐化学腐蚀性的测定	GB/T 3810.13—2006
陶瓷砖试验方法 第14部分:耐污染性的测定	GB/T 3810.14—2006
陶瓷砖试验方法 第15部分:有釉砖铅和镉溶出量的测定	GB/T 3810.15—2006
陶瓷砖试验方法 第16部分:小色差的测定	GB/T 3810.16—2006
物体色的测量方法	GB/T 3979—1997
陶瓷砖	GB/T 4100—2006
陶瓷材料及制品化学分析方法	GB/T 4734—1996
建筑材料放射性核素限量	GB 6566—2001
用于色度和光度测量的陶瓷标准白板	GB 9086—1988
用于色度和光度测量的粉体标准白板	GB 9087—1988
陶瓷砖和卫生陶瓷分类及术语	GB/T 9195—1999
彩色建筑材料色度测量方法	GB 11942—1989
陶瓷生产防尘技术规程	GB 13691—1992
建筑饰面材料镜向光泽度测定方法	GB/T 13891—1992
陶瓷马赛克	GC/T 456—2005
陶瓷工业隧道窑热平衡热效率测定与计算方法	JC/T 763—2005
建筑琉璃制品	JC/T 765—2006
透水砖	JC/T 945—2005
微晶玻璃陶瓷复合砖	JC/T 994—2006
碳化硅特种制品 硅碳棒	JB/T 3890—2008
玻璃熔窑用熔铸锆刚玉耐火制品	JC 493—2001

表6 卫生陶瓷

标准(规范)名称	代号、编号
卫生陶瓷	GB 6952—2005
住宅卫生间功能和尺寸系列	GB 11977—1989
陶瓷片密封水嘴	GB 18145—2003
卫生陶瓷包装	JC/T 694—1998
节水型产品技术条件与管理通则	GB/T 18870—2002
节水型生活用水器具	CJ 164—2002

续表 6

标准（规范）名称	代号、编号
非接触式给水器具	CJ/T 194—2004
陶瓷洗面器普通水嘴（原 GB 3809—1983）	JC/T 758—1983(1995)
浴盆明装水嘴（原 GB 5347—1985）	JC/T 760—1983(1996)

表 7　节能与环境保护

标准（规范）名称	代号、编号
公共建筑节能设计标准	GB 50189—2005
水泥单位产品能源消耗限额	GB 16780—2007
平板玻璃单位产品能源消耗限额	GB 21340—2008
建筑卫生陶瓷单位产品能源消耗限额	GB 21252—2007
工业炉窑大气污染物排放标准	GB 9078—1996
工业企业厂界环境噪声排放标准	GB 12348—2008
污水综合排放标准	GB 8978—1996
一般工业固体废物贮存、处置场污染控制标准	GB 18599—2001

参考文献

[1] 沈威,黄文熙,闵盘荣.水泥工艺学[M].武汉:武汉工业大学出版社,1991.

[2] 林宗寿.无机非金属材料工学[M].武汉:武汉理工大学出版社,1999.

[3] 陈全德,曹辰.新型干法水泥生产技术[M].北京:中国建筑工业出版社,1987.

[4] 齐齐哈尔轻工学院.玻璃机械设备[M].北京:轻工业出版社,1981.

[5] 柴小平.水泥生产辅助机械设备[M].武汉:武汉理工大学出版社,2003.

[6] 彭宝利.水泥生产工艺流程及设备参考图册[M].武汉:武汉理工大学出版社,2005.

[7] 张长森.粉体技术及设备[M].上海:华东理工大学出版社,2007.

[8] 苏布然诺夫.混凝土工艺学[M].龚洛书,译.北京:中国建筑工业出版社,1985.

[9] 庞强特.混凝土制品工艺学[M].武汉:武汉工业大学出版社,1990.

[10] 同济大学,等.混凝土制品工艺学[M].北京:中国建筑工业出版社,1981.

[11] 马里宁娜.普通混凝土的湿热养护[M].庞强特,译.北京:中国建筑出版社,1981.

[12] 杨伯科.混凝土实用新技术手册[M].长春:吉林科学技术出版社,1998.

[13] 王昇,周兆桐.混凝土手册[M].长春:吉林科学技术出版社,1985.

[14] 张占营,姜宏,黄迪宇,等.浮法玻璃生产技术与设备[M].北京:化学工业出版社,2005.

[15] 西北轻工业学院.玻璃工艺学[M].中国轻工业出版社,2006.

[16] 武秀兰.硅酸盐生产配方设计与工艺控制[M].北京:化学工业出版社,2004.

[17] 樊德琴.玻璃工业热工设备及热工测量[M].武汉:武汉理工大学出版社,1993.

[18] 王承遇.玻璃表面装饰[M].广州:新时代出版社,1998.

[19] 作花济夫.玻璃手册[M].北京:中国建筑出版社,1985.

[20] 刘康时.陶瓷工艺原理[M].广州:华南理工大学出版社,1990.

[21] 刘振群.陶瓷工热工设备[M].武汉:武汉理工大学出版社,1989.

[22] 吴绳愚.陶瓷计算[M].北京:轻工业出版社,1983.

[23] 李世普.特种陶瓷工艺学[M].武汉:武汉理工大学出版社,1990.

[24] 李家驹.陶瓷工艺学[M].北京:中国轻工业出版社,2001.

[25] 胡国林.建陶工业辊道窑[M].北京:中国轻工业出版社,1998.

[26] 殷声.燃烧合成[M].北京:冶金工业出版社,1999.

[27] 钟贵全,胡国林,张泽兴.卫生陶瓷缺陷分析[J].中国陶瓷工业,2008,15(1):34-36.

[28] 金秀萍.瓷器坯体的干燥缺陷和干燥介质的控制[J].河北陶瓷,2001,29(2):37-38.

[29] 张海荣,胡国林,王志峰.建筑瓷砖辊道窑烧成缺陷分析及控制办法[J].中国陶瓷工业,2005,12(6):32-36.

[30] W DONG,H JAIN,M P HARMER. Liquid phase sintering of alumina,I. microstructure evolution and densification [J]. J. Am. Ceram. Soc.,2005,88(7):1702-1707.

[31] W ZHANG, P X, C DUAN, et al. Preparation and size effect on concentration quenching of nanocrystalline Y_2SiO_5:Eu [J]. Chemical Physics Letters, 1998, 292: 133-136.

[32] C H Lu, W T HSU, C H HUANG, et al. Luminescence characteristics of europium-ion doped $BaMgAl_{10}O_{17}$ phosphors prepared via a sol-gel route employing polymerizing agents [J]. Materials Chemistry and Physics, 2005, 90: 62-68.

[33] 白玲,赵兴宇,沈卫平,等. 放电等离子烧结技术及其在陶瓷制备中的应用[J]. 材料导报, 2007, 21(4): 69-72.

[34] 韩杰才,杜善义. 铁氧体的自蔓延高温合成方法[J]. 功能材料, 1999, 30(6): 895-897.

[35] 赵九蓬,赫晓东. 自蔓延高温合 Ni-Zn 铁氧体反应机制的研究[J]. 硅酸盐学报, 2002, 30(1): 9-13.

[36] 傅正义. 陶瓷材料的 SHS 超快速致密化技术[J]. 硅酸盐学报, 2007, 35(8): 948-954.

[37] CHAIM R. Densification mechanisms in spark plasma sintering of nanocrystalline ceramics [J]. Materials science and engineering A, 2007, 443: 25-32.

[38] 李江,吴玉松,潘裕柏,等. 固相反应法制备高浓度掺杂 Nd:YAG 激光透明陶瓷及其性能[J]. 硅酸盐学报, 2007, 35(12): 1600-1604.

[39] 王艳香,谭寿洪,江东亮. 反应烧结碳化硅的研究与进展[J]. 无机材料学报, 2004, 19(3): 456-462.

[40] 韩召,曹文斌,林志明,等. 陶瓷材料的选区激光烧结快速成型技术研究进展[J]. 无机材料学报, 2004, 19(4): 705-713.

[41] 慈戬,蒋毅坚. 激光烧结制备铌酸锂陶瓷研究[J]. 光电子·激光, 2008, 19(5): 644-646.

[42] MACEDO Z S, HERNANDES A C. Laser sintering of bismuth germinate($Bi_4Si_3O_{12}$)ceramics [J]. J. Am. Ceram. Soc., 2002, 85(7): 1870-1872.

[43] 陈琦. 陶瓷艺术与工艺[M]. 北京:高等教育出版社, 2005.

[44] 徐平坤,魏国钊. 耐火材料新工艺技术[M]. 北京:冶金工业出版社, 2005.

[45] 胡宝玉,等. 特种耐火材料实用技术手册[M]. 北京:冶金工业出版社, 2004.

[46] 蒋展鹏. 环境工程学[M]. 2版. 北京:高等教育出版社, 2005.

[47] 高庭耀. 水污染控制工程[M]. 北京:高等教育出版社, 1989.

[48] 郝吉明,马广大. 大气污染控制工程[M]. 北京:冶金工业出版社, 2002.

[49] 李国鼎. 固体废物处理与资源化[M]. 北京:清华大学出版社, 1990.

[50] 张宝杰. 环境物理性污染控制[M]. 北京:化学工业出版社, 2003.